东北天然林可持续经营技术研究

张会儒　唐守正等 编著

中国林业出版社

图书在版编目(CIP)数据

东北天然林可持续经营技术研究 / 张会儒、唐守正等编著. – 北京:中国林业出版社,2011.5

ISBN 978-7-5038-6150-5

Ⅰ.①东⋯ Ⅱ.①张⋯②唐⋯ Ⅲ.①天然林 – 森林经营 – 研究 – 东北地区 Ⅳ.①S718.54②S75

中国版本图书馆 CIP 数据核字(2011)第 068212 号

出版	中国林业出版社(100009 北京西城区刘海胡同 7 号)
电话	83224477
网址	lycb. forestry. gov. cn
发行	新华书店北京发行所
印刷	北京地质印刷厂
版次	2011 年 5 月第 1 版
印次	2011 年 5 月第 1 次
开本	787mm × 1092mm 1/16
印张	17.75
字数	454 千字
印数	1 ~ 1500 册

主　编：张会儒　唐守正

副主编：雷相东　惠刚盈　亢新刚　李凤日　郑小贤
　　　　胡海清

参　编：郎璞玫　杨　凯　胡艳波　龚直文　洪玲霞
　　　　贾炜玮　李春明　王培珍　赵中华　王铁牛
　　　　孙　龙　王海燕　张连金　孔令红　肖　锐
　　　　向　玮　宁杨翠　曾　翀　乌吉斯古楞
　　　　孙建军　李婷婷　戎建涛　周　宁　武纪成
　　　　卢　军　于　洋

前　言

众所周知,天然林生态系统结构复杂,功能完善,具有人工林所不可比拟的生态过程、系统稳定性和生态效益。天然林是森林生物与其自然环境长期相互作用的产物,其自然分布格局代表了所在地理环境最佳的植被类型空间配置。东北天然林是我国主要的林区,承担着木材生产和生态环境保护两大任务。如何根据东北天然林的特点,确定科学的经营方针,提供系统的可持续经营技术体系,是迫切需要研究的重大科学问题。

2006年至2010年,中国林业科学研究院资源信息研究所、林业研究所、北京林业大学、东北林业大学、黑龙江林业科学研究所等单位联合承担了国家“十一五”科技支撑计划课题“东北天然林保护与可持续经营技术试验示范(2006BAD03A08)”。该课题主要研究目标为:以东北过伐林区(大、小兴安岭和长白山)天然林为对象,重点研究不同森林类型的生态采伐更新模式和景观层次的生态采伐设计方法、天然林保育区划和多目标经营方法和技术、次生林的结构调整技术以及火烧迹地的森林恢复技术,通过试验示范,建立起适合我国国情、林情的东北天然林采育更新和可持续经营的技术模式及范例,促使天然林资源得到科学的保护、培育和合理利用,为我国的天然林保护工程提供技术支撑。

经过课题组80余人5年的联合攻关,对东北天然林可持续经营的关键技术问题进行了深入研究,初步形成了东北天然林可持续经营的技术体系,本书内容即为课题部分主要研究成果的体现。

本书共分6章,第1章为森林生态系统经营理论与技术体系,主要内容包括森林生态系统经营的概念和内涵、森林生态系统经营技术体系框架、森林景观生态规划、近代森林经营思想、森林生态经营的规划决策以及生态采伐作业技术等,主要编著者为张会儒、唐守正、雷相东、惠刚盈、郎璞玫、李春明、卢军;第2章至第5章为东北典型森林类型的结构调整技术实例。其中第2章为东北天然林林分和景观层次多目标经营规划技术研究,主要内容包括森林景观和林分多目标经营规划技术以及针对汪清林业局森林多目标经营规划的实例,主要编著者为雷相东、张会儒、洪玲霞、王培珍、王海燕、向玮、曾翀、孙建军、戎建涛;第3章为基于空间结构优化的东北天然林生态系统结构调整技术研究(以东北阔叶红松林为例),主要内容包括林分结构特征分析和经营诊断、结构优化调整技术、经营效果评价等,主要编著者为胡艳波、惠刚盈、赵中华、张连金;第4章为长白山天然林结构调整技术研究,主要内容包括长白山地区两种典型森林类型——落叶松云冷杉林和云冷杉针阔混交林的结构特征及调整技术,主要编著者为亢新刚、郑小贤、张会儒、龚直文、王铁牛、李春明、孔令红、宁杨翠、乌吉斯古楞、李婷婷、周宁、武纪成;第5章为小兴安岭次生林结构调整技术研究,主要内容包括小兴安岭天然次生林单木生长模型、林分生长模型、直径分布模型、林木竞争及林分空间结构特征、林分空间结构优化经营模型的建立以及天然次生林经营模式等,主要编著者为李凤日、贾炜炜、卢军。第6章为大兴安岭火烧迹地森林恢复技术研究,主要内容包括大兴安岭火烧迹地空间分布格局、火干扰对土壤理化性质、溪流水质、植被多样性及群落结构、森林 NPP 的影响以及火烧迹地人工恢复技术模式等,主要编著者为胡海清、杨凯、孙龙、肖锐。全书由张会儒、雷相东统稿。

本书是全体课题参加人员的共同结晶,除以上编著人员外,其他课题主要参加人员赵秀海、王立海等也参与了本书有关内容的讨论,许多研究生参与了课题研究的具体工作,课题试验区所在单位吉林省汪清林业局、吉林省蛟河林业实验区管理局、东北林业大学帽儿山实验林场、黑龙江省穆棱林业局、黑龙江省大兴安岭林业集团公司阿木尔林业局、松岭林业局、塔河林业局等单位为课题的试验示范提供了良好的工作条件和帮助,在此,对以上人员和单位表示衷心地感谢!

本书的内容反映了东北天然林可持续经营研究的一些最新成果,希望该书的出版对我国森林可持续经营研究有所推动。由于编著者水平有限,书中错误和疏漏难以避免,加之由于时间短,有些内容还是阶段性成果,需要在实践中进一步检验和深化研究,殷切期盼有关专家和读者批评指正。

编著者
2011 年 1 月于北京

目　　录

第1章
森林生态系统经营理论与技术体系

国内外对生态系统经营已经有了很多讨论，但生态系统经营的技术体系还不完善。本章将在讨论森林生态系统经营的概念和内涵的基础上，提出森林生态系统经营技术体系框架，并对各部分内容进行探讨。

1.1 森林生态系统经营的概念和内涵

早在20世纪20年代，美国林学家及野生动物学家、土地伦理学的创立者 Leopold 就认为，应该把土地作为一个"完整有机体"来管理，并保持其所有的组分协调有序。也即在满足人类生存需要的同时，维特生态系统的完整性。他的这一土地伦理观点，已经初具了森林生态系统经营的合理内核。到70年代，国际社会对全球生态环境问题表现出普遍关注。1970年，政策分析家 Galdwell 著文倡导以生态系统作为公共土地政策的基础。同年，生态系统经营一词开始出现在环境组织的出版物中。在当时的背景下，生态系统经营仅局限于单纯的环境保护主张，不可能促成传统森林经营思想的转变。到80年代，世界环境仍不断恶化，且新一代的环境问题面临更大的政治、经济、社会甚至文化的复杂性，人们不能不摒弃单纯的保护和发展观，可持续发展很快成为世界各国的共识。在这一背景下，人们深刻认识到森林对于维持地球健康及人类生活质量方面的主要生命支持作用。并反思传统森林永续收获经营在资源利用与保护之间不能达成适当平衡的局限。到80年代后期，森林经营的一条生态系统途径——森林生态系统经营，受到许多学者、政府工作人员、森林经营者的支持。它把人类对森林产品和服务的需要，以及对环境质量和生态系统健康的长期保护的需要综合为一体，形成森林经营历史上一次重大的转变。

1.1.1 森林生态系统经营的概念

作为一种新的森林经营理论，生态系统经营（Forest Ecosystem Management）至今还没有一个公认的定义。美国林务局的定义是："在不同等级生态水平上巧妙、综合地应用生态知识，以产生期望的资源价值、产品、服务和状况，并维持生态系统的多样性和生产力"。"它意味着我们必须把国家森林和牧场建设为多样的、健康的、有生产力的和可持续的生态系统，以协调人们的需要和环境价值"；美国林纸协会的定义是："在可接受的社会、生物和经济上的风险范围内，维持或加强生态系统的健康和生产力，同时生产基本的商品及其他方面的价值，以满足人类需要和期望的一种资源经营制度"；美国林学会的定义是："森林资源经营的一条生态途径。它试图维持森林生态系统复杂的过程、路径及相互依赖关系，并长期地保持它们的功能良好，从而为短期压力提供恢复能力，为长期变化提供适应性"。简言之，它是"在景观水平上维持森林全部价值和功能的战略"；美国生态学会的定义是："由明确目标驱动，通过政策、模型及实践，由监控和研究使之可适应的经营。并依据对生态系统相互作用及生态过程的了解，维持生态系统的结构和功能"（邓华锋，1998）。显然，这些定义反映了各自的立场和观点，但仍有一些共同点，即人与自然的和谐发展、利用生态学原理、尊重人对生态系统的作用和意义、重视森林的全部价值。

1.1.2　森林生态系统经营的内涵

生态系统经营的内涵主要包括以下4点（邓华锋，1998）：

（1）以生态学原理为指导。突出体现在：①重视等级结构：即经营者在任一生态水平上处理问题，必须从系统等级序列中（基因、物种、种群、生态系统及景观）寻找联系及解决办法；②确定生态边界及合适的规模水平；③确保森林生态系统完整性：即维持森林生态系统的格局和过程，保护生物多样性；④仿效自然干扰机制："仿效"是一个经营上的概念，不是"复制"以回到某种原始自然状态。

（2）实现可持续性。可持续性从生态学角度看，反映一个生态系统动态地维持其组成、结构和功能的能力，从而维持林地的生产力及森林动植物群落的多样性；从社会经济方面看，则体现为与森林相关的基本人类需要（如食物、水、木质纤维等）及较高水平的社会与文化需要（如就业、娱乐等）的持续满足。因此，反映在实践上应是生态合理且益于社会良性运行的可持续森林经营。

（3）重视社会科学在森林经营中的作用。首先，承认人类社会是生态系统的有机组成，人类在其中扮演调控者的角色。人类既是许多可持续性问题的根源，又是实现可持续性的主导力量。森林生态系统经营不仅要考虑技术和经济上的可行性，而且要有社会和政治上的可接受性。它把社会科学综合进来，促进处理森林经营中的社会价值、公众参与、组织协作、冲突决策，以及政策、组织和制度设计，改进社会对森林的影响方式，协调社会系统与生态系统的关系。其次，森林经营越来越面对如何处理社会关于森林的价值选择问题。社会关于森林的价值，既是冲突的，又是变动不拘的。森林价值的演变，形成了森林经营思想的演变。

（4）进行适应性经营（Adaptive Management）。这是一个人类遵循认识和实践规律，协调人与自然关系的适应性的渐进过程。

从以上森林生态系统经营的概念及内涵可以看出，森林生态系统经营的核心是生态系统的长期维持与保护，是森林可持续经营的一条生态途径，生态系统经营超越了人为划分的界线，以生态系统为对象，它协调社会经济和自然科学原理经营森林生态系统，并确保其可持续性。生态系统经营概念提出后，虽在美国各地得到应用和推广，有自己理论体系，也得到广泛的认同，但由于理论提出时间不久，成功案例研究不多，实践中具体可操作的技术体系有待进一步发展。

1.2　森林生态系统经营技术体系框架

所谓森林生态系统经营技术体系，是指围绕一定的经营目标，从采伐规划设计、采伐作业实施、木材集运到伐区清理、更新、伐后评估等一系列支撑技术的综合，是科学经营管理森林的技术保障。国内一些学者将其称之为"作业系统"（史济彦，1998；徐庆福，1999；郭建钢等，2002）。以往研究提出的森林采伐作业系统，对象还是仅限于森林采伐作业过程的本身，而缺乏景观原则的指导，在采伐对象的确定方面，还是沿用过去传统的原则方法，缺乏林分空间结构优化分析技术和其他新技术的应用。

　　我们经过研究，提出了森林生态系统经营技术体系的框架（图 1-1）。该体系是在景观规

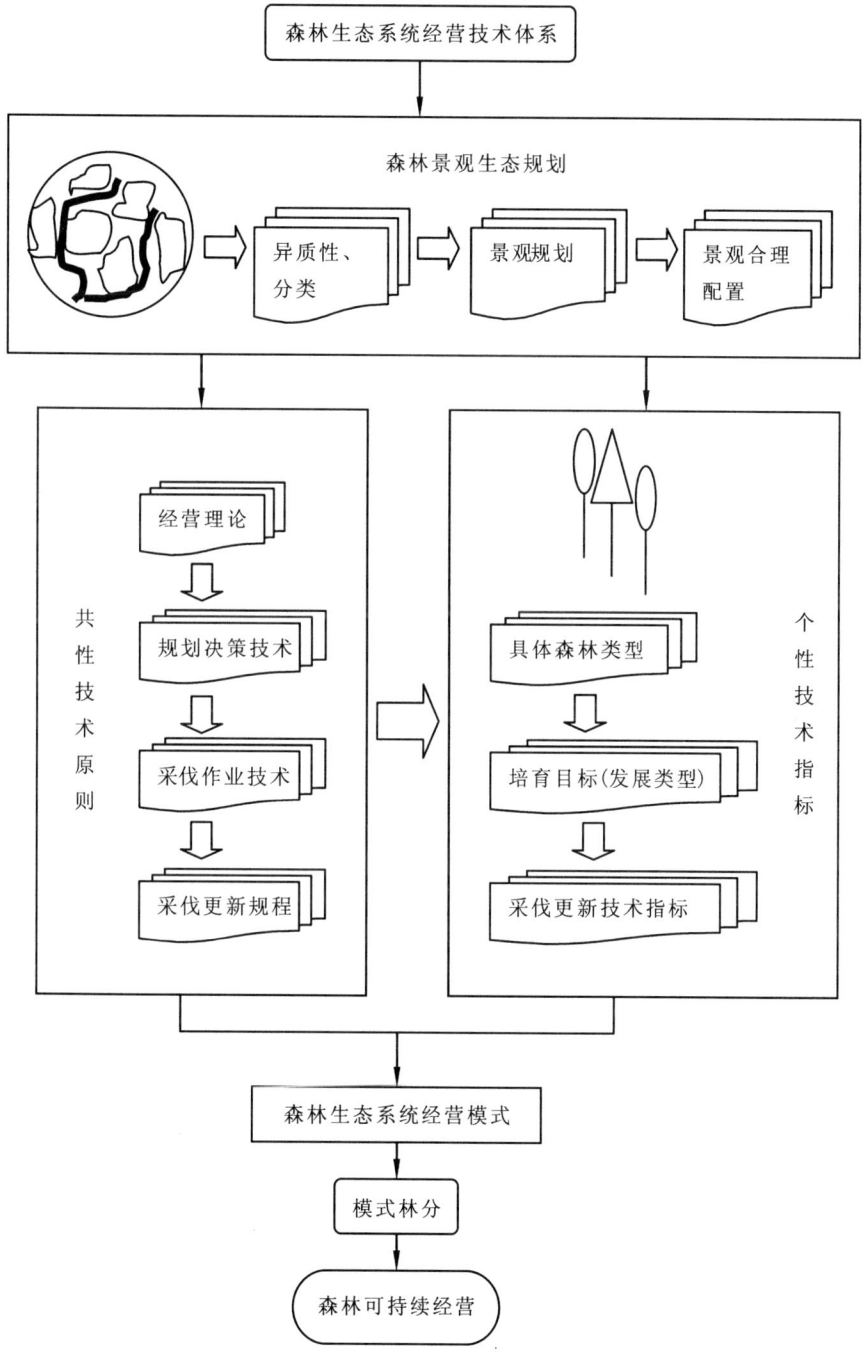

图 1-1　森林生态系统经营技术体系框架

划原则指导下，由共性技术原则和个性技术指标两部分内容组成。共性技术原则主要包括理论基础、规划决策技术、采伐作业技术和生态采伐更新作业规程。个性技术指标是指针对具体森林类型的生态采伐更新技术标准和指标。二者结合就形成了针对具体森林类型的生态系统经营模式，按照这种作业模式经营，最终将使现实林分导向模式林分，实现森林的可持续经营。这里重点讨论共性技术原则中的各部分内容。

1.3 森林景观生态规划

迄今为止的森林经营主要是以林分为对象的经营，即注重林木和木材本身的经营利用和保护的经营技术体系。但是，只注重一个森林内部各个组分因子而忽视其立地环境间相互影响作用的经营和保护，在整体上并不一定能达到很好的效果。现代林业科学的研究认为，特定地理环境下的森林立地条件和物种多样性空间分布特征对森林生态系统的形成和发展具有显著的影响，应该成为制定森林经理计划和经营目标的基本前提条件。基于这一新的认识，森林经营从生态系统的组合格局（即森林景观层次）上进行整体分析和计划，以达到长期的立地生境适应和生境多样性保护和利用的经营效果，是在近自然经营理念下的生态系统经营技术体系中的一个新的发展方向（陆元昌，2006）。

概括地说，森林景观规划的目的就是通过对森林景观或林区范围内景观要素组成结构和空间格局的现状及其动态变化过程进行分析和预测，确定森林景观和林区景观结构和空间格局维护、恢复和建设的目标，制定以保持和提高森林景观、生产力和森林景观多重价值，维护森林景观稳定性、景观生态过程连续性和以森林健康为核心的森林景观经营管理和建设规划，并通过指导规划的实施，实现森林的可持续经营。由于森林是一个等级结构系统，森林景观和林区的系统整体性特征明显，因此森林景观规划就是为规划所进行的系统诊断、多目标决策、多方案选优、效果评价和反馈修订的过程，是一项系统工程，遵循系统工程的一般程序和决策优化技术要求。森林景观规划一般应遵循以下几个基本工作步骤（郭晋平，2001）：①确定规划范围与目标；②资料搜集；③景观生态分类和制图；④景观生态适宜性分析；⑤景观规划与设计；⑥规划的实施和调整。

1.4 近代森林经营思想

森林生态系统经营技术体系的构建，必须以先进的森林经营思想为指导。由于森林生态系统经营涉及森林生态学、森林经营学、森林采运学、生态经济学等多门学科，各学科在处理森林经营与生态环境的关系上，由于专业角度的不同，关注的问题也有所不同，因此，必须寻求一种综合的、系统的森林经营理论来指导森林生态系统经营技术体系的构建。

当前世界上，林业的形势发生了很大变化，关于森林经营和林业实践均在经历着巨大的变化。这突出地表现在林业发展模式和森林经营体系的进展方面。当前世界已进入了生态林业的时代，这方面的突出进展表现在德国以及其他中欧国家的恒续林经营和近自然林业以及美国的新林业和森林生态系统经营理论。这两大体系其核心都是改革以木材生产为中心的人工林经营体系为森林多种效益综合经营的生态林业体系，但后者由于历史短暂，还缺乏可操作的具体技术；而近自然林经营在德国已经拥有100年以上的历史和大量成功实例。下面就近代森林经营思想作一介绍，为森林生态系统经营技术体系的构建提供理论支撑。

1.4.1　新林业

新林业(New Forestry)思想是由美国著名林学家、华盛顿大学教授 J. Franklin 于 1985 年创立的。它是近年来美国林业界的一种新学说，它主要以森林生态学和景观生态学的原理为基础，并吸收传统林业中的合理部分，以实现森林的经济价值、生态价值和社会价值相互统一的经营目标，建成不但能永续生产木材及其他林产品，而且也能持久发挥保护生物多样性及改善生态环境等多种生态效益和社会效益的林业(赵秀海，1994)。

美国农业部林务局一般将森林划分为林业用地和保护区两类进行管理。林业用地以木材生产为中心，以获取最大的经济效益为目标，采取高度集约化的经营管理方式，而很少考虑森林的生态效益和社会效益。而自然保护区的经营纯粹是以保护基因、物种和生态系统的多样性为目的，绝对排斥各种生产活动，实质上，它是一种"分而治之"森林经营战略。Franklin(1989)认为，这是一种把生产和保护对立起来的林业发展战略，不仅不能实现其各自的目标，而且也不能满足社会对林业的要求，结果使森林资源永续利用也成了一句空话。例如，美国西北部的华盛顿和俄勒冈州原来广泛分布着以生产力很高、生态系统多样性而著称的成过熟针叶林。长期以来，由于这一地区采取了以生产木材为中心的分散小块皆伐作业方式，使整个森林景观变得支离破碎，森林蓄积量急剧下降，生态环境日趋恶化。一些以成过熟林为栖息地的野生动物已濒于灭绝。尽管这一地区建立了一些自然保护区，但由于它们被森林作业区所包围，产生岛状效应的原因，其功能越来越减弱，最终将面临名存实亡的威胁。

新林业最显著的特点是把森林资源视为不可分割的整体，不但强调木材生产，而且极为重视森林的生态和社会效益。因此，在林业实践中，主张把采伐林木和保护环境融为一体，以真正满足社会对木材等林产品的需要，而且满足其对改善生态环境和保护生物多样性的要求。

新林业思想的主要框架是由林分和景观两个层次组成的(赵秀海，1994)。

林分层次总的经营目标是保护或再建不仅能够永续生产各种林产品，而且也能够持续经营生态系统多种生态效益的组成、结构和功能多样性的森林。因此，森林采伐时需坚持以下原则：

(1)森林采伐时，应永久地保留一定数量的具有各种腐烂程度和分布密度的站杆和倒木，满足野生动物和其他生物对一些特殊生境的要求，以达到维持迹地生产力和生物多样性的目的。

(2)采伐迹地应保留适当数量单株或团状分布的活立木，它们不但可以为一些野生动物和微生物提供必要的生境和森林更新种源，而且也起到了维持林地小气候、形成异龄林和新的站杆和倒木的重要作用。保留活立木的密度和类型，应依树种的生物学特性及立地条件类型来决定。

(3)营造混交异龄林，以改良土壤和改善生物多样性。

(4)延长森林轮伐期，增加林内大径木的数量及增加林分结构的复杂性。

景观层次较林分层次的时空尺度更大，其总的经营目标是创造森林镶嵌体数量多、分布合理并能永续提供多种林产品和其他各种价值的森林景观。在生产实践中，应坚持以下原则：

（1）在景观设计上，应把自然保护区和林业生产用地有机结合起来，进行统一规划，在建立保护区时应充分考虑保护区的类型、面积、数量和分布，以充分满足保护基因物种、生态系统和景观多样性的需要。在自然保护区间、林业生产用地间及保护区和林业生产用地间要设置各种生物迁移和物质流动的廊道。在林业用地和保护区间还应设置缓冲带，以努力减少因林业生产措施给自然保护区带来的不利影响（如林缘效应等）。

（2）在进行林业生产用地和森林保护区规划时，应仔细确定其面积大小和分布，以保证众多野生动物有足够的生存环境。

（3）采取合理的采伐方式，以降低景观的破碎程度，减少森林采伐对保护区的不利影响，切实发挥自然保护区的作用。具体做法是，森林景观中伐区应适当集中，尽快使过度采伐的森林景观得以恢复。采伐迹地应保留一些活立木、倒木和站杆，以增加林分结构的多样性，同时也可以部分抵消因伐区集中而引起的不利影响。

新林业思想提出后，立即引起美国林业界、新闻界、公众，甚至国会的极大兴趣。许多林学家认为，新林业是一种新的森林经营哲学，它避免了传统的林业生产和纯粹的自然保护区两者之间的矛盾，找到了一条发展林业的合理道路。该理论最重要的特点是兼生产和保护为一体，主张森林经营者必须承认森林不仅仅是木材生产基地，而且还有其他重要价值。同时，环境保护工作者，也应该抛弃那种单纯保护的观点。

现在，新林业思想基本代表了当今世界森林生态采伐理论发展的最新阶段，它将彻底取代以伐术为主要目的的传统林业，创造出一条发挥森林经济效益、生态效益和社会效益的林业发展道路。

1.4.2 近自然林业

"近自然林业（Close to Nature Forestry）"是基于欧洲恒续林（Continous Cover Forest，简称CCF）的思想发展起来的。CCF 从英文直译为连续覆盖的森林，由德国林学家 Gayer 于 1882年率先提出，它强调择伐，禁止皆伐作业方式。1922 年 Moeller 进一步发展了 Gayer 的恒续林思想，形成了自己的恒续林理论，提出了恒续林经营。1924 年 Krutzsch 针对用材林的经营方式，提出接近自然的用材林；1950 年又与 Weike 一起，结合恒续林理论，提出了接近自然的森林经营思想。至此，近自然的森林经营理论雏形与框架已基本形成。在此后的几十年里，为纪念提出这一思想的林学家，并区别于"法正林（Normal Forest）"理论，恒续林（CCF）成了近自然林业的代名词，并在生产实践中得到了广泛应用（邵青还，1991）。

"近自然林业"可表达为在确保森林结构关系自我保存能力的前提下遵循自然条件的林业活动，是兼容林业生产和森林生态保护的一种经营模式。其经营的目标森林为：混交—异龄—复层林，手段是应用"接近自然的森林经营法"。所谓"接近自然的森林经营法"就是：尽量利用和促进森林的天然更新，其经营采用单株采伐与目标树相结合的方式进行。即从幼林开始就确定培育目的和树种，再确定目标树（培育对象）与目标直径，整个经营过程只对选定的目标树进行单株抚育。抚育内容包括目的树种周围的除草、割灌、疏伐和对目的树的修、整枝。对目的树个体周围的抚育范围以不压抑目的树个体生长并能形成优良材为准则，其余乔灌草均任其自然竞争，天然淘汰。单株择伐的原则是，对达到目标直径的目标树，依据事先确定的规则实施单株采伐或暂时保留，未达到目标直径的目标树则不能采伐；对于非目的树种则视对目的树种生长影响的程度确定保留或采伐。一般不能将相邻大径木同时采伐，而按树高一倍的原则确定下一个最近的应伐木。

近自然经营法的核心是，在充分进行自然选择的基础上加以人工选择，保证经营对象始终是遗传品质最好的立木个体。其他个体的存在，有利于提高森林的稳定性，保持水土，维护地力，并有利于改善林分结构及对保留目标树的天然整枝。由于应用"近自然林业"经营方法时，充分利用了适应当地生态环境的乡土植物，因此，群落的稳定性好，并在最大程度上保持了水土，维护了地力，提高了生物物种的多样性(邵青还，1994)。

"近自然林业"并不是回归到天然的森林类型，而是尽可能使林分的建立、抚育以及采伐的方式同潜在的天然森林植被的自然关系相接近。要使林分能进行接近自然生态的自发生产，达到森林生物群落的动态平衡，并在人工辅助下使天然物种得到复苏，最大限度地维护地球上最大的生物基因库——森林生物物种的多样性。

"近自然林业"森林经营模式的特点是充分利用自然规律和自然力，以减轻森林经营中的盲目性和无谓的资金消耗，节省人力财力，降低经营成本，保证森林面积的恒定和永续利用原则，提高生物多样性和生态系统稳定性，获得较高的经济效益和明显的生态效益以及良好的社会效益，实现森林的可持续经营。

1.4.3 森林可持续经营

森林可持续经营思想的提出与可持续发展的思想形成是紧密相关的。20 世纪 70 年代，由于人类对自然资源的过度利用，土地荒漠化、生物多样性减少、气候变暖、大气污染等等各种环境问题接踵而来。全球生命支持系统的持续性受到严重的威胁。正如国际生态学会文件《一个持续的生物圈：全球性号令》所说："当前的时代是人类历史上第一次拥有毁灭整个地球生命能力的时代，同时也具有把环境退化的趋势扭转，并把全球改变为健康持续状态能力的时代"。于是，作为人类社会发展的模式问题备受人们的关注。1972 年联合国在瑞典召开的有 100 多个国家代表参加的"人类环境会议"标志着环境时代的起点，"罗马俱乐部"成员也在 1972 年发表了《增长的极限》一书，提出人类有可能改变这种增长趋势，并在基于长远未来生态和经济持续稳定的条件下，设计出全球平衡的状态，使得地球上每个人的基本物质需求得到满足，并且每个人有平等的机会实现他个人的潜力。真正把可持续发展概念化、国际化，是在 1987 年"联合国环境与发展世界委员会"发表的《我们共同的未来》一书，其中给可持续发展的定义是："可持续发展是这样的发展，它既满足当代人的需要，又不对后代人满足其需要的能力构成危害的发展。"这个定义基本得到了全社会的承认与共识，从此，可持续发展由一个名词变为一个较为严谨的概念，这标志可持续发展进入了一个崭新时期。1992 年 6 月在巴西里约热内卢举行的"联合国环境与发展大会"，才真正把可持续发展提到国际日程上，会议通过了《21 世纪议程》、《关于森林问题的原则声明》等 5 个重要文件，明确提出了人类社会必须走可持续发展之路，森林可持续经营是实现林业乃至全社会可持续发展的前提条件(张守攻等，2001)。

对于森林可持续经营(Sustainable Forest Management，简称 SFM)的概念，由于人们对森林的功能、作用的认识，要受到特定社会经济发展水平、森林价值观的影响，可能会有不同的解释。国内外学者和一些国际组织先后提出了各自的看法。国际上几个重要文本的解释如下：

　　联合国粮农组织的定义是：森林可持续经营是一种包括行政、经济、法律、社会、技术以及科技等手段的行为，涉及天然林和人工林。它是有计划的各种人为干预措施，目的是保护和维持森林生态系统及其各种功能。1992年"联合国环境与发展大会"通过的《关于森林问题的原则声明》文件中，把森林可持续经营定义为：森林可持续经营意味着在对森林、林地进行经营和利用时，以某种方式，一定的速度，在现在和将来保持生物多样性、生产力、更新能力、活力，实现自我恢复的能力，在地区、国家和全球水平上保持森林的生态、经济、社会功能，同时又不损害其他生态系统。

　　国际热带木材组织(ITTO)的定义是：森林可持续经营是经营永久性的林地过程，以达到一个或更多的明确的专门经营目标，考虑期望的森林产品和服务的持续"流"，而无过度地减少其固有价值和未来的生产力，无过度地对物理和社会环境的影响。

　　《赫尔辛基进程》的定义是：可持续经营表示森林和林地的管理和利用处于以下途径和方式：即保持它们的生物多样性、生产力、更新能力、活力和现在、将来在地方、国际和全球水平上潜在地实现有关生态、经济和社会的功能，而且不产生对其他生态系统的危害。

　　《蒙特利尔进程》的定义是：当森林为当代和下一代的利益提供环境、经济、社会和文化机会时，保持和增进森林生态系统健康的补偿性目标。

　　森林可持续经营思想内涵可以归纳为以下3点(祝列克，2001)：

　　(1)生态环境可持续性：森林可持续经营过程中生态环境的持续性，关注的是森林生态系统的完整性以及稳定性。通过退化生态系统的重建和已有森林生态系统的合理经营，保障森林生态系统在维护全球、国家、区域等不同层次生态环境稳定性方面所发挥的环境服务功能的持续性。其中的关键是保护生物多样性，保持森林生态系统的生产力和可再生能力以及生态系统的长期健康。

　　(2)经济可持续性：森林可持续经营过程中，经济可持续性的主体是森林经营者。经济可持续性关注的是经营者的长期利益。传统的森林经营思想认为，森林的经济效益就指木材及其他能获得货币价值的林副产品，这种观念很难适应森林可持续经营的经济持续性要求。经济可持续性除了包括上述的直接的经济效益以外，还应考虑森林的存在而产生的各种生态环境价值的经济体现。因此，在森林可持续经营过程中，实现经济可持续性，经营者获得直接的经济效益以外，还应需要生态补偿、国家扶持等外部环境的支持。

　　(3)社会可持续性：森林可持续经营的社会持续性，强调满足人类基本需要和高层次的社会文化需求。持续不断的提供林产品以满足社会需要，这是森林可持续经营的一个主要目标。合理的森林经营不仅可提高森林生态系统的健康和稳定性，促进社会经济可持续发展，还能满足人类精神文化的需求。作为社会经济大系统的林业产业，担负着为社会发展提供生活资料与生产资料的重要任务。随着全球范围内，不可再生资源的不断消耗，森林作为主要的再生资源，其满足人类社会物质需求的作用会越来越显著。

　　从森林可持续经营的概念和内涵可以看出，森林可持续经营是一种包含行政、经济、法律、社会、科技等手段的行为，涉及天然林和人工林；是有计划的各种人为干预措施，目的是保护和维持及增强森林生态系统及其各种功能；并通过发展具有环境、社会或经济价值的物种，长期满足人类日益增长的物质需要和环境需要。从技术上讲，森林可持续经营是各种森林经营方案的编制和实施，从而调控森林目的产品的收获和永续利用，并且维持和提高森林的各种环境功能。

目前，国际森林可持续经营的研究主要集中在是标准和指标的制定（蒋有绪，1997）以及模式林的建立，如加拿大已经建立了 11 个模式林。我国也研究制定了国家水平的森林可持续经营的标准和指标（国家林业局，2003），但还处在验证和完善阶段，模式林的建立还处在试验阶段。

各种森林经营思想的诞生，都反映了人类在不同时期对森林资源的认识程度和经营思想。虽然不同的经营思想产生的时代背景不同，理论体系和经营技术体系不同，但是，每个思想都具有其合理的部分，是需要继承和发展的，这就是强调人与森林和谐共处，通过合理的经营方式，达到经济效益、生态效益以及社会效益的协调、平衡发展，发挥森林的多功能效益，实现人类社会的可持续发展。所以，实现森林多功能经营是各种森林经营思想的最终目标。

1.5   森林生态系统经营的规划决策技术

支撑森林生态系统经营的规划决策技术方法主要包括：计算机和"3S"技术、检查法、森林类型多样性最大覆盖模型、森林多目标经营规划和林分择伐空间结构优化分析等方法和技术。下面将介绍各项技术方法的内容和讨论其在森林生态系统经营中的支撑作用。

1.5.1   计算机和"3S"技术

"3S"是遥感（RS）、地理信息系统（GIS）、全球定位系统（GPS）的总称。它们是随着电子、通信和计算机等尖端学科的发展而迅速崛起的一批高新技术，三者有着紧密的联系在林业以及森林采伐规划设计上有着广泛的应用（张会儒，1998）。

遥感是通过航空或航天传感器来获取信息的技术手段。利用遥感可以快速、廉价地得到地面物体的空间位置和属性数据。近年来，随着各种新型传感器的研制和应用，使得遥感特别是航天遥感有了飞速发展。遥感影像的分辨率大幅度提高，波谱范围不断扩大，特别是星载和机载成像雷达的出现，使遥感具有了多功能、多时相、全天候能力。在森林经营作业中，遥感技术主要用于作业区区划、景观分类和规划以及大范围的经营活动的动态监测中（张会儒，1998）。

地理信息系统是以地理坐标为控制点，对空间数据和属性数据进行管理和分析的技术工具。它的特点是，可以将空间特征和属性特征紧密地联系起来，进行交互方式的处理，结合各种地理分析模型，进行区域分析和评价。森林经营作业中，地理信息系统能够提供各种基础信息（地形、河流、道路等）和专业信息的空间分布，利用它的分析功能可以进行作业区区划、道路、集运材、伐区作业、更新等的设计和决策（邱荣祖，2001）。

全球定位系统是利用地球通信卫星发射的信息进行空中或地面的导航定位。它具有实时、全天候等特点，能及时准确地提供地面或空中目标的位置坐标，定位精度可达 10m 至 1m 级。森林采伐作业中，全球定位系统可用于遥感地面控制、作业区边界量测、森林调查样点的导航和定位等诸多方面（张会儒，1998）。

遥感、地理信息系统与全球定位系统这 3 个系统各有侧重，互为补充。RS 是 GIS 重要的数据源和数据更新手段，而 GIS 则是 RS 数据分析评价的有力工具，GPS 为 RS 提供地面或空中控制，它的结果又可直接作为 GIS 的数据源。因此，计算机和"3S"技术已经发展为一门综合的技术,用于各种森林经营活动的优化决策。

目前,计算机和"3S"技术的研究十分活跃,它的应用也已产生非常显著的效益。显示了巨大的发展潜力。随着计算机软硬件技术水平的不断提高,"3S"技术将不断完善,并与决策支持系统、人工智能技术、多媒体等技术相结合,成为一门高度集成的综合技术,将在森林生态系统经营中开辟更广阔的应用领域。

1.5.2 检查法

检查法是一种集约经营的方法,它是通过定期的森林调查,观察森林结构、蓄积量和生长量的变化作为确定下一个经理期采伐量的依据。通过择伐作业使林分保持稳定、复杂的结构。最早提出检查法的是法国林学家顾尔诺,他于 1863～1875 年在朱罗村有林地中进行了检查法试验。后来又经瑞士林学家毕奥莱在瑞士纳沙台尔州的特拉威尔峡谷的公有林中,对检查法进行了毕生试验。在瑞士和北欧许多地方一直持续至今,森林资源的连续清查和其他定期调查都是在此基础上发展起来的。它的经营思想目前仍有较高的指导意义。

检查法经营技术具有以下特点:

(1)经营原则:为了在时间上、空间上,在每一林分中获得持续生产,毕奥莱确定的检查法森林经营原则是:①尽可能多的持续生产;②用尽可能少的生产资料进行生产;③尽可能生产最好的材种。检查法认为,经营森林必须符合自然规律,既要考虑资本(蓄积量)也要考虑投入(劳力)。即用尽可能少的蓄积量和人力去取得最好的生产效果。因此,采用择伐作业是理想的采伐形式。

(2)森林调查方法:检查法采用一套独特的森林调查方法。①定期森林调查:森林调查的间隔期取决于生长速度与经营措施,在瑞士根据经验确定每隔 6 年调查一次。即把经营对象划成 6 部分,每年调查其中的一部分;②基本区划单位:把森林按林班作永久性区划,作为检查法的基本区划单位,无小班区划;③每木调查:对达到一定胸径以上的林木按一定的径阶整化进行每木调查;④不测树高:与测直径相比较,测树高是比较困难的,为了提高效益,检查法不测树高;⑤一元材积表:由于只测胸径,不测树高,材积计算使用一元材积表。

(3)材积定期生长量计算:定期开展全林森林调查,但林木不编号。因为林木编号及每次调查时的确认需要时间,影响调查效率。

检查法有独特的立木材积和林分蓄积生长量计算方法,首先,按胸径大小把林木分为主林木和副林木,每次调查和生长计算的对象是主林木。其次,把胸径整化为径级,由大到小排列,连续两次调查其排列顺序不变。这样便于统计各径阶(径级)林木株数分布变化及进界和进级株数,便于计算各径级材积生长量和生长率。

(4)采伐计划:森林经营者根据调查和计算结果,即各径级蓄积、生长量和生长率,以保持林分高生产力为目的,确定采伐木和保留木,预估计收获量,制定采伐计划,把现有林调整到理想的结构。

虽然检查法思想诞生已有近 150 年的时间,但在我国的试验研究起步较晚,1987 年北京林业大学和汪清林业局合作在该局的金沟岭林场云冷杉过伐林中首次进行检查法试验研究。近 20 年的试验研究证明,检查法既能够有效保护森林环境的同时,又获得一定数量的木材及林副产品,是一种集约的森林经营方法,是实现天然林可持续经营的有效途径之一

（于政中等，1996；亢新刚等，1998）。

1.5.3 森林类型多样性最大覆盖模型技术

一般认为，生物多样性包括基因多样性、物种多样性、生态系统多样性和景观多样性4个层次（Noss，1986）。究竟从哪个层次上来保护生物多样性才更有效，这是摆在我们面前的问题（Franklin，1993；Noss，1996）。传统的方法是保护稀有种和濒危种（White 等，1999）。但是，单纯保护某一个物种的作用是十分有限的（赵淑清等，2000）。生物多样性保护最有效的途径不是对单个物种的保护，而是把生物多样性保护的空间尺度放在生态系统和景观水平（Naven，1994；邬建国，2000）。因为，在生物多样性保护中，较高等级层次能兼容和限制低等级层次的行为（江明喜等，1998）。只有在位于高层次的整个生态系统和景观得以保护后，那些"不起眼"的物种才能得到保护（Orians，1993）。也就是说，生物多样性保护应当从高等级层次入手。

从生态系统层次保护生物多样性已逐渐成为生物多样性保护的重要方式，大量自然保护区的建立反映了这一发展趋势。森林类型是森林生态系统常见的分类方式，一个森林类型的消失可能比一个物种的灭绝后果更严重。因此，ITTO 认为，保护生态系统的多样性主要是保护各种森林类型。其内容包括森林类型的数量、面积及比例等（ITTO，2001）。把一个区域内所有森林都保护起来，那么该区域的森林类型都将得以保护，但这显然是不现实的。那么怎样以最少的斑块数或最少的面积就能保护所有主要森林类型，这是我们实际关心的问题。早在 20 世纪 70 年代，Church 等（1974）就提出了类似问题的最大覆盖模型。此后，Church 等（1983）把最大覆盖模型用于解决公共设施的合理安排问题。到 20 世纪 80 年代末，Pressey 等（1989）较早地把最大覆盖模型引入生物群落的保护地设计与选择，目的是在给定立地中覆盖尽可能多的物种（Church et al.，2000）。而 Underhil（1994）提出的最大覆盖模型是以所选择的保护地的物种数为度量指标，寻找最少的立地数，保证每个物种至少出现 1次，他把最大覆盖模型又称为集合覆盖模型。Chaplin 等（1999）探讨用最少的立地覆盖美国每个濒危物种 2 次或 3 次。类似的研究还有很多，如 Murray 和 Church（1996）、Adenso—Diaz 等（1997）及 Church（2000）等。这些模型也适用于森林类型的最大覆盖问题。为此，把物种最大覆盖模型引入森林类型多样性保护研究，建立森林类型多样性保护的最大覆盖模型，目标是以尽可能少的区划单元数覆盖所有主要森林类型，为森林生态系统经营中森林类型保护区和伐区的设置提供科学的决策依据。

1.5.4 森林多目标经营规划技术

森林可持续经营要求实现森林经营的多个目标，但这些目标常常是相互冲突的，因此需要通过多目标规划来实现。森林经营规划主要在三个层次上进行：战略（Strategical）、战术（Tactical）和作业（Operational）规划（Murray and Church，1995）。在战略规划中确定长远的目标，侧重于实现超过十年的长期目标，景观规划主要在这个层次。如野生动植物栖息地，荒野保护，或木材采伐量指标（Murray and Church，1995）。在这个水平上的主要决策，与大面积土地上较长规划期内的土地利用分配和投入产出的目标累计有关。当战略规划层次的可选经营方案很多时，经营决策者就会做出相关的所谓中间或战术计划。在这个层面的决策包括：规划详细的经营区或经营单位、道路建设、采运以及为缩短规划时限确定一个最优计划

（Weintraub and Cholaky，1991）。第三个层面是所谓的作业层次，涉及确定一个区域的森林土地利用计划，代表着短期的森林作业的问题，如采集、生产、采运、种植、病虫害防治、林火管理、以及道路建设和维护（Murray and Church，1995）。

森林多目标规划问题通常包括建立目标函数、确定约束条件和利用优化算法求解结果三个步骤。森林多目标函数主要包括经济和商品生产、野生动植物生境、生物多样性、娱乐游憩和其他目标五大类别。森林多目标规划约束包括经济和商品生产、水流、碳贮存、森林结构、野生动植物、最大最小收获年龄和其他约束六大类别。优化方法已经成功应用到森林规划方面，使用优化方法建立模型可以得到森林可持续经营的最佳决策方案。线性规划方程已经无力处理空间约束和理想空间条件问题。现在应用比较广泛的算法有人工神经网络、混沌优化、蒙特卡洛整数规划、模拟退火算法、遗传算法、禁忌搜索算法等。

1.5.5 林分结构化经营技术

结构化森林经营是一套完整的、新的森林可持续经营体系，包括经营目标、理论基础、经营原则和经营方法与技术。之所以在"森林经营"前面冠以"结构化"，其用意在于强调"结构优化"，以区别于传统的森林经营。结构化森林经营在总结国际上现有森林经营理论与方法的基础上，汲取了德国近自然森林经营的原则，将培育健康稳定森林作为终极目标，创造性地以优化空间结构为手段，按照林分自然度和经营迫切性确定经营方向，对建群种竞争、林木格局、树种混交等进行有的放矢的调整。结构的重要性、可解析性和健康森林结构特征构成了结构化森林经营的理论基础。主要技术特征如下：

（1）用森林自然度进行森林经营类型划分。森林自然度用来描述森林生态系统保持原生状态的程度，更多地是作为一种描述历史上人类对植被或森林影响的大小，或用来表示现实植被离开它的"天然植被"的距离，但很少有人将其作为森林经营类型划分的依据。

（2）利用经营迫切性指数来确定林分经营方向。林分的经营迫切性分析是指从健康稳定森林的特征出发，充分考虑林分的结构特点和经营措施的可操作性，从林分空间特征和非空间特征两个方面来分析判定林分是否需要经营，为什么要经营，调整哪些不合理的林分指标能够培育林分向健康稳定的方向发展。经营迫切性反映了现实林分与健康林分状态的符合程度。

（3）用空间结构参数指导林分结构调整。

①以角尺度来调整林分空间分布格局。通常情况下，林分如果不受严重干扰，经过漫长的进展演替后，顶极群落的水平分布格局应为随机分布。因此，格局调整的方向应是将非随机分布的林分调整为随机分布型，应将左右不对称的林分角尺度分布调整为左右基本对称，也就是说对林木分布格局为均匀分布和团状分布的林分进行调整。在进行林木分布格局调整时主要针对顶极树种和主要伴生树种的中、大径进行调整，并不需要对林分内的每株林木进行调整，这样做既没有必要，也不现实。

②以混交度来调整树种空间隔离程度。一般认为，随着演替进展，林分内各树种间的隔离程度增加，这是稳定森林结构中同一树种单木减少对各种资源竞争的一种策略，也就是说，树种隔离程度越高，林分结构越稳定。因此，当林分组成以顶极树种或乡土树种占优势，林下更新良好时，林分调整方向应该是提高林分混交度，优化资源配置。在进行经营时，将林分中主要树种的混交度取值为 0、0.25 的单木作为潜在的调整对象。

③以大小比数来调整树种竞争关系。林木竞争关系调节必须依托于操作性强的并且简洁直观的量化指标。大小比数量化了参照树与其相邻木的大小相对关系，可直接应用于竞争关系的调整。特别是在目标树单木培育体系中更容易表达目标树与其周围相邻木的竞争关系，在实际操作中容易实现。调整顶极树种或主要伴生树种的中、大径木时应使经营对象的竞争大小比数不大于 0.25。

（4）用林分状态分析来进行经营效果评价。林业生产周期长、见效慢的特点决定了运用功能评价的方法对森林经营活动结果进行评价必然具有一定的滞后性，不能掌握经营活动对森林各项指标的影响，从而不能在经营过程中及时调整经营措施，如果在经营过程中采取的措施不当，往往会造成事与愿违的结果。结构化森林经营提出用林分状态分析来进行经营效果评价。林分经营状态通常表现在空间利用程度、物种多样性、建群种的竞争态势以及林分组成等四个方面，这些因子包括了森林生态系统的生物因子和外界干扰因子，较全面地反映经营活动对林分的影响。

1.5.6 林分择伐空间优化系统

林分空间结构决定了树木之间的竞争优势及其空间生态位，在很大程度上影响着林分生长、发育与稳定性。林分空间结构被认为是决定生境和物种多样性的重要因子。目前，林分空间结构分析已成为国际上天然林经营模拟技术的主要研究内容。

林分结构包括空间结构和非空间结构。空间结构主要包括：混交、竞争和林木空间分布格局 3 个方面。非空间结构包括：径级结构、生长量和树种多样性等。生态过程和干扰都影响林分结构。疏伐是对实施经营的林地最重要的干扰。采伐直接影响林分的空间结构和非空间结构，而空间结构的变化又产生对非空间结构的影响。合理的择伐是调整林分空间结构的手段，以便充分发挥森林的功能（汤孟平，2003）。

传统的林分择伐优化模型的目标是系统功能优化，主要是经济效益最大，如总收益最多、纯收益最多、净现值最大等，很少把系统结构作为目标。事实上，根据系统论结构决定功能的观点，只有保持系统结构优良，系统的功能才能得到较好发挥。

如前所述，生态系统经营模式重视森林生态系统的结构多样性和完整性，强调生态系统的健康保护和恢复，而不是只追求木材产量或经济效益最高。生态系统经营属小尺度经营。因此，符合生态系统经营原则的小尺度林分择伐应当在取得一定木材收获量的同时，最大限度地改善林分结构包括空间结构和非空间结构，使森林生态系统始终维持在理想的结构状态，以保持生态系统的健康、活力和完整性，充分发挥系统的各种功能，实现森林的可持续经营。

因此，在林分择伐规划中引入林分空间结构，建立林分择伐空间优化模型，旨在为林分择伐提供决策依据，以便在确定是否采伐某一空间位置上的林木时有充分的理由。由于林分空间结构包括多个方面。所以，择伐规划必然是多目标规划。在最优结构决定最优功能的假设前提下，采用非线性多目标整数规划建立模型。模型以林分空间结构为目标，以非空间结构（林分结构多样性、生态系统进展演替和采伐量不超过生长量）为主要约束条件，使林分空间结构达到最优状态，以便最大限度地保持系统的结构完整性，充分发挥森林的多种功能。求解此模型可以获得最优采伐方案，包括最优采伐木信息和采伐前后森林结构的变化。从而为生态采伐中采伐木的选择提供了具有科学性和可操作性的技术和方法。

将以上思想和模型，采用面向对象程序设计方法，结合计算机技术，研制成林分择伐空间优化系统软件，成为择伐设计的有力工具。使用该软件，可以实现林分采伐方案的优化设计，提高采伐规划设计的科学性和技术水平。

1.6 森林生态采伐作业技术

森林采伐作业对生态环境的不利影响是客观存在的，为了减轻这些不利影响，维护生态系统的稳定性，森林采伐作业必须在一定的生态约束下进行，以维持森林生态系统的生产力，保护森林的生物多样性，实现森林可持续发展。森林生态采伐作业技术包括采伐方式优化与伐区配置、集材方式选择和集材机械的改进、保护保留木的技术措施、伐区清理措施的改进等方面。

1.6.1 采伐方式优化与伐区配置

采伐方式选择的合理与否，在于其适用的条件。大面积连片皆伐作业应避免。择伐作业的强度必须有所控制。对东北林区的天然林或次生林，实行低强度大面积择伐作业，采用低强度的集中凑载、原木或原条等多种工艺方案相结合的作业方式更适合林分资源状况，不但可以降低作业成本，而且有效保护了保留林分（张殿忠，1994）。亢新刚等（1998）在长白山林区对针阔混交林的研究表明，对云冷杉、红杉为主的异龄林实行低强度择伐（10%～20%），既能保持原有的森林生态系统结构和功能，又能产生较好的经济效益，并且有利于土壤、生物多样性、生态系统和景观维护。

在伐区配置方面，目前最为常见的是小面积块状和带状皆伐，伐区相邻布置。美国"新林业"理论创立者 Franklin 教授从景观生态学的原理出发，对美国西北部天然林棋盘式的伐区配置提出异议，认为应当适当集中伐区来取代现行的分散小块伐区配置，从而降低森林景观的破碎程度，也有利于降低伐区作业生产成本（赵士洞等，1991）。

1.6.2 集材方式选择和集材机械的改进

减少集材作业对林地生态的影响，要结合各地经济技术发展的特点，通过改进作业机械、完善作业技术予以解决。加拿大森林工程研究所（FERIC）认为，对于新的作业系统和采伐机械，目前至关重要的是要寻求一条有效的途径，即要保护生态，也要提高劳动生产率。伐区机械应满足以下要求：轻便、灵活、快速，少破坏地表和幼树，还要经济。特宽低压轮胎集材机可以减少集材拖拉机的接地压力，因而44英寸甚至更宽轮胎的集材机已在美国南部潮湿立地的采伐作业中得到广泛的应用；英国的卡特匹勒公司开发了以橡胶履带代替钢履带的拖拉机；芬兰 Plustech 公司研制出可灵活用于林内采集作业的步行式的伐区联合机，其特点是接地部分由6个支柱组合代替车轮或履带，避免了传统的伐区机械行走部分与土壤持续接触而形成连续的车辙，大大减少了机械与林地土壤接触面积。法国目前应用的伐区作业机械大多是6轮和8轮的宽基低压轮胎，其生产效率高且对土壤破坏小（Sorenson，1994；Jamieson，1995；Coutier，1995；Hedin，1995；Jones，1995；Harrison，1995）。

在山地林区为减少采伐作业对林地生态的破坏，索道集材得到了广泛的应用。德国、奥地利等国架空索道集材的比例已由12年前的8%提高到现在的25%；挪威对高山移动式索道集材给予补贴已有 10 余年之久。林道网发达的一些国家，用单跨自行式索道集材卓有成效。前苏联、捷克斯洛伐克等国经研究，拟在 20°以上坡地采用窄带皆伐的索道集材（陈如平，1993）。近几年，我国在架空集材索道的结构和类型的完善方面进行了一些有益的探索，适合山地条件的天然林择伐集材索道和轻型人工林间伐集材索道已开始得到应用（邹新球，1991；冯建祥，1991）。

畜力集材具有对土壤破坏小，对幼树幼苗损伤小，无废气污染等优点，为发展中国家一种既经济又满足生态保护的可行的集材方式。我国东北林区近几年使用牛、马车等畜力集材的比例有所上升（Wang，1995）。印度、泰国等国家利用驯象等集材已有悠久的历史（William，1995；Twaee，1995）。

直升飞机和飞艇集材近几年在瑞士、加拿大、日本等国得到发展，主要用于其他设备不可及的山区以采伐珍贵树种，此法可保留 75% 的幼树（陈如平，1993）。

在坡度小的伐区，传统上仍沿用拖拉机集材为主，通过提高林道网密度，减少集材拖拉机的通过次数以降低对林地土壤的压实程度，完善作业方法如拖拉机不越出集材道，装车场铺设灌木和枝桠，采用犁耕法等恢复集材道上的土壤；伐区作业尽量避开雨季，在寒冷地带增加冬季作业的比重以充分利用冰雪道集材等措施，都能减少作业对森林生态环境的不利影响（史济彦，1998）。

1.6.3　保护保留木的技术措施

降低采伐作业对保留木损伤的措施主要有：定向伐木、合理选择机械设备、合理配置集材道和楞场、限制采伐强度等。通过培训熟练工人提高伐木操作技术，增强作业时的环保意识，加强前后工序的合作，严格管理等都可有效地减少保留木的损伤。Jennifer 等（1996）在巴西亚马逊热带林采伐的调查表明，作业前伐除藤本（其缠结作用可导致更多的树木被拖刮）可以有效地减少保留木的损伤。在马来西亚等地的调查表明，通过改进作业技术可减少 1/4 ~ 1/3 的保留木损伤（Pinard，1996；William，1994；Bragg，1994）。在择伐作业中，通过深开下口，多打楔子，树倒前快速拉锯，可使伐木倒向准确，减少周围树木的损伤。林内造材、集材中定线路均可避免对保留木大面积的干扰和损害（周新年等，1992）。

1.6.4　伐区清理措施的改进

杨玉盛等（1997）研究指出，在南方山地林区，天然林采伐后应尽量不采用炼山方法清理林地，把剩余物散铺或带状堆腐，从而达到减少对土壤干扰，增加幼林地地表覆盖度，保蓄养分之目的。以全面劈杂，带状清理林地代替全面炼山。采用化学灭草代替人工劈草炼山，可降低成本，且枯死杂草覆盖林地，可保持水土，提高土壤肥力。"新林业"创始人 Franklin 教授将"生物学遗物"的概念应用到采伐上，认为伐区清理要尽量把采伐剩余物留在迹地上，保留一些倒木和活立木，依靠迹地留下的大量有机物为下一代的森林更新创造良好的物质基础，这是维持和恢复森林生态系统的重要途径。并为野生动物提供必需的生态，为下一代的更新提供种源，增加森林结构的特殊性（赵士洞，1991）。

1.7　森林生态采伐更新作业规程

我国《森林生态采伐作业规程》虽然已经颁布（国家林业局，2005），从生态学的角度看尚有不完善的地方，离可持续经营的要求还有距离。这些不足主要表现在以下3方面：①何地采的问题。规程中虽然包括了伐区区划、禁伐区和缓冲区设置等方面的原则要求，但没有考虑森林类型多样性保护和景观的合理配置，使何地采的科学依据不足。②采什么留什么的问题。规程中关于采伐木和保留木的确定，还是沿用了传统的"采坏留好、采大留小、采上留下、采密留疏"的原则。但这些原则已经不能适应生态采伐的要求，如根据新林业理论，有生态价值的活立木和枯立木（如有鸟巢和猛禽栖息的林木）应予以保留。解决这个问题的更科学的做法应该是采用目标树体系结合林分择伐空间结构优化分析来确定采伐木和保留木。③我国幅员辽阔，森林类型多样，一个规程难以适合所有的森林植被分布区。应该针对不同的地理区域，研制适合的森林生态采伐作业规程，以更好的指导和规范森林经营单位的森林采伐作业活动。

针对以上问题，我们基于以往的研究成果，根据东北天然林的特点，结合天然林保护工程的要求，提出了《东北天然林生态采伐更新技术规程》（草案）（唐守正等，2006），为其他区域制定森林生态采伐更新技术规程提供了示范。这里对其主要内容作一介绍。

1.7.1　森林采伐类型和方式

森林采伐类型分为主伐、抚育采伐、更新采伐三种类型。对于东北天然林，主要为主伐和抚育采伐。

主伐分为择伐、渐伐和皆伐三种方式。东北天然林适用的主伐方式为皆伐和择伐。

（1）择伐是目前东北天然林区提倡的、也是最常用的采伐利用方式。择伐采用径级作业法，实行单株择伐或群状择伐。

（2）在东北天然林区，一般不提倡使用皆伐，除非因严重自然灾害（如严重火烧、病虫害等）、征占用林地等引起的必要皆伐，一般采用块状皆伐和带状皆伐。且要严格控制皆伐的使用范围。

抚育采伐是在未成熟林分中有选择地伐除一部分林木，其目的是改善林分结构，促进林分生长。抚育采伐主要在商品用材林中进行，特用林根据培育目的和具体情况确定抚育采伐，禁伐林不进行抚育采伐。

1.7.2　伐区调查设计

根据相关规程要求结合森林类型多样化最大覆盖模型和景观生态规划原理和方法进行。

1.7.3　禁伐区和缓冲区

禁伐区是依据国家的法规和当地的自然、经济、社会发展需求，在伐区内设置的除发生森林火灾和重大病虫害外，严禁进行各种采伐活动的区域。禁伐区应包括：自然保护区、生态公益林的核心保护区、文化保护区、不能进行采伐活动的科研试验地等。

缓冲区是在伐区内分布有小溪流、湿地、湖沼，或伐区临近自然保护区、人文保留地、自然风景区、野生动物栖息地、科研实验地等，留出的一定宽度的缓冲带。在缓冲区内，未经特许，不得采伐任何林木；除修建过水管道和桥涵等工程作业外，禁止施工机器进入；禁止向缓冲区倾倒采伐剩余物、其他杂物和垃圾。

具体方法可根据以上原则结合森林类型多样化最大覆盖模型确定。

1.7.4　采伐作业设计

根据林分调查因子和采伐类型的要求，确定伐区采伐方式和采伐强度。

采伐木和保留木采用目标树体系结合林分择伐空间优化系统来确定。

采伐木标号：为了便于采伐作业，凡是采伐木都要按照一定的规定和标准进行标号，皆伐伐区对周界木进行标号，择伐伐区对采伐木进行标号，对于需要特殊保护的林木也要进行标记，以避免误采，标号必须明显清楚。

1.7.5　集材方式

集材是将伐区里的木材从伐木地点搬、汇、集到装车场或山上楞场的作业。适用于东北天然林区的集材方式有：拖拉机、索道、人力、畜力集材方式。

索道集材：人力索道的人拉区段跨度以 30m 为宜；控制区段以 300m 为宜。运载量与钢索直径有关，通常 17mm 时为 600kg。重力索道的。跨度一般以 100～300m 为宜，最大不超过 400m，一次集材不超过 0.25m³。

拖拉机集材：集材顺序为集材道、伐区、丁字树。两台以上拖拉机同时集材，后车与前车原条后端的距离，在平坦地段应保持在 15m 以上；在坡度不超过 15°的路段，不得少于 30m；在坡度超过 15°的路段，后车必须在前车下到坡底后，方可开动。拖拉机向上坡行驶或集材时，下坡 20m 以内不准有人。向下坡行驶时，禁止急刹车和换档变速，严禁空档熄火滑行。两条集材道间隔 50m。

人力集材：人力搬运要尽可能利用吊钩、撬棍、绳索，避免手、足直接接触。几人共同作业时，应有人指挥，步调一致。

畜力集材：引导牲畜的工人应走在牲畜的侧面。集材道上的丛生植物和障碍要及时清除。木材前端与牲畜之间至少应保持 1～2m 的安全距离。畜力集材道的最大顺坡不超过 16°，其坡长不超过 20m；重载逆坡不大于 2°，其坡长不超过 50m。

1.7.6　工程设计

采伐中的工程设计包括楞场、集材道、贮木场等的设计。这些设计更多的是土木工程方面的内容。这里介绍仅从减少对环境的影响的角度介绍有关环节的技术要求。

楞场布设要距离禁伐区和缓冲区至少 40m；楞场大小取决于木材暂存量、暂存时间和楞堆高度，尽量缩小楞场面积，减少对生产区林地的破坏；楞场位置必须在伐区作业设计（采伐计划）图上标明，符合条件者方能建设。

集材道上的水道桥涵的数量应尽量减少，集材机械对土壤造成的潜在破坏应尽量减少，如有可能，应进行上坡集材。因为大径级原木根端抬起牵引上坡，不会对土壤造成太大的破坏，应避开禁伐区和自然保护区（小区），严禁在山坡上修建易造成水土流失的土滑道。

贮木场应选择在自然地势较平缓的地带，以利于平面及竖向布置，减少土石方工程量；

场址附近应有可靠的水源，水量和水质应满足生产、消防、生活用水的需要，并在位置上避免水质在远近期受到污染；有木材综合利用的贮木场，场址选择应考虑木材综合利用厂的生产要求和"三废"的处理与环境的保护。

1.7.7 伐木作业

伐木作业是一个危险工种，除了应注意的安全措施外，从减少对环境的影响角度，主要是减少伐木时对母、幼树和保留树的砸伤量。这要通过控制树倒方向来避免。主要技术要点如下：

(1)总的树倒方向应与集材道成30°~45°角为宜。一般情况下，采取的伐木技术措施为锯上楂、下楂、留弦、借向、支杆推树、夹楔等，并应掌握伐木时控制树倒方向的四大要素：即开楂要正，留弦要准，留心要小，树倒要快。

(2)降低伐根。为了充分利用森林资源，伐根要降低到零，最高不能超过10cm。同时，应当避免使树倒向伐根、立木、倒木、岩石、陡坎或凸凹不平的地段上，以免摔伤、垫伤、砸伤被伐木，减少木材损失。

1.7.8 森林更新

森林更新分为人工更新、人工促进天然更新、天然更新三种方式。应根据森林经营目的和迹地更新条件合理选择更新方式。

人工更新主要适用于：改变树种组成；皆伐迹地；皆伐改造的低产(效)林地；原集材道、楞场、装车场、临时性生活区、采石场等清理后用于恢复森林的空地；经济林更新迹地；非正常采伐(盗伐)破坏严重的迹地；其他采用天然更新或人工促进天然更新较困难或在规定时间内达不到更新标准的迹地。

人工促进天然更新主要适用于：完全依靠自然力在规定时间内达不到更新标准时，要采取人工辅助办法，促进天然更新；渐伐迹地；择伐改造的低产(效)林地；采伐后保留目的树种天然幼苗、幼树较多，但分布不均匀、规定时间内难以达到更新标准的迹地。

天然更新主要适用于：采伐后保留目的树种的幼苗、幼树较多，分布均匀，规定时间内可以达到更新标准的迹地。采伐后保留天然下种母树较多，或具有萌蘖能力强的树桩(根)较多，分布均匀，规定时间内可以达到更新标准的迹地。需要保持自然生长状态，并立地条件好，降雨量充足，适于天然下种、萌芽更新的迹地。

迹地更新技术标准执行《造林技术规程 GB/T15776—95》、《封山(沙)育林技术规程 GB/T15163—94》和《生态公益林建设技术规程》规定的成林年限和成林标准。

1.7.9 伐区清理

伐区清理包括采伐迹地清理、楞场和装车场清理、临时性生活区清理、集材道清理、桥涵清理、采石场清理和水道清理等7方面的清理工作。从保护环境和充分利用资源的角度，清理的内容主要有：

(1)可利用的枝桠和小径木应全部运出，标准为小头直径大于4cm，长度2.0m以上。其余采伐剩余物的应采取带状堆放或散铺的方式处理，减少对林木下种和更新的不利影响。采伐剩余的堆放宽度小于1m，堆高不应超过50cm。禁止采用火烧处理采伐剩余物。

（2）拆除设施，整平场地，清除场地内的非生物降解材料和所有固体废物，包括油/燃料桶和钢丝绳。深埋生活区的垃圾。

（3）选择草本植物或灌木、低矮乔木，及时恢复这些地方的森林植被。

1.7.10　采伐评估

采伐评估是对采运作业进行的系统检查，用以确定其遵守计划及达到标准的程度。评估方式包括过程中评估和伐后评估。评估检查内容主要包括：①永久性道路是否保持良好；②临时性道路和集材道是否封闭，封闭后是否根据地形需要修横向排水沟，将径流导入林地；③集材道和楞场是否种上植被；④检量伐根高度；⑤观察造材后留下的根端及梢端是否合理；⑥集材后有否漏集原木等。评估结束后，要将评估报告送交有关部门及采运工队。对优质工作给予财政鼓励，未达标准的处以罚金，以加强今后对可持续采运的执行。

1.8　小结

本章在综合各种研究成果的基础上，对森林生态系统经营的概念和内涵进行了论述，提出了在景观规划原则指导下由共性技术原则和个性技术指标组成的森林生态系统经营技术体系框架，重点讨论了共性技术原则的各组成部分的内容。

（1）森林经营理论。对与生态系统经营相关的森林经营理论的概念和内涵进行了分析和讨论，包括近新林业、近自然林业和可持续经营等。虽然不同的经营理论产生的时代背景不同，理论体系和经营技术体系不同，但是，每个理论都具有其合理的部分，这就是强调人与森林和谐共处，通过合理的经营方式，达到经济效益、生态效益以及社会效益的协调、平衡发展，实现人类社会的可持续发展。实现森林可持续经营是各种森林经营理论的最终目标，森林可持续经营理论是这些理论的最终归宿。

（2）规划决策技术。从森林经营的角度，论述了几种新技术方法在森林生态经营中的应用，包括计算机和"3S"、检查法、森林类型多样性最大覆盖模型、森林多目标规划和林分择伐空间优化系统。这些新技术将为森林生态系统经营在规划设计、实施及评价等方面提供技术支撑。

（3）生态采伐作业技术。森林生态采伐作业技术包括采伐方式优化与伐区配置、集材方式选择和集材机械的改进、保护保留木的技术措施、伐区清理措施的改进等方面。

（4）生态采伐更新作业规程。介绍了东北天然林生态采伐更新技术规程的主要内容，该规程为制定其他区域的森林采伐作业规程提供了示范。

第2章
东北天然林林分和景观层次多目标
经营规划技术研究

森林经营规划是实现可持续经营的重要手段，常常需要利用优化方法建立模型得到森林可持续经营的最佳决策。森林规划问题具有多目标、多层次、长期性、动态性和空间相关性等特点。早期由于人类认识的局限性，森林经营规划以木材生产为主，随着全球生态环境问题的日益突出，人类认识也在不断深化，目前森林的多功能利用已经成为森林经营的主导方向。尤其在全球气候变化的背景下，如何发挥森林的固碳作用已经成为森林经营的一个重要目标。本章对国内外森林多目标经营规划研究进行了综述；以东北过伐林区吉林省汪清林业局的森林为对象，研究了林分和景观层次的多目标森林经营规划方法和技术，主要包括：森林多目标规划的主要参数、基于径阶生长模型的林分多目标（蓄积量、生物多样性和碳吸存）经营优化模型及软件系统、基于潜在天然植被的森林景观多目标规划设计技术、考虑木材产量和碳吸存目标的景观层次采伐规划技术。

2.1 森林多目标经营规划研究进展

最早的大面积的森林经营规划主要是基于完全调整的同龄林即森林有稳定的结构和状况，每年有相同收获，这是一种理想状况（Davis et al.，2001；Kangas et al.，2008）。在确定森林采伐量时，采用面积控制法或蓄积控制法。对于单个林分，在规划时主要考虑最优轮伐期。最常用的轮伐期计算方法是 Faustmann 公式（Faustmann，1849）。20世纪60年代开始，引入线性规划（Curtis，1962），并在接下来的几十年不断得到发展。随着人们对森林的生态目标的关注及森林规划的空间性、非线性和不确定性，近年来空间规划和启发式优化算法也开始得到应用和发展（Lu and Eriksson，2000；Baskent，2005）。

2.1.1 规划层次

森林经营规划可以定义为确定经营措施并对这些措施进行时间和空间上的计划从而实现森林经营的目标。从时间上主要包括三个主要层面：战略规划（strategical planning）、战术规划（tactical planning）和作业规划（operational planning）（Gunn，1991；Murray and Church，1995）。

在战略规划中确定长远的目标，即主要从森林中得到什么，往往要超过一个轮伐期，景观规划主要在这个层次。如野生动植物栖息地、生境保护、木材采伐量、树种选择等指标（Murray and Church，1995；Bettinger and Sessions，2003）。在这个水平上的主要决策，是在相当长的规划期为一个大面积的土地上在有关土地分配和投入—产出分析的目标。对于评价森林经营方案的可持续性，长期的战略规划尤为重要。需要的信息包括固定样地、约束、成本和价格等，但数据常常是非空间的。

　　而战术规划主要决定如何实现战略规划的目标，多为 5~20 年。在这个层面的决策包括：规划详细的经营区或经营单位、采伐量及伐区分布、道路建设、采运以及为缩短规划时限确定一个最优计划（Weintraub and Cholaky，1991；Martell et al.，1998；Church et al.，1998）。

　　第三个层面是所谓的作业层次，涉及具体一个林分的详细的经营措施计划，主要是短期（1 年）的森林作业的问题，如采伐、生产、采运、种植、病虫害防治、林火管理以及道路建设和维护（Murray and Church，1995；Church et al.，1998）。在实际中，战术规划和作业规划常常相结合。

2.1.2　森林多目标规划模型与优化算法

　　森林多目标规划模型通常是首先建立目标函数，之后再确定约束条件和利用优化算法求解结果。

2.1.2.1　多目标优化的基本概念和方法

　　所谓多目标优化，是指在满足给定约束条件的前提下，从设计变量的取值范围内搜索最佳设计点，使多个设计目标决定的设计对象其整体性能达到最优。在一般情况下，多个目标是处于冲突状态的，即不存在一个最优设计点使所有的目标同时达到最优。一个目标性能的改善，往往以其他一个或多个目标性能的降低为代价。

　　多目标优化（Multi-objective optimization，MO）问题可以描述为：

目标：$Min(f_i(x))$

约束：s.t　$g_i(x) \geq 0$

　　式中 $x = (x_1, x_2, \cdots, x_n)$ 为决策变量，$f_i(x)(i = 1, 2, 3, \cdots, m)$ 为第 i 个目标函数，$g_i(x)$ 为第 i 个约束函数。

　　与通常的单目标优化问题不同的是，多目标优化问题是多个目标（目标向量）的最优化问题，因而不能直接应用解决单目标优化问题的方法来处理多目标优化问题。所以，目标规划方法首先要设定各目标的目的值，设定后，目标的实际值与目的值之间含有正或负的偏差，目标规划就是在满足约束条件下，使包含正负偏差变量的目标函数达到最小。即目标规划方法只能将一个主要目标函数列为目标，将其余的目标转化为约束条件，从而将多目标问题转化为单目标问题。由于目标构成的约束与原约束可能相互矛盾，构不成可行域，致使线性规划无解，即使有解也不一定是实际意义上的最优解，而是伪解。近年来，随着优化技术的不断发展，在处理多目标优化问题上已逐渐形成了一整套系统有效的解决方案。比较常用的多目标处理方法有：多目标加权法、层次分析法、ε-约束法、目标规划法等。而遗传算法通过代表整个解集的种群进化，以内在并行的方式搜索多个非劣解，决策者可以在多个解中选择决策方案，这对于解决 MO 问题是非常诱人的（杨保安和张科静，2008）。

　　国内外关于森林多目标规划研究的目标函数总结如表 2-1 所示（Shan et al.，2009）。从表 2-1 可知，森林多目标函数主要包括经济和商品生产、野生动植物生境、生物多样性、娱乐游憩和其他目标五大类别。经济和商品生产主要是以各种收入费用最大、最小和净现值最大为最终经营目标。野生动植物生境以生境面积最大为最终经营目标。生物多样性以物种最多为最终经营目标。其他目标以防火、邻域、景观、碳贮存量最大、更新面积、水源涵养为最终经营目标。

表 2-1　森林多目标规划目标函数分类

主要类别	细分类别
经济和商品生产	净现值最大、收入最大、费用最小
野生动植物生境	生境地面积最大、物种最多
森林结构	
生物多样性	
娱乐游憩	游憩价值最大
其他目标	防火、邻域、景观、碳贮存量最大、更新面积、水源涵养等

2.1.2.2　森林经营空间规划

传统空间决策被放在较低的规划层次，战略层面上的规划并不包括空间关系的决策。在长期的森林规划中包含空间关系决策会增加规划任务的复杂性。主要原因之一是收获调整的空间模型不仅需要研究林分状态特征，还需要相邻林分特征（Öhman and Lamas，2003）。由于森林经常是由各林层与个体间的空间关系表现的，大量的数据代表了较大的地区和长远规划期限，很难真实地模拟森林状况（Daust and Nelson，1993；Öhman，2001）。然而，在战略规划中缺少空间决策可能导致下一级的规划中选择方案的减少。随着新的规划技术与强大的计算机技术的引入，当前在战略层面的规划也可以阐明和包括空间决策。

对环境问题的关注要求森林经营规划必须考虑与野生动物保护、生物多样性、美学、减少水土流失等有关的空间问题。这些问题包括：经营单元或斑块的形状和分布、邻接性约束、最大或最小疏开面积考虑、连接性、破碎化、内部不同大小的生境斑块和道路等。

为保护森林物种和生态系统，在采伐收获安排需要邻接性约束。主要通过两种方法来表达（Baskent and Keles，2005；汤孟平等，2003）：基于空间单元的模型——单元约束模型（Unit Restriction Model，URM）和面积约束模型（Area Restriction Model，ARM）。URM 模型禁止相邻两个单元同时被采伐。在这种方法中，平均经营单元低于规定的面积限额，然后用数学模型来保证相邻两个单位不会同时被采伐，这样可以确保没有进行过经营的单元或其集合超过规定的限制面积。URM 模型可以表述为整数线性规划或者混和整数规划，而这些规划的最优解可以通过商业软件用准确的方法得出。但是在许多案例中，解决 URM 模型的准确方法由于大面积空间约束的问题而非常困难，当前主要的求解方法是元启发式（Baskent and Keles，2005）。ARM 是基于该地区的空间单元必须大大低于最大采伐面积的限制。在这种模型计算情况下，两个相邻的单元并不一定违反最大允许可采伐面积限制。因此，以面积为基础的 ARM 限制了在邻接区最大允许面积限额的采伐活动。简单地说，URM 中，边界上所有潜在采伐区域都是事先确定的，即边界的每一个多边形等于边界的每一个潜在的伐区。在 ARM 中，边界所有潜在采伐地带不是预先确定的。相反，在寻求最佳的解决方案时多边形可放在一起形成伐区。ARM 是一个动态的规划问题，由于非线性约束，其求解比 URM 模型更为困难，因为不可能事先决定所有可能的采伐单元组合，目前一般用启发式搜索方法解决(Baskent and Keles,2005)。

生境破碎化是空间森林规划模型的一个至关重要的组成部分。破碎化一般是指一定的生境丧失,生境斑块大小的减少和它们之间连接性的削弱(Baskent and Keles,2005)。生境破碎化影响野生动物由一种栖息地类型迁徙到与它并列的另一种栖息地类型,以及其有效的斑块可用性及栖息地斑块的最小值。

在空间森林规划中斑块的大小和形状以及核心区也是重要的考虑因素。物种动态、潜在生境(食物)、潜在林产品(木材)、养分和水分通量以及无法估计的其他价值,都受到森林景观斑块大小的影响(Baskent and Keles,2005)。斑块的几何形状是另一个空间结构的特征指标,也是最难度量的。它对于野生动植物栖息地和木材经营都很重要。例如长方形的、细长的斑块比方形或圆形斑块在比例上有更多的边缘依附性物种。林分中的核心区是构成该地区内部的成熟林,周围的森林栖息地没有这种边缘效应,它是一个斑块的大小、形状、性质及毗邻栖息地的功能区。除了栖息地的总面积外,栖息地的配置、分布和关联性也是很重要的因素,影响着不同物种的活力和丰富度(Baskent and Keles,2005)。它们通过改变群落中种间相互作用从而直接和间接地影响到物种及其群落。例如,野生动物物种繁殖取决于栖息地斑块间的距离。尤其是在空间上分散的生境斑块往往含有比连续的生境斑块较少的鸟类。在森林层面的空间目标应着眼于对不同林分位置的影响。比如规划目标可以是选择一组相近的林分,使其成为某一受胁物种的生境斑块。

森林规划模型中的第一个与道路建设有关的问题也是连接性。道路对木材采运和防火极其重要。但是道路也给环境带来了负面影响,如增加了侵蚀和水沉降,降低了大型动物生存的安全性(Weintraub et al.,2000)。Nelson and Brodie(1990)在短期规划水平上用元启发式解决了相邻采伐约束的联合采伐计划和运输规划的问题。Weintraub et al.(1994,1995)将空间和道路建设决策应用于空间规划模型中。Murray and Church(1995)用了一些元启发式搜索算法来解决包含相邻约束的收获安排计划和道路建设问题。Richards and Gunn(2003)开发了一个包括元启发式的解决方法模型来表达具有空间约束的采伐规划和相应的道路建设规划问题。

2.1.2.3 优化算法

数学与计算机科学的发展与结合已成功应用到森林规划方面,通过建立规划模型使用优化算法可以得到森林可持续经营的最佳决策方案(Baskent and Keles,2005)。线性规划方法已无力处理空间限制和理想空间条件。在森林空间规划中,应用比较广泛的算法有蒙特卡洛整数规划、模拟退火算法、遗传算法、禁忌搜索算法等(王新怡等,2007)。

(1)蒙特卡洛整数规划(Monte Carlo Integer Programming,MCIP)

20 世纪 90 年代末,国外在森林管理问题上频繁使用"现代"启发式算法,并且有文献对不同的算法进行比较(Baskent and Keles,2005)。两类普遍的方法是精确(exact)算法和启发式(heuristic)算法,使用精确算法如整数规划和动态规划能够得到最优解,但缺点是问题的规模很大程度上限制了算法在合理的时间内求解(Baskent and Keles,2005)。实验证明,整数规划和动态规划都只适用于较小或中等规模的问题,在具有相邻空间约束条件的采伐规划问题上,已经开始使用启发式优化算法(Borges et al,2002)。首先使用的是基于随机搜索技术的方法(O'Hara et al,1989)。例如 Nelson & Brodie(1990)用 MCIP 解决了一个 30 年规划期的森林规划问题，并将得到的解与混合整数规划（The mixed-integer program，MIP）最优解进行比较。MCIP 随机产生采伐单元模式，使之符合约束条件以及木材采伐量，此方法能迅速产生可行解，因此，可以在相对短的时间内检查比较可供选择的其他解。这个过程是试图找到多个具有较高目标函数值的解，而不是像混合整数规划（MIP）只能得到惟一最优解。

MCIP 是一个已被用在空间森林规划中的简单的元启发式技术。Nelson and Brodie（1990）用 MCIP 技术，解决在短期规划中用相邻约束结合收获调整和交通规划问题。他们能够获得 90% 的已知的最优解的若干解决方案。Nelson et al.（1991）还利用 MCIP 来联合战略和战术森林规划工作。O'Hara et al.（1989），Clements et al.（1990），Daust and Nelson（1993），Jamnick and Walters（1993）已将其用于解决各种空间采伐计划问题。而 O'Hara et al.（1989）在一个短期的规划水平应用空间和时间采伐限制加上收获量或蓄积量要求的约束开发了一种 MCIP 模型。Clements et al.（1990）将 MCIP 模型应用于更大更真实的规划情景中。Haight and Travis（1997）在制定野生动物保护规划中使用 MCIP。Barrett et al.（1998）用 MCIP 算法研究在不同皆伐面积限制下在景观层对经济产出和野生动物栖息空间分布的影响。Boston & Bettinger（1999）使用了 MCIP 方法解决一个空间采伐规划问题，目标是在达到平均木材产量的条件下使净现值最大。MCIP 方法中的两个重要参数，一个是允许模型运行的循环次数，这里选择的是运行 1000 次；一个是在模型运转到下一个时期之前，允许选择非可行解的个数，求解过程中分别比较了 200，400 和 600 三个不同的值，虽然没有明显的区别，但是当取 600 时，得到的目标函数值最高。与通过线形规划得到的最优解比较，MCIP 得到的目标函数值范围最大，并可以初步证明，MCIP 只适用于有 2 ~ 3 个规划期的问题。若改善 MCIP 方法的选择标准，则可以得到较好的结果，也可以应用到大规模的问题中。

（2）模拟退火算法（Simulated Annealing，SA）

模拟退火算法是一种基于 Monte Carlo 迭代求解策略的启发式随机搜索算法，最早是由 Metropolis 等在 1953 年提出的，1983 年 Kirk & patrick 将退火思想引入到组合优化领域，提出一种解大规模组合优化问题，特别是 NP 完全组合优化问题的有效近似算法——SA，它源于对固体退火过程的模拟，采用 Metripolis 接受准则，用一组称为冷却进度表的参数控制算法进程，使算法在多项式时间里给出一个近似最优解。

基本思想是从一个给定解开始，从邻域中随机产生另一个解，根据目标函数值有选择地接受或拒绝新解，通常接受目标函数值改进的解，而使目标函数值变坏的解根据接受准则有选择地接受。Metripolis 准则允许目标函数在有限范围内变坏，由控制参数 t 决定，其作用相当于物理过程的温度 T，开始 T 值较大，可能接受比较差的恶化解，随着 T 值的减小，只能接受较好的恶化解，当 T 趋于 0 时，就不再接受任何恶化解了。模拟退火过程的基本原理是有选择的接受较差的排列，防止目标函数"贪婪的"收敛到局部最小（Lockwood and Moore，1993）。

模拟退火是最常见的空间森林规划问题求解应用的元启发式技术之一。Lockwood and Moore（1993）第一次使用 SA 办法来模拟收获调整问题，其中包括斑块大小的限制、邻接延迟和满足目标收获量的最小可用面积等。Murray and Church（1995）使用 SA 算法，以解决包括邻接限制及道路建设的采伐收获问题。Tarp and Helles（1997）开发了模拟退火邻接模型，其结合一种线性规划结果计算模型来对净现值最大化。Öhman and Eriksson（1998）用 SA 解决了由 200 个林分组成的景观的长期规划问题，一定的核心区约束下的景观在 100 年的规划期中森林经营的净现值达到最大化。Van Deusen（1999，2001）开发了一种为在景观上创造理想的空间配置同时处理收获调整目标的基于 metropolis 算法，他的方法使得改善栖息地和连通性并创造缓冲区成为可能。Baskent and Jordan（2000）用 SA 方法建立了景观经营模型，他们用该模型对 20000 公顷（987 个林分）的具有不同初始龄阶组成和空间配置假设森林景观进行了测试，并与非空间规划的最优解进行了比较。Chen and Gadow（2002）用 SA 模型同时考虑空间布局和木材生产目标，其空间收获调整模型应用于由不同年龄、立地指数、密度的 1480 个林分组成的森林。Boyland et al.（2004）用 SA 算法确定了三个地区的木材、生境和原始林的最佳地点。Ohman and Lamas（2003）提出了一种在时间和空间上的长期的森林规划中用 SA 确定聚集采伐活动的方法。结果表明，该模型是有效的聚集采伐方法，并可以牺牲较少的净现值而达到聚集采伐。

（3）遗传算法（Genetic Algorithm，GA）

遗传算法是一种模拟生物自然选择和遗传机制的随机搜索与优化方法，基本思想是基于 Darwin 的进化论和 Mendel 的遗传学说，这种算法是由美国密执安大学的教授 Holland 在 20 世纪 60 年代中期首先提出，已成为解决函数优化问题的强有力的工具。

GA 的基本原理是从一组随机产生的初始解开始搜索，这些初始解称为群体，其中，每个个体是问题的一个解，称为染色体。GA 通过染色体交叉、变异、选择不断进化，生成后代染色体来实现，后代染色体的好坏用适应值来衡量，再根据适应值的大小从上一代和后代中选择一定数量的个体，作为下一代群体，继续进化，这样经过若干代后，算法收敛于最好的染色体，可能就是问题的最优解或次优解。其中，衡量染色体好坏的适应值是由适应值函数确定的，适应值函数的定义与具体问题有关。

遗传算法在空间森林规划中有一些应用。Mullen and Butler（1997）采用遗传算法开发设计了一个空间约束的收获调整模型。在时间测试中，基于遗传算法的模型找到的解决办法，比 MCIP 为基础的模型平均优出 3.5%。Lu and Eriksson（2000）采用遗传算法，用不同的网格像素来划定采伐单位，并找到好的解决办法。Moore et al.（2000）在一个固定的规划期为营林措施的空间分布建立了遗传算法来搜索，根据初始生境组合和种群数量分布以最大限度地提高鸟类丰富度。Venema et al.（2005）将一种新的基于遗传算法和景观生态学指标的森林结构优化设计用于多功能森林景观经营，其中包括生物多样性和社会的需求。

（4）禁忌搜索算法（Tabu Search Algorithm，TS）

禁忌搜索算法是局部邻域搜索算法的推广，是一种全局逐步寻优算法。所谓禁忌就是标记已经搜索到的局部最优解的一些对象，并在下一步的迭代搜索中尽量回避这些对象。TS 通过引用一个灵活的存储结构和相应的禁忌准则来避免重复搜索，即用一个禁忌表记录下已经到达过的局部最优点，并通过藐视准则来赦免一些被禁忌的优良解，在继续搜索中利用禁忌表中的信息有选择的搜索，以此跳出局部最优，最终实现全局优化。

TS 已被应用到以邻接约束为条件的木材收获以及为了达到麋鹿栖息地空间目标（Bettinger et al.，1997）和集水区问题。Boston & Bettinger（1999）分别使用 TS、SA 及 MCIP 这三种算法解决四个森林采伐规划问题。通过对比实验，选定能够得到最高目标函数值的禁忌表长度为 100。TS 通过系统的搜索过程，能够持续找到目标值较高的解，并且在四个问题中得到的解均与目标采伐量的偏差较小。在求解时间方面，TS 在分支定界算法的短时间内就能够持续找到近似最优解。Murray and Church（1995）使用禁忌搜索算法，以解决包括邻接约束的采伐安排及道路建设问题。Laroze and Greber（1997）建立了一个禁忌搜索模型用于优化造材问题。Bettinger et al. (1997) 建立了一个禁忌搜索模型，表达以均衡采伐、相邻约束和空间的野生动物栖息地质量目标的采伐收获问题。Brumelle 等（1998）在基于斑块的相邻约束里使用禁忌搜索来解决空间收获安排问题。Bettinger 等（1998）建立了在森林经营中满足确保水生动物栖息地质量和商品生产目标的相容性的土地利用调整模型。这个模型用禁忌搜索程序，受均衡采伐和水产品的栖息地质量目标约束，选择可行的木材采伐和道路系统方案。Bettinger 等（1999）建立了包含一个罗斯福麋鹿栖息效能指标目标函数的数学森林规划模型，用禁忌搜索法求解，用来衡量和评价复杂的野生动物保护目标和商品生产之间实现某种程度的平衡。Richards and Gunn（2003）使用禁忌搜索解决了林分层次收获调整和相关的道路建设问题，其空间约束包括皆伐迹地大小和位置，以用来分析由于采伐次数造成的森林生产率的丧失与建设道路所需费用成本之间的平衡。

（5）其他算法的应用

Crowe & Nelson（2003）设计了一种新的算法——间接搜索算法（Indirect Search Algorithm）来解决相邻约束条件下的中长期采伐规划问题。该算法是贪心算法（Greedy Search）和邻域搜索算法（Neighborhood Search Algorithms）的组合，以 Boston & Bettinger（1999）提出的问题为例，将间接算法得到的结果与 Boston & Bettinger（1999）用 SA、TS 和 MCIP 得到的结果进行比较，发现在 100，000 次迭代之后，间接搜索算法收敛到的目标函数值要高于其他启发式搜索算法。但是这样的结论并不是绝对的，因为启发式算法在很大程度上依赖于问题本身，以及实现算法的方式。并且参数的调整以及邻域结构的定义都在很大程度上影响算法的作用，使算法的比较变得复杂。这种算法有两大优点，一个是与其他著名的算法相比，它能够快速地计算出结果；另一个是不必像模拟退火算法一样，为了得到较好的解，而需要通过实验来调整参数；实际的好处就是分析者寻找理想参数以及做敏感性分析的时间相对自由。

Murray and Church（1995）用交换式元启发式算法，以解决邻接约束和道路建设规划问题。Hoganson and Borges（1998）将森林经营的邻接问题作为一个动态规划问题，认为在简单的测试案例中模型解是接近最优的。Loehle（2000）开发了一种新算法，这是一个交换式算法的改良方法，当适应空间限制时可以最大限度地调整木材采伐。Bettinger 等（2003）用临界值的元启发式（模拟退火的扩展）算法来制订一项在超过 100 年的规划期内生态（猫头鹰栖息地的要求）和经济目标的计划。

但是元启发式仍然存在着一些不足。首先，组合优化技术需要时间。第二，不能保证真正的最优解。第三，该办法是一个高度参数化技术，因此，该解决方案的质量和速度对参数的设置非常敏感。此外，模型的参数是针对具体问题的，需要用户详细地研究方能了解他们的性质，达成一项解决方案（Baskent and Jordan，2002）。

2.2 研究区概况

研究区位于吉林省汪清林业局。该局位于吉林省延边自治州的东部，所处的地理坐标为东经 123°56′~131°04′，北纬 43°05′~43°40′，东西长约 85km，南北长约 60km，全局经营面积为 304 173hm²。东部和南部与珲春市林业局相邻，西部与汪清县林业局和大兴沟林业局相邻，北部与黑龙江省东宁县相邻。局址设在汪清县汪清镇。该局下设 13 个林场。其中大荒沟、西南岔、兰家三个林场位于珲春市境内，其他林场均在汪清县境内。

汪清林区属长白山系的中低丘陵区，海拔 360～1477m。流经的水系主要有珲春河水系、绥芬河水系和嘎牙河水系。该局地处中温带的季风区，属温带大陆性季风气候，主要特征是冬季漫长而寒冷降水少，夏季短促温暖多雨，年平均气温 3.9℃，极端最高温差 37.5℃，极端最低温 −37.5℃，无霜期为 138 天，年平均降水量为 547mm，其中 5～9 月的降水量为 438mm，占全年总降水量的 80%。在土壤种类中，山地以暗棕壤为主，谷地以草甸土为主（汪清林业志，1990）。

该区植被属长白山植物区系。植物种类繁多，结构复杂。森林植被深山区多以针阔混交林为主，浅山区以蒙古栎次生林及杨桦林为主，在绥芬河上游较为平坦的地区为落叶松白桦林。根据吉林省汪清林业局 2008 年森林资源调查报告（吉林省林业勘察设计研究院，2008），该局现有国有土地面积 299874.8 hm²，林业用地面积 299639.7 hm²，有林地面积 291652.0 hm²，森林覆盖率为 95.95%，森林总蓄积量 39737184 m³。其中有林地 15934 hm²，占林地面积的 99.5%。全局国有天然林 273257.3 hm²，占 93.7%，人工林 18394.7hm²，占 6.3%。天然林平均每公顷蓄积量为 135.9 m³，人工林平均每公顷蓄积量为 70.9 m³。从优势树种看，该局人工林以长白落叶松（*Larix olgensis*）为主，其面积和蓄积分别占人工林面积和蓄积的 48.9% 和 55%；天然林以阔叶混交林、蒙古栎林和针阔混交林为主，这三种林分占国有林地面积的 73.8%、蓄积的 77.6%。在全局林分各组成树种蓄积中，针叶树种多为长白落叶松、冷杉（*Abies nephrolepis*）和云杉（*Picea*）为主；阔叶树种以蒙古栎（*Quercus mongolica*）、椴树（*Tilla*）、白桦（*Betula platyphylla*）、杨树（*Populus ussuriensis*）为主。此外还有云杉、红松（*Pinus koraiensis*）、樟子松（*Pinus sylvesstris var. mongolica*）、水曲柳（*Fraxinus mandshurica*）、胡桃楸（*Juglans mandshurica*）、黄波罗（*Phellodendron amurense*）、色木（*Acer mono*）、榆树（*Ulmus*）等树种。林下灌木主要有毛榛子（*Corylus mandshurica*）、忍冬（*Lonicera altamanni*）、胡枝子（*Lespedeza bicolor*）、珍珠梅（*Sorbaria sorbifolia*）、绣线菊（*Spiraea media*）、粉枝柳（*Salix rorida*）、刺梅蔷薇（*Rosa acicularis*）、刺五加（*Acanthopanax senticosus*）等；草本植物主要有莎草、苔草（*Carex sp.*）、蕨类、木贼（*Equisetum hiemale*）、大叶章（*Deyeuxia langsdorffii*）、蚊子草（*Filipendula palmata*）、蒿类（*Kobresia*）、轮叶王孙（*Paris quadrifolia*）等。

2.3　汪清林业局森林多目标经营规划主要参数

本节利用固定样地资料，对研究区汪清林业局主要森林类型的地上生物量和碳贮量、土壤碳贮量等进行了数量分析，为多目标经营规划提供基础参数。

2.3.1　主要森林类型林分地上生物量和碳贮量估计模型

作为森林经营重要目标之一的森林碳储量的估算存在巨大的不确定性，需要适合当地森林类型的碳贮量估计模型。本研究基于 1300 块固定样地数据，根据有关研究者建立的单木生物量估计模型，计算林分生物量，建立林分生物量和蓄积量的关系，通过林分蓄积量来估计生物量，然后再转换为碳贮量。方法如图 2-1 所示。

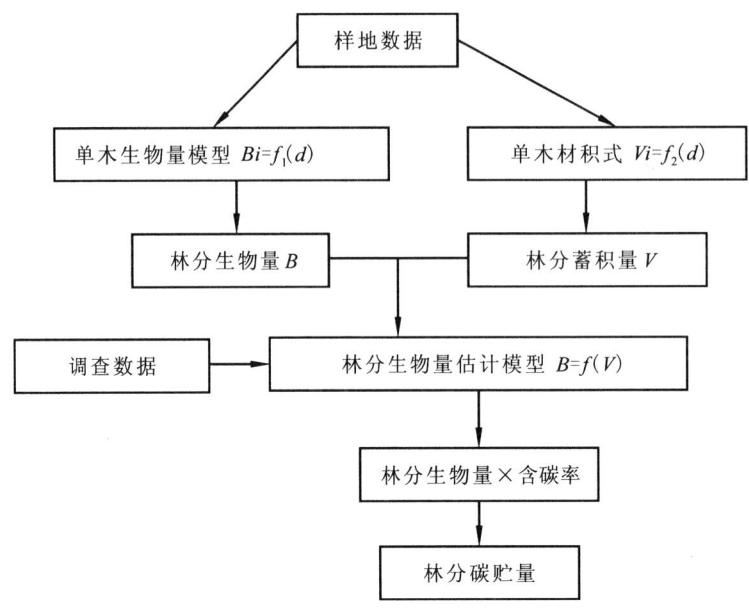

图 2-1　林分生物量和碳贮量估计方法

2.3.1.1　东北主要树种的一元生物量模型

主要树种的一元生物量(树干和地上部分)模型如表 2-2 所示(Wang, 2006; 陈传国, 朱俊凤, 1989)。模型为:

$$\log_{10} B_i = a + b \log_{10} D_i \text{ (Wang, 2006)} \qquad B_i = a D_i^b \text{ (陈传国和朱俊凤, 1989)}$$

式中 B_i 为单木生物量; D_i 为胸径。

经研究发现两种模型的结果基本一致, 取 Wang(2006)式进行计算。

表 2-2　东北主要树种的一元生物量模型

树种	树干生物量参数			地上生物量参数		
	a	b	CF	a	b	CF
红松	1.908	2.258	1.007	2.236	2.144	1.012
云\冷杉	0.0567	2.47632	–	0.0763	2.15762	–
落叶松	2.311	2.154	1.013	1.977	2.451	1.013
白桦\枫桦	2.141	2.278	1.017	2.159	2.367	1.025
色木	1.877	2.408	1.053	1.930	2.535	1.033
椴木	1.491	2.686	1.027	1.606	2.668	1.027
山杨	1.836	2.471	1.022	1.826	2.558	1.017
蒙古栎	1.106	2.292	1.092	2.002	2.456	1.048
水曲柳	2.116	2.316	1.022	2.136	2.408	1.008
胡桃楸	2.218	2.194	1.159	2.235	2.287	1.089
黄波罗	2.046	2.168	1.021	1.942	2.332	1.012

注: 冷杉采用模型 $B = aD^b$ (陈传国和朱俊凤, 1989), 云杉用冷杉替代, 枫桦用白桦来替代。a, b 为参数, CF 为修正系数。

2.3.1.2　主要森林类型的林分生物量估计模型

模型形式为：$B = aV^b$，其中 B 为林分生物量（t/hm²），V 为林分蓄积量（m³/hm²），如表 2-3 所示。

表 2-3　主要森林类型的生物量估计模型参数

森林类型	样本数	树干生物量模型			地上生物量模型		
		a	b	R^2	a	b	R^2
阔叶混交林	488	0.234	1.190	0.85	0.553	1.098	0.76
白桦林	52	0.508	1.034	0.97	0.75	1.026	0.97
落叶松林	27	0.786	0.928	0.92	0.865	0.955	0.93
人工落叶松林	15	0.664	0.964	0.99	0.454	1.107	0.89
人工针阔混交林	10	0.652	0.983	0.90	0.227	1.276	0.89
杨树林	14	0.128	1.295	0.97	0.124	1.349	0.97
针阔混交林	243	0.146	1.181	0.57	0.207	1.198	0.53
针叶混交林	79	0.007	1.638	0.58	0.006	1.746	0.53
蒙古栎林	187	0.758	1.097	0.95	0.597	1.147	0.93
其他阔叶林 *	22	-26.677	0.68	0.88	-30.536	0.874	0.87
其他针叶林	15	0.003	1.703	0.44	0.003	1.798	0.40

* 其中其他阔叶林为线性模型。

对于没有蓄积的幼龄林，单独建模，自变量包括林分平均年龄、郁闭度和平均高等。其中阔叶混交林模型形式为：

$B = a + bAGE^2 + cCLOSURE + dH$，其中 B 为林分生物量，AGE、$CLOSURE$、H 分别为林分平均年龄、郁闭度和平均高，a、b、c、d 为参数。

针阔混交林和其他类型的模型形式为：

$$B = e^{(a+b/CLOSURE)}$$

模型参数估计结果如表 2-4 所示。

表 2-4　幼龄林生物量估计模型参数

森林类型	样本数	树干生物量模型					地上生物量模型				
		a	b	c	d	R^2	a	b	c	d	R^2
阔叶混交林	42	-67.667	0.057	71.523	2.966	0.65	-50.454	0.088		5.882	0.60
针阔混交林	63	5.399		-1.117		0.38	6.593		-1.334		0.29
其他	42	7.142		-2.457		0.58	7.332		-2.419		0.59

2.3.1.3　各森林类型的碳贮量估计

本研究中的碳贮量通过生物量和含碳率获得。马钦彦等（2002）的研究结果表明，我国乔木树种平均含碳率值均大于 0.45，而阔叶树的平均含碳率值大多低于 0.5，针叶树的平均含碳率大多等于或高于 0.5，所以用 0.5 作为转换系数要优于 0.45。但更准确的估算应该是分树种而采用不同的含碳率转换系数。本研究应用张坤（2007）根据化学分子式得到的转换系数。各树种的转换系数见表 2-5。

表 2-5　主要森林类型中不同树种的碳含量转换系数

树种	含碳率	树种	含碳率
红松	0.5113	云杉	0.5208
樟子松	0.5223	落叶松	0.5211
冷杉	0.4999	水曲柳	0.4827
胡桃楸	0.4827	黄波罗	0.4827
椴树	0.4392	蒙古栎	0.5004
榆树	0.4834	色木	0.4834
枫桦	0.4914	白桦	0.4914
杨树	0.4956	杂木	0.4834

分类型和龄组的不同森林类型间的地上碳贮量如表 2-6 所示。

表 2-6　按龄组不同森林类型的地上碳贮量(t/hm^2)

森林类型	幼龄林	中龄林	近熟林
阔叶混交林	8.9(0.8)	36.3(1.5)	47.5(9.5)
人落叶松林	12.0(1.6)	21.8(2.9)	59.4(1.5)
针阔混交林	10.0(3.3)	39.7(0.6)	41.2(0.7)
针叶混交林	21.7(5.5)	18.3(0.4)	20.4(0.7)

注：括号内为标准差。

2.3.2　落叶松云冷杉林土壤碳密度

2.3.2.1　研究地点概况

研究地点位于吉林省汪清林业局金沟岭林场，东经 130°5′~130°20′，北纬 43°17′~43°25′，属吉林省东部山区长白山系老爷岭山脉雪岭支脉。地貌属低山丘陵地带，海拔 550~1100m。阳坡较陡，阴坡平缓，平均坡度 10~25°。该区气候属季风型气候，全年平均气温为 4℃左右，最冷月(1 月份)和最热月(7 月份)的平均温度分别为零下 32℃和 32℃左右；年降水量 600~700mm，且多集中在 7 月份；植物生长期为 120 天左右。土壤种类山地以暗棕壤为主。

调查样地为 1964－1967 年间营造的有部分保留树种的人工落叶松林，经过多年的演变，大部分已成为落叶松云冷杉针阔混交林，具有天然林的部分特征，称为近天然落叶松云冷杉林。以长白落叶松(*Larix olgensis*)、云杉(*Picea jezoensis* var. *microsperma*)、冷杉(*Abies nephrolepis*)为优势树种，其他树种有红松(*Pinus koraiensis*)、色木(*Acer mono*)、水曲柳(*Fraxinus mandshurica*)、白桦(*Betula platyphylla*)、椴树(*Tilia amurensis*)、枫桦(*Betula costata*)、榆树(*Ulmus propinqua*)等阔叶树种。1987 年按照完全随机区组设计设置样地 16 块，包括 4 个区组 4 个处理(对照、间伐强度为 20%、30% 和 40%)，样地面积最小为 0.0775 hm^2，最大为 0.25 hm^2，因此共有间伐样地 12 块，对照样地 4 块，间伐时间为 1987 年，方式为下层抚育伐。样地设置时林分概况见表 2-7。

表 2-7　样地设置基本概况

区组	样地号	面积 （hm²）	海拔 （m）	坡向	坡度 （°）	坡位	造林时间 （年）	断面积间伐强度 （%）
I 区	301	0.0775	760	东北	10	下	1962	40
	302	0.0775	760	东北	10	下	1962	对照
	303	0.13	760	东北	10	下	1962	30
	304	0.0975	760	东北	10	下	1962	20
II 区	305	0.2	780	西	18	下	1962	30
	306	0.2	780	东北	7	中	1961	对照
	307	0.2	780	西	18	下	1962	20
	308	0.2	780	东北	10	中	1964	40
III 区	309	0.25	660	西北	6	下	1964	对照
	310	0.25	670	西北	10	中	1964	30
	311	0.25	670	西北	6	下	1964	20
	312	0.25	680	西北	10	下	1964	40
IV 区	317	0.1	615	东北	7	下	1964	20
	318	0.1125	610	东北	7	下	1963	40
	319	0.1	605	东北	9	下	1963	30
	320	0.1	600	东北	9	下	1964	对照

2.3.2.2　土样采集与测定

2007 年 7 月，在每块样地的上、中和下部随机挖取 3 个土壤剖面，按 0～20cm、20～40cm 和 40～60cm 三个层次采集各土层的土壤样品。土样经风干、磨细、过筛（2mm、1mm 和 0.25mm 土壤筛）后，用于测定土壤有机碳含量（重铬酸钾外加热法）；全 N（凯氏法）；碱解 N（扩散法）；全 P（$HClO_4 - H_2SO_4$ 法）；速效 P（钼锑抗比色法）；全 K、速效 K（火焰光度计法）和土壤 pH 值（酸度计法，水土比 2.5∶1）（鲍士旦，2000）。并用环刀法采样测定土壤密度和土壤含水量。

2.3.2.3　土壤有机碳密度的计算

土壤有机碳密度是指单位面积一定深度的土层中土壤有机碳的贮量，一般用 t/hm² 或 kg/m² 表示。土壤碳密度已成为评价和衡量土壤有机碳贮量的一个极其重要的指标（Johnson，1992；何志斌等，2006；Xie *et al.*，2007）。某一土层 i 的有机碳密度（SOC_i，kg/m²）的计算公式为：

$$SOC_i = C_i \cdot D_i \cdot E_i \cdot (1 - G_i)/100$$

式中，C_i 为土壤有机碳质量分数（g/kg），D_i 为土壤密度（g/cm³），E_i 为土层厚度（cm），G_i 为直径大于 2mm 的石砾所占的体积百分比（%）。

2.3.2.4　土壤有机碳含量和碳密度垂直分布

土壤剖面上有机碳的变化主要取决于地表植被状况、有机物质进入土壤的量和进入的方式以及土壤淋溶状况等因素。随着土壤深度增加，土壤有机碳含量显著减少，其在 0～20cm、20～40cm 和 40～60cm 土层中的均值（±标准差）分别为 95.3（50.0）g/kg、39.1

（15.0）g/kg 和 22.0（15.5）g/kg（图 2-2）。方差分析及多重比较结果表明：0 ~ 20cm 和 20 ~ 40cm、40 ~ 60cm 土层的土壤有机碳含量差异极显著（$n = 48$，$p = 0.000$），20 ~ 40cm 和 60cm 的土壤有机碳含量差异显著（$n = 48$，$p = 0.014$）。

随着土壤深度增加，土壤有机碳密度表现为显著降低，其在 0 ~ 20cm、20 ~ 40cm 和 40 ~ 60cm 的均值（±标准差）分别为 13.7（6.8）kg/m² 、8.2（3.4）kg/m² 和 4.8（3.3）kg/m²（图 2-3）。方差分析及多重比较结果表明：各土层间的土壤有机碳密度差异极显著。

本试验区土壤有机碳含量均值为 52.16 g/kg；土壤有机碳密度平均值为 8.87 kg/m²。

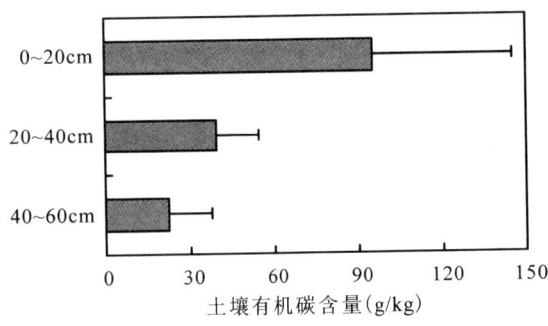

图 2-2　土壤有机碳含量随土壤深度的变化　　　图 2-3　土壤有机碳密度随土壤深度的变化

2.3.2.5　间伐对土壤有机碳含量和碳密度的影响

不同间伐强度下各层次土壤有机碳含量见表 2-8。在各土层，土壤有机碳含量均表现为：对照 > 中度间伐 > 强度间伐 > 弱度间伐（除 20 ~ 40cm，中度间伐稍高于对照），但方差分析结果表明：不同间伐强度间土壤有机碳含量并无显著差异。这说明间伐 20 年后，不同间伐强度下土壤碳含量没有明显的差异。

不同间伐强度下各层次土壤有机碳密度表 2-9。在 0 ~ 20cm，土壤有机碳密度表现为：对照 > 中度间伐 > 强度间伐 > 弱度间伐；在 20 ~ 40cm，中度间伐 > 对照 > 强度间伐 > 弱度间伐；而在 40 ~ 60cm，则表现为强度间伐 > 对照 > 中度或弱度间伐；但方差分析结果表明：不同间伐强度间土壤有机碳密度并无显著差异。

表 2-8　不同间伐强度下各层次土壤有机碳含量（g/kg）

土壤深度（cm）	对照	弱度间伐	中度间伐	强度间伐	F	p
0 ~ 20	114.5（46.7）	73.9（31.0）	100.6（59.0）	92.8（56.0）	1.16	0.34
20 ~ 40	40.7（19.4）	35.2（12.5）	41.5（12.2）	39.0（16.0）	0.33	0.80
40 ~ 60	26.0（14.4）	17.3（16.2）	18.8（14.7）	25.5（16.8）	0.85	0.48
平均	60.4（49.1）	42.1（31.7）	53.6（49.2）	52.4（45.0）	0.87	0.46

表 2-9　不同间伐强度下各层次土壤有机碳密度（kg/m²）

土壤深度（cm）	对照	弱度间伐	中度间伐	强度间伐	F	p
0 ~ 20	16.6（5.0）	10.2（4.7）	14.4（6.8）	13.5（8.6）	1.58	0.21
20 ~ 40	7.9（3.9）	7.4（3.1）	9.3（3.3）	8.0（3.5）	0.53	0.67
40 ~ 60	5.3（3.2）	4.0（3.6）	4.0（2.9）	5.7（3.7）	0.70	0.56
平均	9.9（6.4）	7.2（4.5）	9.2（6.2）	9.1（6.5）	1.13	0.34

2.3.3　蒙古栎林土壤碳密度

2.3.3.1　研究地区概况

研究区设在吉林省汪清林业局金仓林场,位于吉林省延边朝鲜自治州的东部汪清林业局境内,海拔在 700 ~900m,是东北过伐林区的一个典型代表,其林业用地主要有落叶松林、白桦林、杨树林、混交林、采伐迹地、蒙古栎林等。林场北部地区地形较陡,南部地区较缓;北部地区林相较纯,南部地区地类较为复杂,林相相对杂乱。该区气候属于大陆性季风气候,全年平均气温 2℃ 左右,最低气温和最高气温分别为 −36℃ 和 30℃ 左右,5 ~9 月积温为 2181.7℃;年降水量 550 ~850 mm,且集中在夏季,相对湿度较大,利于树木生长。无霜期为 100 ~110 天。山地土壤种类以暗棕壤为主。

本研究中的蒙古栎林是由严重破坏后天然更新形成,多分布于南、东南或西南的斜坡和陡坡上,环境条件差,林分结构则相对简单。除蒙古栎外,其他树种有色木(*Acer mono*)、枫桦(*Betula costata*)、黑桦(*Betula dahurica*)、白桦(*Betula platyphylla*)、椴树(*Tilia amurensis*)等阔叶树种和长白落叶松(*Larix olgensis*)、红松(*Pinus koraiensis*)等针叶树种混生。

2.3.3.2　样地选择

2008 年 9 月,在试验区选择典型调查样地共 18 块,包括 2 块方形样地(50m×50m)和 16 块圆形样地(面积 800 m²)。样地调查因子包括:海拔、坡度、坡向、坡位、郁闭度、树高、胸径及土壤等。样地基本概况见表 2-10,其中蒙古栎在所有样地中树种组成均占 9 成以上。

表 2-10　蒙古栎样地基本概况

样地号	样地面积(m²)	海拔(m)	坡度(°)	郁闭度	树高(m)	胸径(cm)
I −1	800	761	20	0.90	8.2	9.2
I −2	800	770	15	0.82	8.1	9.5
I −3	800	786	10	0.75	10.6	12.7
I −4	800	785	16	0.85	9.6	10.0
II −1	800	758	20	0.78	9.4	12.8
II −2	800	760	25	0.85	9.6	10.7
II −3	800	763	25	0.86	9.4	11.4
II −4	800	753	22	0.80	8.6	10.6
III −1	800	772	20	0.80	9.7	12.6
III −2	800	762	20	0.85	11.5	16.2
III −3	800	767	23	0.83	13.6	15.2
III −4	800	773	23	0.80	13.3	14.9
IV −1	800	762	16	0.70	11.5	15.4
IV −2	800	757	25	0.75	11.7	15.7
IV −3	800	772	21	0.70	10.1	15.4
IV −4	800	782	16	0.80	12.9	17.8
标 −1	2500	761	20	0.68	13.1	19.9
标 −2	2500	795	13	0.70	12.9	14.9

2.3.3.3　土样采集与测定

沿每块样地坡面的上、中和下部随机选择9～12点用土钻取样，按 $0 < h < 20cm$、$20cm < h < 40cm$ 和 $40cm < h < 60cm$ 三个层次采集各土层的土壤混合样品，每样地重复2次，共采集土样108个。土样经风干、磨细、过筛（2mm、1mm和0.25mm土壤筛）后，用于测定土壤有机碳质量分数（重铬酸钾外加热法）；全N（凯氏法）；全P（$HClO_4 - H_2SO_4$法）；有效P（$HCl - NH_4F$ 浸提，钼锑抗比色法）；全K、速效K（火焰光度计法）和土壤pH值（酸度计法，水土比2.5：1）（鲍士旦，2000）。用环刀法采样测定土壤密度。

2.3.3.4　土壤有机碳密度的计算

同2.3.2.3节。

2.3.3.5　土壤有机碳含量和有机碳密度的垂直分布

土壤剖面上有机碳的变化主要取决于地表植被状况、有机质进入土壤的量和进入方式以及土壤淋溶状况等因素。随着土壤深度的增加，土壤有机碳质量分数显著减少，$0 < h < 20cm$、$20cm < h < 40cm$ 和 $40cm < h < 60cm$ 土层的土壤有机碳质量分数的均值分别为50.65 g/kg、13.24g/kg和10.33g/kg（表2-11）；$20cm < h < 40cm$ 比 $0 < h < 20cm$ 减少了73.86%，$40cm < h < 60cm$ 比 $20cm < h < 40cm$ 减少了21.98%。方差分析及多重比较结果表明：$0 < h < 20cm$ 和 $20cm < h < 40cm$、$40cm < h < 60cm$ 的土壤有机碳质量分数差异极显著（$n = 36$，$p = 0.000$），而 $20cm < h < 40cm$ 和 $40cm < h < 60cm$ 土层的土壤有机碳质量分数差异不显著（$n = 36$，$p = 0.746$）。

随着土壤深度的增加，土壤有机碳密度也呈下降趋势，$0 < h < 20cm$、$20cm < h < 40cm$ 和 $40cm < h < 60cm$ 土层中的均值分别为10.40 kg/m^2、3.00 kg/m^2 和2.36 kg/m^2。方差分析及多重比较结果表明：$0 < h < 20cm$ 和 $20cm < h < 40cm$、$40cm < h < 60cm$ 的土壤有机碳密度差异极显著（$n = 36$，$p < 0.01$），而 $20cm < h < 40cm$ 和 $40cm < h < 60cm$ 土层间的差异不显著（$n = 36$，$p = 0.759$）。

研究区内土壤有机碳质量分数均值为31.48 g/kg，$0 < h < 60cm$ 土壤剖面有机碳密度为15.76 kg/m^2。

表2-11　不同层次的土壤有机碳

土壤深度（cm）	样本数	pH 值	有机碳（g/kg）
$0 < h < 20$	36	5.49 ± 0.44	50.65 ± 37.23
$20 < h < 40$	36	5.69 ± 0.44	13.24 ± 3.96
$40 < h < 60$	36	5.79 ± 0.40	10.33 ± 3.40
$0 < h < 60$	108	5.61 ± 0.44	31.48 ± 32.91

注：表中数据为平均值 ± 标准差。

2.4　基于矩阵生长模型的林分多目标经营规划技术

本节建立了落叶松云冷杉林的径阶生长模型，以此为基础，建立了包括木材生产、林分结构多样性和地上碳贮量为目标的林分多目标经营规划模型，采用遗传算法求解，并开发了林分多目标经营规划系统软件 SMOMP。

2.4.1 落叶松云冷杉林矩阵生长模型

由于径阶转移模型(矩阵模型)结构简单、易校检和检验、易与优化模型相结合(Lu *et al.*, 1993)，自 Usher (1966)第一次把预测动物种群未来年龄结构的矩阵模型应用于异龄林的生长动态分析以来，已得到广泛应用并在不断发展(Buongiorno *et al.*, 1980; Solomon *et al.*, 1986; Buongiorno *et al.*, 1994; Lin *et al.*, 1996; Favrichon, 1998; Kolbe *et al.*, 1999; Sist, 2003; Liang *et al.*, 2005; Hao *et al.*, 2005a; Shao *et al.*, 2006; Bollandsås *et al.*, 2008)。矩阵模型的关键是转移概率矩阵的确定，包括进阶(向上)生长、进界生长、枯损和保留过程。根据转移概率将矩阵模型分为固定参数和可变参数两类(Lin *et al.*, 1997)，前者将各径阶的转移概率视为常数；后者则将转移概率表示为林分密度、期初胸径、立地因子以及树种和结构多样性等林分因子的函数，因为与林分状态有关，也称为与密度有关的非线性模型。如 Buongiorno 等(1980)将进界生长项由一个常数变成受林分因子约束的变量；Solomon (1986)等把生长表达为林分密度的函数。与密度有关的非线性模型能更准确地表达林分的真实生长情况，因此目前普遍被采用(Kolbe *et al.*, 1999; Sist *et al.*, 2003; Namaalwa *et al.*, 2005)。在模型参数的估计方法上，因为三个转移概率间的相关性，也有采用联立方程组进行估计(Yang et al., 2008)。除了模拟不同经营方案对经济(如木材产量)和生态目标(物种和结构多样性)的影响外(Lu *et al.*, 1993; Lin *et al.*, 1996; Shao *et al.*, 2006)，矩阵模型还与优化模型相结合，用于森林经营规划(Ingram, 1996; Sist *et al.*, 2003; Liang *et al.*, 2005; Hao *et al.*, 2005; Lopez *et al.*, 2007)。我国学者也对矩阵模型进行了大量研究(郑耀军等，1987; 阳含熙等，1988; 宋铁英等，1989; 殷传杰，1989; 曾伟生等，1991; 谢哲根等，1993; 李荣伟，1994; 邵国凡等，1995; 陆元昌等，2002; 王飞，2004; 曲智林等，2006)。在经营模拟和优化方面，陆元昌(2002)模拟了采伐对热带林的生长影响，并建立了采伐损伤模型；王飞(2005)、Shao 等(2006)分析了不同采伐强度对红松阔叶林年生长量、年收获量和恢复时间的影响；Hao 等(2005a, 2005b)建立了长白山区混交异龄林的矩阵生长模型并确定了最优择伐方案，郝清玉(2006)建立了以矩阵生长模型为约束的林分结构及择伐周期优化模型。但研究存在以下问题：①对于混交林，较少将树种分开进行建模；②模拟的经营目标仅限于木材生产；③转移概率模型求解没有考虑模型误差间的相关性。本节以落叶松云冷杉林为对象，建立分树种(组)的矩阵模型，并模拟不同采伐措施对木材生产、树种和林分结构多样性及碳贮量的综合影响，为多目标森林经营决策提供方法和依据(向玮，2009)。

2.4.1.1 数据

用来建立模型的数据为金沟岭林场的 20 块固定样地。其起源为 1964 ~ 1967 年间营造的有部分针阔保留树种的人工落叶松林，经过多年的演变，大部分已成为落叶松云冷杉针阔混交林，具有天然林的部分特征，称为近天然林。以长白落叶松(*Larix olgensis*)、云杉(*Picea jezoensis* var. *microsperma*)和冷杉(*Abies nephrolepis*)为优势树种，其他树种有红松(*Pinus koraiensis*)、色木(*Acer mono*)、水曲柳(*Fraxinus mandshurica*)、白桦(*Betula platyphylla*)、椴树(*Tilia amurensis*)、枫桦(*Betula costata*)和榆树(*Ulmus propinqua*)等阔叶树种。样地面积在

0.0775 ~ 0.25hm² 之间。数据来自于 1987 年到 2007 年的调查数据（1987、1992、1997、2002、2007），间隔期 5 年，其中 2007 年仅有 4 块调查样地。调查因子除每木检尺记录树种和胸径（大于等于 5cm）外，还包括立地因子如海拔、坡向、坡度，样地建立时基本概况见表 2-12。

表 2-12　落叶松云冷杉固定样地基本概况

样地号	面积 (hm²)	海拔 (m)	坡向	坡度 (°)	公顷株数 (株/hm²)	公顷蓄积 (m³/hm²)	断面积平均胸径 (cm)	起初树种组成 (%)
1	0.0775	760	东北	10	935(65)	174.1(47.4)	18.0(2.6)	6 落 3 云冷 1 红 + 阔
2	0.0775	760	东北	10	1432(164)	230.2(35.7)	16.8(1.7)	5 落 4 云冷 1 阔 + 红
3	0.13	760	东北	10	1075(18)	178.5(53.0)	17.1(2.4)	4 落 4 云冷 1 红 1 阔
4	0.0975	760	东北	10	856(66)	162.8(31.8)	18.3(2.0)	7 落 2 云冷 1 阔 + 红
5	0.2	780	西	18	968(228)	166.3(40.7)	17.4(1.7)	6 落 2 云冷 2 阔 + 红
6	0.2	780	东北	7	1458(499)	206.4(45.6)	16.4(1.9)	7 落 2 云冷 1 阔 + 红
7	0.2	780	西	18	1001(272)	165.0(43.9)	17.6(2.1)	9 落 1 阔
8	0.2	780	东北	10	642(201)	123.1(23.1)	19.0(2.7)	9 落 1 阔 + 云冷 - 红
9	0.25	660	西北	6	1168(52)	187.9(33.9)	16.9(1.7)	6 落 2 云冷 1 红 1 阔
10	0.25	670	西北	10	813(44)	181.6(46.0)	19.2(2.7)	5 落 3 云冷 1 红 1 阔
11	0.25	670	西北	6	784(58)	193.1(41.0)	20.2(2.6)	6 落 3 云冷 1 阔 + 红
12	0.25	680	西北	10	875(45)	178.0(47.4)	18.5(2.7)	5 落 2 云冷 2 阔 1 红
13	0.2025	630	北	7	841(145)	147.5(34.8)	17.8(2.9)	7 落 2 云冷 1 阔 + 红
14	0.2025	640	北	7	969(219)	175.6(36.3)	17.9(3.1)	5 落 4 云冷 1 红 + 阔
15	0.1125	660	北	7	1440(220)	225.0(45.1)	16.8(2.6)	6 落 3 云冷 1 红 + 阔
16	0.1	645	北	7	1098(59)	180.7(41.8)	17.2(2.2)	6 落 2 阔 1 云冷 1 红
17	0.1	615	东北	7	1247(44)	181.6(57.9)	16.3(2.4)	7 落 2 云冷 1 阔 + 红
18	0.1125	610	东北	7	862(49)	160.7(51.5)	18.0(3.1)	7 落 2 云冷 1 阔 + 红
19	0.1	605	东北	9	820(14)	163.9(49.5)	18.8(2.8)	10 落 + 红 - 阔
20	0.1	600	东北	9	1452(174)	218.8(43.5)	16.6(2.4)	6 落 3 云冷 1 阔

注：落：长白落叶松（*Larix olgonsis*）；云冷：鱼鳞云杉（*Picea jezoensis*），冷杉（*Abies nephrolepis*）；红：红松（*Pinus koraiensis*）；阔：色木（*Acer mono*），水曲柳（*Fraxinus mandshurica*），白桦（*Betula platyphylla*），椴树（*Tilia tuan Szysz*），枫桦（*Betula costata*），榆树（*Ulmus propinqua*），括号内为标准差。

2.4.1.2　模型结构

模型结构采用 Buongiorno（1980）的形式，在考虑采伐和多树种的情况下，模型为：

$$Y_{t+1} = G_t(Y_t - H_t) + I_t$$

其中，$Y_{t+1} = [y_{s,i,t+1}]$，$s = 1, \cdots, m$，m 为树种组个数，$i = 1, \cdots, n$，n 为径阶数，$y_{s,i,t+1}$ 为 s 树种组 $t+1$ 时刻 i 径阶的单位面积株数，$Y_t = [y_{s,i,t}]$，$y_{s,i,t}$ 为 s 树种组 t 时刻 i 径阶的单位面积株数，$H_t = [H_{s,i,t}]$，$H_{s,i,t}$ 为 s 树种组 t 时刻 i 径阶的单位面积采伐株数。当 H_t 为 0 时，为自然生长。

G_t 为 t 时刻到 $t+1$ 时刻的径阶转移概率矩阵，即

$$G_t = \begin{bmatrix} G_{1t} & & & \\ & G_{2t} & & \\ & & \cdots & \\ & & & G_{mt} \end{bmatrix}$$

$$G_{st} = \begin{bmatrix} a_{s,1,t} & 0 & 0 & 0 \\ b_{s,1,t} & a_{s,2,t} & 0 & 0 \\ 0 & \cdots & \cdots & 0 \\ 0 & 0 & b_{s,n-1,t} & a_{s,n,t} \end{bmatrix}$$

$a_{s,n,t}$ 为第 s 树种组 n 径阶在 $t+1$ 时刻保留在原径阶内的概率即保留率，$b_{s,i-1,t}$ 为第 s 树种组 $n-1$ 径阶在 $t+1$ 时刻向上生长到第 i 径阶的概率即进阶率。本研究中采用期初为第 i 径阶到期末上升到第 $j(j>i)$ 径阶的株数除以期初为第 i 径阶的株数，表示第 i 径阶到第 j 径阶的转移概率。

向量 $I_t = [I_{st}]$，I_{st} 为 s 树种的进界向量，i_{st} 为 s 树种从 t 时刻到 $t+1$ 时刻进入起测径阶的株数。

$$I_t = \begin{bmatrix} I_{1t} \\ I_{2t} \\ \vdots \\ I_{mt} \end{bmatrix} \text{且} I_{st} = \begin{bmatrix} i_{st} \\ 0 \\ \vdots \\ 0 \end{bmatrix}$$

本研究中划分为 4 个树种组即 $m=4$，分别为：落叶松、红松云冷杉、慢阔（色木、水曲柳、椴树和枫桦）和中阔（白桦、榆树和杂木）。调查间隔期为 5 年，样地树木直径从 5 ~ 60cm，径阶宽度为 5cm，因此共划分为 11 个径阶即 $n=11$，保证树木只向上生长一个径阶，进界生长只生长到第一个径阶。最大径阶为 60cm，即 60cm 以上的树木枯损概率为 1。样地中的各自变量通过面积的线性关系化为每公顷的数值。

2.4.1.3　转移概率模型自变量的选择及参数估计

根据文献（Solomon *et al.*，1986；Liang *et al.*，2007；Lexerød，2005；Namaalwa *et al.*，2005；Woodall *et al.*，2005），确定的备选自变量主要包括与径阶有关的因子（径阶中值、林分最小径阶株数、各树种（组）各径阶株数及其占林分总株数的比）、林分因子（林分断面积、林分株数、树种（组）断面积及其在林分中所占的比例）、多样性（树种和大小多样性）和立地因子，其中立地因子采用海拔、坡向、坡度及其交互作用来表示（Stage，2007）。采用多元逐步回归来建立进阶生长、进界、枯损概率三个子模型，并对备选自变量各种变形（平方、导数、对数等）进行试验。自变量及其定义如表 2-13 所示。

表 2-13　自变量及其定义

变量组	变量	含义
径阶有关的变量	D	径阶中值
	N_Min_D	林分的最小径阶株数
	n_sz_dclass	各树种（组）各径阶株数
	sz_dclass_n_p	各树种（组）各径阶株数与林分总株数之比
	sz_dclass_ba	各树种（组）各径阶断面积
	sz_dclass_ba_p	各树种（组）各径阶断面积与林分断面积比
多样性	Hsp	树种多样性，按树种断面积计算的 Shannon 树种多样性指数，表示混交程度
	Hsize	大小多样性，按面积计算的 Shannon 大小多样性指数，表示直径结构的复杂性

（续）

变量组	变 量	含 义
林分变量	StandBA	林分的公顷断面积
	N_S	林分公顷株数
	sz_n_p	各树种（组）的株数与林分总株数之比
	BAp	各树种（组）的断面积与林分断面积比
立地变量	EL^2	海拔的平方
	$LnEL * sinA$	海拔与坡向的综合影响
	$LnEL * cosA$	
	$SL * sinA$	坡度与坡向的综合影响
	$SL * cosA$	

EL(ELEVATION)：海拔；SL(SLOPE)：坡度；A(ASPECT)：坡向，北记为0°，西北为45°，西为90°，以此类推。

由于一些自变量间存在共线性，估计量的方差很大，相应的会产生较大的参数标准误，因此采用方差膨胀因子（VIF）来判断自变量间的多重共线性。一般认为，当 VIF > 10 时，有严重的共线性，此时，标记共线性较大的自变量，保留共线性弱而对因变量贡献大的自变量。此外，由于三个子模型的自变量部分相同，模型之间误差项可能相关，在多元逐步回归把自变量选出后，采用似不相关线性回归（Seemingly unrelated linear regression）（唐守正等，2002）来进行参数的联合估计，并和单个模型分开普通最小二乘（OLS）回归估计进行比较。概率显著性水平取 0.05。

2.4.1.4　模型拟合优度检验

由于受建模样本数量限制，除第四期（2007 年）调查的数据外，所有数据参加建模。然后对各径阶株数的预测值和实测值做卡方检验。检验分树种（组）和全林分进行。卡方值为：

$$\chi^2 = \sum_{i=1}^{n} \frac{(y_i - \hat{y}_i)^2}{\hat{y}_i}$$

式中 n 为样本数，y_i 为观测值，$\hat{y}_i$ 为预测值，$i = 1\cdots n$，n 为径阶数。概率显著性水平取 0.05。

2.4.1.5　子模型的参数估计

采用似不相关回归估计三个子模型参数，发现三个子模型间误差相关很小（相关系数 r <0.12），可认为它们是独立的。因此，采用最小二乘法得到参数估计值。

枯损、进阶和进界三个子模型的最小二乘法的参数估计值如表 2-14、2-15、2-16 所示。可以看出，影响枯损概率的变量包括径阶大小、林分断面积、树种多样性、最小径阶株数和海拔。径阶大小只对落叶松和阔叶树种组的枯损有显著影响，且随着胸径的增大树木枯损的比例会迅速降低，当胸径达到一定程度时树木的枯损下降程度开始减缓。针叶树种枯损率和胸高断面积呈正相关，尤其是落叶松，主要因为落叶松是阳性树种。对落叶松和慢阔树种，树种多样性与树木枯损呈现负相关。同时随着海拔的增高落叶松和红（松）云冷（杉）的枯损率逐渐变大。而最小径阶株数只对落叶松枯损有显著影响，因为落叶松不能自然更新。

在进阶模型中，落叶松径阶中值的倒数与进阶率呈现负相关，即随着其值的增加进阶率会增大。胸高断面积在针叶树种及中阔中系数为负，表明随着断面积的增大进阶率会有一定的下降。落叶松树种多样性与进阶率呈现正相关，说明混交对针叶树种有一定的促进作用。红松、云冷杉中多样性越大该树种的进阶率越高。在针叶树种中各树种（组）最小径阶的株数则与进阶呈正相关。其中慢阔的进阶没有自变量选入模型，因此采用该树种组建模数据中各径阶的进阶率平均值作为转移概率进行计算。

在进界模型中，各树种（组）的胸高断面积系数为负，表明随着林分胸高断面积增加，进界率会下降。各树种（组）最小径阶的株数的系数为正，其值较大时有较大的进界生长率。落叶松树种多样性越大其进界生长越小。海拔对落叶松和阔叶树种组的进界有显著影响，但系数很小。

不分树种模型表明，在枯损模型中，在林分断面积较大或海拔较高时枯损率较大，树种多样性越大枯损率较小，较小径阶的树木有较大的枯损率；在进阶模型中，林木较小或林分断面积越大时树木进阶越困难，而当树种多样性和最小径阶的株数变大时进阶率亦会越大；林分的胸高断面积平方和树种多样性与进界量呈负相关，最小径阶的株数越大时进界生长越大。

表 2-14　枯损模型多元逐步回归参数估计表（最小二乘估计）

变量	落叶松	红云冷	慢阔	中阔	不分树种
Intercept	-0.332 *** (-0.083)	-0.172 ** (0.066)	6.38E$-$02 * (0.047)	-0.129 *** (0.042)	-0.134 ** (0.048)
$1/D$	3.064 *** (0.313)		1.301 *** (0.281)	2.841 *** (0.487)	1.482 *** (0.166)
StandBA	7.15E$-$03 ** (0.002)	5.51E$-$03 * (0.002)			4.97E$-$03 *** (0.001)
Hsp	-0.144 ** (0.041)		-0.115 ** (0.044)		-0.106 *** (0.026)
EL^2	0.473 *** (0.117)	0.246 * (0.110)			0.215 *** (0.067)
N_Min_D	-0.00028 * (0.000)				
Adjusted R^2	0.294	0.035	0.12	0.171	0.103
DF	286	335	189	159	978

注：* $p<0.05$，** $p<0.01$，*** $p<0.001$，括号内为标准差，DF：自由度，下同。

表 2-15　进阶模型多元逐步回归参数估计表（最小二乘估计）

变量	落叶松	红云冷	慢阔	中阔	不分树种
Intercept	0.788 *** (0.08)	0.436 * (0.174)		0.792 *** (0.16)	0.728 *** (0.059)
$1/D$	-1.592 *** (0.395)				-1.111 *** (0.258)
D^2				2.77E$-$04 * (0.000)	
StandBA	-2.30E$-$02 *** (0.003)	-2.56E$-$02 *** (0.004)		-2.50E$-$02 *** (0.007)	-2.00E$-$02 *** (0.002)
Hsp	0.145 ** (0.051)				8.45E$-$02 * (0.04)
Hsize		0.342 * (0.143)			

（续）

变量	落叶松	红云冷	慢阔	中阔	不分树种
N_Min_D	6.86E−04 *** (0.000)	1.36E−03 *** (0.000)			5.50E−04 *** (0.000)
Adjusted R^2	0.205	0.131		0.077	0.096
DF	287	334		158	978

表 2-16　进界模型多元逐步回归参数估计表（最小二乘估计）

变量	落叶松	红云冷	慢阔	中阔	不分树种
Intercept	1.65E−02 * (0.008)	1.18E−02 *** (0.001)	2.55E−02 *** (0.006)	3.09E−03 * (0.001)	1.21E−02 *** (0.002)
StandBA	−6.90E−04 ** (0.000)	−5.38E−04 *** (0.000)	−6.70E−04 *** (0.000)	−2.72E−04 *** (0.000)	
StandBA²					−1.19E−05 *** (0.000)
Hsp	−1.59E−02 *** (0.004)				−6.38E−03 *** (0.002)
EL²	3.15E−02 ** (0.012)		−2.71E−02 ** (0.010)	4.99E−03 * (0.002)	
N_Min_D	3.63E−05 ** (0.000)	5.17E−05 *** (0.000)	1.16E−04 *** (0.000)	8.20E−05 *** (0.000)	6.07E−05 *** (0.000)
Adjusted R^2	0.128	0.459	0.234	0.66	0.121
DF	287	335	188	157	979

2.4.1.6　矩阵模型的检验

基于 1987 年数据预测 20 块样地 15 年后及 4 块样地 20 年后（未参加建模）的径阶分布，各树种的预测值和观测值的卡方值及显著度为 0.05 情况下的临界值如表 2-17 所示。

表 2-17　各树种在不同预测年的卡方检验表

树种组	2002		2007	
	临界值	卡方值 χ^2	临界值	卡方值 χ^2
落叶松	174.10	100.49	36.42	16.66
红松云冷杉	199.24	124.40	42.56	8.91
慢阔	85.96	203.91 *	23.68	4.83
中阔	136.59	71.22	32.67	3.70
全部	542.60	500	110.90	33.97

注：* 表示在显著度 0.05 时预测值与观测值差异显著。

从表 2-17 可以看出，除慢阔树种外，其他树种（组）都通过卡方检验。主要原因是慢阔的进界模型中预测的进界值较高，且其第一径阶的进阶率偏低，使得第一径阶的树木在以后的分期内大多保留在第一径阶。但从总体来说，检验说明建立的矩阵生长模型可以用来预测落叶松云冷杉林的生长。

2.4.2　多目标经营模拟

2.4.2.1　经营目标

（1）经济目标：为木材产量，即模拟期采伐木的蓄积量，由吉林省一元材积式计算获得。

（2）生态目标：包括树种和大小多样性及地上碳贮量。

树种和大小多样性用 Shannon 多样性指数表示（Buongiorno *et al.*，1995）；地上碳贮量采用陈传国等（1989）的生物量模型计算地上部分生物量，碳贮量通过生物量乘以 0.5 得到。需要说明的是由于研究将树种划分为树种组，但各个树种有各自的生物量方程，因此树种组的生物量方程由某一树种的生物量方程替代，具体为：红云冷树种组由冷杉替代、慢阔树种组由色木替代、中阔由白桦替代。

2.4.2.2　采伐方案模拟

利用建立的矩阵生长模型模拟不同采伐周期和采伐强度对经营目标的影响。模拟林分各树种的起始径阶状态见图 2-4，即 2002 年所有样地径阶分布的平均值。模拟周期为 50 年，模拟分期设为 5 年，采伐强度（蓄积）分别为 5%、10%、15%、20%，采伐周期分别为 5 年、10 年和 15 年，最小采伐径阶为 30cm，采伐向量 *H* 即各径阶的采伐量按各树种的株数在各径阶所占的比例分配，采伐可分为只采针叶树、只采阔叶树和针阔叶都采三种情况，但因为本研究中样地阔叶树种（组）的比例很少，只采针叶树种（组）和其余两种采伐方法差别不大。因此只模拟采针叶树（按比例分配）情况。共得到 13 种采伐方案（包括自然生长），用采伐周期加采伐强度来表示，例如 0Y0P、5Y5P…15Y20P。

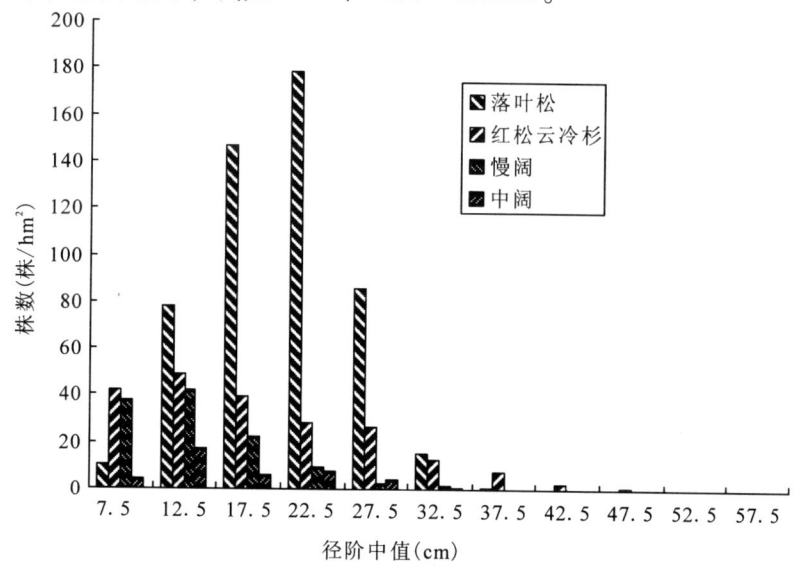

图 2-4　用于模拟的样地起始径阶分布

由于以上三个方面的目标既相互依赖又可能相互排斥，要求各子目标同时达到最优是困难的。为了对各种经营方案对各种经营目标的影响进行综合分析，需要构造一个总目标函数。由于各目标的量纲不一致，首先对其进行标准化处理。本文采用线性变换法即目标值与最大值之比。不失一般性，各目标权重都为 1，目标函数为：

$$Ob = T + \Delta Bsp + \Delta Bsz + \Delta C$$

式中 T 为标准化后的木材产量；ΔBsp，ΔBsz，ΔC 分别为标准化后的树种多样性指数、大小多样性指数和地上碳贮量的变化量。

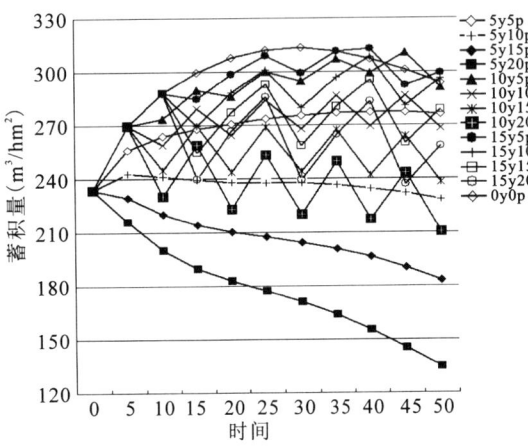

图 2-5　不同采伐方案下的林分蓄积

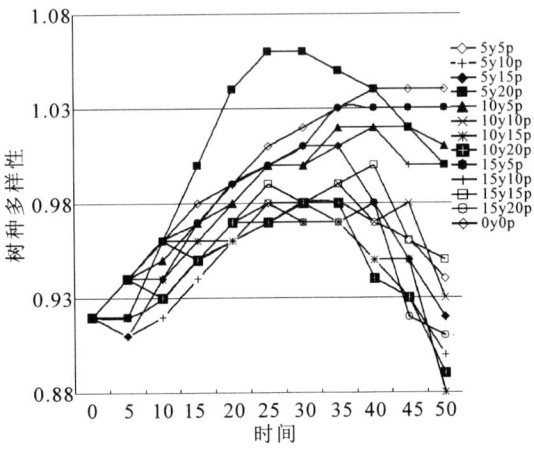

图 2-6　不同采伐方案下的树种多样性

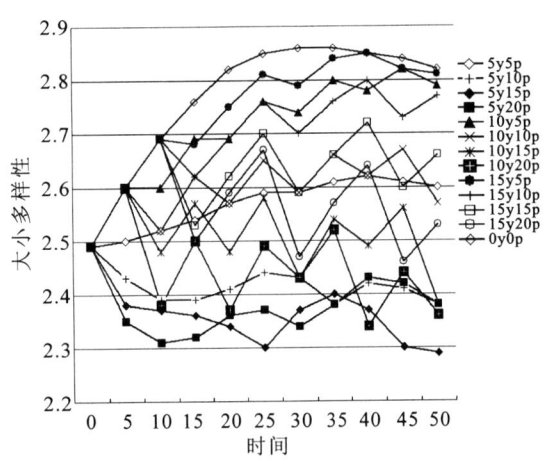

图 2-7　不同采伐方案下的大小多样性

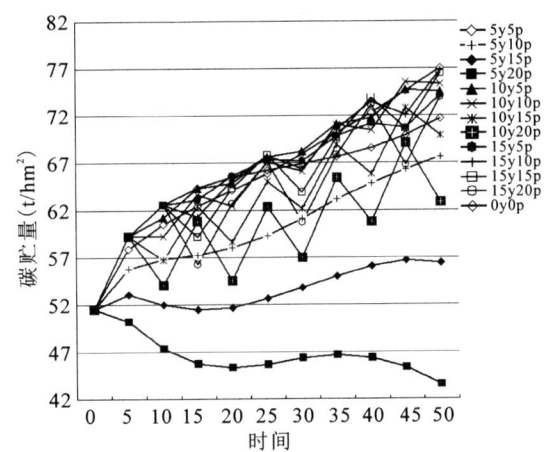

图 2-8　不同采伐方案下的碳贮量

（1）木材生产

从不同采伐方案下的蓄积量图（图 2-5）可以看出，高采伐强度导致林分蓄积的持续下降且采伐周期越短下降越快（方案 3、4、5），50 年时都恢复不到原来的水平（方案 3、4、5、8、9）；长周期和低采伐强度的采伐方案（方案 6、7、10、11、12、13）则能在采伐后得到生长和恢复，林分蓄积到 50 年时达到或超过原来的水平。

不同采伐方案 50 年间的生长量无明显差异（表 2-18），最小为方案 2，即 5 年 5% 采伐强度的方案，363.55m³/hm²，最大为方案 5，即 5 年 20% 采伐强度的方案，生长量为 394.75m³/hm²，而方案 4 为次优，其生长量为 392.43m³/hm²；年生长量在 7.27 - 7.90 m³/hm²·a 之间。

但枯损量有着明显的区别，都随着采伐强度的增加而减小，以自然生长的枯损量为最大，以方案 5 为最小。方案 5 的总收获量最大，因此，单从收获木材的经营目标来看，方案 5 即短周期大强度的方案为最优方案。

（2）树种和大小多样性

树种多样性表现出先增加后减少的趋势（图 2-6），主要是因为采伐方案设计的是只采针叶树。从整体来看（表 2-19），高强度采伐方案 3、8、9、13 导致树种多样性的减少，而自然生长和低强度采伐（方案 6、10）情况下树种多样性略有增加；对于大小多样性，采伐方案 3、4、5、8、9 造成大小多样性的降低，而自然生长和长周期方案 10 使大小多样性增加较大。这些与采伐树种和采伐径阶的选择有关，因为本研究采用的采伐方式是采伐针叶树种组并且从最大径阶起伐，采伐周期变短、采伐强度（方案 3、4、5、8、9）增大会导致大径阶的林木缺失。自然生长和采伐方案 10 在 50 年间多样性的增加最大。因此，从维持和增加多样性的角度，以自然生长和长周期小强度为最佳方案。

表 2-18　不同采伐方案模拟汇总

采伐方案	采伐周期（年）	强度（%）	50 年间采伐量累计（m³/hm²）	50 年间生长量累计（m³/hm²）	年生长量（m³/hm²·a）	50 年间枯死量累计（m³/hm²）	50 年时蓄积量（m³/hm²）	50 年时的总收获量（m³/hm²）	50 年时碳贮量（t/hm²）	50 年间树种多样性的变化量	50 年间大小多样性的变化量	50 年间碳贮量变化量（t/hm²）
1	0	0	0.00	363.76	7.28	303.74	293.67	293.67	71.70	0.12	0.33	20.16
2	5	5	142.95	363.55	7.27	178.01	276.24	419.19	77.03	0.02	0.11	25.49
3	5	10	263.14	377.51	7.55	119.76	228.26	491.40	67.64	-0.02	-0.11	16.10
4	5	15	362.82	392.43	7.85	80.04	183.21	546.04	56.37	0.00	-0.20	4.83
5	5	20	433.79	394.75	7.90	59.89	134.72	568.51	43.54	0.08	-0.11	-8.00
6	10	5	76.05	365.89	7.32	232.30	291.19	367.24	74.56	0.09	0.30	23.02
7	10	10	147.71	366.28	7.33	183.75	268.47	416.18	75.36	0.01	0.08	23.82
8	10	15	213.95	371.47	7.43	153.15	238.02	451.96	69.89	-0.04	-0.11	18.35
9	10	20	275.35	378.10	7.56	126.20	210.19	485.55	62.84	-0.03	-0.13	11.30
10	15	5	46.12	367.74	7.35	255.90	299.37	345.49	74.15	0.11	0.22	22.61
11	15	10	92.26	368.78	7.38	213.99	296.18	388.44	76.71	0.08	0.17	25.17
12	15	15	136.56	368.54	7.37	187.05	278.57	415.13	76.45	0.07	0.17	24.91
13	15	20	179.07	370.95	7.42	167.02	258.51	437.58	73.96	-0.01	0.04	22.42

此外，该林分的起源是在伐后有部分保留树种下造的落叶松人工林，但已具有天然林的部分特征。从 50 年时不同采伐方案的各树种组成来看（表 2-19），自然生长（方案 1）落叶松比期初状态下降，而红松云冷杉、慢阔和中阔的比例略有增加；采伐总体上导致落叶松所占比例的增加，红松云冷杉的比例既有增加也有减少，慢阔和中阔的比例略有增加。因此，该林分的自然演替是一个长期的过程。

（3）地上碳贮量

从不同采伐方案碳贮量表中地上碳贮量的变化来看（图 2-8），对短周期的采伐方案（方案 2～5），同一采伐周期内，碳贮量增加量基本随采伐强度的增加而减少，且不同采伐强度间差别较大，这是因为采伐除去了部分生物量，且在短期内难以通过生长进行恢复；10 年的采伐周期，弱度采伐的碳贮量增加量（方案 6 和 7）高于强度采伐（方案 9）；对于 15 年的采伐周期，不同采伐强度间差别不大，且没有表现出一致性的规律。综合来看（表 2-18），除短周期高采伐强度(方案5)外,其余方案都能保持地上碳贮量的增长。

表 2-19　50 年时不同采伐方案的各树种组成

方案	落叶松	红云冷	慢阔	中阔
初始状态	0.65	0.24	0.07	0.04
1	0.58	0.28	0.08	0.06
2	0.69	0.16	0.08	0.07
3	0.72	0.08	0.09	0.11
4	0.69	0.04	0.11	0.15
5	0.61	0.02	0.15	0.22
6	0.62	0.24	0.08	0.06
7	0.70	0.15	0.08	0.08
8	0.73	0.09	0.09	0.09
9	0.72	0.07	0.10	0.11
10	0.59	0.27	0.07	0.06
11	0.63	0.23	0.07	0.06
12	0.68	0.17	0.08	0.07
13	0.71	0.13	0.08	0.08

(4)综合目标

从以上可以看出,三个目标间存在相互冲突,要满足多目标经营的要求,需要对各个目标进行折衷。将各目标标准化后加权(权重都相同)得到不同采伐方案的总目标,如表2-20所示。可以看出,13 个方案中,在三个目标同等重要的前提下,以方案10(采伐周期15 年采伐强度5%)为最优方案,方案1(自然生长)为次优,但显然方案1忽略了木材生产目标,属于保护型方案。因此,长周期低强度采伐可以同时满足人们对木材生产、保护多样性和增加碳贮量多目标的需要,使森林经营的总目标值达到最大。这说明了合理的森林经营可以实现森林的多个目标。

表 2-20　不同采伐方案多目标值汇总表

采伐方案	标准化采伐量	标准化树种多样性增加量	标准化大小多样性增加量	标准化碳贮量增加量	标准化总目标值
1	0.00	1.00	1.00	0.79	2.79
2	0.33	0.17	0.33	1.00	1.83
3	0.61	−0.17	−0.33	0.63	0.74
4	0.84	0.00	−0.61	0.19	0.42
5	1.00	0.67	−0.33	−0.31	1.02
6	0.18	0.75	0.91	0.90	2.74
7	0.34	0.08	0.24	0.93	1.60
8	0.49	−0.33	−0.33	0.72	0.55
9	0.63	−0.25	−0.39	0.44	0.43
10	0.11	0.92	0.97	0.89	2.88
11	0.21	0.67	0.85	0.99	2.72
12	0.31	0.25	0.52	0.98	2.06
13	0.41	−0.08	0.12	0.98	1.43

2.4.2.3　小结

（1）结论

① 影响枯损、进阶和进界概率的主要变量包括径阶中值、公顷断面积、树种多样性、海拔和最小径阶株数，这和大多数研究一致（Lin *et al.*，1996，1997；Ralston *et al.*，2003；Sist *et al.*，2003；Namaalwa *et al.*，2005；Liang *et al.*，2005；2007；Lexerød，2005）。建立的矩阵生长模型可以用来预测落叶松云冷杉林的生长动态。

② 建立的矩阵生长模型能灵敏地反映不同经营方案的差异。在综合考虑木材生产、树种和大小多样性和地上碳贮量多个目标的情况下，长周期低强度（15 年 5% 采伐强度）为最优方案。表明合理的森林经营可以实现森林经营的多个目标。对于木材生产、多样性和碳贮量，延长采伐周期、降低采伐强度可以同时增加木材产量、树种和大小多样性及地上碳贮量，这与 Bugiorno（1995），Boscolo *et al.*（1997），Favrichon（1998）等的研究结论类似。该研究为模拟不同经营方案的多目标经营效果提供了一种方法。

③ 本研究中的落叶松云冷杉林是一种人天混林，落叶松作为阳性树种，不能天然更新，其最终会消失，但从模拟树种组成看，50 年后落叶松仍占有一定的比例，因此该林分的发展演替是一个长期的过程。其发展演替有待进一步验证。

（2）讨论

① 关于转移概率子模型：转移概率子模型的模型形式，除了采用线性外，也有采用 Logistic 模型，它可以非常灵敏反映因变量在 0~1 区间内的变化（Orois *et al.*，2002；Bollandsås *et al.*，2008）。对于影响转移概率的因子，本研究将树种和大小多样性作为自变量，发现其对进界、生长和枯损都有显著的影响，这对异龄混交林的生长模拟有一定的启示。在参数估计方法上，虽然研究中采用似不相关回归和普通最小二乘结果无显著差异，但前者仍是理想的方法。如 Yang 等（2008）的研究表明采用似不相关回归有转移概率方程进行联合估计较单独估计单个方程有显著改善。本研究中的落叶松云冷杉林是一种介于人工林和天然林之间的近天然林，子模型的决定系数从 0.08 到 0.66，但总体模型基本通过了卡方检验。模型的决定系数低并不意味着模型不能应用，只能说明选出的自变量只解释了部分转移概率的变异，但所有的自变量统计上均显著，且模型的常数项的标准差很小。大多数研究的转移概率子模型的决定系数从 0.004 到 0.83，最小值从 0.004 到 0.06，尤其是天然林（Orois *et al.*，2002；Ralston *et al.*，2003；Sist *et al.*，2003；Namaalwa *et al.*，2005；Liang *et al.*，2005 ）。若样本数量充足，可分径阶建立转移概率模型（Hao *et al.*，2005a）。

② 树种分组：将林分组成树种划分为树种组进行模拟，是矩阵生长模型的通用做法。但这导致林分蓄积量、碳贮量等的计算存在偏差，这也是矩阵模型的一个局限。因为以径阶为单元建模，要求每个组成树种都要有足够的样本量。

③ 采伐方案的设计：采伐设计是一个复杂的过程，需要考虑采伐周期、采伐强度及采伐木，对于混交林更是如此。本研究仅考虑了采伐按比例方案，这使采伐方案受到局限。若资料充足，以后的研究可以根据不同的需要继续丰富采伐方案。像针阔（组）都采、只采阔叶树种（组）、保留珍贵树种（组）采伐、确定不同的最小采伐直径等多种方式进行模拟比较，为经营者实施更灵活的经营策略提供理论依据。

④ 多目标经营：本研究对多目标经营模拟进行了尝试，除木材生产外，还考虑了生物

多样性和碳贮量目标。但碳贮量仅考虑了地上碳贮量，未包括根、土壤及地表枯落物中的碳。最新的研究已经可以跟踪产品碳(Baskent *et al.*，2008)，因为林木被采伐后碳并未完全释放，而是以不同的林产品形式固定下来，对不同的林木产品有不同碳吸存值，这就需要对林木的出材量及木材产品对木材的利用率进行分析。此外，模拟的经营方案有限，下一步可与优化模型相结合，得到最优解指导森林经营规划。

2.4.3 基于遗传算法的林分多目标经营规划

本节提出了基于遗传算法的林分多目标经营方案，并开发了一套集样地统计分析、森林径级生长预测及多目标经营规划于一体的森林经营多目标规划系统(孙建军，2009)。

2.4.3.1 遗传算法的基本原理

遗传算法简称 GA(Genetic Algorithm)，在本质上是一种不依赖具体问题的直接搜索方法。遗传算法在模式识别、神经网络、图像处理、机器学习、工业优化控制、自适应控制、生物科学、社会科学等方面都得到应用。在人工智能研究中，现在人们认为遗传算法、自适应系统、细胞自动机、混沌理论与人工智能一样，都是对今后十年的计算技术有重大影响的关键技术(吉根林，2004)。

遗传算法模拟了自然选择和遗传中发生的复制、交叉和变异等现象，从任一初始种群(Population)出发，通过随机选择、交叉和变异操作，产生一群更适应环境的个体，使群体进化到搜索空间中越来越好的区域，这样一代一代地不断繁衍进化，最后收敛到一群最适应环境的个体(Individual)，求得问题的最优解。遗传算法有三个基本操作：选择(Selection)、交叉(Crossover)和变异(Mutation)。

(1)选择操作

选择操作的目的是为了从当前群体中选出优良的个体，使它们有机会作为父代为下一代繁殖子孙。根据各个个体的适应度值，按照一定的规则或方法从上一代群体中选择出一些优良的个体遗传到下一代群体中。遗传算法通过选择运算体现这一思想，进行选择的原则是适应性强的个体为下一代贡献一个或多个后代的概率大。这样就体现了达尔文的适者生存原则。

(2)交叉操作

交叉操作是遗传算法中最主要的遗传操作。通过交叉操作可以得到新一代个体，新个体组合了父辈个体的特性。将群体内的各个个体随机搭配成对，对每一个个体，以某个概率(称为交叉概率，Crossover Rate)交换它们之间的部分染色体。交叉体现了信息交换的思想。

① 单点交叉(One - point Crossover)：随机设定交叉点，两个父个体以交叉点为界，交换剩余部分，产生两个子个体。

② 多点交叉(Multi - point Crossover)：一次选择多个交叉点，两个子个体分别按照对称的奇偶相间的顺序从父个体继承基因串。

③ 均匀交叉(Uniform Crossover)：按与染色体等长的随机屏蔽码交叉。

④ 算术交叉(Arithmetic Crossover)：由两个父个体的线性组合而产生出两个新的子个体。

（3）变异操作

变异操作首先在群体中随机选择一个个体，对于选中的个体以一定的概率随机改变串结构数据中某个串的值，即对群体中的每一个个体，以某一概率（称为变异概率，Mutation Rate）改变某一个或某一些基因座上的基因值为其他的等位基因。同生物界一样，遗传算法中变异发生的概率很低。变异为新个体的产生提供了机会。

遗传算法的运算过程如图 2-9 所示。

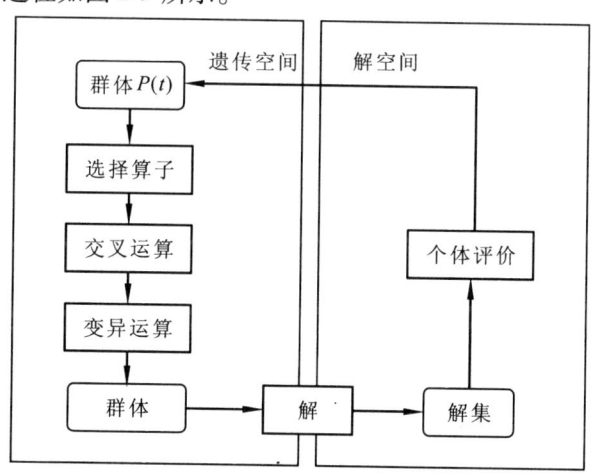

图 2-9 遗传算法的运算过程

2.4.3.2 基本遗传算法

基本遗传算法（也称为标准遗传算法或简单遗传算法，Simple Genetic Aigotithm，简称 SGA）是一种群体型操作，该操作以群体中的所有个体为对象，只使用基本遗传算子（Genetic Operator）：选择算子（Selection Operator）、交叉算子（Cross Over Operator）、变异算子（Mutation Operator），是其他一些遗传算法的基础，它不仅给各种遗传算法提供了一个基本框架，同时也具有一定的应用价值。

（1）基本遗传算法的形式化定义

基本遗传算法可定义为一个 8 元组：

$$SGA = (C, E, P_0, M, \Phi, \Gamma, \Psi, T)$$

式中：C —— 个体的编码方法；

$\quad\quad E$ —— 个体适应度评价函数；

$\quad\quad P_0$ —— 初始群体；

$\quad\quad M$ —— 群体大小；

$\quad\quad \Phi$ —— 选择算子；

$\quad\quad \Gamma$ —— 交叉算子；

$\quad\quad \Psi$ —— 变异算子；

$\quad\quad T$ —— 遗传运算终止条件。

（2）基本遗传算法步骤

1）染色体编码（Chromosome）与解码（Decode）

由于遗传算法应用的广泛性，迄今为止人们已经提出了许多种不同的编码方法。总的来说，这些编码方法可以分为三大类：二进制编码方法、浮点数编码方法、符号编码方法。本设计采用二进制编码方法，因此在此只介绍二进制编码方法。

二进制编码方法使用的编码符号集是由二进制符号 0 和 1 所组成的二值符号集{0，1}，它所构成的个体基因是由二进制符号 0 和 1 所组成的二值编码符号串。初始群体中各个体的基因可用均匀分布的随机数来生成。例如：$X = 01101100101$ 就可以表示一个个体，该个体的染色体长度是 $n = 11$。

设某一参数的取值范围为 $[U_{\min}, U_{\max}]$，用长度为 l 的二进制编码符号来表示参数，则它总共产生 2^l 种不同的编码，可使参数编码时的对应关系为：

$$
\begin{aligned}
000000 \quad \cdots \quad 000000 &= 0 &\rightarrow& \quad U_{\min} \\
000000 \quad \cdots \quad 000001 &= 1 &\rightarrow& \quad U_{\min} + \delta \\
\vdots \qquad \vdots \qquad \vdots \quad\ & &\ & \qquad \vdots \qquad \vdots \\
111111 \quad \cdots \quad 111111 &= 2^l - 1 &\rightarrow& \quad U_{\max}
\end{aligned}
$$

则二进制编码的编码精度为：

$$\delta = \frac{U_{\max} - U_{\min}}{2^l - 1}$$

假设某一个体的编码是：

$$X : b_l b_{l-1} b_{l-2} \cdots b_2 b_1$$

则对应的解码公式为：

$$x = U_{\min} + \left(\sum_{i=1}^{l} b_i \cdot \frac{U_{\max} - U_{\min}}{2^l - 1} \right)$$

例如，对于 $x \in [0, 255]$，若用 8 位长的二进制编码来表示该参数的话，则下述符号串：

$$X : 0011, 0101$$

就可表示一个个体，它所对应的参数值是 $x = 53$。此时编码精度为 $\delta = 1$。

2）个体适应度的检测评估

基本遗传算法按个体适应度成正比的概率来决定当前群体中各个体遗传到下一代群体中的机会多少。为了正确估计这个概率，要求所有个体的适应度必须为非负数。所以，根据不同种类的问题，需要预先确定好由目标函数值到个体适应度之间的转换规律，特别是要预先确定好当目标函数值为负数时的处理方法。例如，可选取一个适当大的正数 C，使个体的适应度为目标函数值加上正数 C。

3）遗传算子

遗传算法包括如下三种基本遗传算子：

①选择算子：基本遗传算法中最常用的选择算子是比例选择算子，比例选择方法是一种回放式随机采样的方法。其基本思想是：各个体被选中的概率与其适应度大小成正比。

设群体大小为 M，个体 i 的适应度为 F_i，则个体 i 被选中的概率 p_{is} 为：

$$p_{is} = \frac{F_i}{\sum\limits_{i=1}^{M} F_i} \qquad (i = 1, 2, \cdots, M)$$

由上式可见，适应度越高的个体被选中的概率也越大；反之，适应度越低的个体被选中的概率也越小。

②交叉算子：是指对两个相互配对的染色体按某种方式相互随机交换其部分基因，从而形成两个新的个体。交叉运算有单点交叉、多点交叉、均匀交叉、算术交叉等。下面以双点交叉算子为例介绍交叉算子产生新个体的过程。

双点交叉操作示例如下：

A：x|x x x x x x|x x x x　　双点交叉　　A'：x x x y|y y y y x|x

B：y|y y y y y y|y y y y　　————→　　B'：y y y x|x x x x y|y

交叉点1　　　交叉点2

③变异运算：是指将个体染色体编码串中的某些基因座上的基因值用该基因座的其他等位基因来替换，从而形成一个新的个体。本设计采用基本位变异。为了避免问题过早收敛，对于二进制的基因码组成的个体种群，实现基因码的小概率翻转，即 0 变成 1，而 1 变为 0。

基本位变异运算的示例如下所示：

A：1 0 0 1 1 0 1 0　　基本位变异　　A：1 0 0 0 1 0 1 0
————→

变异点

4）遗传算法的运行参数

遗传算法中需要选择的运行参数主要有：

l：编码串长度；

M：群体大小，即群体中所含个体的数量，一般取为 20 ~ 100；

p_c：交叉概率，一般取为 0.4 ~ 0.99；

p_m：变异概率，一般取为 0.0001 ~ 0.1；

T：终止进化代数，一般取为 100 ~ 1000。

2.4.3.3　基于遗传算法的落叶松云冷杉林林分多目标经营规划

林分多目标经营规划问题包括木材收获、碳贮量和生物多样性等目标，所有这些目标值都是根据径阶生长矩阵（2.4.1 节）的迭代来计算得到，这是一个非线性问题，传统的线性规划根本无法求解，而遗传算法借鉴生物界自然选择和遗传机制，使用群体搜索技术，能处理传统搜索方法难以解决的复杂的非线性问题。事实上，遗传算法的这一优点，使其在处理具有多个目标的规划问题上比处理单个目标的规划问题更为有效。

多目标遗传算法就是要通过一代代的演化使得整个种群在其目标空间不断地向最优边界逼近，进化结束的种群中的 Pareto 占优的个体作为寻优结果以逼近整个可行解域中的 Pareto 最优个体，由于在多目标优化中需要达到多个目标的趋优，多目标遗传算法需要同时顾及一下三个方面的要求：①优化结束后的群体中的 Pareto 占优的可行解所形成 Pareto 前端的要尽可能地接近整个可行解域内的 Pareto 前端从而可以代表之。②作为解集的个体良好均匀的分布。③解集的 Pareto 前端应当尽可能大地覆盖实际可行域的 Pareto 端，从而使得优化者可以在尽可能大的范围内决定对于每一个子目标的到达程度。

（1）多目标函数的建立

将木材生产量作为直接的决策变量，针对木材收获量、碳贮量和生物多样性三个目标以及约束条件可建立以下多目标林分经营优化模型：

$$Max \ V = \sum_{i=1}^{m} \sum_{j=1}^{n} \sum_{t=1}^{T} h_{ijt} \cdot v_{ij}$$

$$Max \ C_t = 0.5 \sum_{i=1}^{m} \sum_{j=1}^{n} y_{ijt} \cdot Bab_{ijt}$$

$$Max \ H_t = - \sum_{i=1}^{m} \sum_{j=1}^{n} \frac{y_{ijt}}{y_t} \cdot \log(\frac{y_{ijt}}{y_t})$$

式中：Max V ——木材收获量最大值；

Max C_t ——碳贮量最大值；

Max H_t ——生物多样性最大值；

h_{ijt} ——第 i 个树种第 j 个径阶在第 t 个规划分期的采伐株数；

v_{ij} ——第 i 个树种第 j 个径阶的单株材积；

Bab_{ijt} ——第 i 个树种第 j 个径阶在第 t 个规划分期的地上生物量；

y_{ijt} ——第 i 个树种第 j 个径阶在第 t 个规划分期的林木总株数。

多目标优化问题的本质在于，在很多情况下，各个子目标有可能是相互冲突的，一个子目标的改善有可能会引起另一个子目标性能的降低，也就是说，要同时使这多个子目标都一起达到最优值是不可能的，而只能是它们中间进行协调和折衷处理，使各个子目标函数都尽可能地达到最优。

因此，本设计采用权重系数变化法（镇常青，1987），将各个子目标函数赋予不同的权重 $w_i (i = 1,2,\cdots,p)$，这样就将多目标优化问题转化为单目标优化问题，使问题得到简化。

采伐量是各分期累加之和，是一个单独变量，而碳储量、多样性都是现存量，若累加就会重复，采用增加量，即增加量总和。目标函数如下：

$Max \ OBJ = k_1 \times$ 采伐量总和 $+ k_2 \times$ 碳储量增加量总和 $+ k_3 \times$ 生物多样性指数增加量总和

即：

$$Max \ OBJ = \frac{k_1}{max(\Delta V)} \times \sum_{i=1}^{m} \sum_{j=1}^{n} \sum_{t=1}^{T} h_{ijt} \cdot v_{ij} + \frac{k_2}{max(C)} \times 0.5 \times$$

$$\left[\left(\sum_{i=1}^{m} \sum_{j=1}^{n} y_{ij(t+1)} \cdot Bab_{ij(t+1)} \right) - \left(\sum_{i=1}^{m} \sum_{j=1}^{n} y_{ijt} \cdot Bab_{ijt} \right) \right] +$$

$$\frac{k_3}{max(Hsize)} \times (Hsize_{t+1} - Hsize_t)$$

$$k_1 + k_2 + k_3 = 1$$

式中：$max(\Delta V)$ ——采伐量最大值；

$max(C)$ ——地上碳贮量最大值；

$max(Hsize)$ ——大小多样性最大值；

$Hsize_t$ ——t 时刻林分的大小多样性指数；

k_1 ——采伐量总和的加权系数；

k_2 ——碳储量增加量总和的加权系数；

k_3 ——大小多样性指数增加量总和的加权系数。

因量纲不一致，需要进行无量处理。即目标值（各分期采伐量总和、碳储量增加量总和、树种多样性指数增加量总和大小多样性指数增加量总和）除以其最大值得到价值系数。以 1987 年各林分初始状态为基准开始规划，根据当地类似林分的最大值作为目标函数中无量纲的最大值（对优化的林分都是一样的值），分别为：

$\max(\Delta V) = 65$：由计算各样地 5 年间蓄积生长量得到（单位：m^3/hm^2）；

$\max(C) = 170$：由该地区针阔混交林样地地上碳贮量得到（单位：t/hm^2）；

$\max(Hsize) = 2.398$：为理论最大值（11 个径阶）。

所用到的计算公式如表 2-21 所示。

表 2-21　林分因子计算

树种（组）	材积式	地上生物量式	碳贮量
落叶松	$V = 0.00008472 D^{1.97420228}$ （ $34.593188 - 650.524970/(D+18)^{0.74561762}$	$Bab = 10^{(1.977+2.451 \times \log 10 D)} \times 1.013$	
其他针叶	$V = 0.0000578596 D^{1.8892}$ （ $46.4026 - 2137.9188/(D+47)^{0.98755}$	$Bab = 0.0763 \times D^{2.15762}$	
中阔	$V = 0.000053309 D^{1.88452}$ （ $29.4425 - 468.9247/(D+15.7)^{0.99834}$	$Bab = 10^{(2.136+2.408 \times \log 10 D)} \times 1.008$	$C = Bab \times 0.5$
慢阔	$V = 0.000048841 D^{1.84048}$ （ $24.8174 - 402.0877/(D+16.3))^{1.05252}$	$Bab = 10^{(2.159+2.367 \times \log 10 D)} \times 1.025$	

（2）多目标函数的约束条件

①生长约束

$$Y_{t+1} = G(Y_t - H_t) + I_t$$

即建立的矩阵生长模型。

②采伐约束

$$h_{ijt} < (y_{ij(t+1)} - y_{ijt})$$

即采伐量不大于生长量。

③多样性约束

$$Hsize_{t+1} \geq Hsize_t$$

$$Hsize_t = -\sum_{i=1}^{m}\sum_{j=1}^{n} \frac{y_{ijt}}{y_t} \cdot \log\left(\frac{y_{ijt}}{y_t}\right)$$

即下期树种和大小综合多样性指数不减少。

④地上生物量碳约束

$$C_{t+1} \geq C_t$$

$$Ct = 0.5\sum_{i=1}^{m}\sum_{j=1}^{n} y_{ijt} \cdot Bab_{ijt}$$

即地上生物量碳不减少。

⑤非负约束

$$h_{ijt} \geq 0$$

即采伐量大于 0。

（3）遗传操作设计

①经营参数染色体编码与解码

本研究中所涉及的经营参数为：最小采伐直径、采伐周期和采伐强度。其中最小采伐直径的取值范围为 1~40，单位是 cm，二进制编码长度是 6；采伐周期的取值范围为 5~35，单位是年；由于采伐周期是 5 的倍数，在二进制编码时采伐周期缩小 5 倍，这样采伐周期的二进制编码长度就会变成 3 位了，这样有利于提高遗传算法的运算速度。采伐强度的取值范围为 1~100，单位是百分比，二进制编码长度是 7。

采用二进制编码方法，根据以上参数的取值范围可确定染色体长度 $l=6+3+7=16$。

例如 最小采伐直径为 30cm，采伐周期为 5 年，采伐强度为 10% 的经营参数其染色体编码是：

$$X = 011110 \quad 001 \quad 0001010$$

最小采伐直径　采伐周期　采伐强度

根据公式 $X = U_{min} + \left(\sum_{i=1}^{l} b_i \cdot \dfrac{U_{max} - U_{min}}{2^l - 1} \right)$ 对染色体进行解码，在染色体解码时注意将三个参数分开解码。前 6 位是最小采伐直径，中间 3 位为采伐周期，最后 7 位是采伐强度。

②适应度函数的构建

在遗传算法中，以个体适应度的大小来确定该个体被遗传到下一代群体中的概率，个体的适应度越大，该个体被遗传到下一代的概率也越大，反之亦然。遗传算法就是以群体中各个体的适应度为依据，通过一个反复迭代，不断地寻求出适应度较大的个体，最终得到问题的最优解或近似最优解。本系统以目标函数作为适应度函数。

$$Max\ OBJ = \frac{k_1}{\max(\Delta V)} \times \sum_{i=1}^{m} \sum_{j=1}^{n} \sum_{t=1}^{T} h_{ijt} \cdot v_{ij} + \frac{k_2}{\max(C)} \times 0.5$$

$$\times \left(\left(\sum_{i=1}^{m} \sum_{j=1}^{n} y_{ij(t+1)} \cdot Bab_{ij(t+1)} \right) - \left(\sum_{i=1}^{m} \sum_{j=1}^{n} y_{ijt} \cdot Bab_{ijt} \right) \right)$$

$$+ \frac{k_3}{\max(Hsize)} \times (Hsize_{t+1} - Hsize_t)$$

适应度函数 Fitness 是提供判断变异和交叉过后的染色体取舍去留重要依据。

适应度函数的基本设计思想是将各染色体解码后得到三个经营参数，将这三个参数传给生长预测模型函数，生长模型根据林分初始值经过矩阵迭代得到下一期林分树木分布情况（不同树种和不同径阶的树木株数），再根据木材收获量、碳贮量和生物多样性的计算公式得到木材收获量、碳贮量和生物多样性指数值，然后将这三个值分别乘以各自的系数再相加得到加权个体值，最后按比例选择法计算出每个染色体的适应度值。

适应度函数流程图如图 2-10 所示。

③遗传算子设计

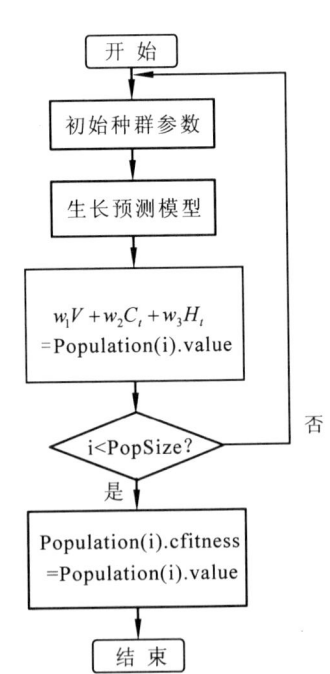

图 2-10　适应度计算函数流程图

a. 选择算子

选择算子采用比例选择法来进行父代个体的选择，个体的选择概率＝个体的适应度值／所有个体适应度值之和。

表 2-22 列出了某次运算实例中由函数 Selection Operator 计算得到的某个染色体群的适应度和相对应的比例选择概率。

表 2-22　个体染色体的适应度及其对应轮盘赌选择概率分配

个体序列	染色体	适应度	选择概率
1	100010 101 0000001	0.13587	0.02716
2	001000 001 0000100	1.59176	0.31824
3	100011 001 0000101	0.81655	0.16325
4	010111 001 0000111	1.84557	0.36899

b. 交叉算子

经过多次试验，取交叉概率为 0.6，交叉算子采用单点交叉方式，以最小采伐直径为 30cm，采伐周期为 5 年，采伐强度为 10%；最小采伐直径为 25cm，采伐周期为 10 年，采伐强度为 15% 两个个体为例，子代个体产生的过程：

父代：

0011110 001 0001010　　0011001 010 0001111　　⇨

子代：

0011110 010 0001111　　0011001 001 0001010

得到的两个子代解码后参数分别是最小采伐直径为 30cm，采伐周期为 10 年，采伐强度为 15%；最小采伐直径为 25cm，采伐周期为 5 年，采伐强度为 10%；

c. 变异算子

变异概率不宜过大，过大会导致算法的连续性，经过多次试验，取变异概率为 0.001，变异概率变异算子采用基本位变异算子，最小采伐直径为 25cm，采伐周期为 5 年，采伐强度为 10% 为例，子代个体变异的过程：

001 1001 00101 0001010 $\xrightarrow{\text{变异}}$ 001 0001 00101 0001010

通过变异运算后，该子代个体解码后的参数变成：最小采伐直径为 17cm，采伐周期为 5 年，采伐强度为 10%。

④最优保存策略

为了减少由于变异或交配所引起的优良个体或优良基因信息的遗失，我们采用最优保存策略。在每代开始适应度函数刚计算完的时候，在其他一些遗传算子如选择算子、交叉算子、变异算子还没有开始之前。我们先把整个种群中适应度值最好的一个个体复制下来，然后再对整个种群进行其他的遗传操作。当所有操作完成并产生了下一代新种群的时候，再把曾经复制下来的最优个体放到新一代种群中并取代其中适应度最差的个体。该策略可以避免最优个体在进化过程中由于交叉或变异遭到的破坏与丢失，并且可以保证整个种群中最优个体的适应度值随着进化的代数单调递增。

（4）优化方案

将采伐量总和、碳储量增加量总以及生物多样性指数增加量的权重比设成（0.5：0.3：0.2）或（0.33：0.33：0.33）。当种群取值较小时，可提高遗传算法的运算速度。但却降低了群体的多样性，有可能会引起遗传算法的早熟现象；而当种群取值较大时，又会使得遗传算法的运行效率降低，经过多次试验将种群设成60相对比较合适，将交叉概率初值设成0.5，变异概率初值设成0.02。当迭代到群体中已经难以找到适应值更高的个体时，将交叉率减小10%，变异率增加20%，以产生更好的个体。这样做，既可加快收敛速度，又可避免陷入局部最优。经过多次试验发现适应度值从第80代后开始趋于稳定，所以将终止代数设成100。将这些参数输入，运行得到优化结果为最小采伐直径为25cm，采伐周期为5年，采伐强度为13%～23%。

2.4.3.4　林分多目标经营规划系统设计与开发

（1）系统设计

由于森林规划的长期性，常常需要和生长模型一起建立规划模型。为满足林分层次多目标经营规划的需要，本节设计了包括数据管理（样地统计）、径阶生长模型、多目标经营模拟和多目标经营规划等在内的林分多目标经营规划系统（SMOMP：Stand Multiobjective Management Planning System）。系统主要功能如表2-23所示。

表2-23　林分多目标经营规划系统功能

系统功能	详　解
数据管理	数据编辑
径阶生长模型及经营模拟	林分初始径阶分布
	转移概率模型参数
	多目标经营方案模拟
	模拟结果输出及图形显示
林分多目标经营规划	林分初始径阶分布
	转移概率模型参数
	多目标规划遗传算法求解
代码管理	代码维护
系统帮助	系统使用说明

（2）系统开发

本设计采用微软公司的Visual Basic 6.0，它具有较强的功能，且可扩充性好等特点，它是完全按照面向对象的程序设计思想研制，采用图形化的应用界面，集应用程序开发、测试、查错功能于一体的集成开发环境，对数据库的访问非常方便。

林分经营多目标规划系统就是一个基于数据库的统计、分析、优化系统，因此数据库的开发平台选择尤为重要。Access 2003不仅可以用于单纯的数据存储，还可以作为前端应用程序，就是说Access 2003既是数据库，同时也可以是开发工具，支持多种后台数据库。可以联结Excel文件，Foxpro、Dbase、SQL server数据库，甚至可以连接到MySQL、文本文件、XML、Oracle等其他数据库。由于系统目前需要的数据量不是很大，用Microsoft公司的Access 2003完全能够满足要求。因此林分经营多目标规划系统采用Access 2003作为数据库开发平台。

作为林分多目标经营规划系统的数据存储部分，数据库的性能直接影响到整个系统的性能，在设计林分多目标经营规划系统数据库时，主要考虑能够满足数据存储需求、具有良好的数据库安全机制、数据库整体性能合理、尽可能少地存储冗余数据等方面，来满足林分多目标经营规划对数据的存储、读取需求。

（3）系统功能的实现

林分多目标规划系统在功能上分为数据管理、样地统计、分布图、径阶生长模型和多目标规划五个功能模块。系统结构框图如图 2-11 所示。

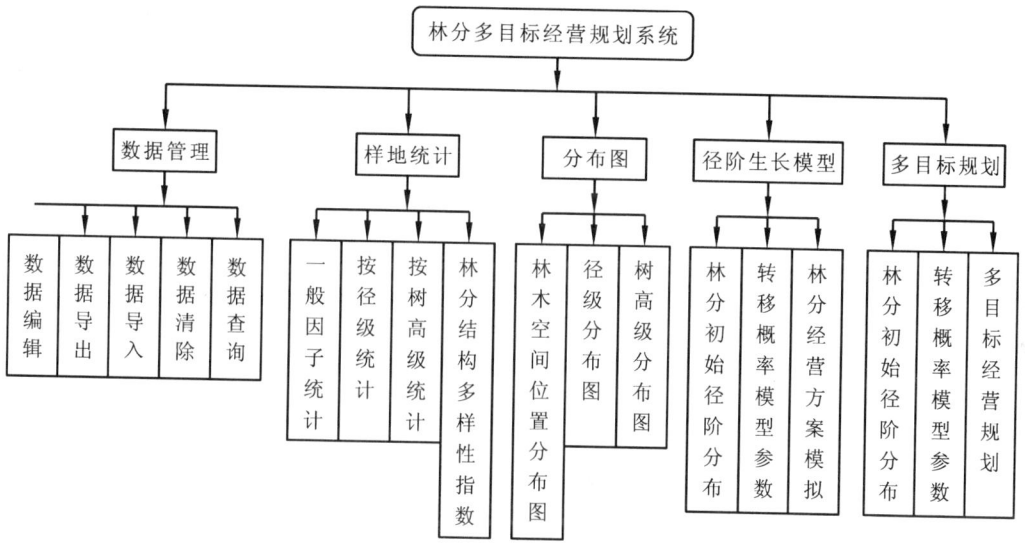

图 2-11　林分多目标经营规划系统结构框图

系统主界面如图 2-12 所示。

图 2-12　系统主界面

1）数据管理模块

在数据管理模块中包括如下功能：①在 MSHFlexGrid 控件中进行增加、删除行，并能在 MSHFlexGrid 控件的网格中录入数据等数据编辑操作。②打开一个已有的 ACCESS 数据库，或新建一个数据库；能将 EXCEL 数据导入已打开的数据库中，并能将 ACCESS 数据库的数据表以 EXCEL 文件格式导出；能删除 ACCESS 数据库中不需要的数据表。数据管理界面如图 2-13 所示。

图 2-13　数据管理界面

数据管理菜单中有数据查询项。在查询模块中，用户可进行任意的与、或条件的组合查询。用户只需用鼠标选择目标数据表和字段，然后在文本框中输入条件就能查询到符合该条件的数据。查询界面如图 2-14 所示。

2）样地统计模块

样地统计模块是系统的核心模块，包括一般因子统计、按径级和按树高级统计。

①一般因子统计

在一般因子统计模块中用户可以根据具体树种很方便地输入或修改树高 - 胸径、材积式和生物量等模型并保存。用户只需简单点击鼠标从目标数据表中选取相应的字段，就能得到统计结果，并立即在表格中显示，且能将统计结果保存到打开的 ACCESS 数据库中通过模型计算出的单木树高、材积和生物量保存在单木统计表中。全林分的密度、断面积、蓄积、平均胸径、平均树高及分树种的统计量分别存贮在样地因子统计表和分树种统计表中。如图 2-15 所示。

②径级和树高级统计

在该模块中能实现由用户定制径阶和树高阶宽度，进行径级和树高级统计。树高级宽度划分可等间距，也可以按用户要求任意划分。统计结果用表格显示并能保存到 ACCESS 数据库中。树高级统计界面如图 2-16 所示。

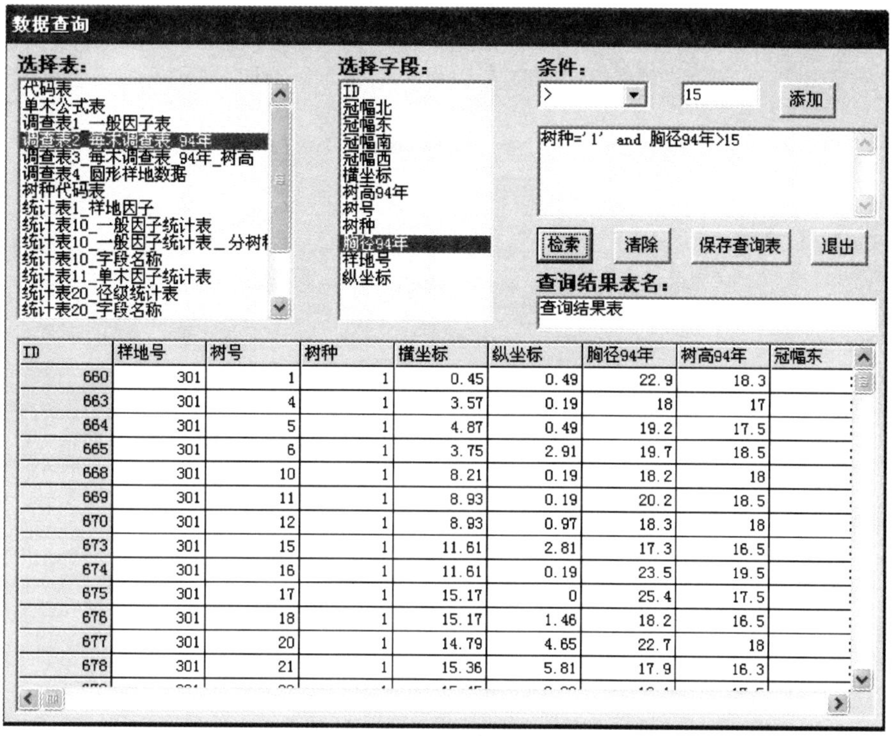

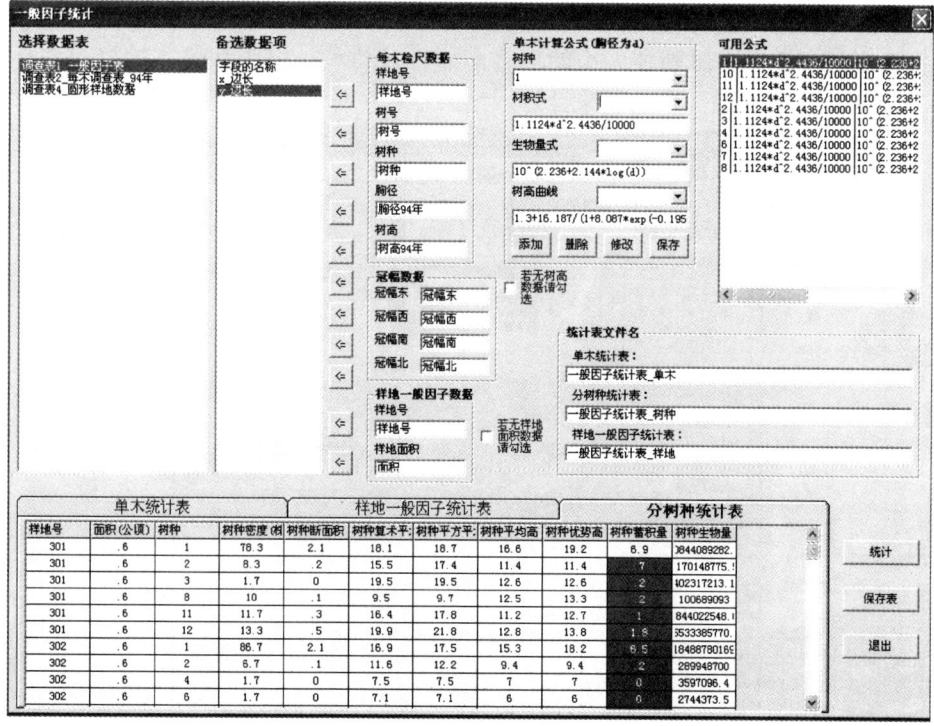

图 2-14　数据查询

图 2-15　一般因子统计

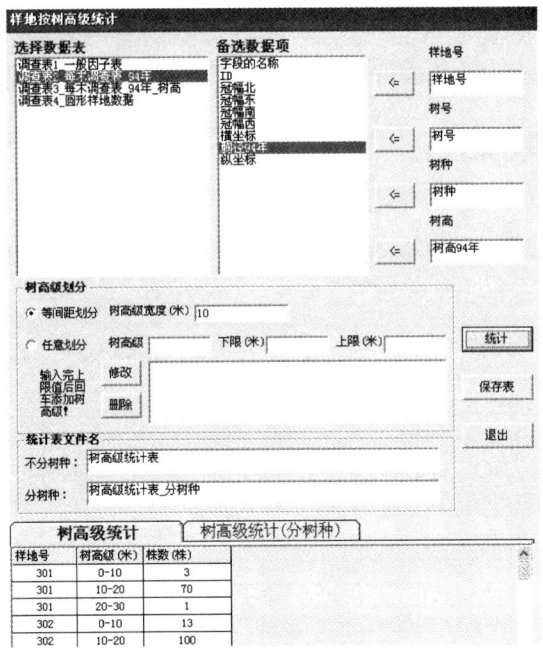

图 2-16 树高级统计

林分结构多样性指数计算：林分结构多样性指数是森林生态状态的一个重要指标，也是多目标经营的一个重要参数，为此设计并实现了林分结构多样性指数计算模块。通过定义径级和树高级宽度，可以计算基于 Shannon 指数的林分结构多样性指数，包括树种多样性、大小多样性、树高多样性、树种和大小的综合多样性及树种、大小和树高的综合多样性指数（图 2-17），可分别用株数和断面积来计算。结果存贮在林分结构多样性指数表中。

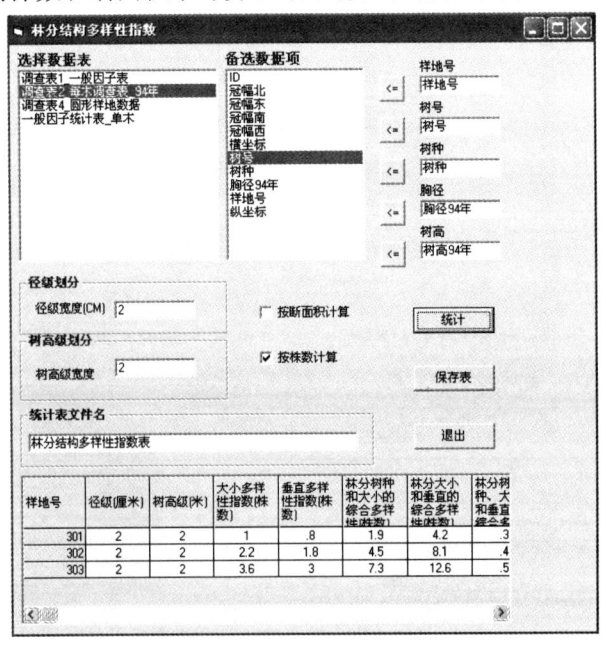

图 2-17 林分结构多样性指数计算

3）样地分布图模块

为了对整个样地树种分布和胸径大小有个直观的了解，设计并实现了样地分布图模块。分布图模块包括树木空间分布图、直径和树高分布直方图。树木空间分布图主要是根据样地中每株树的空间坐标（方形样地为横坐标和纵坐标，圆形样地为方位角和距离）来示意样地树木的分布，不同树种用不同颜色标识，显示样木大小的圆与树木的胸径成正比，胸径越大圆的直径越大。树木空间图如图 2-18 所示（另见彩页）。

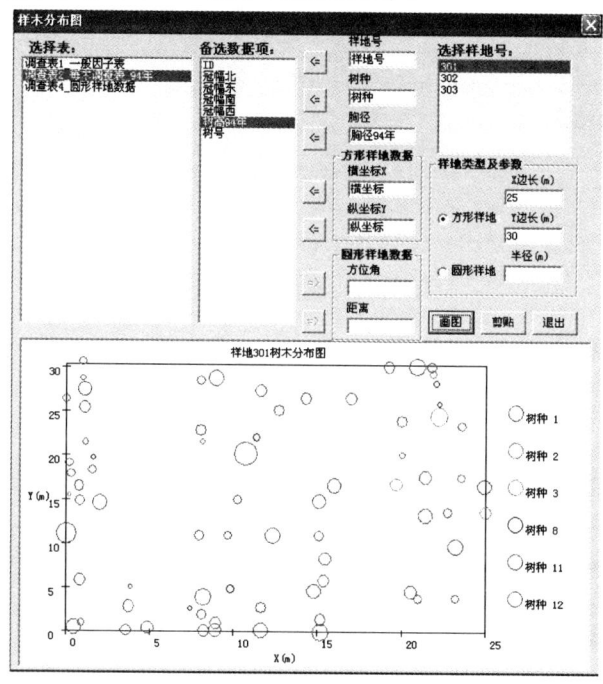

图 2-18　方形样地树木空间分布图

径级和树高级分布图则是用直方图来示意林木株数分布。不同的树种用不同的颜色标识，样地径级分布和树高级分布分别如图 2-19 和 2-20 所示（另见彩页）。

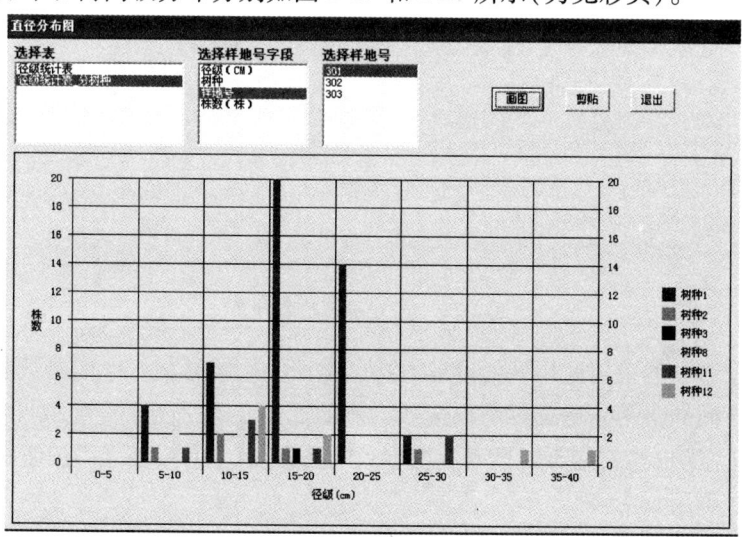

图 2-19　径级分布图

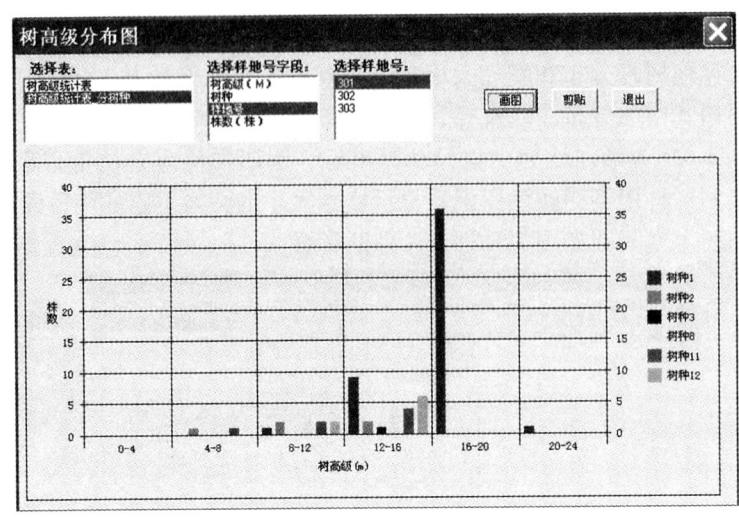

图 2-20　树高级分布图

4)径阶生长模型模块

径阶生长模型模块包括林分初始径阶分布、转移概率模型参数和林分经营方案模拟三部分。

在林分初始状态分布中,用户输入初始状态参数和初始化数据后可点击"保存"按钮将初始数据保存到数据库中以供下次调用。如图 2-21 所示。

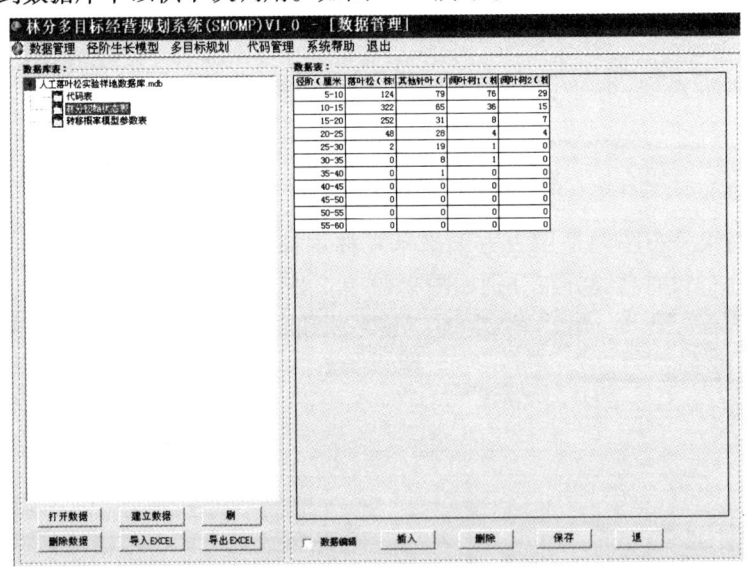

图 2-21　林分初始状态分布

转移概率模型参数采用通用性的设计方法,将所有影响转移概率的参数都考虑进去,各个参数有四种不同的常用表达式供用户选择,例如如图 2-22 所示的直径 D 的四种方式:D,$1/D$,D^2,$\log D$。用户输入完所以概率模型参数的系数后,可点"保存"按钮将参数保存到数据库中以供下次调用。

林分经营方案模拟模块可以进行森林自然生长和人工经营生长两种模拟方式来模拟林分

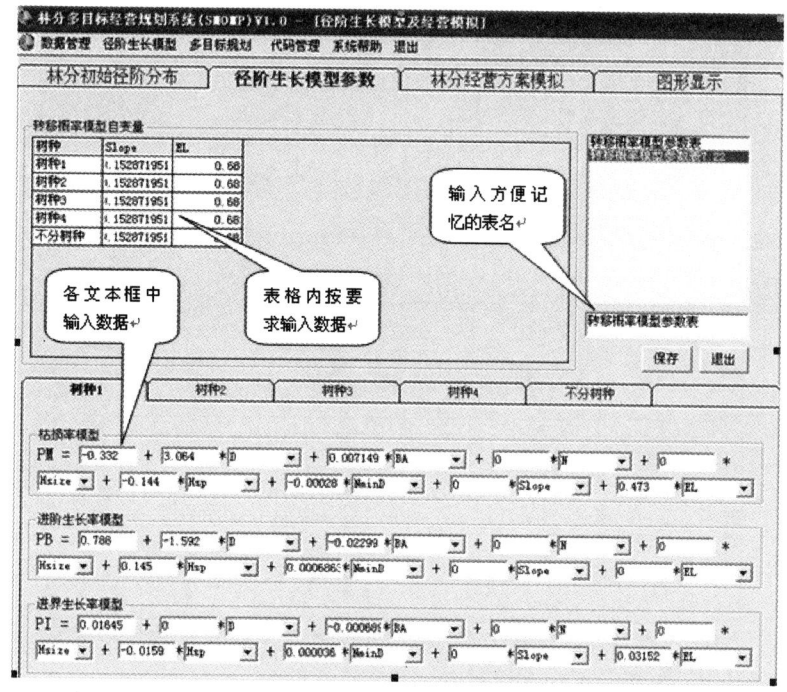

图 2-22 转移概率模型参数

的生长状况，并且具有分树种和不分树种两种模式，使用户更加清楚森林自然生长和人工经营后森林的状态变化情况。最后还将输出详细的林分模拟结果汇总表，包括：采伐量、生长量、枯损量、断面积、蓄积、树种多样性指数、大小多样性指数和碳贮量等。如图 2-23 所示。

5）多目标规划模块

多目标规划模块的林分初始径阶分布和转移概率模型参数部分与林分径阶生长模型模块类似，不同的是遗传算法多目标优化部分。遗传算法多目标优化部分考虑到用户对遗传算法不了解，并且这些参数是经过试验得出的有效参数，所以程序运行前已经给出了默认的参数，用户只能看到这些参数，但不能修改。但用户可以根据需要修改采伐量总和、碳储量增加量总和以及生物多样性指数增加量三个目标的加权系数。输入完所有这些参数后，点击"优化"按钮，系统会根据参数进行遗传操作运算得出最优方案结果，并输出详细的林分模拟结果汇总表。最优方案结果包括最小采伐直径、采伐周期和采伐强度。如图 2-24 所示。

2.5 基于潜在植被的近自然多目标森林景观规划技术

潜在自然植被是假定植被全部演替系列在没有人为干扰、在现有的环境条件下（如气候、土壤条件，包括由人类所创造的条件）完成时，立地应该存在的植被。作为一种与所处立地达到一种平衡的演替终态，反映的是无人类干扰的情况下，立地所能发育形成的最稳定成熟的一种顶极植被类型，是一个地区现状植被的发展趋势（宋永昌，2001）。因此，森林景观规划应以当地潜在植被为依据进行。本节初步提出了一种基于潜在植被的森林景观多目标规划方法。这种方法包括依据潜在天然植被确定目标森林景观要素类型、以森林经营的多

图 2-23　林分经营方案模拟

个目标值最大为目标函数、以面积和空间分布等为约束条件建立多目标规划模型、通过模型求解得到最优森林景观格局。并以吉林省汪清林业局金沟岭林场为例进行了案例研究（曾翀，2009）。依据文献确定了该地区的 4 种潜在天然植被，以森林蓄积量、树种多样性指数和地上碳贮量为目标，建立了多目标优化模型，得到了红松阔叶林、云冷杉混交林、落叶阔叶林和蒙古栎林这 4 种目标景观要素的面积分布。该方法同时考虑了森林对其生境和人们对森林功能的需求，可作为森林景观规划的参考（雷相东，2010）。

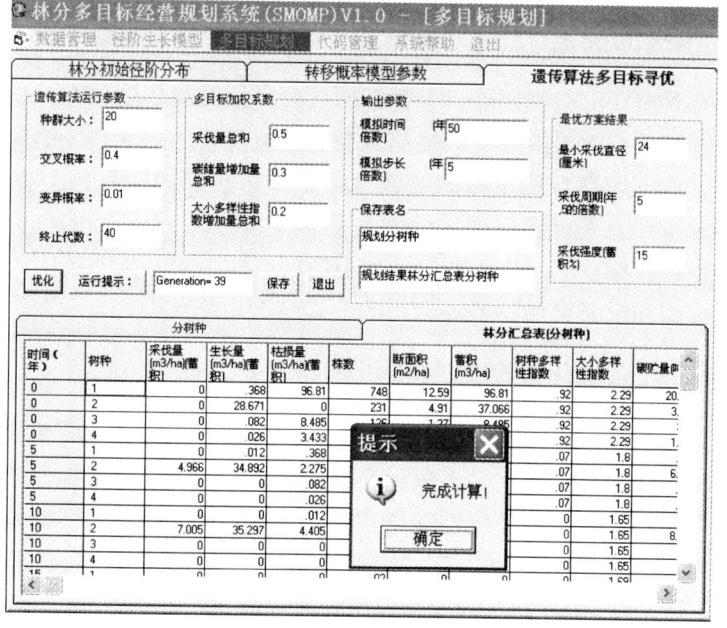

图 2-24　遗传算法多目标优化

2.5.1　规划方法

由于潜在植被反映的是无人类干扰情况下，立地所能发育形成的最稳定成熟的一种顶极植被类型，在森林景观规划中，特别是在生物多样性保护的目标下，可以将其作为当地的目标发展类型或目标植被。这些植被一般由乡土树种组成，具有复杂的结构，多样性丰富，因此具有多种森林功能。但同一地区的潜在植被往往有多种，在这种情况下需要在经营目标的指导下，确定不同潜在植被类型的数量和分布。通过确定经营目标，建立规划模型通过优化来确定各类型的分布。其技术路线可总结为：确定潜在植被－确定规划目标－确定约束条件－建立规划模型－模型求解－森林景观格局(图 2-25)。

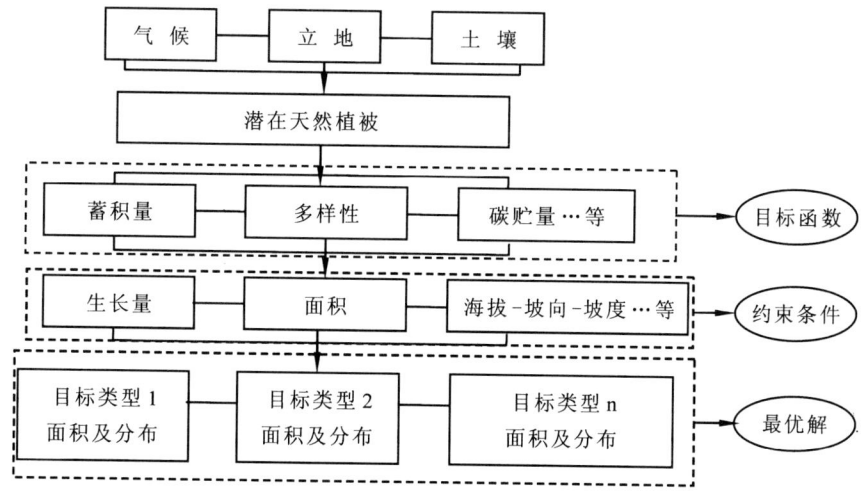

图 2-25　基于潜在天然植被的森林景观多目标规划方法

2.5.1.1 潜在植被的确定

每一地区都有其潜在的植物群落。主要是通过野外植被和环境调查，确定潜在自然植被类型。对于有残存自然植被的地段，可根据残存的植被及当地的气候、地形等条件，确定潜在植被类型。对于没有残存自然植被的地区，可通过对相邻地区森林类型的调查，结合地形、土壤和气候等条件，来确定该地区的潜在植被类型。此外还可以通过模型模拟潜在植被，并用 GIS 产生潜在植被图，主要的模型如分类回归树模型、生态位因子分析、神经网络分析、广义回归模型和广义可加模型等。

2.5.1.2 建立多目标优化模型并求解

一旦潜在植被类型确定后，就可以以确定的不同潜在天然植被的面积为决策变量，以木材生产、生物多样性保护、碳吸存、水源涵养等森林的多个功能为目标，考虑立地、管理等空间和非空间约束，建立线性或非线性规划模型。通过求解，得到目标植被的面积，指导未来的森林管理和规划。

2.5.2 案例分析——以吉林省汪清林业局金沟岭林场为例

2.5.2.1 潜在植被的确定

综合考虑立地、群落演替阶段并参考气候变化下东北地区潜在植被模拟的相关文献（邢邵朋，1988；徐文铎等，1992；2004；Ni et al.，2000，Liu et al.，2009；刘华民等，2007），确定当地潜在植被为：红松阔叶林、云冷杉混交林、落叶阔叶林和蒙古栎林，如表 2-24 所示。

表 2-24 东北林区主要潜在天然植被

植被类型	组成树种
红松阔叶林	红松、紫椴、水曲柳、蒙古栎、春榆、枫桦、色木、黄波罗、大青杨、糠椴、胡桃楸等
云冷杉混交林	鱼鳞云杉、冷杉、枫桦、椴树、青楷槭、花楷槭
落叶阔叶林	紫椴、水曲柳、蒙古栎、春榆、枫桦、色木、黄波罗、大青杨、糠椴、胡桃楸
蒙古栎林	蒙古栎、黑桦、紫椴、色木等

2.5.2.2 多目标优化模型

为便于森林经营，结合确定的 4 种潜在植被和龄组，以不同龄级的潜在植被面积作为决策变量，考虑蓄积量、碳贮量和树种多样性 3 个经营目标，用加权法形成目标函数，建立多目标线性规划模型（图 2-26）。

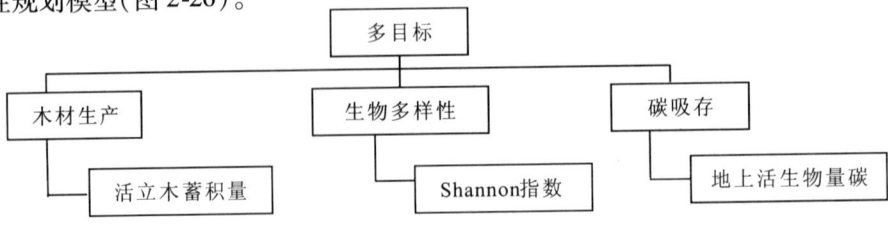

图 2-26 森林规划多目标层次结构

2.5.2.3　决策变量

按照潜在植被类型和龄组组合的森林面积 X_{ij} 作为决策变量，i 为潜在植被类型，j 为龄组（表 2-25）。通常将龄组分为幼龄林、中龄林、近熟林、成熟林和过熟林，在本研究中，受样地数据所限，将成熟林和过熟林放在一起考虑。因此每种潜在植被共 4 个龄组，但因云冷杉林缺少成过熟林样地，因此模型共有 15 个决策变量。参照吉林省森林规划设计调查技术规定，4 种潜在植被的龄组的划分标准为：

蒙古栎林：按国家规定的标准划分；

云冷杉林：以组成大的确定龄组，组成相等时以云杉确定龄组；

阔叶混交林：慢阔、中阔和速阔以组成大的确定龄组，相等确定龄组的顺序为慢阔、中阔和速阔。

阔叶红松林：针叶树种组成大于等于阔叶树种时，龄组确定原则按针叶林；阔叶树种组成大于针叶时，龄组确定原则按阔叶林。

表 2-25　决策变量列表

类型	幼龄林	中龄林	近熟林	成过熟林
红松阔叶林	X_{11}	X_{12}	X_{13}	X_{14}
云冷杉混交林	X_{21}	X_{22}	X_{23}	
落叶阔叶林	X_{31}	X_{32}	X_{33}	X_{34}
蒙古栎林	X_{41}	X_{42}	X_{43}	X_{44}

2.5.2.4　价值系数（参数）计算

规划目标包括木材产量、碳贮量和生物多样性，分别用林分蓄积量、地上碳贮量和树种多样性指数来表示，因三个目标量纲不一致，首先将其无量纲化，方法为平均值除以最大值。其中三个目标中平均值及最大值的计算通过汪清林业局局级固定样地数据得到。

（1）蓄积量参数

基于固定样地数据，根据吉林省主要树种一元材积式，计算各类型样地单位面积活立木蓄积，得到各类型各龄级蓄积量参数，见表 2-26。

表 2-26　潜在植被类型的蓄积量参数（m^3/hm^2）

类　型	幼龄林		中龄林		近熟林		成过熟林	
	均值	最大值	均值	最大值	均值	最大值	均值	最大值
红松阔叶林	181.8	316.3	208.3	424.2	201.9	387.4	252.2	358.5
云冷杉混交林	142.5	183.3	165.6	382.1	271.7	408.2		
落叶阔叶林	112.7	260	165.9	383.8	193.8	358.2	224.1	400
蒙古栎林	66.3	131	156.2	340.7	185.6	271.3	206.4	252.2

（2）树种多样性指数

树种多样性指数采用 Shannon 多样性指数计算，其结果见表 2-27。

$$H = -\sum_{k=1}^{m} P_k \ln(P_k)$$

其中 P_k 为树种 k 的断面积占林分断面积的比例，m 为树种数。

表 2-27 各主要森林类型的树种多样性指数

类 型	幼龄林		中龄林		近熟林		成过熟林	
	均值	最大值	均值	最大值	均值	最大值	均值	最大值
红松阔叶林	1.802	2.123	1.786	2.278	1.606	2.093	1.603	1.92
云冷杉混交林	0.779	1.386	1.137	1.202	0.472	0.685		
落叶阔叶林	1.511	2.063	1.528	2.154	1.437	2.079	1.465	1.988
蒙古栎林	0.567	1.015	0.432	1.158	0.449	0.99	0.461	1.109

（3）地上碳贮量

各类型的地上碳贮量通过生物量和含碳率获得。首先利用生物量模型计算出各组成树种单株生物量，再乘以不同树种各自的含碳率得到碳贮量，单株碳贮量累加得到林分碳贮量。详见 2.3.1 节。地上碳贮量参数见表 2-28。

表 2-28 主要森林类型碳密度（t/hm²）

类 型	幼龄林		中龄林		近熟林		成过熟林	
	均值	最大值	均值	最大值	均值	最大值	均值	最大值
阔叶红松林	19.8	44.5	22.1	40.8	22.1	41.3	25.1	37.9
云冷杉林	15.6	35.8	19.4	41.9	27.0	37.7		
阔叶混交林	15.6	31.7	21.0	54.1	23.6	52.2	25.5	51.1
蒙古栎林	12.7	26.9	29.8	60.8	34.5	51.6	38.4	51.9

（4）各龄组森林类型的价值系数

根据对不同龄级森林类型参数计算的结果，得到价值系数如表 2-29 所示。

表 2-29 各龄组森林类型的价值系数

类型	幼龄林			中龄林			近熟林			成过熟林		
	蓄积量	多样性	碳贮量	蓄积量	多样性	碳贮量	蓄积量	多样性	碳贮量	蓄积量	多样性	碳贮量
阔叶红松林	0.575	0.849	0.445	0.491	0.784	0.543	0.521	0.767	0.536	0.703	0.835	0.663
阔叶混交林	0.433	0.732	0.493	0.432	0.709	0.387	0.541	0.691	0.453	0.56	0.737	0.499
云冷杉林	0.777	0.562	0.436	0.409	0.946	0.462	0.666	0.689	0.715			
蒙古栎林	0.506	0.559	0.471	0.458	0.373	0.491	0.684	0.454	0.668	0.818	0.416	0.74

2.5.2.5 模型建立

采用线性规划方法，以各种潜在天然植被的面积为状态变量，考虑木材产量、生物多样性和碳贮量三个目标，以林地面积、生长量、海拔、坡度等立地因子作为约束，建立线性规划模型。目标函数为综合效用最大。

目标函数：

$$\text{Max } Z = w_1 \sum_{i=1}^{4} \sum_{i=1}^{4} a_{ij} X_{ij} + w_2 \sum_{i=1}^{4} \sum_{i=1}^{4} b_{ij} X_{ij} + w_3 \sum_{i=1}^{4} \sum_{i=1}^{4} c_{ij} X_{ij}$$

约束条件：

（1）各类型现有面积不减少

$$\sum_{j=1}^{4} x_{2j} \geqslant 2730.4$$

$$\sum_{j=1}^{3} x_{3j} \geqslant 172.7$$

$$\sum_{j=1}^{4} x_{4j} \geqslant 3212.2$$

（2）只有坡度级较高或位于山脊的立地适宜发展蒙古栎林

$$\sum_{j=1}^{4} x_{4j} \leqslant 5895.8$$

（3）中下坡位的阳坡和土壤厚度在中等以上立地适宜发展红松阔叶林

$$\sum_{j=1}^{4} x_{1j} \leqslant 4220$$

（5）总面积约束

$$\sum_{i=1}^{4} \sum_{j=1}^{4} x_{ij} \leqslant 16061.1$$

（6）各类型各龄组面积相等

$$X_{i1} = X_{i2} = X_{i3} = X_{i4}$$

（7）非负约束

$$X_{ij} \geqslant 0$$

其中 a_{ij}、b_{ij}、c_{ij} 分别为决策变量 X_{ij} 对应的林分蓄积量、地上碳贮量和树种多样性指数三个目标的价值系数，$i = 1\cdots4$；$j = 1\cdots4$；w_1、w_2、w_3 分别为林分蓄积量、地上碳贮量和树种多样性指数的权重。

分两种方案求解，以不同的权重计算目标函数，第一种方案 w_1、w_2、w_3 分别为 0.6、0.2、0.2；第二种方案 w_1、w_2、w_3 分别为 0.4、0.3、0.3。

2.5.2.6　模型求解

利用统计之林（Forstat）软件（唐守正等，2009）的线性规划模块，分别得到两种目标函数的最优解。发现两种方案的结果差别不大。其中方案 1 目标函数值为 10329，方案 2 目标函数值为 10154。以方案 2 为例得到的模型解如图 2-27 表示。各潜在自然植被的面积分别为阔叶红松林 4220hm²，阔叶混交林 2730 hm²，云冷杉林 5879 hm²，蒙古栎林 3212 hm²。

2.6　包括碳贮量和木材目标的森林经营规划研究

森林由于可以吸收固定大量二氧化碳而在应对气候变化中有特殊的作用，因此，除了生产木材外，增加森林碳汇也已成为森林经营的一个重要目标。但这两个目标常常是相互冲突的。在森林经营中，如何长期实现生产木材和增加碳汇的平衡，成为一个亟待解决的问题。由于林业生产的长周期性，通过多目标规划方法来制定森林采伐方案是一个主流方法。国外已经有一些针对森林碳目标的多目森林经营规划的研究，如 Hoen 等（1994）通过建立木材生产和碳吸存的规划模型来研究未来 30 年森林经营单位的经营措施规划；Meng 等（2003）和

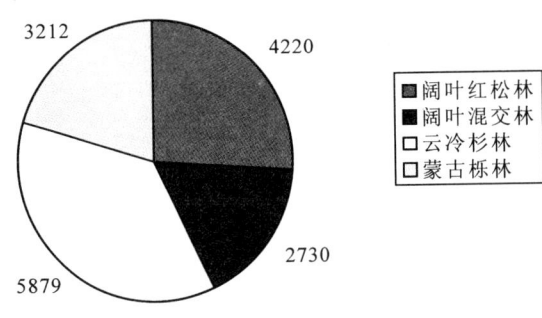

图 2-27　各目标潜在植被的规划面积(hm^2)

Bourque 等(2007)将碳吸存作为目标纳入景观层次的森林经营规划，比较了不同目标方案下的采伐规划；Baskent 等(2008)建立了以木材生产、碳贮量和氧气价值为目标的线性规划模型，并同单一木材生产目标下的经营方案进行了比较；Baskent 等(2009)以土耳其阿尔特温林区为研究对象，在森林规划模型中以水源价值、木材价值为经营目标，通过建立多目标规划模型分析各个目标之间的关系。Yousefpour 等(2009)将生长模拟和优化相结合，考虑木材、碳和多样性价值，进行挪威云杉林的改造规划。但以上研究中建立的规划模型，多按皆伐将采伐面积作为决策变量，不能满足择伐收获规划的需要。在国内，虽然有不少关于多目标经营规划的研究(陈增丰，1994；徐文科等，2004)，但明确将将森林碳贮量作为一个经营目标的研究还未见报道。同样大部分采伐规划仍基于皆伐体制，以面积作为决策变量，无法满足目前我国天然林区尤其是东北林区择伐规划的需要。本节以我国东北过伐林区吉林省汪清林业局金沟林场为对象，研究以木材生产和地上碳贮增量为经营目标的森林景观多目标经营规划技术，为天然林区的气候变化下的多目标森林经营规划提供方法和决策依据(戎建涛，2010)。

2.6.1　基础数据

基础数据为吉林汪清林业局金沟岭林场 2007 年二类调查数据，共计 1174 个小班。按吉林省森林资源规划设计调查规定(吉林省林业厅，2004)，划分金沟岭林场主要森林类型和相应的龄组，据此组合为规划的基本单元。共划分为 6 种森林类型，包括白桦林、天然阔叶混交林、天然针阔混交林、天然针叶混交林、人工落叶松林和人工混交林(受生长模型中样本数量所限，将人工针阔混交林和人工针叶混交林合并为人工混交林)。

2.6.2　生长模型

各森林类型生长模型如表 2-30 所示(戎建涛等，2010)。

表 2-30　主要森林类型的蓄积量生长模型

森林类型	模　型	编　号
白桦林	$V = 193.135\,(1 - e^{-0.060A})^{7.799}$	(2-1)
天然阔叶混交林	$V = \dfrac{152.200}{1 + 145.684e^{-0.123A}}$	(2-2)
人工落叶松林	$V = \dfrac{206.548}{1 + 337.348e^{-0.193A}}$	(2-3)

（续）

森林类型	模　　型	编　号
人工混交林	$V = 213.749\,(1 - e^{-0.173A})^{195.889}$	(2-4)
天然针阔混交林	$V = 158.399\,(1 - e^{-0.099A})^{35.5}$	(2-5)
天然针叶混交林	$V = \dfrac{179.145}{1 + 265.230e^{-0.096A}}$	(2-6)

注：A 为小班年龄（年），V 为小班每公顷蓄积量（m^3/hm^2）。

2.6.3　多目标规划模型

由于碳贮量不能重复累计，本研究将木材产量和地上碳贮量的增加量作为经营的目标。在建立多目标规划模型时，需要考虑规划期、规划分期、采伐方式、采伐周期，并定义目标函数和约束条件。参照吉林省汪清林业局森林资源 2008 年调查报告（吉林省林业勘察设计研究院，2008），抚育间伐采伐周期为 6~10 年，采育择伐周期为 10~15 年。为了方便模型构建，取 10 年作为间伐、择伐周期。其中每种森林的幼龄林、中龄林采用间伐，近熟林、成熟林、过熟林采用择伐。规划期为 50 年，每 10 年作为一个分期。目标是规划期内的木材产量及地上贮量增量的净现值最大。

2.6.3.1　木材生产效益

采用规划期采伐木材的收入减去采伐和管护等成本之后的净现值来表示。木材收入由各树种每立方米木材价格（表2-31）乘以对应的出材量而得到，其中价格采用 1999~2009 年间的平均价格，出材量则是通过各个森林类型蓄积生长模型获得的蓄积量乘以出材率得出，阔叶材出材率取 0.65，针叶材出材率取 0.75。成本费用主要包括更新造林整地费用、更新造林费用、幼林抚育费用、森林采伐费用、经营管护费用等。本研究中只考虑森林采伐费用和经营管护费用。其中采伐费用为 60 元/m³，管护费用为 30 元/亩。贴现率取值 3.6%（Baskent 等，2008）。

表2-31　不同森林类型木材价格（元/m³）

类型	白桦林	阔叶混交林	人工落叶松林	人工混交林	天然针阔混交林	天然针叶混交林
间伐材	850	740	620	510	850	1050
择伐材	930	800	820	620	1020	1100

2.6.3.2　地上碳贮量增量效益

本研究仅考虑树木地上部分的碳贮增量。以小班为单位，首先计算出每个分期木材蓄积量，通过 2.3.1.2 节中的生物量转化方程，得到每个分期的生物量，乘以碳含量（取 0.5）得到碳贮量。碳价格取 20 美元/t（Baskent，2008）。

主要森林类型的生物量估计模型形式为 $B = aV^b$，B 为林分生物量（t/hm^2），V 为林分蓄积量（m^3/hm^2）。各类型参数如表2-32 所示。

表 2-32   各种森林类型的生物量估计模型参数

生物量模型参数	白桦林	阔叶混交林	人工落叶松林	人工混交林	天然针阔混交林	天然针叶混交林
a	0.75	0.553	0.454	0.227	0.207	0.006
b	1.026	1.098	1.107	1.276	1.198	1.746

2.6.3.3   多目标经营规划模型及求解

本研究取 50 年做为规划期，每 10 年作为一个分期，共 5 个分期内考虑木材生产和碳贮量增量两个目标，以规划期内 6 种森林类型的木材生产和地上碳贮量增量的净现值最大为目标函数，以不同森林类型在每个经营分期内的间伐强度和择伐强度作为决策变量，考虑采伐量不大于生长量、每个分期均衡采伐、蓄积生长模型等约束，建立多目标规划模型。利用 LINGO 软件(谢金星等，2005)求解。

目标函数为：

$$\text{Maximize Z} = NPV^{timber} + NPV^{carbon} \qquad (2-7)$$

约束条件包括：

$$\sum_{i=1}^{6} \sum_{j=1}^{5} (npv_{ij}^{t-timber} + npv_{ij}^{s-timber}) = NPV^{timber} \qquad (2-8)$$

$$npv_{ij}^{t-timber} = \frac{v_{tij} s_{tij} x_{ij} d_i p_{tij}}{(1 + p_0)^{n_j}} \qquad (2-9)$$

$$npv_{ij}^{s-timber} = \frac{v_{sij} s_{sij} y_{ij} d_i p_{sij}}{(1 + p_0)^{n_j}} \qquad (2-10)$$

$$\sum_{i=1}^{6} \sum_{j=1}^{5} (npv_{ij}^{t-carbon} + npv_{ij}^{s-carbon}) = NPV^{carbon} \qquad (2-11)$$

$$npv_{ij}^{t-carbon} = \frac{mB(V_{ij}^t - V_{i(j-1)}^t - H_{ij}^t) p_c}{(1 + p_0)^{n_j}} \qquad (2-12)$$

$$npv_{ij}^{s-carbon} = \frac{mB(V_{ij}^s - V_{i(j-1)}^s - H_{ij}^s) p_c}{(1 + p_0)^{n_j}} \qquad (2-13)$$

$$B = av^b \qquad (2-14)$$

$$\sum_{i=1}^{6} (V_{ij}^t x_{ij} + V_{ij}^s y_{ij}) = H_j \qquad (2-15)$$

$$-5\% \leqslant \frac{H_{j+1} - H_j}{H_j} \leqslant 5\% \quad j = 1, 2, 3, 4, 5 \qquad (2-16)$$

$$\sum_{j=1}^{5} H_j \leqslant H^* \qquad (2-17)$$

$$0.01 \leqslant x_{ij} \leqslant 0.15 \qquad (2-18)$$

$$0.01 \leqslant y_{ij} \leqslant 0.35 \qquad (2-19)$$

同时为了有利于水土保持，剔除坡度大于 30° 的小班数据。经济价值大的树种(如红松)不允许采伐。每个表达式的含义及各变量含义分别如表 2-33 和表 2-34 所示。

表 2-33　表达式的含义

表达式	含义
(2-7)	木材采伐量和碳贮量增量各分期净现值的和
(2-8)	各分期内木材效益净现值
(2-9)和(2-10)	间伐和择伐木材效益净现值
(2-11)	各分期内在有采伐的情况下碳净现值
(2-12)	间伐时碳净现值
(2-13)	择伐时碳净现值
(2-14)	生物量转化方程
(2-15)和(2-16)	均衡采伐约束
(2-17)	生长量大于等于采伐量约束
(2-18)和(2-19)	间伐强度和择伐强度约束

表 2-34　表达式中符号含义

符号	含义
i	森林类型数
j	规划分期数
x_{ij} 和 y_{ij}	第 i 种森林类型第 j 分期内的间伐强度和择伐强度
$npv_{ij}^{t\text{-}timber}$	第 i 种森林类型第 j 分期内的间伐木材净现值
$v\,t_{ij}$	可间伐的第 i 种森林类型第 j 分期内的每公顷蓄积量
s_{tij}	可间伐的第 i 种森林类型第 j 分期内的小班面积
d_i	第 i 种森林类型的出材率
p_{tij}	第 i 种森林类型第 j 分期时的木材价格(当有采伐进行时,需减去采伐和管理费用,没有采伐进行时,只需减去管理费用)
p_0	贴现率
n_j	第 j 分期末的年度
$npv_{ij}^{s\text{-}timber}$	第 i 种森林类型第 j 分期内的择伐的木材净现值
v_{sij}	可择伐的第 i 种森林类型第 j 分期内的每公顷蓄积量
S_{sij}	可择伐的第 i 种森林类型第 j 分期内的小班面积
$npv_{ij}^{t\text{-}carbon}$	第 i 种森林类型第 j 分期内的择伐(采伐对象是近熟、成熟、过熟林)小班的碳贮量增量净现值
H_{ij}^{t}	第 i 种森林类型第 j 分期间伐采伐的蓄积
m	含碳率,取 0.5
H_{ij}^{s}	第 i 种森林类型第 j 分期择伐采伐的蓄积
p_c	每吨碳的价格
$npv_{ij}^{s\text{-}carbon}$	第 i 种森林类型第 j 分期择伐后碳的净现值
V_{ij}^{t}	第 i 种森林类型第 j 分期间伐的蓄积量
V_{ij}^{s}	第 i 种森林类型第 j 分期择伐的蓄积量
H_j	第 j 个分期内各个森林类型采伐量之和
H^{*}	每个分期末时各个森林类型的森林蓄积生长量之和

2.6.4　结果与分析

2.6.4.1　木材收获与碳贮量增量分析

表 2-35、表 2-36 和表 2-37 分别列出了五个规划分期各种森林类型的采伐强度、采伐量和碳贮增量值。可以看出,在五个规划分期,各个森林类型的间伐强度在 10% ~ 15% 之间,择伐强度在 10% ~ 35% 之间。整个规划期内,天然针阔混交林和天然针叶混交林的采伐量

最大，人工落叶松、人工混交林次之，阔叶混交林、白桦林采伐量最小。这是因为金沟岭林场天然针阔混交林、针叶混交林面积和蓄积都占总量的比重最大。其中第一分期的间伐蓄积最大，说明此时森林幼中龄林比较多，可采取一定间伐促进林分生长。而除了第一分期外，其他每个分期的择伐蓄积量相差不大，说明在第二、三、四、五分期内森林生长稳定。

表2-35 多目标函数采伐强度规划解（%）

森林类型	第一分期 间伐强度	第一分期 择伐强度	第二分期 间伐强度	第二分期 择伐强度	第三分期 间伐强度	第三分期 择伐强度	第四分期 间伐强度	第四分期 择伐强度	第五分期 间伐强度	第五分期 择伐强度
白桦林	0.01	0.01	0.01	0.01	0.01	0.33	0.01	0.01	0.01	0.01
阔叶混交林	0.01	0.01	0.01	0.22	0.01	0.01	0.01	0.15	0.01	0.01
人工落叶松林	0.01	0.01	0.01	0.14	0.01	0.35	0.01	0.17	0.01	0.35
人工混交林	0.15	0.01	0.15	0.01	0.15	0.01	0.01	0.35	0.01	0.22
天然针阔混交林	0.15	0.13	0.15	0.01	0.15	0.01	0.15	0.16	0.15	0.19
天然针叶混交林	0.15	0.35	0.15	0.35	0.15	0.35	0.01	0.01	0.15	0.01

表2-36 多目标函数采伐蓄积规划解（万 m³）

分期	采伐蓄积	白桦林	阔叶混交林	人工落叶松林	人工混交林	天然针阔混交林	天然针叶混交林	小计	总计
1	间伐蓄积	0.01	0.05	0.03	0.27	4.57	0.44	5.38	36.52
1	择伐蓄积	0.03	0.31	0.13	0.32	15.41	14.95	31.14	
2	间伐蓄积	0.01	0.05	0.00	0.64	2.55	0.34	3.59	36.94
2	择伐蓄积	0.04	7.55	2.52	0.26	0.88	22.09	33.35	
3	间伐蓄积	0.00	0.03	0.00	0.10	0.59	0.12	0.84	35.70
3	择伐蓄积	0.92	0.37	8.05	0.32	0.94	24.26	34.86	
4	间伐蓄积	0.00	0.13	0.00	0.00	0.19	0.00	0.33	36.75
4	择伐蓄积	0.05	0.39	2.76	11.29	21.30	0.63	36.42	
5	间伐蓄积	0.00	0.00	0.00	0.00	0.16	0.07	0.23	36.43
5	择伐蓄积	0.05	0.40	9.11	6.35	19.62	0.67	36.20	
合计		1.11	9.28	22.60	19.55	65.20	64.58	182.33	182.33

表2-37 目标函数碳贮增量规划解（万 t）

分期	固碳量	白桦林	阔叶混交林	人工落叶松林	人工混交林	天然针阔混交林	天然针叶混交林	小计	总计
1	间伐	0.16	0.78	0.66	0.13	0.05	0.09	1.87	9.41
1	择伐	0.10	0.50	1.02	1.63	2.30	1.99	7.54	
2	间伐	0.15	0.36	0.42	1.30	0.04	0.01	2.28	11.13
2	择伐	0.10	0.80	2.17	2.59	0.38	2.81	8.85	
3	间伐	0.00	0.38	0.00	0.05	1.28	3.19	4.90	9.82
3	择伐	0.51	0.61	0.50	1.26	0.92	1.12	4.92	
4	间伐	0.10	0.03	0.00	0.00	1.68	0.00	1.81	8.60
4	择伐	0.07	0.78	0.59	0.02	1.61	3.72	6.79	
5	间伐	0.00	0.01	0.00	0.00	0.00	0.00	0.01	8.96
5	择伐	0.07	0.71	0.80	0.78	1.71	4.88	8.95	
总计		1.26	4.96	6.16	7.76	9.97	17.81	47.92	47.92

从表 2-37 可以看出，整个规划期内，天然针叶混交林和天然针阔混交林碳贮量增量最大，这与它们所占森林面积和林木生长率有关，人工混交林、人工落叶松林次之，阔叶混交林和白桦林碳贮量增量最小。五个分期内各种森林类型木材采伐量和碳贮量增量分布如图 2-28 所示。

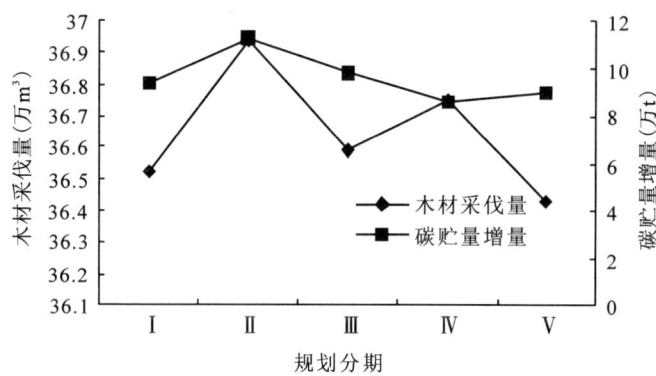

图 2-28　每个分期内木材采伐量和碳贮量增量

2.6.4.2　木材生产与碳贮量增量净现值分析

五个规划分期的木材和碳贮增量的净现值如表 2-38 和表 2-39 示。

表 2-38　多目标经营五个分期的木材净现值(万元)

分 期	净现值 NPV	白桦林	阔叶混交林	人工落叶松林	人工混交林	天然针阔混交林	天然针叶混交林	小计	总计
1	间伐	1.92	13.37	25.96	455.09	2020.37	925.49	3442.20	20107.83
	择伐	5.48	92.57	180.55	316.99	3336.50	12733.54	16665.63	
2	间伐	1.25	9.73	0.84	1092.59	672.83	101.60	1878.84	18857.70
	择伐	5.39	1721.31	3414.65	185.70	2252.05	9399.76	16978.86	
3	间伐	0.02	4.90	0.00	250.16	56.96	93.11	405.15	18307.53
	择伐	1914.70	61.99	9873.42	198.73	290.77	5562.75	17902.38	
4	间伐	0.02	15.42	0.00	0.00	41.27	5.98	62.69	17736.54
	择伐	4.84	50.09	5952.18	6900.28	4434.43	2132.04	17673.86	
5	间伐	0.00	0.08	0.00	0.00	52.31	86.01	138.40	16885.51
	择伐	5.12	37.37	7465.11	4048.16	4869.03	322.32	16747.11	
合计		1938.74	2006.83	26912.71	13447.7	18026.52	31362.6	91895.10	91895.10

表 2-39　多目标经营五个分期的碳贮增量净现值(万元)

分 期	净现值 NPV	白桦林	阔叶混交林	人工落叶松林	人工混交林	天然针阔混交林	天然针叶混交林	小计	总计
1	间伐	15.38	52.53	44.16	8.71	3.18	6.02	129.98	901.73
	择伐	9.81	33.73	68.16	225.11	152.76	282.18	771.75	
2	间伐	14.03	50.04	36.67	82.87	2.49	0.92	187.02	803.91
	择伐	9.15	53.94	144.73	334.42	25.55	54.04	616.89	
3	间伐	0.32	25.35	0.00	3.55	65.26	280.16	317.03	735.99
	择伐	49.22	40.93	33.09	190.44	52.41	52.87	418.96	

（续）

分期	净现值NPV	白桦林	阔叶混交林	人工落叶松林	人工混交林	天然针阔混交林	天然针叶混交林	小计	总计
4	间伐	9.68	2.27	0.00	0.00	105.19	0.00	117.14	598.54
	择伐	7.18	52.61	39.34	1.02	99.40	281.85	481.40	
5	间伐	0.00	0.51	0.00	0.00	0.30	0.00	0.81	499.13
	择伐	6.50	47.75	53.42	47.47	80.05	263.13	498.32	
合计		121.27	359.66	419.57	893.59	586.59	1221.17	3539.30	3539.30

五个分期内各种森林类型木材净现值和碳贮量增量净现值分布如图2-29所示。

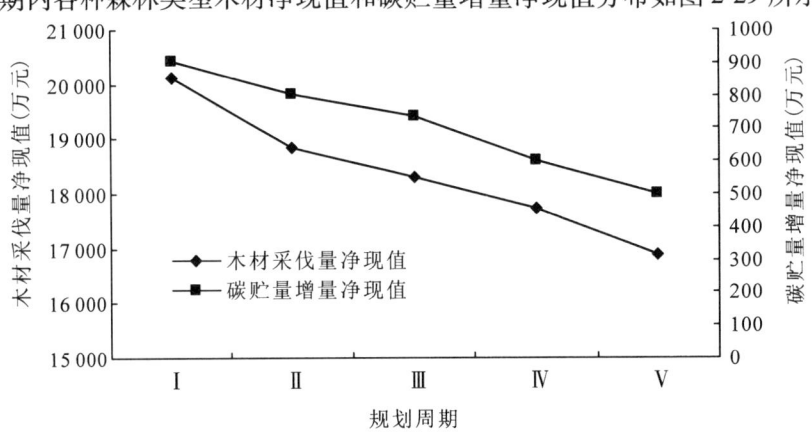

图2-29 每个分期内木材采伐和碳贮增量净现值

从表2-38和表2-39可知：多目标函数的目标值 Z 为95434.40万元，其中木材净现值91895.10万元，碳贮增量净现值3539.30万元。木材净现值大小按森林类型排序依次是天然针叶混交林、人工落叶松林、天然针阔混交林、人工混交林、阔叶混交林、白桦林。碳贮量增量净现值按森林类型排序依次是天然针叶混交林、人工混交林、天然针阔混交林、人工落叶松林、阔叶混交林、白桦林。

2.6.4.3 灵敏度分析

（1）目标函数权重

上述规划模型的目标函数（式2-7）中木材生产和碳贮量的权重相同。为了检验目标函数中权重变化对采伐方案的影响，设计了另外两种方案（表2-40）：即以木材采伐量为最大而不考虑碳贮量目标的方案，及以碳贮量增量为最大而不考虑木材生产量的方案。

表2-40 目标函数的权重变化方案

经营方案	目标
方案1	Max（$NPV^{timber} + NPV^{carbon}$）
方案2	Max NPV^{carbon}
方案3	Max NPV^{timber}

通过LINGO软件求解获得各种经营方案的木材采伐蓄积量和碳贮量增量（表2-41）。显

然，木材生产单目标经营方案（方案 3）比方案 1 和方案 2 获得更多木材收获。与方案 3 相比，50 年规划期内，方案 1 和方案 2 木材收获分别减少 2.25% 和 34.28%（图 2-30），但碳贮量增量分别增加 33.71% 和 52.68%（图 2-31）。

表 2-41　各种方案的木材采伐量和碳贮量增量

分期	木材采伐量（万 m³）			碳贮量增量（万 t）		
	方案 1	方案 2	方案 3	方案 1	方案 2	方案 3
1	36.52	24.57	38.40	9.41	12.15	9.30
2	36.94	24.33	36.10	11.13	12.19	7.41
3	35.70	24.09	37.62	9.82	11.38	7.06
4	36.75	25.01	36.88	8.60	10.78	6.96
5	36.43	24.59	37.52	8.96	8.22	5.11
总和	182.33	122.59	186.52	47.92	54.72	35.84

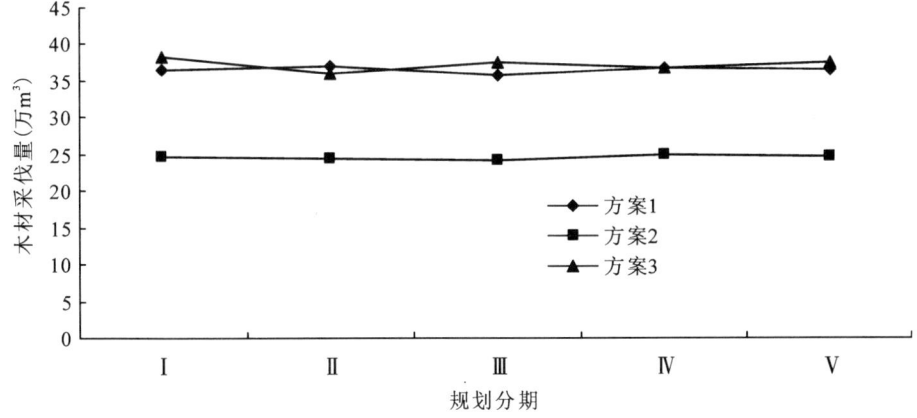

图 2-30　各种经营方案的每个分期木材收获量

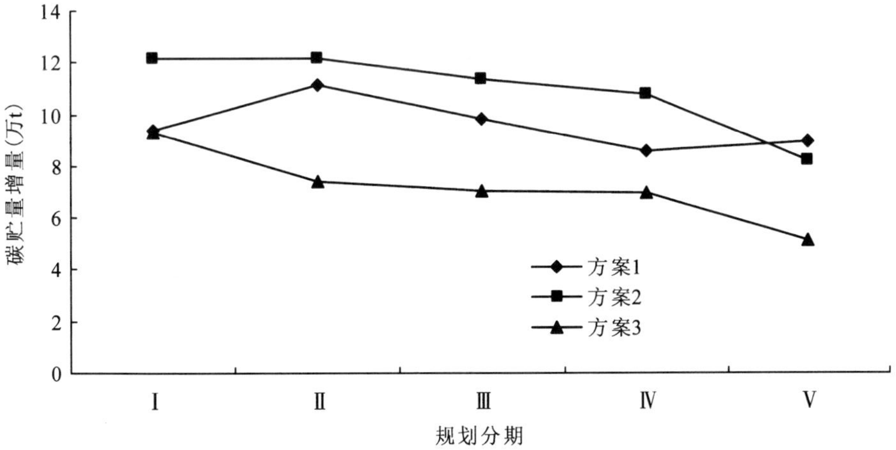

图 2-31　各种经营方案的每个分期碳贮量增量

净现值也有类似的结果（表 2-42）。相比方案 3，方案 1 和方案 2 木材净现值分别减少了 2.67%、45.43%。但碳净现值分别增加 29.88%、50.42%。多目标经营方案 1 净现值总和比木材经营方案3净现值总和少1.76%,但多目标经营方案1净现值总和比碳贮增量经营方案2净现值总和多41.72%(图2-32)。

表2-42 各种经营方案的木材、碳贮增量净现值(万元)

分期	木材采伐量(万 m³)			碳贮量量增量(万 t)		
	方案1	方案2	方案3	方案1	方案2	方案3
1	18107.83	13048.78	19432.19	901.73	1164.39	891.31
2	16857.70	8095.49	19253.01	803.91	519.32	535.33
3	22307.53	10628.56	21379.19	735.99	927.98	529.25
4	17736.54	6313.18	18292.21	598.54	1029.26	484.40
5	16885.51	13437.84	16064.13	499.13	458.01	284.67
总和	91895.10	51523.85	94420.74	3539.30	4098.95	2724.96

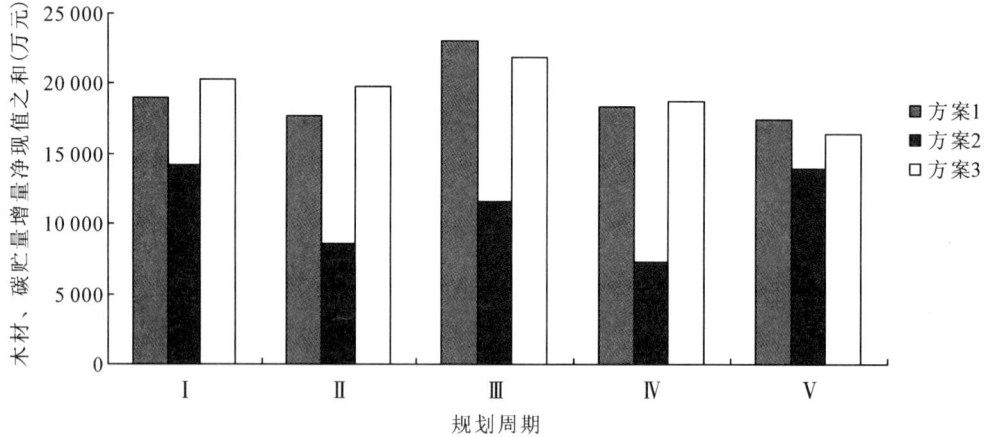

图2-32 各种经营方案的木材、碳贮量增量净现值之和

(2)碳价格

根据国际市场上碳汇交易的价格,采用低(10 美元/t)、中(15 美元/t)、高(20 美元/t)3 种碳价格(Kossoy 和 Ambrosi,2010)分析对多目标经营方案1(木材生产和碳贮量增量取相同权重)结果的影响(表2-43)。

表2-43 不同碳价格下的木材采伐量(万 m³)和碳贮增量(万 t)

分期	木材采伐量			碳贮量增量		
	10 美元/t	15 美元/t	20 美元/t	10 美元/t	15 美元/t	20 美元/t
1	38.44	37.27	36.52	8.95	9.08	9.41
2	38.83	36.81	36.94	12.64	12.64	11.13
3	38.23	37.42	35.70	7.03	7.03	9.82
4	38.31	37.19	36.75	6.25	6.28	8.60
5	39.27	38.92	36.43	3.65	6.51	8.96
总和	193.08	187.61	182.33	38.52	41.55	47.92

表2-44　不同碳价格在规划期内木材和碳贮量增量净现值(万元)

分期	木材采伐量			碳贮量增量		
	10 美元/t	15 美元/t	20 美元/t	10 美元/t	15 美元/t	20 美元/t
1	18967.11	18353.76	18107.83	438.55	657.82	901.73
2	17003.19	16980.43	16857.70	518.85	778.27	803.91
3	21500.82	21495.59	22307.53	457.83	686.75	735.99
4	18211.13	18183.41	17736.54	400.73	601.09	598.54
5	17798.07	17357.80	16885.51	417.66	626.50	499.13
总和	93480.31	92370.99	91895.10	2233.61	3350.43	3539.30

从表2-43可知,当取低、中、高三种碳价格时,整个规划期内木材采伐蓄积变化趋势为随着碳价格的增加而减少,其中低价格和中价格(与高价格比较)的减少值百分比为2.83%和5.57%;整个规划期内碳贮增量变化趋势为随着碳价格的增加而增加,其中低价格和中价格(与高价格比较)增加值百分比为19.61%和13.29%。木材净现值变化趋势为随着碳价格的增加而减少(表2-44),其中低价格和中价格(与高价格比较)的减少值百分比为1.19%和1.70%;整个规划期内碳贮增量净现值变化趋势为随着碳价格的增加而增加,其中低价格和中价格(与高价格比较)增加值百分比为36.89%和5.34%;低、中、高三种价格净现值和则相差不大,其中低价格净现值和最大,中价格净现值和次之,高价格净现值和最小,中价格和高价格(与低价格比较)净现值和增加百分比仅为0.00007%和0.29%。

2.6.5　结论与讨论

2.6.5.1　结论

(1)本研究首次将木材收获和地上碳贮量增量作为经营目标,建立关于木材产量和地上碳增加量净现值的多目标经营规划模型。在设定决策变量时,不是采用传统皆伐体制下的小班面积,而采用异龄林经营下的间伐强度和择伐强度。在均衡采伐和采伐量小于生长量等约束下,通过LINGO软件求解,得到了间伐强度在1%～15%之间,择伐强度在1%～35%之间。50年规划期中,木材总采伐量为182.33万m^3,规划期末地上碳贮量增量为47.92万t;规划期总收益为95434.40万元,其中木材净现值91895.50万元,碳净现值3539.30万元。多目标经营方案可以同时满足对木材生产和碳贮量增量的需求,是一个最优的方案。研究结果为为择伐体制下考虑碳目标的多目标森林经营规划提供了方法和依据。

(2)对多目标森林经营方案(方案1)、单目标碳贮量增量经营方案(方案2)和单目标木材生产经营方案(方案3)进行了比较:结果表明:方案1、方案2与方案3相比,木材净现值减少,碳贮量增量净现值增加。因此,碳贮量增量的增加要以减少采伐量为代价。同时考虑木材生产和碳目标时,需要进行折衷。

(3)碳的价格对采伐方案有显著影响。当取低、中、高3种碳价格时,整个规划期内木材采伐量随着碳价格的增加而减少,其中低、中价格比高价格下降减少2.83%和5.57%;整个规划期内碳贮量增量随着碳价格的增加而增加,其中低、中价格与高价格相比增加值百分比为19.61%和13.29%。但3种价格得到的净现值和则相差不大,中、高价格(与低价格比较)净现值和增加百分比为0.00007%和0.29%。

2.6.5.2 讨论

(1)本研究将小班年龄作为蓄积生长模型的自变量,未来小班的年龄是随规划分期机械增加。这种方法并不能准确地表达由于间伐和择伐引起的林分年龄变化。此外模型未考虑采伐对于蓄积生长量的影响。需要在下一步的研究中建立更准确和灵活的生长模型作为约束。

(2)更新是长期规划中的一个重要过程,限于数据,本研究没有考虑更新。

(3)树木在采伐变为林产品后,部分产品仍能储存一定的碳,产品碳的分解和释放是一个缓慢的过程。下一步可在规划模型中加入产品碳。

(4)依据规划技术研究森林经营规划模型对于可持续经营决策都有重要作用。其中多目标森林经营规划越来越受到人们的关注和发展。森林管理者和决策者可以依据定量模型分析解决越来越复杂的森林经营问题,比如包括水土保持、生物多样性保护、娱乐休闲价值、为野生动物提供栖息所等一系列生态、经济、社会问题。上述所说的各种问题都可以作为经营目标在经营规划模型中进行研究。

第3章
基于空间结构优化的东北天然林生态系统结构调整技术研究
——以东北阔叶红松林为例

现代森林经营的目的已逐渐由生产木材转变为培育健康稳定的森林，而森林的健康和稳定在很大程度上取决于森林结构是否合理，森林的空间结构是森林结构最重要和最直接的表现，也是人类在经营森林时最有可能调控的因子。因此通过优化森林空间结构实现对森林生态系统的结构调整，是培育和经营可持续森林的重要途径。

东北地区是我国最重要的天然林区，具有独特的物种组成、丰富的植被类型、辽阔的面积、巨大的森林蓄积量和重要的生态屏障功能。东北地区的天然林主要分布于大、小兴安岭和长白山区，主要森林类型为落叶松林、红松林、云冷杉林和针阔混交林。森林组成以落叶松、红松、云杉、冷杉、樟子松等针叶树种为主，混生多种优良的阔叶树种，包括椴树、水曲柳、胡桃秋、黄波罗、榆树和槭树等，先锋树种包括杨树和桦树。其中的阔叶红松林是红松与多种阔叶树种混生形成的森林生态系统，是我国东北东部山区地带性顶极群落，属于物种丰富、结构复杂、具有极高价值的极其重要的森林类型。但由于红松树种分布区的长期过量采伐，作为顶极群落的原始红松林已经破碎不堪。本章以现有阔叶红松林为例，提出了基于空间结构优化的天然林生态系统结构调整技术，通过结构调整优化林分的空间结构，促进其整体健康稳定的发展。

3.1 试验区概况

阔叶红松天然林试验地位于吉林省蛟河林业实验局东大坡经营区内，距蛟河市区45km，东靠敦化市黄泥河林业局，西至蛟河市太阳林场，南接白石山林业局，北邻舒兰县上营森林经营局，东北与黑龙江省五常县毗邻。地理坐标为43°51′~44°05′N，127°35′~127°51′E。海拔 600~700m。该区气候属温带大陆性季风山地气候，春季少雨、干燥多大风，夏季温热多雨，秋季凉爽多晴天、温差大，冬季漫长而寒冷，全年平均气温为 3.5℃，平均降水量在700~800mm 之间，多集中在 6~8 月份，年相对湿度75%。初霜期在 9 月下旬，终霜期在翌年 5 月中旬，无霜期一般在 120~150 天，平均积雪厚度为 20~60cm，土壤结冻深度为1.5~2.0m。地带性土壤是暗棕壤。植被属于温带针阔混交林区域的长白山地红松杉松针阔混交林区。本区的主要针叶树种有：红松(*Pinus koraiensis* Sieb. et Zucc.)和杉松(*Abies holophylla* Maxim.)等；主要阔叶树种有：水曲柳(*Fraxinus mandshurica* Rupr.)、胡桃秋(*Juglans mandshurica* Maxim.)、白牛槭(*Acer mandshurica* Maxim.)、色木(*Acer mono* Maxim.)、春榆（*Ulmus japonica* Sarg）、裂叶榆（*Ulmus laciniata* Mayr）、千金榆（*Carpinus cordata* Bl.）、糠椴（*Tilia mandschurica* Rupr. et Maxim）、紫椴（*Tilia amurensis* Rupr.）、蒙古栎（*Quercus mongolica* Fisch.）、杨树（*Populus* spp.）、桦树（*Betula* spp.）、暴马丁香（*Syringa reticulata*（Blume）H. Hara var. *amurensis*（Ruprecht）P. S. Green et M. C. Chang）和花楷槭（*A. ukurunduense* Trautv. et Mey）等；常见的下木有：胡枝子（*Lespedeza bicolor* Turcz）、楔叶绣线菊窄叶变种（*Spiraea canescens* D. Don var. *oblanceollata* Rehd.）、刺五加（*Acanthopanax senticossus*（Rupr. et Maxim）Harms）等；主要草本植物有：蕨类（*Adiantum* spp.）、苔草（*Carex* spp.）、蚊子草（*Filipendula* spp.）、山茄子（*Brachybotrys paridiformis* Maxim）、小叶芹（*Aegopodum alpestre*）等。

3.2 研究方法

3.2.1 数据调查方法

在吉林蛟河林业实验局东大坡经营区 54 林班和 52 林班内分别设立了面积为 100m × 100m 的全面调查样地。利用全站仪（TOPCON – GTS – 602AF）对胸径大于 5cm 的林木进行定位和每木检尺，记载每株树木的坐标、树种、胸径，同时调查林分的郁闭度、坡度、林分平均高、幼苗更新和枯立木情况等。如图 3-1 所示，在计算各项结构参数、竞争指数和树种优势度时，为避免边缘效应，将样地内距每条林分边线 5m 之内的环形区设为缓冲区，其中的标记林木只作为相邻木，缓冲区环绕的区域为核心区，其中所有的标记单木作为参照树，统计各项指数（胡艳波等，2003；惠刚盈等，2003，2007）。

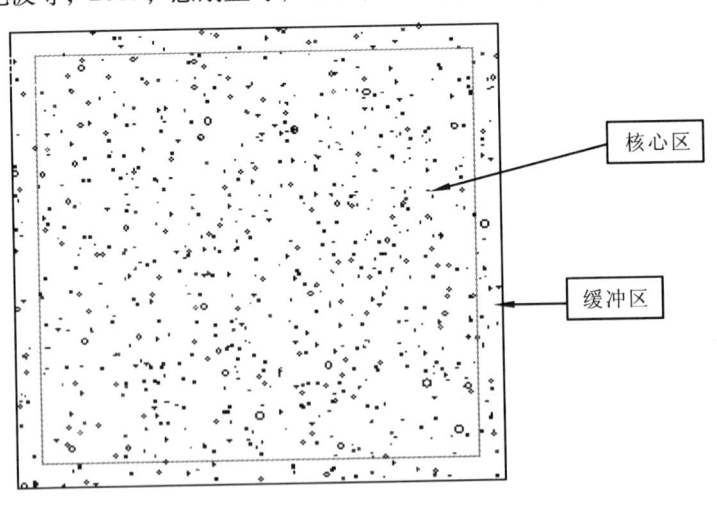

图 3-1 试验林分的林木点格局

3.2.2 林分状态分析方法

在调查数据的基础上，从非空间特征和空间特征两个方面对林分的状态特征进行全面分析，确定林分当前的组成、健康、结构状态，然后对林分自然度和林分经营迫切性进行评价，划分林分经营类型，确定经营方向。

3.2.2.1　分析传统的测树因子

林分常规调查的内容包括树种组成、树种相对显著度、蓄积、郁闭度、株数、直径分布和林分更新以及多样性等林分数量特征，采用常用的统计分析方法进行(李景文，1994；宋永昌，2001)。

3.2.2.2　计算空间结构参数

林分的空间结构特征体现了树木在林地上的分布格局及其属性在空间上的排列方式，即林木之间树种、大小、分布等空间关系，是与林木空间位置有关的林分结构(汤孟平等，2004)。分析林分空间结构的基础是对林分空间结构的准确描述，描述林分空间结构的数量指标称为林分空间结构指数。目前应用的基于相邻木空间关系的林分空间结构描述方法为森林经营提供了科学依据。

如表 3-1 所示，林分空间结构可利用空间结构参数从以下 3 个方面加以描述：①林木个体在水平方向上的分布形式，或者说树种的空间分布格局，用角尺度(W)来分析；②树种的空间隔离程度，或者说林分树种组成和空间配置情况，用混交度(M)表示；③林木个体大小分化程度，或者说树种的生长优势程度，用大小比数(U)来表达(Hui & Albert，1998，2003)。

表 3-1　结构参数取值及含义

参数值	0.00	0.25	0.50	0.75	1.00
角尺度 W ● 参照树 ◗ 相邻 木	绝对均匀	均匀	随机	不均匀	团状
混交度 M ○ 参照树 　树种 ● 其他树种	零度混交	弱度混交	中度混交	强度混交	极强度混交
大小比数 U ● 参照树 ◗ 大相邻木 ○ 小相邻木	优势	亚优势	中庸	劣态	绝对劣态

其中，林分角尺度的数值从小到大，意味着林分的空间分布格局从均匀分布向随机分布再向团状分布变化，随机分布的范围在[0.475，0.517]之间；树种的混交度取值越高，说明树种隔离程度越高；树种大小比数值越小意味着比该参照树大的相邻木越少，该树种相对越占优势。

3.2.2.3 评价近自然度

森林自然度是指现实森林的状态与地带性原始群落或顶极群落的相似程度以及人为干扰程度的大小，是描述和划分现实森林状态类型的一项重要指标，也是制订森林经营、恢复和重建方案的重要依据。森林自然度的评价指标从树种组成、结构特征、树种多样性、林分活力和干扰程度等方面来选取（孙培琦等，2009）。树种组成主要考虑林分中各树种或树种组的组成情况，包括各树种（组）的株数组成和断面积组成；结构特征包括的指标有直径分布、林木分布格局、树种隔离程度、顶极树种优势度和林分的林层结构；树种多样性用 Simpson 多样性指数和 Pielou 均匀度指数来表达；活力指标包括林分更新状况、蓄积量和郁闭度；干扰程度则主要从林分中的枯立木状况和采伐强度两个方面进行评价，各项评价指标的权重采用熵权修正层次分析法进行评价（图 3-2，表 3-2）。

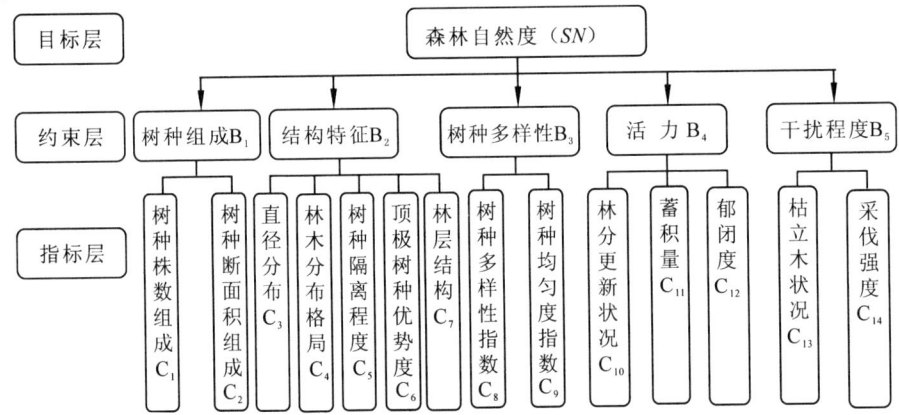

图 3-2 森林自然度度量指标体系层次结构

表 3-2 各指标最终权重值

指标层	约束层					权重 λ
	B_1	B_2	B_3	B_4	B_5	
	0.2	0.2	0.2	0.2	0.2	
C_1	0.5	0	0	0	0	0.100
C_2	0.5	0	0	0	0	0.100
C_3	0	0.329	0	0	0	0.066
C_4	0	0.190	0	0	0	0.038
C_5	0	0.190	0	0	0	0.038
C_6	0	0.056	0	0	0	0.011
C_7	0	0.235	0	0	0	0.047
C_8	0	0	0.5	0	0	0.100
C_9	0	0	0.5	0	0	0.100
C_{10}	0	0	0	0.549	0	0.110
C_{11}	0	0	0	0.363	0	0.073
C_{12}	0	0	0	0.088	0	0.017
C_{13}	0	0	0	0	0.5	0.100
C_{14}	0	0	0	0	0.5	0.100

林分自然度(SN)为评价林分指标层各指标评价值及约束层与其对应组合权重的乘积之和，即为各林分的森林自然度。

$$SN = \sum_{j=1}^{n} \lambda_j B_j, \quad (j = 1, 2, \cdots, n)$$

根据林分自然度的含义和原始林或顶极群落的树种组成、结构特征、树种多样性、活力等方面的一般特征，采用定性与定量相结合的方法把林分自然度划分为不同的等级，以区分不同林分类型状态特征与原始林或顶极群落状态特征的差异，并依据不同等级林分自然度制订相应的经营方案和措施(表3-3)。

表3-3　林分近自然度等级划分

SN 值	林分状态特征	自然度等级
≤0.15	疏林状态(在荒山荒地、采伐迹地、火烧迹地上发育的植物群落，或是地带性森林或人工栽植而成的林分由于持续的、强度极大的人为干扰，植被破坏殆尽后形成的林分，乔木树种组成单一且郁闭度较小，林内生长大量的灌木、草本和藤本植物，偶见先锋种，林分垂直层次简单，迹地生境特征还依稀可见，但已经不明显)	1
0.15 ~ 0.30	外来树种人工纯林状态(在荒山荒地、采伐迹地、火烧迹地上以人为播种或栽植外来引进树种形成的林分，郁闭度较低，树种组成单一，多为同龄林，林层结构简单，多为单层林，树种隔离程度小，多样性很低，林木分布格局为均匀分布)	2
0.30 ~ 0.46	乡土树种纯林或外来树种与乡土树种混交状态(在采伐迹地、火烧迹地上以人为播种或栽植外来引进树种或乡土树种为主形成的林分，郁闭度较低，树种组成单一，多为同龄林，林层结构简单，多为单层林，树种隔离程度小，多样性很低，林木分布格局多为均匀分布)	3
0.46 ~ 0.60	乡土树种混交林状态(在采伐迹地、火烧迹地上以人为播种或栽植乡土树种为主形成的林分，郁闭度较低，树种相对丰富，同龄林或异龄林，林层结构简单，多为单层林，树种隔离程度小，多样性较低，林木分布格局多为均匀分布)	4
0.60 ~ 0.76	次生林状态(原始林受到重度干扰后自然恢复的林分，有较明显的原始林结构特征和树种组成，郁闭度在0.7以上，树种组成以先锋树种和伴生树种为主，有少量的顶极树种，林层多为复层结构，同龄林或异龄林，林木分布格局以团状分布居多，树种隔离程度较高，多样性较高，林下更新良好)	5
0.76 ~ 0.90	原生性次生林状态[原始林有弱度的干扰影响，但不显著，如轻度的单株采伐，是原始林与次生林之间的过渡状态，树种组成以顶极树种为主，有少量先锋树种，郁闭度在0.7以上，异龄林，林层为复层结构，林木分布格局多为轻微团状分布或随机分布，树种隔离程度较高，多样性较高，有一些枯立(倒)木，但数量较少，林下更新良好]	6
>0.90	原始林状态[自然状态，受到人为干扰或影响极小，树种组成以稳定的地带性顶极树种和主要伴生树种为主，偶见先锋种，郁闭度在0.7以上，异龄林，林层为复层结构，顶极树种占据林木上层，林木分布格局为随机分布，树种隔离程度较高，多样性较高，林内有大量的枯立(倒)木，林下更新良好]	7

3.2.2.4　确定经营迫切性

林分的经营迫切性分析是指从健康稳定森林的特征出发，充分考虑林分的结构的合理性和经营措施的可操作性，从林分空间特征和非空间两个方面来分析判定林分是否需要经营，为什么要经营，调整哪些不合理的林分指标能够培育林分向健康稳定的方向发展。评价指标包括林木分布格局、顶极树种优势度、树种多样性、成层性、直径分布、树种组成、天然更新、林木健康状况和成熟度等 9 个的指标，通过这几个方面指标的评价，确定现实林分的经营迫切性(图 3-3，表 3-4)。

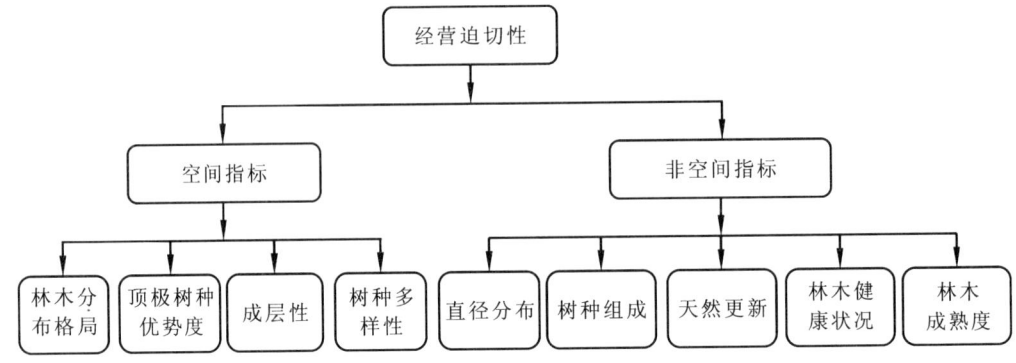

图 3-3 经营迫切性评价指标

表 3-4 林分经营迫切性指标评价标准

评价指标	林分平均角尺度	顶极树种优势度	树种多样性	成层性	直径分布		树种组成	天然更新	健康林木比例	林木成熟度
取值标准	$\overline{W}$ $\in[0.475, 0.517]$	$\overline{U}_{sp}$ $\geqslant 0.500$	$\overline{M}'$ $\geqslant 0.500$	林层数≥2	q $\in[1.2, 1.7]$	组成系数 ≥3 项	更新等级 ≥中等	≥90%	大径木蓄积 (断面积)≥70%

众多研究表明，发育完善的顶极阶段呈现一个充分发育的顶极群落，其优势树种总体的分布呈现随机格局，各优势树种也呈随机分布格局镶嵌于总体的随机格局之中(张家城等，1999)。显然，林木分布格局的随机性将成为判断林分是否需要经营的一个尺度。角尺度作为一个简洁而可靠的判断林木分布格局的方法，其在经营实践中更具有实用性，因此，对于林分木分布格局的评价以林分的平均角尺度是否落在[0.475，0.517]为评判标准。

林分的平均混交度反映林分内树种的隔离程度(Gadow，1992)。树种隔离程度是林分空间结构的重要组成部分，反映了各树种的相互依赖关系。分隔程度越大同种个体聚生的可能性就越小，林木对空间的利用程度也就越大，同种之间的竞争机会就会减少，群落的稳定性也就会增大。

物种多样性是指物种的数目及其个体分配均匀度两者的综合，它能有效地表征生物群落和生态系统结构的复杂性。运用修正的林分混交度不仅可以反映林分的树种隔离程度，也可以反映树种多样性(惠刚盈，2007)。$\overline{M}'$ 的值在[0，1]之间，取值越大表明林分混交度、树种多样性越高。一般而言，树种隔离程度越高，树种多样性越高，林分越稳定；以 $\overline{M}'$ 作为评价林分树种多样性的指标，并以 $\overline{M}' = 0.5$ 作为林分是否需要进行经营的评判标准，即当 $\overline{M}'$ 大于 0.5 时，森林不需要经营。

将大小比数与相对显著度相结合，统计分析林分内树种的优势程度(惠刚盈等，2007)。其中的大小比数量化了参照树与其相邻木的大小相对关系，反映林木个体的大小分化程度，可以深入分析参照树在空间结构单元中所处的生态位；而相对显著度反映了树种在群落中的数量优势。树种优势度取值在 0 ~ 1 之间，其值越大，表明树种在林分中的优势程度越大，它反映了树种在林分中的数量优势程度和空间上的优势程度。以林分中顶极树种(组)或乡土树种的优势度是否大于 0.5 作为林分是否进行经营的评判标准，大于 0.5 不需要经营，否则需要提高顶极树种的优势程度。

垂直结构可以通过成层性来描述，而成层性可用乔木层的林层数来量化。林层数的定义为由参照树及其最近相邻 4 株树所组成的结构单元中，该 5 株树按树高可分层次的数目(惠刚盈等，2007)。以林分的平均林层数大于等于 2 作为评判标准，即林分是否为复层林，当林层数大于等于 2 时，不需要经营。

大多数天然林直径分布为倒"J"型，即株数按径级依常量 q 值递减，所以，理想的直径分布应该保持这种统计特性。Liocourt 认为，q 值一般在 1.2 ~ 1.5 之间，也有研究认为，q 值在 1.3 ~ 1.7 之间(Smith，1979；Michael，1990；汤孟平，2007)，这里把 q 值是否落在 1.2 ~ 1.7 之间作为林分是否需要经营的评价标准，即当 q 值没有落在该区间内则林分的直径分布需要调整。

树种组成是森林的重要林学特征之一，林分树种组成用树种组成系数表达，即各树种的蓄积量(或断面积)占林分总蓄积量(或断面积)的比重，用十分法表示(孟宪宇，1996)；当组成系数表达式中超过 1 成的项数大于或等于 3 项时则不需要经营，否则，需要经营。

森林更新是一个重要的生态学过程，一直是生态系统研究中的主要领域之一。森林更新状况的好坏是关系到森林可持续发展与生态系统稳定的一个关键因素，同时也是衡量一种森林经营方式好坏的重要标志之一。国家林业局资源司 2002 年制定的《东北内蒙古国有林重点林区采伐更新作业调查设计规程》中根据幼树幼苗的数量将天然更新分为良好、中等和不良 3 个等级(表 3-5)。这里将林下更新是否达到了中等或中等以上作为评价标准，即当天然更新为中等或良好时，不需要经营，否则需要经营。

表 3-5　天然林更新等级评价表　　　　　　　　　　　　单位：株/hm²

等级	幼苗高度级(cm)				代码
	< 30	30 ~ 49	≥50	不分高度级	
良好	≥5000	≥3000	≥2500	>4001	1
中等	3000 ~ 4999	1000 ~ 2999	500 ~ 2499	2001 ~ 4000	2
不良	< 3000	< 1000	< 500	< 2000	3

林分内林木的健康状况主要是通过林木体态表现特征如虫害、病腐、断梢、弯曲等来识别。这里以不健康的林木株数比例超过 10% 为评价标准，即当不健康林木株数比例超过 10% 时需要对林分进行经营，否则不需要经营。

林木成熟是森林经营工作中一个重要的林学指标和经济指标。在进行经营迫切性评价时将林分大径木(胸径大于 25cm)的蓄积(或断面积)是否超过全林蓄积(断面积)的 70% 作为森林采伐利用的标准，即超过 70% 可以择伐利用个别达到起伐胸径的林木，否则，不进行采伐利用。当然，对达到起伐径的林木进行择伐利用时要充分以其他评价指标作为约束条件，也就是说还要考虑林木的竞争、分布格局、树种混交等因素，而不是对所有达到起伐径的林木都进行采伐利用。

林分经营迫切性指数（M_u），该指数被定义为考察林分因子中不满足判别标准的因子占所有考察因子的比例，其表达式为：

$$M_u = \frac{1}{n}\sum_{i=1}^{n}S_i$$

其中：M_u 为经营迫切性指数，它的取值介于 0 到 1 之间；S_i 为第 i 个林分指标的取值，其值取决于各因子的实际值与取值标准间的关系，当林分指标实际值不满足于标准取值，其值为 1，否则为 0。

经营迫切性指数量化了林分经营的迫切性，其值越接近于 1，说明林分需要经营的迫切性越紧急，可以将林分经营迫切性划分为 5 个等级（表3-6）。

表3-6 林分经营迫切性等级划分

迫切性等级	迫切性描述	M_u
Ⅰ（不迫切）	因子均满足取值标准，为健康稳定的森林；	0
Ⅱ（一般性迫切）	因子大多数符合取值标准，只有 1 个因子需要调整，结构基本符合健康稳定森林的特征；	0~0.2
Ⅲ（比较迫切）	有 2~3 个因子不符合取值标准，需要调整；	0.2~0.4
Ⅳ（十分迫切）	超过一半以上的因子不符合取值标准，急需要通过经营来调整；	0.4~0.6
Ⅴ（特别迫切）	林分大多数的因子都不符合取值标准，林分远离健康稳定的标准。	≥0.6

3.3 结果与分析

3.3.1 林分树种组成数量特征

表3-7 和表3-8 分别展示了 52 林班和 54 林班的树种组成数量特征。

表3-7 52林班样地树种组成的数量特征

树种	株数（株/hm²）	相对多度（%）	断面积（m²/hm²）	相对显著度（%）	胸径(cm) 最大	胸径(cm) 最小	胸径(cm) 平均
暴马丁香	12	1.01	0.042	0.13	8.7	5.1	6.6
白牛槭	48	4.05	1.197	3.84	49.9	5.0	17.5
稠李	3	0.25	0.032	0.10	16.2	7.6	11.6
椴树	93	7.84	4.528	14.54	61.7	5.3	24.3
枫桦	36	3.04	1.571	5.04	43.0	7.3	23.2
黄波罗	17	1.43	0.750	2.41	39.0	7.9	23.7
花楷槭	1	0.08	0.002	0.01	5.4	5.4	5.4
红松	58	4.89	2.571	8.26	55.6	5.2	23.8
胡桃秋	41	3.46	2.000	6.42	42.4	8.4	24.6
裂叶榆	1	0.08	0.003	0.01	6.6	6.6	6.6
柳树	2	0.17	0.054	0.17	21.4	15.0	18.5
蒙古栎	32	2.70	1.698	5.45	46.9	7.6	25.2
花楸	13	1.10	0.394	1.26	35.6	6.3	19.6
千金榆	297	25.04	2.376	7.63	27.0	5.0	10.1

续表

树种	株 数 （株/hm²）	相对多度 （%）	断 面 积 （m²/hm²）	相对显著度 （%）	胸 径（cm）		
					最大	最小	平均
青楷槭	67	5.65	0.832	2.67	23.3	5.1	12.6
色木	228	19.22	4.771	15.32	60.2	5.0	15.9
水曲柳	24	2.02	0.999	3.21	50.4	6.6	23.0
杉松	69	5.82	2.456	7.89	80.2	5.2	21.3
杨树	28	2.36	3.094	9.94	62.3	10.8	37.5
榆树	116	9.78	1.770	5.69	43.4	5.0	13.8

从表 3-7 可以看出，该林分中千金榆、色木和榆树所占的株数比例较高，株数比例分别达到 25.04%、19.22% 和 9.78%，累积比例了 54.04%，占林分株数的一半以上，但对于千金榆来说，在林分中以小径木的形式存在，平均胸径只有 10.1cm，其相对显著度只有 7.63%，色木的平均胸径为 15.9cm，相对显著度为 15.32%，榆树的平均胸径为 13.8cm，但相对显著度也较低，只有 5.69%；顶极树种红松、杉松的株数比例分别为 4.89% 和 5.82%，它们的相对显著度分别为 8.26% 和 7.89%，在林分中所占比例也不是很高；椴树在该林分中相对多度只有 7.84%，但其相对显著度却达到了 14.54%，平均胸径达到了 24.3cm，林分中该树种主要以大径木的形式存在；杨树和枫桦在林分中的株数比例分别为 2.36% 和 3.04%，但它们的相对显著度却十分的高，分别达到了 9.94% 和 5.04%，杨树的平均胸径高达 37.5cm，枫桦的平均胸径也达到了 23.2cm，这两个树种在林分中主要以大径木的形式存在；林分中其他树种无论是从株数比例还是断面积比例来说都比较低，特别是对于稠李、花楷槭、柳树来说，在样地中的株数不超过 3 株。运用吉林省不同树种的一元立木材积表计算出该样地的蓄积量为 216.5 m³/hm²，根据林分中各树种的数量组成和红松阔叶林林型划分方法，该林分类型为椴树红松混交林。

表 3-8　54 林班树种组成的数量特征

树种	株 数 （株/hm²）	相对多度 （%）	断 面 积 （m²/hm²）	相对显著度 （%）	胸 径（cm）		
					最大	最小	平均
暴马丁香	24	3.00	0.103	0.32	14.1	5.1	7.2
白牛槭	95	11.88	1.018	3.19	33.8	5.0	11.2
冷杉	7	0.88	0.272	0.85	39.3	9.7	22.3
椴树	18	2.25	0.663	2.07	46.0	5.3	20.5
枫桦	22	2.75	0.853	2.67	51.1	5.6	21.7
黄波罗	8	1.00	0.246	0.77	26.4	12.6	19.8
花曲柳	1	0.13	0.005	0.01	7.6	7.6	7.6
红松	28	3.50	2.487	7.79	76.5	5.3	33.6
胡桃楸	122	15.25	8.694	27.22	51.1	5.0	29.9
蒙古栎	7	0.88	0.051	0.16	12.6	8.1	9.6
花楸	3	0.38	0.099	0.31	28.4	14.2	20.5
千金榆	99	12.38	1.163	3.64	28.1	5.1	12.0
青楷槭	15	1.88	0.207	0.65	22.8	6.0	13.3
色木	134	16.75	3.985	12.48	45.1	5.0	18.8
水曲柳	28	3.50	1.481	4.64	42.4	5.2	25.9
杉松	45	5.63	5.181	16.22	77.7	5.0	37.9
棠梨	1	0.13	0.007	0.02	9.2	9.2	9.2
鱼鳞云杉	48	6.00	2.689	8.42	42.2	5.2	26.7
榆树	95	11.88	2.738	8.57	50.2	5.0	19.1

从表3-8可以看出，林班54样地的乔木树种组成中的阔叶树种比针叶树种的种类多，除有常见的阔叶树种和红松、杉松外，还有冷杉、鱼鳞云杉等树种；从各树种的株数比例来看，林分中白牛槭、胡桃秋、千金榆、色木和榆树的株数比例较高，相对多度超过10%，分别为11.88%、15.25%、12.38%、16.75%和11.88%，花曲柳、蒙古栎、花楸和棠梨的相对多度低于1%；顶极树种红松、冷杉、杉松和鱼鳞云杉的相对多度分别为3.5%、0.88%、5.63%和6.0%；从相对显著度上可以看出，胡桃楸、色木和杉松的显著度较高，分别达到了27.22%、12.48%和16.22%，而其他树种的相对显著度均在10%以下；从各树种的平均胸径来看，杉松、红松、胡桃秋、鱼鳞云杉和水曲柳的胸径较大，都在26cm以上，分别为37.9cm、33.6cm、29.9cm、26.7cm和25.9cm，这是造成该林分株数少，断面积反而大的主要原因；林分中胡桃秋和色木无论从株数上还是断面积上来说其在林分中所占的比例都较大，是该林分的优势种群。运用吉林省不同树种的一元立木材积表计算出该样地的蓄积量为242.9 m³/hm²，该林班林分保存较好，据记载只有在1966年经历过一次强度在2%左右的盗伐。该样地所代表的林分类型为胡桃秋红松混交林。

3.3.2 林分直径分布特征

图3-4和图3-5展示了52林班和54林班的林分直径分布。两类林分的林木直径分布的范围较广，运用负指数函数分别对样地的直径分布进行拟合，拟合方程为：$y = 558.002\mathrm{e}^{-0.1289x}$（$R^2 = 0.994$）和 $y = 319.481\mathrm{e}^{-0.1252x}$（$R^2 = 0.937$），直径分布的 q 值为1.294和1.285，都落在了1.2~1.7之间，株数分布合理。2块样地直径分布在个别径阶均小幅上升然后下降，同时在一些径阶上有林木分布缺失，这可能是由于过去在择伐利用或盗伐中径级较大的林木大多被伐除了，保留了个别较大的林木形成"霸王树"。

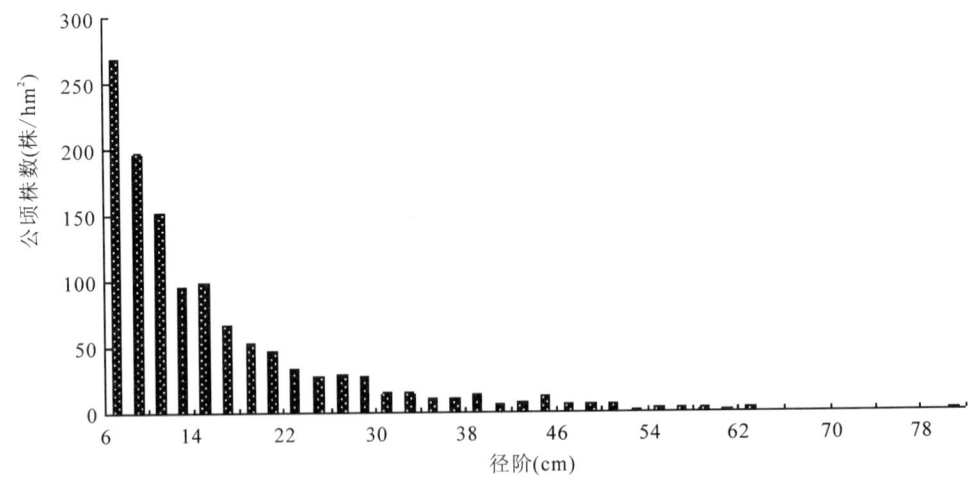

图3-4　52林班样地直径分布图

3.3.3 林分空间结构特征

（1）林分空间分布格局

两类林分的林木分布格局都属于随机分布，处于均匀分布的林木比例都略高于团状分布

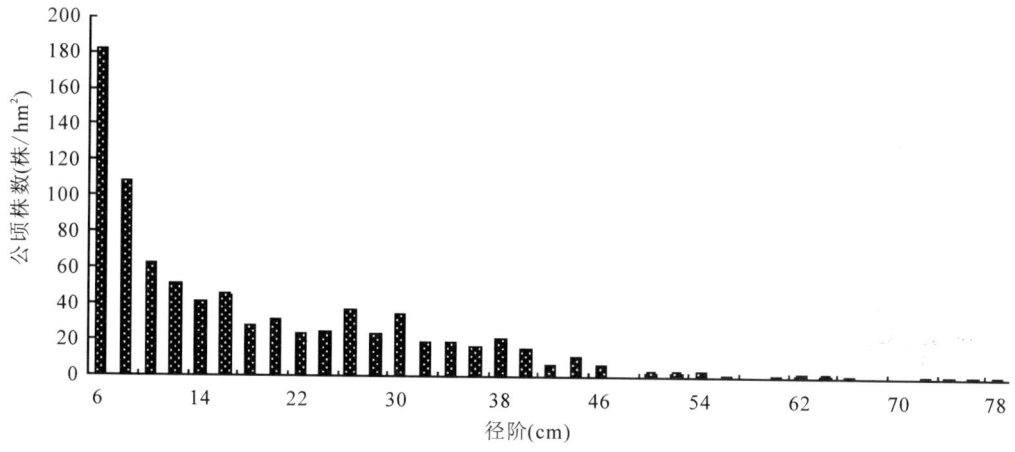

图 3-5　54 林班样地直径分布图

的林木比例，格局总体上相差不大。其中 52 林班样地中林木落在核心区的林木株数为 940 株，占样地总株数的 79%，样地内处于随机分布的林木比例为 59%，处于均匀和很均匀分布的林木比例为 22%，处于不均匀和很不均匀分布的林木比例为 19%，林分的平均角尺度为 0.499（图 3-6）。54 林班样地中林木落在核心区的林木株数为 671 株，占样地林木总株数的 84%，样地内处于随机分布的林木比例为 55%，处于均匀或很均匀分布的林木比例为 25%，处于不均匀和很不均匀分布的总比例为 20%，林分的平均角尺度为 0.491（图 3-7）。

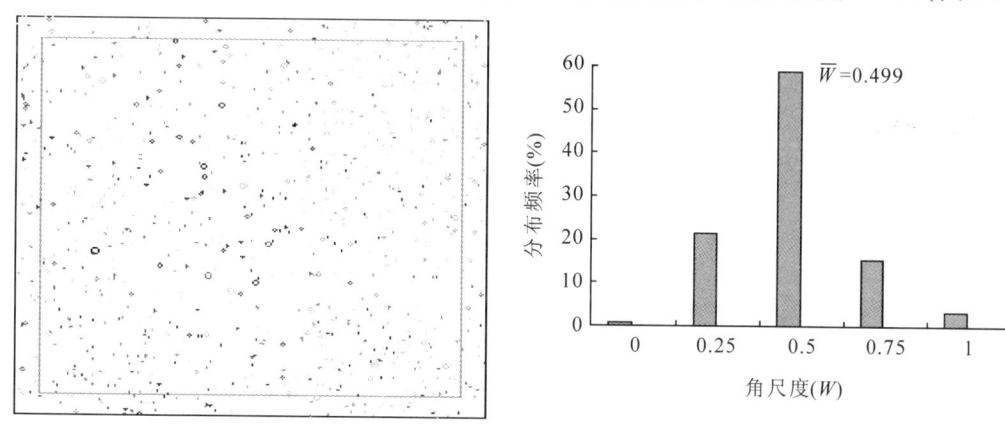

图 3-6　52 林班样地林木分布格局及角尺度分布图

（2）林分树种隔离程度

图 3-8 表明，样地中林木个体与其最近 4 株相邻木构成的结构单元的混交度从 0 到 1，呈上升的趋势，样地中林木处于零度混交的比例都相当的低，52 林班样地和 54 林班样地的比例分别为 0.7% 和 0.3%，也就是说 2 个样地中的林木个体与其最近 4 株相邻木构成的结构单元中与参照树为同种的比例都很低，林木处于强度和极强度混交的比例较高，其中，52 林班样地中林木处于强度和极强度混交的比例分别为 34.5% 和 42.4%，54 林班样地分别为 31.3% 和 51.6%，54 林班样地处于极强度混交的林木比例最高；两个样地中，处于弱度混交和中度混交的比例不是很高，54 林班样地的比例为 13.7%，而 52 林班样地稍高一些，达

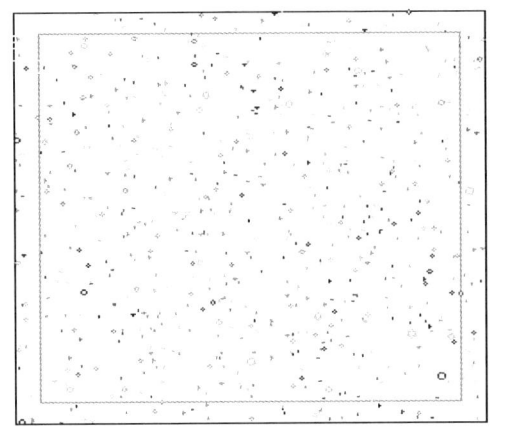
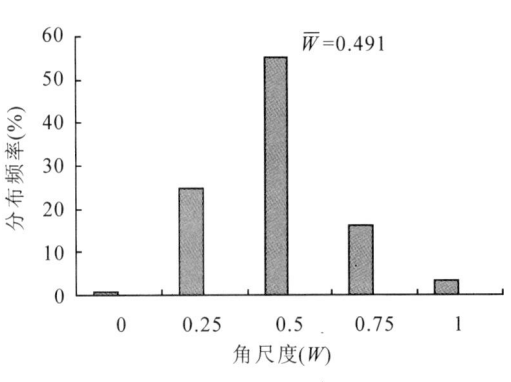

图3-7　54林班样地林木分布格局及角尺度分布图

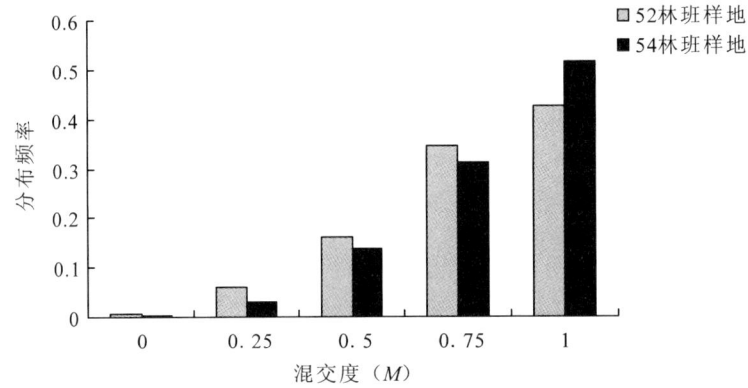

图3-8　阔叶红松林样地混交度分布图

到16.1%。以上分析表明，2个林分中的林木与同种相邻的比例较低，大多数林木与其他树种相邻，也就是说，在参照树与4株最近相邻木构成的结构单元中，相邻木大多数与参照树不是同一个种。进一步计算2个林班的平均混交度，52林班样地为0.779，54林班样地为0.827，2个林班的林分平均混交度较高，都处于强度混交向极强度混交过渡的状态。修正的林分混交度均值公式可以比较不同林分类型的树种隔离程度，同时，也体现林分的树种多样性。运用该式对2个林分的树种隔离程度进行计算，其值分别为0.549和0.624，可见54林班样地林分平均混交度最高。为进一步了解2个样地的树种空间隔离程度，对2个林分中的各树种的混交状态进行分树种统计，见表3-9和表3-10。

表3-9　52林班样地中林木各树种混交度分布频率及均值

树种	混交度					平均
	0	0.25	0.5	0.75	1	
暴马丁香	0.000	0.000	0.000	0.000	1.000	1.000
白牛槭	0.000	0.000	0.079	0.289	0.632	0.888
稠李	0.000	0.000	0.000	0.667	0.333	0.833
椴树	0.000	0.000	0.143	0.381	0.476	0.833
枫桦	0.000	0.000	0.000	0.036	0.964	0.991

树种	混交度					平均
	0	0.25	0.5	0.75	1	
黄波罗	0.000	0.000	0.000	0.000	1.000	1.000
花楷槭	–	–	–	–	–	–
红松	0.000	0.000	0.115	0.481	0.404	0.822
胡桃秋	0.000	0.000	0.000	0.333	0.667	0.917
裂叶榆	0.000	0.000	0.000	0.000	1.000	1.000
柳树	–	–	–	–	–	–
蒙古栎	0.000	0.000	0.000	0.174	0.826	0.957
花楸	0.000	0.000	0.000	0.222	0.778	0.944
千金榆	0.012	0.112	0.253	0.394	0.228	0.678
青楷槭	0.000	0.212	0.154	0.308	0.327	0.688
色木	0.022	0.082	0.279	0.339	0.279	0.693
水曲柳	0.000	0.000	0.000	0.250	0.750	0.938
杉松	0.000	0.000	0.082	0.410	0.508	0.857
杨树	0.000	0.000	0.048	0.143	0.810	0.940
榆树	0.000	0.057	0.091	0.420	0.432	0.807

表 3-9 表明，在 52 林班样地中，除主要伴生树种千金榆、青楷槭和色木外，大多数树种处于强度混交向极强度混交过渡的状态，平均混交度在 0.8 以上；色木和千金榆出现少量的零度混交，它们的比例分别为 2.2% 和 1.2%，这两个树种弱度混交也占一定的比例，分别达到了 8.2% 和 11.2%，它们处于中度混交的比例在所有树种中是最大的，分别达到了 27.9% 和 25.3%；青楷槭和榆树没有出现零度混交的状况，但青楷槭处于弱度混交和中度混交的比例较大，分别达到了 21.2% 和 15.4%，榆树则主要处于强度和极强度混交的状态，总计比例为 85.2%；顶极树种红松和杉松没有出现零度混交和弱度混交的分布状态，处于中度混交的比例为 11.5% 和 8.2%，这两个树种在样地中主要以强度和极强度混交状态存在，其中，红松个体处于强度混交的比例为 48.1%，红松的平均混交度为 0.81，杉松处于极强度混交的比例为 50.8%，其平均混交度为 0.857；其他伴生树种与先锋树种的混交分布频率主要集中在强度混交与极强度混交的状态；样地核心区内没有出现花楷槭和柳树这两个树种。

表 3-10　54 林班样地中林木各树种混交度分布频率及均值

树种	混交度					平均
	0	0.25	0.5	0.75	1	
暴马丁香	0.000	0.000	0.000	0.381	0.619	0.905
白牛槭	0.000	0.063	0.238	0.350	0.350	0.747
冷杉	0.000	0.000	0.000	0.000	1.000	1.000
椴树	0.000	0.000	0.000	0.267	0.733	0.933
枫桦	0.048	0.095	0.190	0.238	0.429	0.726
黄波罗	0.000	0.000	0.000	0.000	1.000	1.000
花曲柳	–	–	–	–	–	–
红松	0.000	0.000	0.000	0.273	0.727	0.932
胡桃秋	0.000	0.000	0.144	0.365	0.490	0.837
蒙古栎	0.000	0.000	0.429	0.429	0.143	0.679

续表

树种	混交度					平均
	0	0.25	0.5	0.75	1	
花楸	0.000	0.000	0.000	0.000	1.000	1.000
千金榆	0.000	0.000	0.131	0.393	0.476	0.836
青楷槭	0.000	0.000	0.000	0.000	1.000	1.000
色木	0.009	0.056	0.187	0.374	0.374	0.762
水曲柳	0.000	0.000	0.000	0.053	0.947	0.987
杉松	0.000	0.000	0.071	0.262	0.667	0.899
棠梨	0.000	0.000	0.000	0.000	1.000	1.000
鱼鳞云杉	0.000	0.000	0.075	0.300	0.625	0.888
榆树	0.000	0.101	0.177	0.266	0.456	0.769

从表 3-10 可以看出，54 林班样地中红松、冷杉和鱼鳞云杉的平均混交度分别为 0.93、1 和 0.89，几乎接近于极强度混交；林分中的主要伴生树种色木在各个混交程度上都有分布，但也主要集中在强度混交与极强度混交这两种状态，分布频率均为 37.4%，其平均混交度为 0.762，整体表现为强度混交，白牛槭与榆树均没有零度混交的个体，处于弱度混交的比例分别为 6.3% 和 10.1%，这两个树种处于中度混交的比例分别为 23.8% 和 17.7%，较其他树种而言，这两个树种处于弱度与中度混交的比例较高；珍贵树种胡桃秋则没有处于零度混交和弱度混交的状态，主要集中在强度混交与极强度混交，它们的比例达到了 85.5%；先锋树种蒙古栎在样地所有树种中的平均混交度最低，蒙古栎个体处于中度混交和强度混交的比例占 80% 以上，其平均混交度值为 0.68，属于中度混交向强度混交过渡的状态，这可能是由于蒙古栎在林分中的株数较少，而大多数个体又聚集而生造成的；先锋树种枫桦在各个混交程度均有分布，其中零度混交达到了 5%，弱度混交到极强度混交的比例分别为 10%、19%、24% 和 43%；样地核心区内没有出现花曲柳这一树种。

（3）林木大小分化程度

以胸径作为比较指标，分别计算两块样地各树种平均大小比数（图 3-9 和图 3-10）

52 林班样地中，杨树、稠李、黄波罗、枫桦、胡桃楸、蒙古栎和水曲柳的平均大小比数都小于 0.25，说明林分中以这几个树种为参照树的结构单元中，参照树胸径大多数较最近相邻木大，处于优势状态；椴树的平均大小比数为 0.298，以椴树为参照树的结构单元中，椴树为优势木；花楸、青楷槭、红松、杉松、榆树和色木的平均大小比数在 0.5 左右，说明样地中这几个树种的大小分布比较均匀，在结构单元中整体处于中庸状态；白牛槭、千金榆和裂叶榆的平均大小比数介于 0.6~0.75 之间，处于中庸向劣势过渡的状态，暴马丁香的平均大小比数为 0.806，处于劣势向绝对劣势过渡的状态；以上分析表明，在该样地中，杨树、稠李、黄波罗、枫桦、胡桃秋、蒙古栎和水曲柳在空间结构单元中占优势，为优势木，白牛槭、千金榆、裂叶榆和暴马丁香在空间结构单元中处于被压状态。

54 林班样地中，棠梨、花楸和胡桃秋的平均大小比数介于 0~0.25 之间，林木个体在结构单元中的大小比数则主要分布在 $U_i = 0$ 和 $U_i = 0.25$ 这两个取值上，这几个树种在结构单元中占绝对优势地位；珍贵树种黄波罗的平均大小比数为 0.25，在结构单元中处于优势地位；杉松、枫桦、水曲柳和鱼鳞云杉的平均大小比数变动在 0.26~0.32 之间，在结构单元中处于优势地位；红松、冷杉、榆树、椴树、色木和蒙古栎的平均大小比数变动在 0.5 左

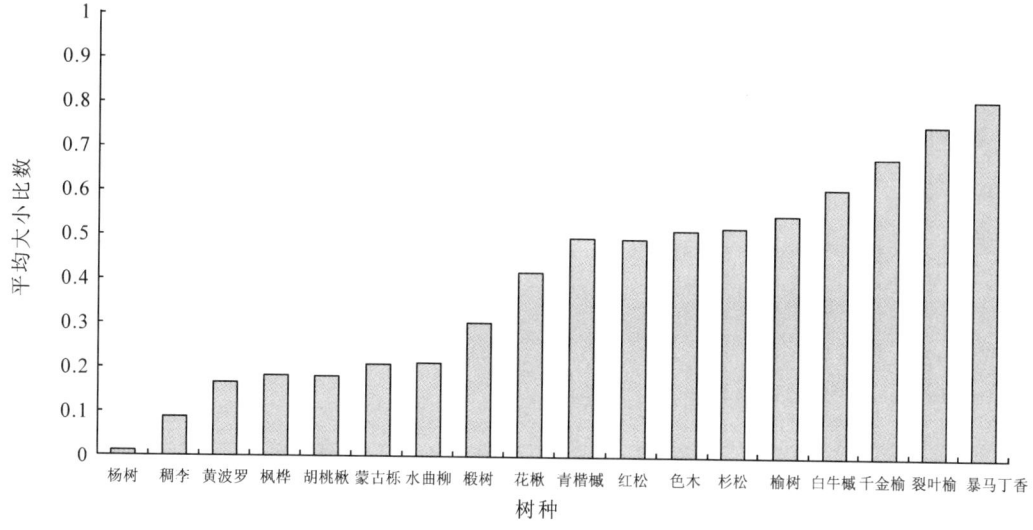

图 3-9　52 林班样地各树种平均大小比数

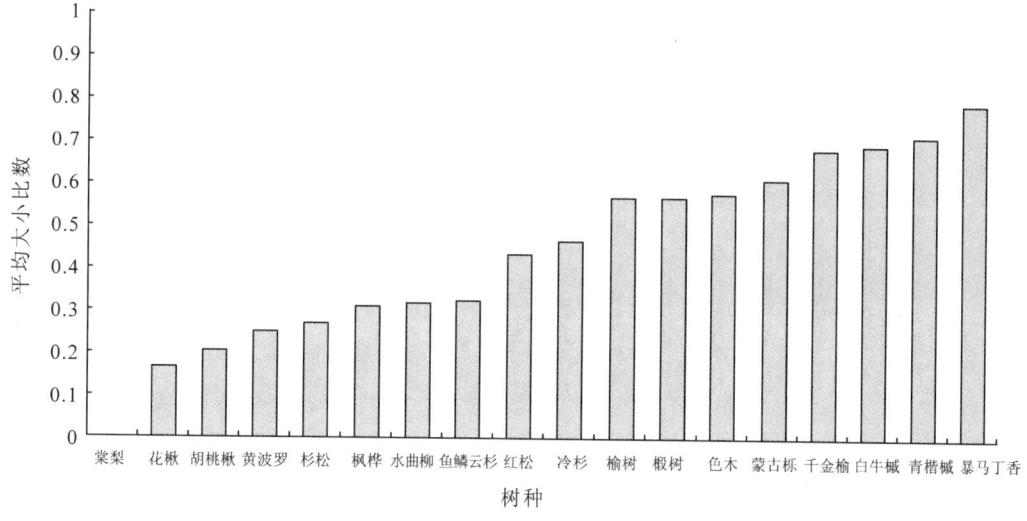

图 3-10　54 林班样地各树种平均大小比数

右，整体上处于中庸状态。榆树在各个取值上的分布频率比较均匀，蒙古栎个体大小比数分布则主要集中在 0.5 上，从整体上来说，这几个树种处于中庸状态；林分中，千金榆、白牛槭、青楷槭和暴马丁香的平均大小比数介于 0.65 ~ 0.8 之间，处于中庸向劣势过渡的状态，林分中没有处于绝对劣势的树种。

统计各树种优势度可知，在 52 林班样地中，椴树的优势程度最大，其优势度为 0.319，其次为杨树和色木；杨树作为先锋树种，在该林分中的优势程度较大，说明林分中的杨树虽然株数并不占优势，但杨树个体的胸径较大，无论断面积还是平均大小比数都处于优势状态；顶极树种红松的优势度在所有树种中只占到了第六位，其值为 0.205；伴生树种胡桃楸、蒙古栎在林分中较红松的优势度高，其他树种的优势度均较红松低（图 3-11）。在 54 林班样地中，胡桃楸的优势程度较高，其值达到了 0.465，其次为杉松，也达到了 0.345，鱼鳞云杉、色木和红松的优势度相差不大，分别为 0.239、0.230 和 0.210，红松在该林分中的优势程度也不是很高,其他伴生树种的优势程度都在 0.20 以下(图 3-12)。

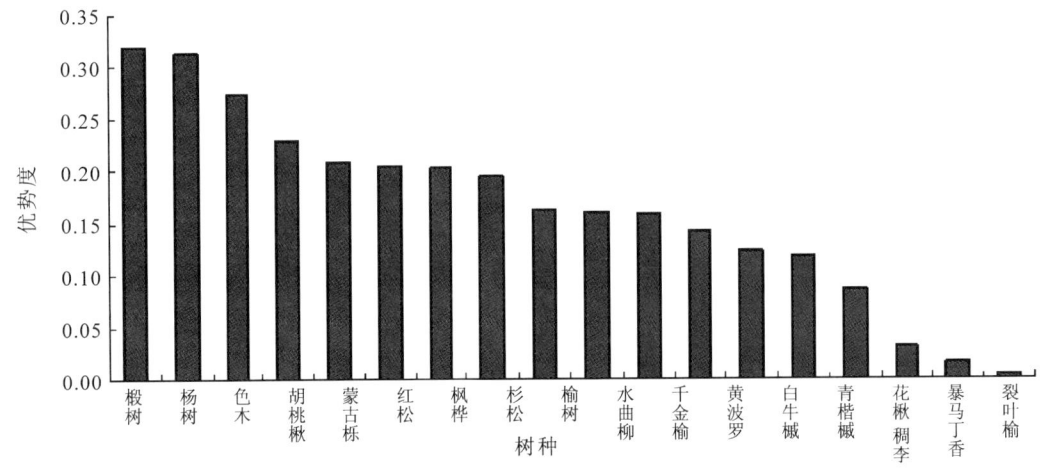

图 3-11　52 林班样地各树种优势度

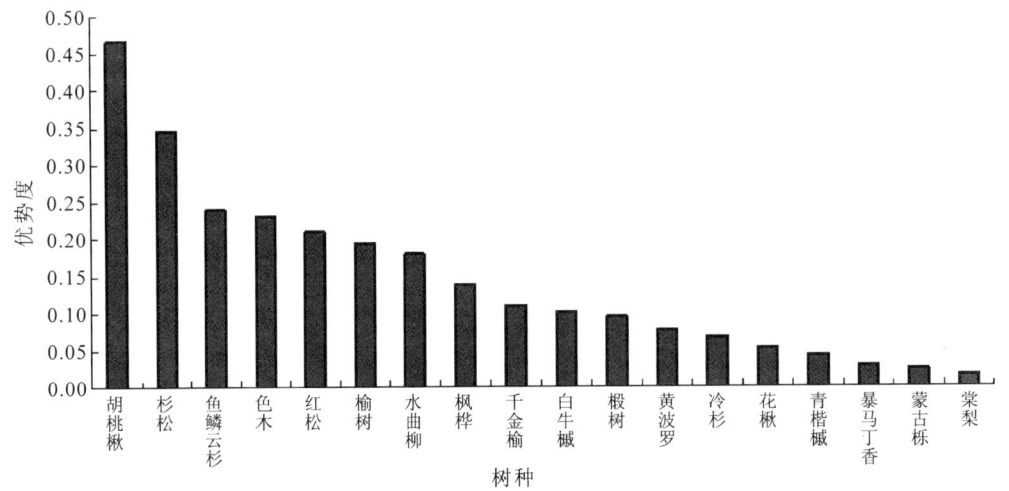

图 3-12　54 林班样地各树种优势度

分类计算树种优势度可知,52 林班样地的顶极树种组优势度低于 54 林班样地(表 3-11)。

表 3-11　样地树种组优势度

树种组	52 林班样地 $\overline{U}_{sp}$	54 林班样地 $\overline{U}_{sp}$
顶极树种组	0.314	0.484
伴生树种组	0.403	0.226
先锋树种组	0.430	0.277
珍稀树种组	0.321	0.505

(4)垂直结构特征

林分的垂直结构信息主要通过在林分中抽样调查林层数获得。抽样点为 49 个,共计

196 个结构单元,涉及林木 980 株。为了更清楚地了解林分的垂直结构,还对林分的平均树高进行了测量,即在每个样地中选择 35 株以上中等大小林木用激光测树仪进行测量,取其平均值;表 3-12 为样地抽样点参照树结构单元林层数分布情况和林分的平均树高。

表 3-12 阔叶红松林样地林层数分布

样地	林层数(层)			平均林层数	平均树高 (m)
	1	2	3		
	频率分布				
52 林班样地	0.092	0.653	0.255	2.2	13.6
54 林班样地	0.041	0.444	0.515	2.5	15.7

在 52 林班样地中,只有不到 10% 的结构单元 5 株树处于同一层,而处于 2 层结构单元的比例达到了 65.3%,林分的平均林层数为 2.2 层,达到了复层林的标准。在 54 林班样地中只有不到 5% 的结构单元中的参照树与相邻木处于同一林层,其比例为 4.1%,而样地参照树与相邻木处于两个林层中的比例在 45% 左右,处于 3 层结构中的参照树比例高达 51.5%;林分的平均树高达到了 15.7m,样地林分都属于复层林,54 林班样地较 52 林班样地垂直分层现象更加明显。

3.3.4 林分树种多样性

采用 5 个多样性指数来分析阔叶红松林样地的树种多样性(表 3-13)。

表 3-13 阔叶红松林样地树种多样性

样地	树种数	Shannon – Wiener	Simpson	Pielou	Margalef	$\overline{M}'$
52 林班样地	20	2.150	0.879	0.718	2.684	0.549
54 林班样地	19	2.447	0.893	0.831	2.693	0.625

表 3-13 表明,52 林班的树种数较 54 林班样地树种多,但 54 林班样地的多样性指数较都较 52 林班样地的多样性指数高。54 林班样地的 Shannon – Wiener 多样性指数与 Margalef 丰富度指数都高于 52 林班样地,说明前者的树种多样性及物种丰富度略高于后者;Simpson 指数又称优势度指数(Simpson,1949),其值越大,生态优势度越大即优势树种的集中性越大;Pielou 均匀度指数反映的是各物种个体数目分配的均匀程度,值越大则说明物种分配的均匀程度越高,$\overline{M}'$ 修正混交度指标反映的是树种隔离程度,值越高则树种多样性越高,林分越稳定。54 林班样地与 52 林班样地相比,各树种分布更均匀,树种隔离程度和优势树种的集中性更高。

3.3.5 林分更新特征

在阔叶红松林样地中分别沿对角线设立 5 个 10m × 10m 的样方,对样方内的幼苗、幼树进行统计,了解林分的更新情况(表 3-14)。按表 3-5 中的规定判断更新是否良好。

表 3-14 天然阔叶红松林更新统计情况   单位：株/hm²

样地	幼苗高度级（cm）			总计
	< 30	30 ~ 49	≥50	
52 林班样地	2290	1870	2300	6460
54 林班样地	3050	970	720	4740

　　幼苗高度级 30cm 以下，52 林班的样地更新株数较少，属于更新不良，54 林班样地的更新株数虽然属于中等，但幼苗的更新株数也较少，每公顷只有 3050 株；在高度级为 30 ~ 49cm 和大于 50cm 时，52 林班样地的更新状况为中等，54 林班样地林下更新均为不良；但按照林下更新幼树幼苗的株数不分高度级进行评定时，52 林班样地和 54 林班样地均可以评定为更新良好。总体来说，2 个样地的更新情况都比较差，这可能是由于当地林业部门几年前对这两个林班都进行过不同程度的林下抚育作业，对林下的杂草进行了清除，这在一定程度上对林下更新的幼树幼苗造成了破坏，此外，由于管理不善，林班距离居民点较近，偶见附近老百姓在林中放牛的情况，对林下更新幼树幼苗破坏严重。

3.3.6 林分自然度等级

　　两林分自然度分析见表 3-15。52 林班样地的株数组成和断面积组成加权后得分值都为 0.050，而 54 林班样地分别为 0.053 和 0.063，林分的树种组成相差不大；在结构特征中，两个样地的得分值几乎相同，直径分布的 q 值均落在了 1.2 ~ 1.7 之间，林木分布格局为随机分布，54 林班地的树种隔离程度、顶极树种优势度和林层结构的得分值较 52 林班样地稍高一些，但差别很小；54 林班样地的树种多样性较 52 林班样地高，林下更新分值相同，蓄积量方面则是 54 林班样地较 52 林班样地高；54 林班样地与 52 林班样地林分特征的主要差异在干扰程度方面，根据调查表明，52 林班在 50 ~ 60 年前进行过一次择伐作业，采伐强度大约为 15%，而 54 林班仅在 20 世纪 60 年代初经历过不大于 2% 的盗伐，因此，54 林班样地采伐强度的得分值为 0.098，枯立（倒）木得分值为 0.1。

表 3-15 研究林分各指标权重及林分自然度值

指标		52 林班样地	54 林班样地
树种组成	株数	0.05	0.053
	断面积	0.05	0.063
结构特征	直径分布	0.066	0.066
	分布格局	0.038	0.038
	树种隔离程度	0.03	0.031
	顶极树种优势度	0.003	0.005
	林层结构	0.034	0.039
树种多样性	Simpson	0.088	0.089
	Peliou	0.072	0.083
活力	天然更新	0.11	0.11

	指标	52 林班样地	54 林班样地
	蓄积量	0.054	0.064
	郁闭度	0.017	0.017
干扰程度	采伐强度	0.085	0.098
	枯立(倒)木	0	0.1
自然度(SN)		0.698	0.858

54 林班样地的自然度值为 0.858，自然度等级为 6，该林分评价为原生性次生林状态；52 林班样地的自然度值为 0.698，自然度等级为 5，该林分评价为次生林状态。

3.3.7　林分经营迫切性与经营方向

综合各项指标对两个样地的林分经营迫切性进行评价，结果显示：52 林班样地有 3 项指标需要通过经营进行调整，林分的经营迫切性评价等级为比较迫切；54 林班样地有 2 项指标需要通过经营进行调整，林分的经营迫切性评价等级为一般迫切(表 3-16)。

表 3-16　林分经营迫切性评价指标

样地	林分因子实际值/林分指标的取值(S_i)								
	林分平均角尺度	顶极树种优势度	树种多样性	成层性	直径分布	树种组成	天然更新	健康林木比例(%)	林木成熟度
52 林班样地	0.499/0	0.314/1	0.549/0	2.2/0	1.294/0	1 椴 1 色 8 其他/1	良好/0	<90%/1	64.2%/0
54 林班样地	0.491/0	0.484/1	0.625/0	2.5/0	1.285/0	3 胡 2 杉 1 色 4 其他/0	良好/0	>90%/0	82.6%/1

注：椴—椴树；色—色木；胡—胡桃秋；杉—杉松。

具体分析可知，52 林班样地中造成经营迫切性等级为比较迫切的原因主要有三：首先，顶极树种的优势度低于评价标准值 0.500，并且株数和断面积在树种组成中均处劣势，红松仅占总断面积的 8% 左右；其次，树种组成只有椴树和色木两个树种的断面积比例达到了 1 成以上，组成系数不符合标准；此外，在该样地中有许多林木个体断梢、弯曲，甚至空心、病腐，不健康林木株数比例超过了 10%。由此可知，该林分的经营方向为：提高顶极树种的优势程度，调整树种组成和改善林木的健康水平。

54 林班样地中造成经营迫切性等级为一般性迫切的原因主要有两个方面，一是顶极树种优势度低于评价标准，其中地带性顶极树种红松的优势度只有 0.210；二是林木成熟度高于评价标准，林分中胸径大于 25cm 的大径木蓄积量达到了 200m³/hm²，占林分总蓄积量的 82.6%。由此可知，该林分的经营方向为：提高顶极树种的优势度和对个别达到起伐径的林木进行采伐利用。

两个样地林分的总体更新虽然评价为良好，但从前面的分析可知，林下更新在 30cm 高度级以上更新幼苗株数较少，说明随着高度级的增加，幼苗的数量的减少，因此，增加幼苗的保存率，提高林分的更新幼苗数量和质量是两个林分经营中都关注的问题。

综上所述，52 林班林分进行经营的总体方向为：调整顶极树种的竞争，降低其他伴生树种在林分的比例和竞争势，调节树种组成，提高林分内林木的健康状况，促进林分更新，提高林分中更新幼树幼苗的数量和质量，54 林班样地的经营方向为提高顶极树种的优势度，采伐利用部分达到起伐径的单木，促进林分天然更新。

3.4 结构调整技术

结构调整技术围绕林分的经营方向进行，包括竞争调节、组成调节、健康调节和更新调节。

3.4.1 采伐方式

分别标记保留木和采伐木，实行单株择伐，禁止皆伐。

3.4.2 培育和保留对象

（1）稀有种、濒危种。为了保护林分的多样性和稳定性，禁止对珍贵濒危树种的林木进行采伐利用。例如在阔叶红松林区，黄波罗是国家二级保护植物，属于濒危物种，应着重保护和培育，严格禁止采伐利用。

（2）散布在林分中的古树。在一些天然林分中，散布着少量树龄高达百年甚至几百年的古树，从森林景观及森林文化内涵的角度来说，这些古树应该严格保护，禁止采伐利用。

（3）顶极树种。顶极树种中具有生长势和培育价值的所有林木。具有生长优势是指生长健康，干形通直圆满，生长潜力旺盛；具有培育价值是指同树种单木竞争中占优势种地位。不同地区有不同类型的森林群落分布，同一地区因局部环境的不同也会有不同的群落类型，每种类型森林群落的演替过程中优势种的变化也有区别。所以在判断经营林分的顶极树种时，必须根据《中国植被》或描述该地区森林类型特征的相关著作，了解经营区的森林群落类型和顶极植被。例如在东北阔叶红松林区，红松、杉松等针叶树种为该地区的顶极树种。因此，确定顶极树种是确定保留和培育对象的关键环节。

3.4.3 结构调整措施

（1）通过伐除病腐木、断梢木及特别弯曲的林木（稀有种、濒危种及古树除外），调节林分的健康状况。林分中顶极树种、主要伴生树种中单株林木出现病腐现象，为防止病菌滋生和漫延，应立即伐除；对于断梢木和特别弯曲的个体，由于已失去了生长优势和培育前途，在经营时也可采伐。

（2）通过伐除竞争木，最大限度地使保留木（顶极树种或主要伴生树种的中大径木、稀有种和濒危种）处于优势地位或不受到遮盖、挤压威胁，尽量使保留木的竞争大小比数不大于0.25，为保留木创造适生的营养空间（图 3-13）。大小比数可以用胸径、树高或冠幅等作为比较指标（图 3-14）。

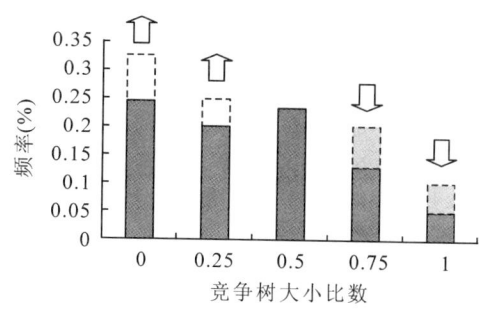

图 3-13　竞争调节示意图

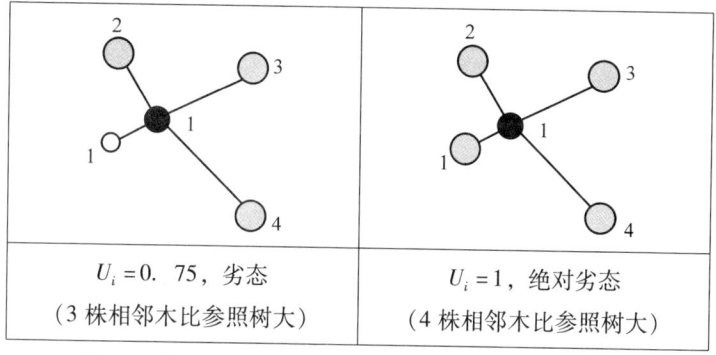

$U_i = 0.75$，劣态	$U_i = 1$，绝对劣态
（3 株相邻木比参照树大）	（4 株相邻木比参照树大）

$U_C = 1$ 或 $U_C = 0.75$ 林木的相邻木属于潜在的采伐对象

图 3-14　需要调整的单木

（3）通过伐除其他竞争树种单木或人工补植顶极树种、主要伴生树种林木，提高保留树种单木的比例，调解树种组成。补植采用"见缝插针"的方法，即根据立地条件、林分格局状况，利用天然或人工形成的林隙，以单株或植生组形式栽植顶极树种或主要建群种的单木。补植的株数根据采伐株数确定，补植的强度应与采伐强度持平或略高以保证相同的经营密度。补植树木的位置应尽量选在林窗或人为有目的造成的林隙中，通常将能促进林分水平格局向随机分布演变的位置视为最佳的位置选择。

（4）通过人工促进天然更新或人工更新促进林下更新。如采用直播或植苗的方法，使林内人工更新、天然更新幼树、幼苗数量保证在 4000 株以上。

（5）调整方法遵循"首遇先调"的原则即首先遇到或发现的具有某类符合调整特征的结构单元予以优先处理，直到满足调整比例要求。

3.5　经营效果评价

林分结构调整的优劣，直接反映在林分状态上。所以通过状态分析就可以对经营效果做出判断。林分状态可从经营后林分的空间利用程度、树种多样性、建群种的竞争态势以及林分组成等方面对林分的经营效果进行评价。

3.5.1　空间利用程度评价

采伐后 52 林班林分郁闭度为 0.8，54 林班样地的郁闭度为 0.87，郁闭度均保持在 0.7

以上，符合连续覆盖的原则。52 林班伐后样地内共有林木 992 株(胸径≥5cm)，总断面积为 26.8m²，按林木胸高断面积和株数计算，疏伐强度分别是 14.1% 和 16.4%，属于轻度干扰。54 林班样地伐后林分中共有林木 695 株，总断面积 28.8m²，疏伐强度分别是 7.8% 和 13.1%，按林分蓄积计算，采伐强度为 9.2%，属于轻度干扰。

采伐后 52 林班和 54 林班林分的平均角尺度分别为 0.489 和 0.490，落在[0.475，0.517]的范围之内，仍属于随机分布的范畴，采伐前后林分的林木分布格局没有改变。

3.5.2　树种多样性评价

从林分经营过程中采伐木的选择可以看出，林分中珍贵稀有树种都作为保留木得到了保护，并进行了竞争关系的调节，因此，经营过程中林分稀有种的无损率为 100%。52 林班中的裂叶榆仅有 1 株且长势不佳，在抚育过程将其作为采伐木伐除，裂叶榆在当地为常见树种，伐除对林分树种组成影响较小，54 林班林分内所有树种都有保留，经营后 2 个林分的树种数均为 19 个。

图 3-15 和图 3-16 为两块样地经营前后林分树种多样性的变化情况。由图可以看出，52 林班经营后，树种多样性指数除 Simpson 指数、Margalef 物种丰富度指数和 $\overline{M}'$ 修正混交度略微下降外，Shannon-Wiener 多样性指数和 Pielou 指数都有小幅上升，说明林分经营后树种多样性增加，各树种个体数目分配的均匀性增加，优势树种的聚集性下降，林分多样性提高。54 林班林分经营后，除 Margalef 丰富度指数有小幅的上升外，其他几个指数虽然有所下降，但下降的幅度不大，可忽略不计，经营对该林分的树种多样性几乎没有影响。

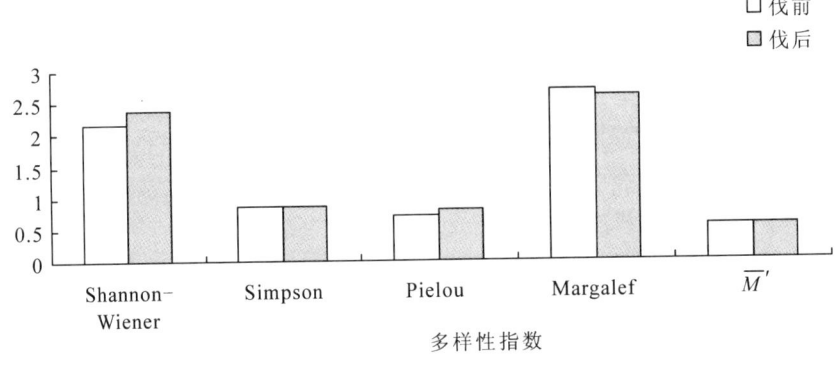

图 3-15　52 林班样地经营前后多样性比较

52 林班经营前后的林分平均混交度分别为 0.779 和 0.792，经营后的林分平均混交度略有上升。从图 3-17 可以看出，林分林木个体处于零度混交、弱度混交和中度混交的比例有所下降，而处于强度混交和极强度混交比例上升，其中，处于极强度混交的比例上升了接近 2 个百分点。运用修正的混交度公式计算林分经营后的林分混交度为 0.567，较林分经营前的平均混交度 0.549 明显提高。54 林班样地经营前后林分的平均混交度分别为 0.827 和 0.821，从图 3-18 可以看出，林分中林木个体处于中度混交以上的个体占绝大多数，达到了 96% 以上；总体上超过 50% 以上的林木周围最近 4 株相邻为其他树种，近 30% 的林木个体周围最近 4 株相邻木仅有 1 株与其为相同树种，这说明林分中相同树种聚集在一起的情况不多，多数树种与其他树种相伴而生，经营前后林分的混交度基本保持不变。运用修正的混交

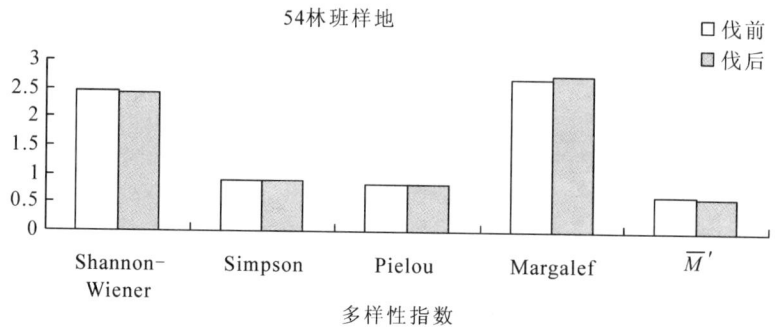

图 3-16　54 林班样地经营前后多样性比较

度公式计算林分经营前后的林分混交度分别为 0.625 和 0.622，意味着林分树种隔离程度在经营前后变化也基本保持不变。

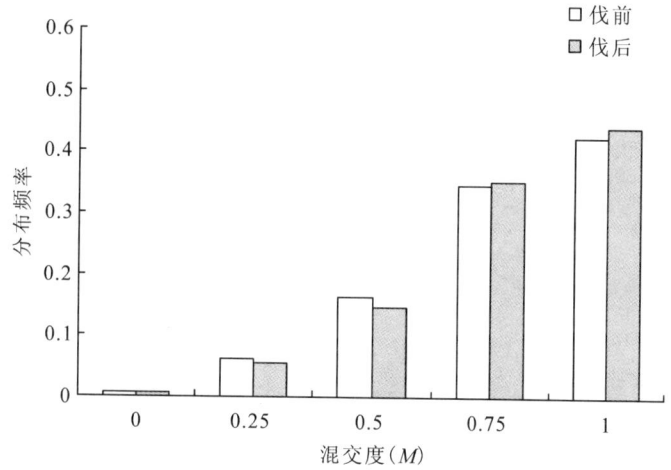

图 3-17　52 林班样地经营前后林分混交度分布图

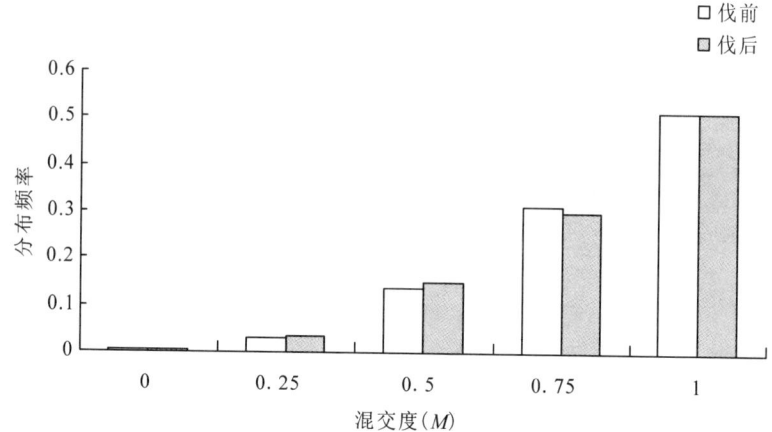

图 3-18　54 林班样地经营前后林分混交度分布图

3.5.3 树种组成评价

图 3-19 和图 3-20 分别为 52 林班样地经营前后各树种株数组成与断面积组成变化情况。由图 3-20 可以看出，经营后，52 林班样地内千金榆、青楷槭、花楸、暴马丁香、椴树等树种在林分的株数比例下降，其中千金榆下降比例最高，为 1.75%，其次为青楷槭，下降比例为 1.1%，其他几个树种下降比例均在 0.5% 以下。色木、红松、榆树、胡桃秋等树种的株数比例有所增加，其中色木的株数比例增长较多，为 1.04%，其次为顶极树种红松，增加比例为 0.76，其余树种株数比例增加幅度较小，都在 0.7 以下。由图 3-20 可以看出，经营后林分中各树种的断面积比例也发生了较大变化，红松在林分中的相对显著度明显提高，由原来的 8.26% 增加到了 9.57%，千金榆、色木、杨树等树种的相对显著度下降，这三个树种下降的比例分别为 1.34%、2.23% 和 0.82%，其他树种下降的比例均在 0.3% 以下，色木在林分中的株数比例虽然有所上升，但其所占的断面积比例却下降，说明色木在林分中的优势程度下降。林分中稠李和花楷槭的断面积比例经营前后没有变化。

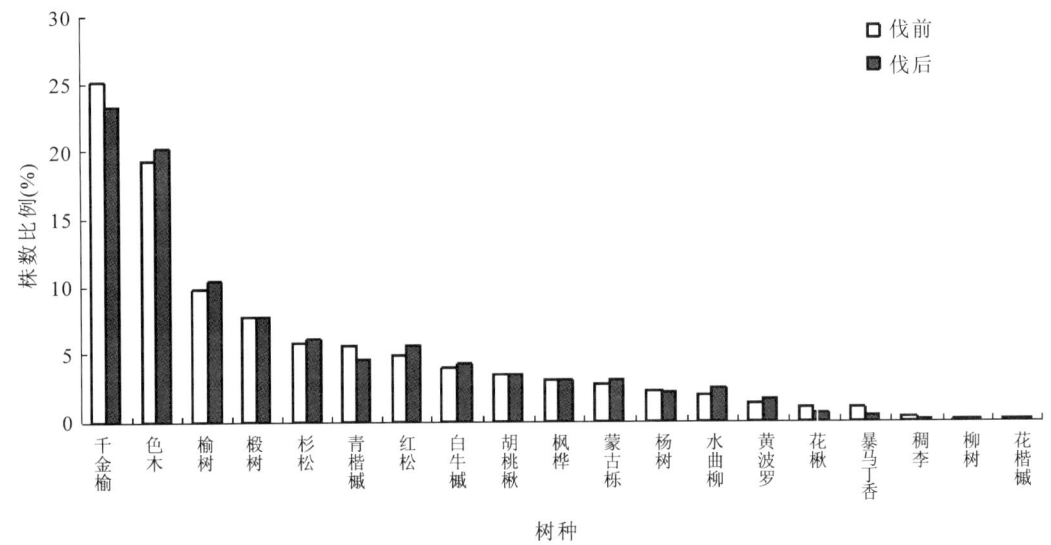

图 3-19 52 林班经营前后林分株数组成变化

图 3-21 和图 3-22 分别为 54 林班林分经营前后树种株数组成和断面积组成变化情况。由图 3-21 可以看出，经营后，林分中红松、胡桃楸、水曲柳、黄波罗等主要树种的株数比例上升，而千金榆、色木、榆树、枫桦、椴树、杉松和冷杉等树种的株数比例有所下降。从图 3-22 可以看出，经营后林分树种断面组成变化较大，其中，胡桃楸、红松、水曲柳、黄波罗、鱼鳞云杉断面积比例增幅较大，而千金榆、色木、榆树、冷杉等树种的断面积比例下降。对鱼鳞云杉而言，虽然株数比例有所下降，但其断面积比例反而有所上升。

从以上分析可以看出，两个林分经营前后顶极树种和主要伴生树种的株数比例和断面积比例上升，而那些次要树种的比例有所下降，说明调整树种组成的经营效果是明显的。

图 3-23 和图 3-24 是两个林分经营前后的直径分布情况。可以看出，经营前后林分的直径分布仍为倒 "J" 形的特性，运用负指数函数对两个样地林木直径分布进行拟合，拟合方程分别为 $y = 447.865e^{-0.126x}$（$R^2 = 0.992$）和 $y = 347.158e^{-0.150x}$（$R^2 = 0.926$）；两个样地的直径

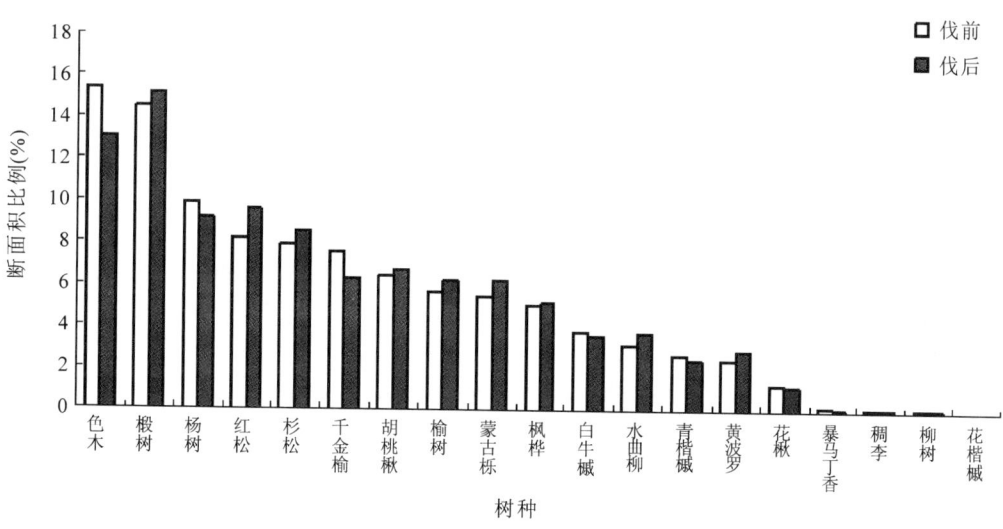

图 3-20　52 林班经营前后林分断面积组成变化

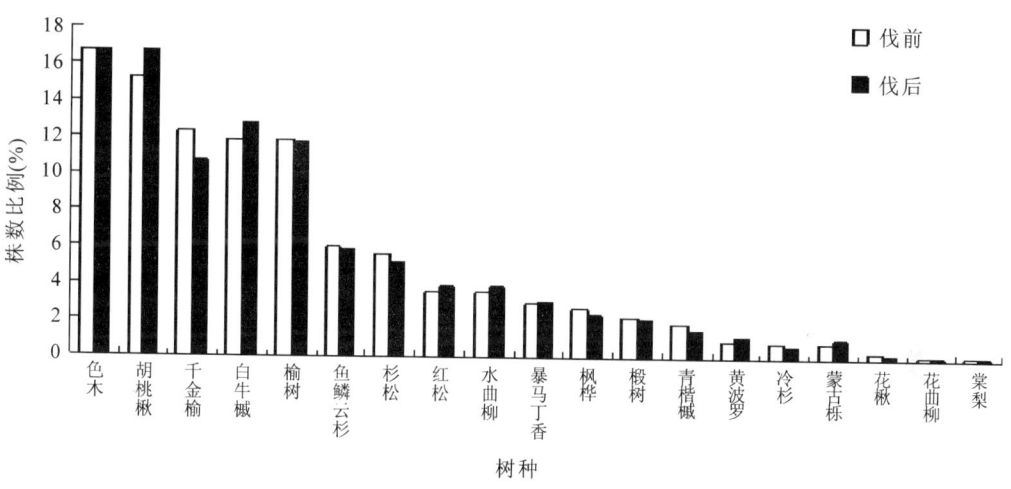

图 3-21　54 林班样地经营前后林分株数组成变化

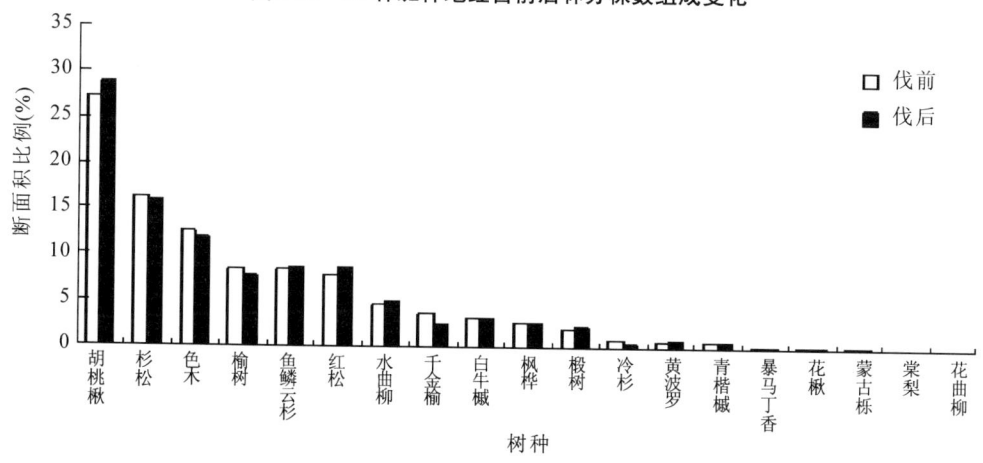

图 3-22　54 林班样地经营前后林分断面积组成变化

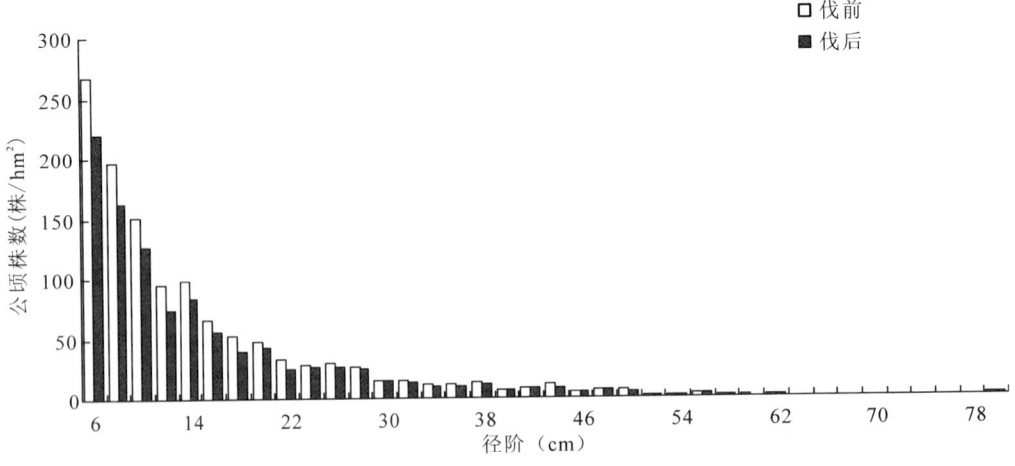

图 3-23 52 林班经营前后林分直径分布变化

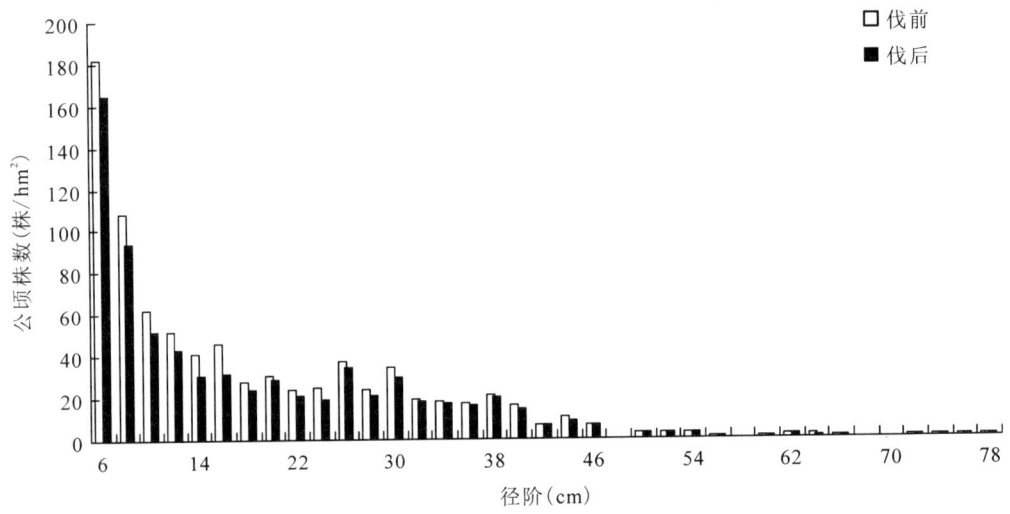

图 3-24 54 林班经营前后林分直径分布变化

分布 q 均值分别为 1.286 和 1.350，均属于合理异龄林直径分布，经营保证了林分直径结构的稳定。

3.5.4 树种的竞争态势

本次经营的一个重要目标是减小顶极树种竞争压力，从上文分析可以看出，在两个林分中，顶极树种及主要伴生树种的株数比例和断面积比例均有所上升，运用大小比数与相对显著度相结合来评价林分中树种的优势程度不仅体现了种群在群落中的数量关系，而且还能体现其空间状态，更加直观地反映树种在群落中的地位。图 3-25 和图 3-26 是两个林分经营前后各树种在林分中的优势度。图 3-25 表明，经营后林分中各树种的优势度发生了变化，林分中色木、杨树的优势度下降，稠李、白牛槭的优势度几乎没有变化，其他树种的优势度均有小幅上升，顶极树种红松、杉松的上升幅度较大，红松的优势度从经营前的 0.23 上升到经营后的 0.264，杉松由经营前的 0.215 增加到经营后的 0.227，珍贵树种黄波罗由经营前的 0.113 增加到经营后的 0.122，主要伴生树种椴树和胡桃秋的优势度分别由经营前的 0.281 和 0.249 上升到经营后的 0.302 和 0.258，其他树种的优势程度也有不同程度的上升。由图 3-26 可以看出，采伐前顶极树种红松的优势程度为 0.194，采伐后上升为 0.217，提升幅度比较大，此外，鱼鳞云杉、杉松、胡桃楸、水曲柳等主要伴生树种采伐后的优势程度也略有上升；千金榆、色木、榆树、冷杉等树种的优势程度下降。由以上分析可知，经营后 2 块样地树种的优势程度均有不同程度的改变，此次经营达到了提升顶极树种和主要伴生树种的优势程度的目标。

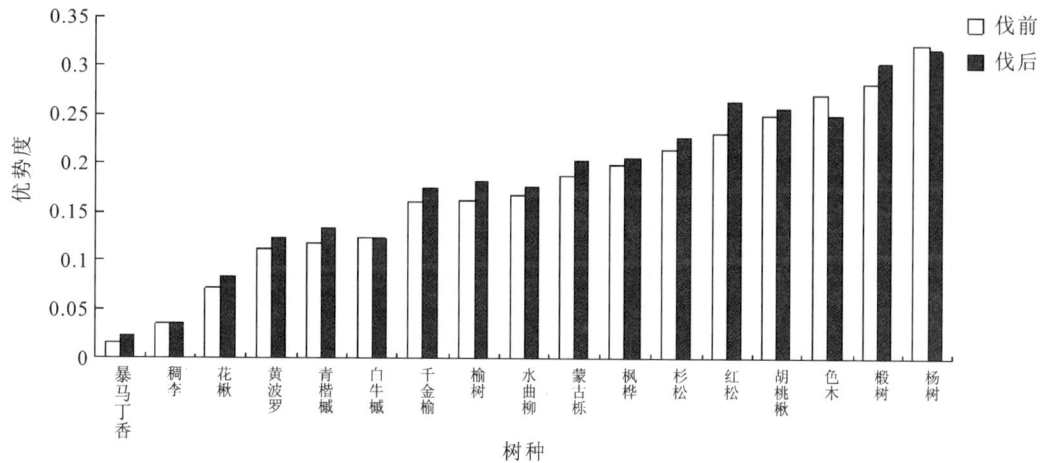

图 3-25　52 林班经营前后林分树种优势度变化

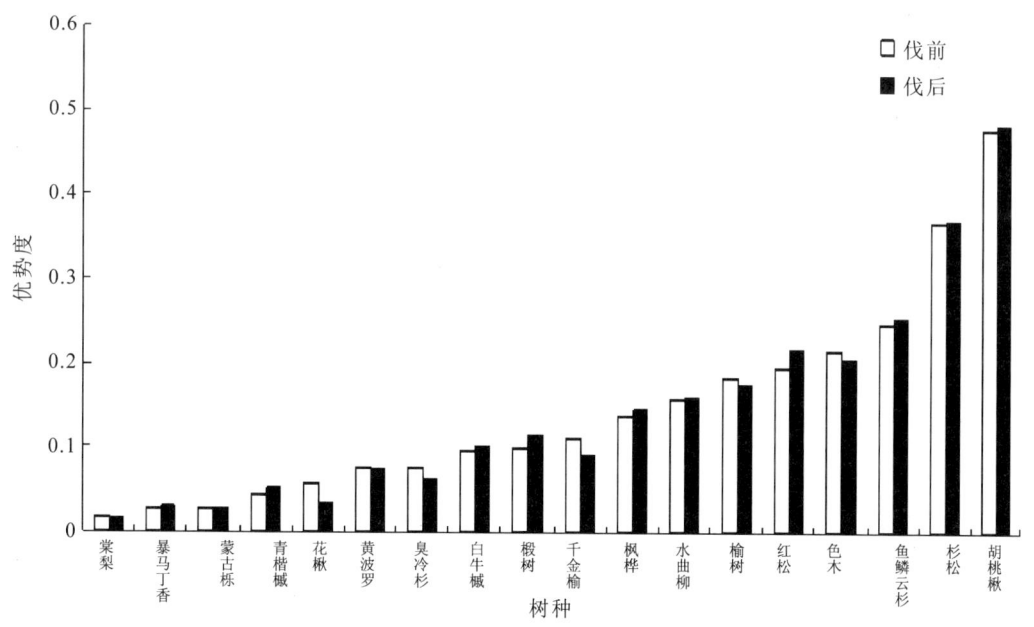

图 3-26　54 林班经营前后林分树种优势度变化

综上所述，本次经营降低了顶极树种的竞争压力，提高了顶极树种的竞争能力和树种优势，在一定程度上调整了树种组成，保护了林分的树种多样性和结构的稳定性，并取得了一定数量的木材收获，达到了预期的目的。

3.6　小结

本章在传统的林分调查和评价方法基础上，着重分析了林分的空间结构状态、近自然度和经营迫切性。研究结论认为，东北天然林生态系统结构调整的重点应是提高顶极树种的优势度即进行竞争调节，同时注重林分的更新幼苗数量和质量，其次是树种组成和健康调节。通过林分状态分析对经营效果进行评价，结果表明，基于空间结构优化的森林经营方法完全可以在我国东北天然林经营中得到有效应用，能够使森林经营做到有的放矢。当然，由于林业生产具有周期长、功能多样、经营对象复杂和经营效果见效慢等特点，林分的经营调整是一个渐近的过程，通过一次经营不可能迅速使顶极树种上升到优势地位、使林分达到顶极状态，而且会发生由于调整一个指标而引起其他指标变动的情况，因此，尽管林分当前的自然演替阶段中阔叶树种仍占优势，在树种组成中占很高的比例，但由于阔叶树种的成熟时间少于针叶树种，可在后续经营中关注阔叶树种的中、大径木，在其成熟时适时采伐利用，降低阔叶树种对顶极树种形成的竞争压力，培育顶极树种有价值单木，提高其树种优势度，保护林分的天然更新、物种多样性和结构的稳定性，继续根据林分的生长现状和动态，循序渐进地开展森林经营，逐渐让每一个指标达到健康稳定林分的特征，只有这样，才能实现森林整体的健康，充分发挥森林的多种效益。

第4章
长白山天然林结构调整技术研究

结构性原则是系统方法的基本原则之一，有什么样的结构，就相应地有什么样的功能。系统的结构是普遍地、有层次地存在于事物之中，要认识事物的性质，必须先了解它的结构。结构是指系统内部各个组成要素之间，在时间或空间方面的有机联系与相互作用的方式或顺序，因为事物内部排列组合的不同而引起质变，是一切事物符合规律的现象。要正确地决策，必须掌握事物的结构性，使系统处于最佳状态。森林作为一个复杂的生态系统，同样遵循上述结构功能原则。

林分结构因子通常包括树种、年龄、直径、树高及个体分布格局等。林分结构包含着林分所有的信息，通过林分调查获得林分各种信息，为森林的科学经营管理提供依据。同时，林分的结构决定林分的功能，有什么样的林分结构，就有相应的林分功能。反之，林分功能的强弱，能够反映林分结构的合理与否。因此，追求科学合理的林分结构，使之发挥强大的功能，实现经营目的是森林经营管理工作的重要任务。

森林结构优化的目标就是把结构不合理的林分逐步调整到结构合理、稳定，功能协调的森林。了解和掌握研究对象林分结构特征是制定其科学合理的经营模式的前提和基础。在我国现有的森林中，天然林面积占森林总面积的80%，天然林蓄积占森林蓄积总量的92%。在未来相当长的时间里，国民经济用材的主要部分仍将来自天然林。长白山东部过伐林区是我国森林资源最丰富、开发利用较早的林区之一，是东北主要的木材生产基地，也是国家天然林保护工程的重点林区。因为长白山林区不仅是全国重要的木材及林产品生产基地，而且是松辽平原的绿色屏障，承担着保土蓄水、维护地区生态环境的重要职责。

本章对落叶松云冷杉林和云冷杉针阔混交林树种组成、直径结构、立木空间结构及其调整技术等进行了研究，为长白山天然林可持续经营提供理论和方法依据。

4.1 落叶松云冷杉林结构特征及变化研究

4.1.1 落叶松人工林天然化研究概况

东北地区人工落叶松林纯林大部分存在着土壤退化、生产力降低、病虫害增加和生物多样性降低等问题。在长白山部分林区，人工落叶松林在种植的时候保留了部分的乡土树种，并逐步演化成人工落叶松与乡土树种的混交林，我们称这种林分为人工天然混交林，简称人天混林。了解这种人天混林基本过程，将会为人工林天然化改造提供的理论和技术依据。本研究在近自然林业理论的指导下，研究经营调整人工落叶松林，保护、恢复天然林生态系统的基本过程，使其逐步成为能够良性演替的生态系统和高生产力的森林资源。

4.1.1.1 落叶松人工林天然化的研究

落叶松是东北地区人工造林的最主要树种，人工落叶松林占人工林总面积达90%以上。但是，国内外大量研究结果表明，人工针叶纯林的抵抗逆境能力远不及混交林，更不及天然针阔混交林分。特别是落叶松林，国际上许多专家学者确认存在二代生长衰退现象。例如在日本，浅田、河田、佐藤等人提出，重茬更新会引起二代林生长衰退，并提出了缺磷说、菌害说等多种解释。国内大多数学者的研究也有基本一致的结果，陈乃全等（1986）的研究表明，无论在相似立地或同一立地条件下，落叶松二代生长下降的趋势都达到显著水平，土壤的理化性质变差，肥力降低。营建天然化的人工落叶松林，增大林分的生物多样性，增强其抗逆性和减少二代衰退效应问题已经迫在眉睫。国内也有相关的研究，例如国家九五攻关重点科研项目"中低产田治理与区域农业综合发展研究"的子专题之一——"三江平原低山丘陵区林业系统综合发展模式研究"，依据天然化经营的思想，在采伐、造林设置和抚育等各技术环节上都从生态系统本身的发展规律出发，模拟天然林分的发生、发展过程，营造了大面积的天然化人工落叶松林分。刘庆洪（1986）研究了在人工落叶松的红松种群的发生过程，王丽华（2000）对三江平原的落叶松人工林天然化的生物多样性的变化进行了研究，定向抚育能增加人工林的生物多样性。王文杰（2000）对三江平原低山丘陵区天然化红松人工林、天然化落叶松人工林的光合作用进行了研究。王承义，刘关彬（2001）研究了长白山落叶松人工林自发天然化过程的树种及株数变化。但是以森林可持续经营为目的对人工林天然化整体林分的结构动态和经营研究还鲜见报道。

4.1.1.2 人工林天然化研究的目的和意义

当代林业所面临的一个关键问题是森林的可持续经营，而发展以森林自然规律与特性为基础的造林模式正是解决该问题方法的组成部分。天然林的动态规律是发展以森林自然规律与特性为基础的造林模式的基础参照系，特别是天然林更新规律的运用。而人工林天然化的经营技术模式则正是使林分的建立、抚育、采伐方式同潜在的天然森林植被相接近，其基本出发点是将森林生态系统的生长发育看作是一个自然过程，认为相对稳定的顶级树种形成的森林结构状态是合理的，它不仅可以充分发挥林地的自然生产力，而且还有较强的抵御自然灾害的能力。因此，人类对森林的干预不能违背其发展规律的主体，只能采取诱导的方式，使森林能够接近生态规律的生长发育，提高森林生态系统的稳定性，逐步达到森林生态系统的高生产力状态的动态平衡。当前森林经营总的发展趋势是使扩大天然更新和乡土阔叶树种的比重，保护和恢复天然林，发展混交林，逐步实现人工林向天然化的方向过渡。这对于提高森林资源培育的科学理论和技术水平，特别是对当前我国实施的天然林保护工程是一种新的思路和方法。

4.1.2 数据与调查方法

本研究的地点是吉林省汪清林业局的金沟岭林场。研究对象是在原有的天然林，即以云杉、冷杉、红松和数种阔叶树混交的天然针阔混交复层异龄林，在实行皆伐作业后，在林地上保留了少量的天然幼苗幼树，随后进行落叶树的更新造林，经过几十年的生长，形成了人工落叶松与天然云杉、冷杉、水曲柳等混交的人工天然混交林。

　　试验地的落叶松人工林是 1959 年种植，平均年龄为 46 年。在种植的初期保留了少量的天然树种幼苗幼树，而后又有一些天然树种的逐步入侵。为了研究落叶松人工林在小强度人工干扰下天然化的林分自然特征变化过程，本次调查了固定标准地四块，标准地面积分别为 60m×40m，面积 0.24hm^2 一块(35 林班 2 - 10 号标准地)，50m×40m 两块(35 林班 2 - 11 号标准地，29 林班 16 - 21 号标准地)和 25m×30m 一块(47 林班 1 - 2 号标准地)。标准地的落叶松比重占 40% ~ 70% 不等，经过小强度的间伐作业(5% ~ 13%)，林分蓄积量为 73 ~ 273m^3/hm^2(天然林的原始林蓄积多为 350 ~ 450m^3/hm^2)，复测 2 ~ 5 年一次，搜集资料时间 1986 ~ 2005 年(表 4-1)。

表 4-1　标准地经营概况一览表

标准地	面积 (m×m)	间伐时间	间伐比例	落叶松种植 年代(年)	1985 年落叶松蓄 积比例(%)
47 - I - 2	25×30	1998、2000	7.7%、13%	1959	40
35 - 2 - 11	50×40	2000	6%	1959	60
35 - 2 - 10	60×40	2000、2002	5%、4.5%	1959	40
29 - 16 - 21	50×40			1959	70

　　调查固定标准地内所有大于起测径阶(5cm)的林木特征值。标准地按 5m 间距分割成 5m×5m 的正方形网格，称为调查单元。在标准地内所编写的行列号即该调查单元的单元号。以每个调查单元(网格)的西南角为坐标原点，用皮尺测量每株树木在该调查单元内的坐标 (x, y)，x 表示东西方向坐标，y 表示南北方向坐标。测量每株树木的胸径、冠幅等测树学因子。

　　对 4 块标准地进行了蓄积、密度、直径结构分析。因为 47 - 1 - 2 号标准地面积较小，没有对其进行空间格局的分析，另外三块标准地都进行了林分结构格局的变化分析。在空间结构分析中，对 60m×40m，面积 0.24 hm^2(35 林班 2 - 10 号标准地)内的天然林木和人工落叶松的空间格局的变化分别进行了分析，计算了在人工干扰最小的 1985 年的 35 - 2 - 10 标准地内的种间关系。

4.1.3　人天混林林分水平结构特征分析

4.1.3.1　树种组成结构

　　树种组成是影响林分生产力等功能的主要因子之一。近年来，无论从理论上还是在实践中，人们对人工林的树种组成优化比例的研究成果很多(翟保国，1993；李茹秀等，1993)。在落叶松人工天然混交林中，对树种组成问题研究较少，其主要原因在于该问题的复杂性等。在落叶松人工天然混交林中，树种组成从几个到十几个，这些树种的存在是它们在人为干扰和自然过程中形成的结果，具有一定的规律性。在天然林的经营中，最优树种组成问题也就是在经营活动中，对不同的树种做出合理的采伐安排，重点是使保留林木形成较好的树种搭配和组成比例，最大限度地满足经营目的。在瑞士的检查法经营试验，还有高桥延清(1971)等人，对异龄林的树种组成进行了长期和大量的研究，并提出针阔叶树种混交比 7:3 为最好的异龄林经营目标。李法胜等(1992)将直径转移概率矩阵模型加以扩展，研究异龄林的最优树种组成问题，探讨了考虑树种组成情况下的合理采伐措施，并利用长白山地区针阔混交林分复测样地数据对模型进行了求解，结果针阔蓄积比为 72∶28（李法胜等，1992）。

（1）影响树种组成的因素

前面提到，研究落叶松人工天然混交林树种组成问题相当复杂，主要是因为它受到多种因素的影响，下面仅对其中几个影响因素进行分析。

1）择伐

在天然林的主伐中，随着择伐强度较大时，择伐周期的延长，林隙或林中空地的空间尺度也会加大，因此阳性的先锋树种入侵的几率和比重加大，不利于顶极树种的更新与生长。亢新刚等人对该地区 40 hm² 天然针阔混交林林隙更新进行了系统抽样调查，研究结果表明林隙尺度在 10~30m² 时天然更新最好（亢新刚，郑黎明，2006）。

2）更新措施

由于落叶松为阳性树种，喜光光性强，而且人工林密度大等原因，不利于天然针阔叶树种幼苗幼树的入侵和生长，因此适当的抚育间伐可以改善林下的光照条件，促进种子萌发及幼苗、幼树生长，促进更新的顺利进行。在天然更新的基础上，应当采取补植顶极树种幼苗，补植的树种可增加多样性、优良性和树种组成的合理性，加快人工林天然化的过程。

3）立地条件

对于落叶松人工天然混交林经营，立地条件是树种选择的最主要的限制因子，立地条件的限制有助于从少数树种中选出一组合适的符合经营目的的树种。

4）经营目的

经营目的直接影响树种组成。对于现有落叶松人工天然混交林生态系统来说，除了收获木材产品的效益产出外，还要关注其生态效益的产出和维持该森林生态系统的稳定。

因此在该森林生态系统内除要保留如红松、云杉、冷杉这样的顶级乡土树种，还应保持一定比例的阔叶树种，不仅在木材利用上可以增加产出材种的多样性和珍贵性，如黄波罗、水曲柳和胡桃楸等，同时有利于生态系统内生物多样性的保护，提高降水截流量、增强森林的蓄水能力，保持土壤质量的稳定提高。

（2）确定树种组成的原则

1）持续性原则

林分的树种组成，在很大程度上影响着林分的更新和演替方向，合理的树种组成应有利于天然更新的完成，促使林分生态系统向着稳定的方向演替，保证森林存在和发展的可持续。

2）经济性原则

木材生产在相当长的时间内是我国许多林业企业的主要经营目的。因此选择出材率高、材质好的树种进行培育是必然的。以云冷杉红松为主的针阔混交林可产出多种树种和材种的木材，满足市场的不同需材。由于市场的木材需求常发生变化，多树种混交结构的森林系统增强了与市场需求的偶合适应性和可塑性；其次木材产品的径阶多在 40~60cm 之间，适于造纸、锯材、装饰、胶合板和家具等多方面的需求。另外，多树种混交结构不仅使生态系统保持相对稳定，而且还具有良好的森林景观，不仅会带来旅游观光等直接经济效益，也能产生高价值的生态公益等间接经济收益。

在小尺度森林可持续经营中，经济性原则尤为重要。因此，确定林分树种组成时应把经济性原则作为前提条件进行考虑。

3）物种多样性原则

森林是高等野生动植物物种多样性最高的生态系统，森林经营措施与物种多样性密切相关。我们通过对试验林分生态系统生物多样性的调查发现，不同树种组成的林分类型，其生物多样性指数是不同的，而且差别相当明显。其中混有大量阔叶树种的云冷杉林（混交比例为6：4）不论在上木层（0.898）、下木层（0.874），还是在草本层（0.890），其 Simpson 多样性指数均是最高的，其次分别是混有云、冷杉的枫桦、椴树林、混有大量红松、椴树的山地云冷杉林，多样性指数最低的是人工落叶松纯林。可见，与云冷杉混交的阔叶树种越多，其多样性指数就越大（周彬，2002）。这是因为针阔混交林林分内的生境异质性扩大，可以容纳较多的物种生存，这不仅体现在植物物种上，动物、鸟类以及微生物对这种林分环境也是比较适应，以致习惯生存下来。林分树种组成复杂，物种多样性指数高，构成了稳定复杂的食物网，对控制当地生态平衡，发挥生态效益方面起着重大作用。因此，在对现有过伐林的经营过程中，对择伐木的选择一定要谨慎，尽可能保留阔叶树种，特别是珍稀树种（水曲柳、黄波罗、胡桃秋）等的比例，并对种质资源加以保护，以便满足生物多样性的要求。

4）预防性原则

在落叶松人工天然混交林中，除了混有云杉、冷杉等针叶树种外，还混有白桦、山杨和柞木等阔叶树种。一般在这种林分中，阔叶树种多分布于中层或者以下木形式存在，这些树种的萌生能力都特别强。当林分受到采伐、火烧等干扰后，这些树种就以抗火强、多代伐根萌芽能力及对干燥立地条件的忍耐能力强，在森林恢复中最先重新成林，避免出现荒山秃岭的后果（《吉林森林》编辑委员会，1988）。另外，针叶树种与这些繁殖能力强、生长速度快、没有共同病虫害的阔叶树种协调搭配起来，有利于避免林分生态系统病虫害的发生。因此，在森林经营过程中，适当保留这些阔叶树种是必要的（陈炳浩，陆静娴，1999）。

（3）调查结果分析

从统计结果来看，调查实验区的树种组成变化不大，这是因为树种组成调整是一个渐进、复杂的过程，不可能在短期内调整到预期目标。如果调整幅度过大，就会破坏生态系统的稳定性，影响其正向发展演替。在表4-2中可以看出，四块标准地中针阔混交比变化不大，只有35－2－10号标准地有轻微变化，在1988～1993年由6：4转化为5：5。表明在蓄积指标上落叶松人工天然混交林保持了稳定性。

表4-2　各标准地树种组成变化表

标准地号	调查时间(年、月)	树种组成	蓄积(m³/hm²)	针阔比例
47 林班Ⅰ－2	1986.8	4 落 2 云 2 冷 1 红 1 枫	186	9：1
	1988.7	4 落 2 云 2 冷 1 红 1 枫	212	9：1
	1990.6	4 落 3 云 2 冷 1 枫	233	9：1
	1992.7	4 落 2 云 2 冷 1 红 1 枫	240	9：1
	1994.8	4 落 3 云 2 冷 1 枫	253	9：1
	1997.9	4 落 2 云 2 冷 1 红 1 枫	273	9：1
	1999.5	4 落 2 云 2 冷 1 红 1 枫	252	9：1
	2001.6	4 落 2 云 2 冷 1 红 1 枫	218	9：1
	2003.7	4 落 2 云 2 冷 1 红 1 枫	220	9：1

标准地号	调查时间(年、月)	树种组成	蓄积量(m³/hm²)	针阔比例
35 林班 2 - 10	1985.8	4 落 2 云 1 榆 1 水 1 枫 1 椴	73	6:4
	1988.7	4 落 2 云 1 榆 1 水 1 枫 1 椴	105	6:4
	1993.6	4 落 2 水 1 云 1 榆 1 枫 1 椴	142	5:5
	1998.7	4 落 2 水 1 云 1 红 1 榆 1 椴	174	5:5
	2003.7	4 落 2 水 1 云 1 红 1 榆 1 椴	159	5:5
	2005.7	4 落 2 水 1 云 1 红 1 榆 1 椴	150	5:5
35 林班 2 - 11	1985.8	6 落 2 云 1 枫 1 椴	169	8:2
	1988.7	6 落 2 云 1 枫 1 椴	78	8:2
	1993.6	6 落 2 云 1 枫 1 水	99	8:2
	1999.7	6 落 2 云 1 枫 1 水	124	8:2
	2001.6	6 落 2 云 1 枫 1 水	158	8:2
	2003.7	6 落 2 云 1 枫 1 水	147	8:2
	2005.7	6 落 2 云 1 枫 1 水	154	8:2
29 林班 16 - 21	1986.8	7 落 2 云 1 白	169	9:1
	1988.7	7 落 2 云 1 白	73	9:1
	1990.6	7 落 2 云 1 白	80	9:1
	1993.7	7 落 2 云 1 白	97	9:1
	1996.8	7 落 2 云 1 白	116	9:1
	1999.5	7 落 2 云 1 白	125	9:1
	2001.6	7 落 2 云 1 白	135	9:1
	2003.7	7 落 2 云 1 白	146	9:1
	2005.8	7 落 2 云 1 白	160	9:1
			176	9:1

通过观察标准地的蓄积变化图(图 4-1),标准地 47 - I - 2 蓄积最高,在 1985 年就达到了 183m³/hm²。35 - 2 - 10 和 29 - 16 - 21 标准地蓄积较低为 73m³/hm²。对比采伐前的林分生长率,针阔混交比最高的 35 - 2 - 10 标准地生长率最高,落叶松与天然林木的生长速率相差不大,保持了同步。而在天然树种中水曲柳和枫桦的生长率较大,说明这两种阔叶树比较适应此种林分类型,此外杨树的生长率次之。主要树种云、冷杉的增长速度较慢,这种现象与云、冷杉强阴性生物学特性有关。

4.1.3.2 林分直径结构的研究

直径结构是指林分内林木株数按直径大小的分布状态。在森林经营和森林调查中胸径是最基本的调查因子,所以胸径分布就成为林分结构的基本内容之一。

有关天然异龄林林分直径结构的模型很多(孟宪宇,1996;1991;惠刚盈,盛炜彤,1995;邱水文,1991),其中用以下几种函数拟合描述天然异龄混交林的林分直径结构的研究最为普遍,如 Weibull 分布、负指数分布、Logistic 方程、q 值理论等。本次研究利用 Weibull 分布、负指数分布、Logistic 等三种函数方程分析了林分的直径结构分布规律。各个标准地的林分直径分布见图 4-2。

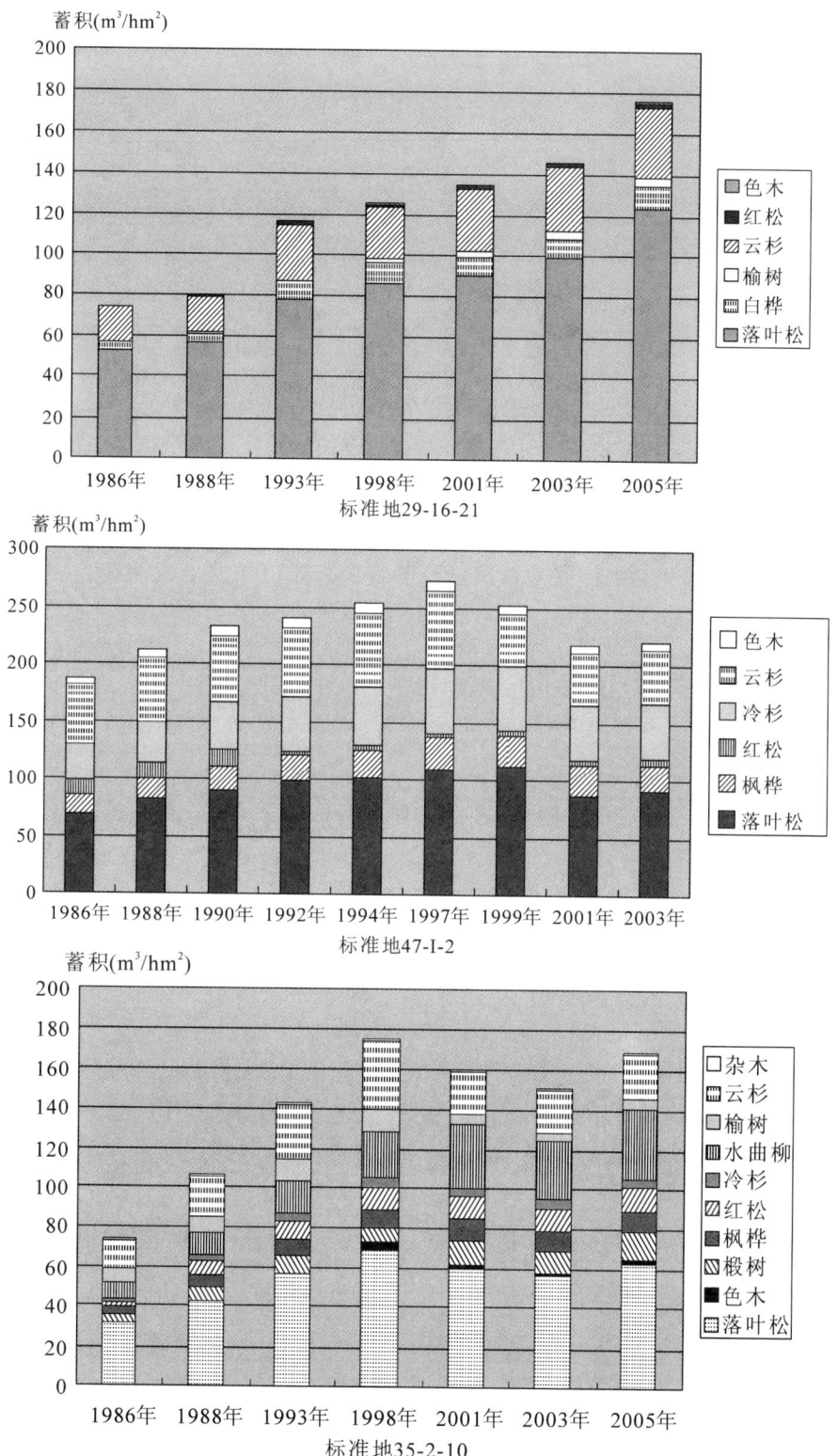

图4-1　标准地蓄积变化图

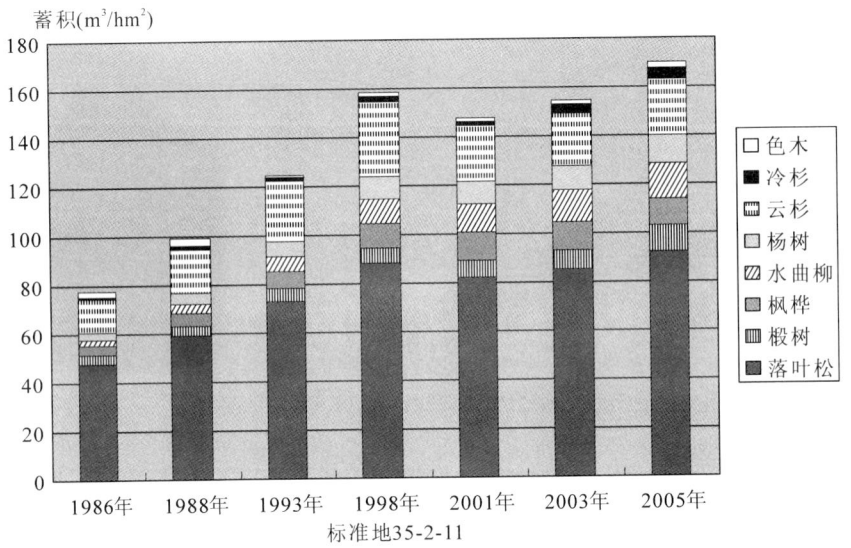

图4-1   标准地蓄积变化图(续)

从径阶－株数的柱形分布图来看,该林分的直径分布以单峰山状曲线为主,标准地47－Ⅰ-2出现非对称偏右的单峰曲线,35－2－11标准地在1985年最接近反J型曲线,经过自然演化与人工经营演化为单峰曲线,35－2－10标准地在1985年呈非对称偏右的单峰曲

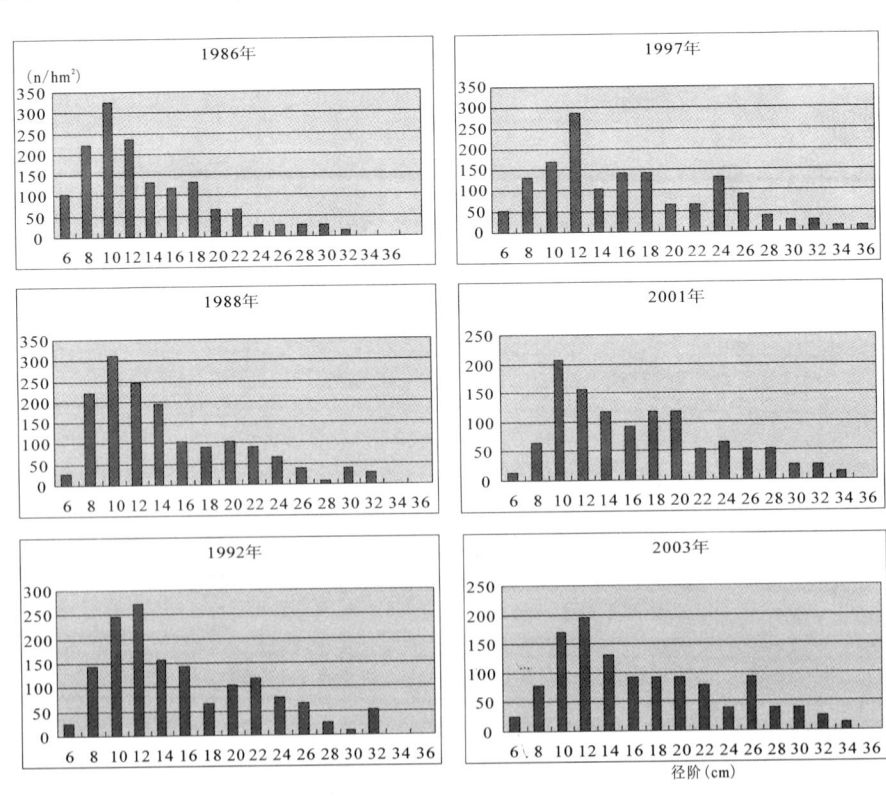

标准地47－Ⅰ-2径阶－株数变化图

图4-2   标准地径阶－株数变化图

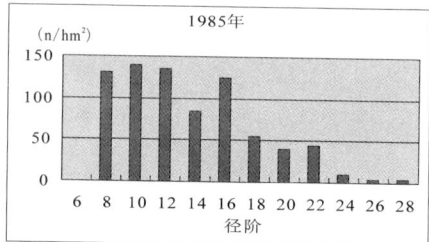

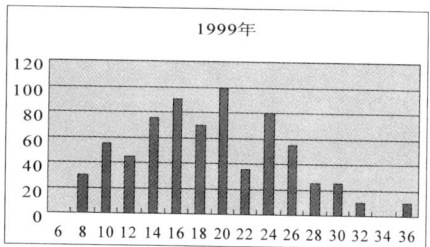

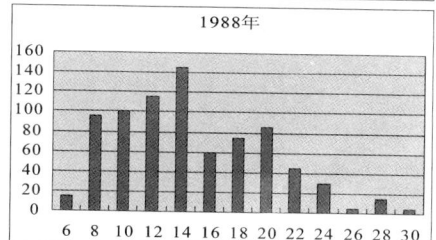

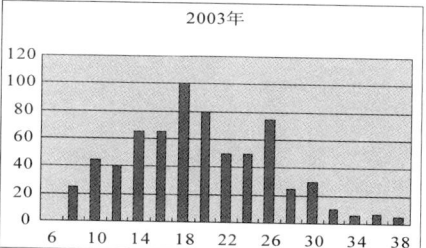

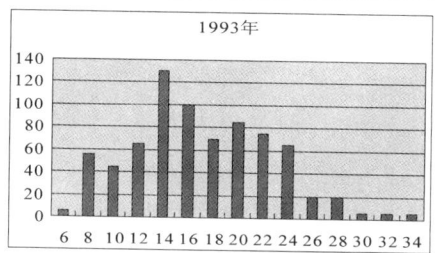

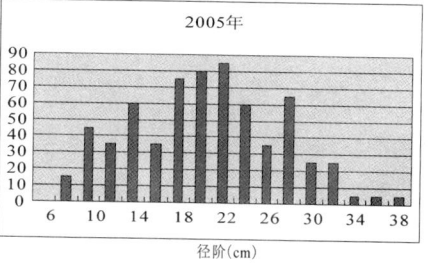

标准地35－2－11径阶－株数变化图

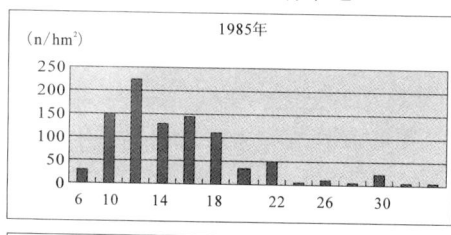

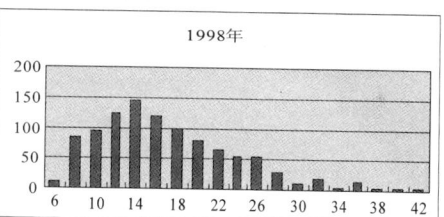

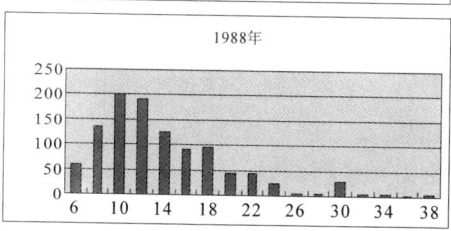

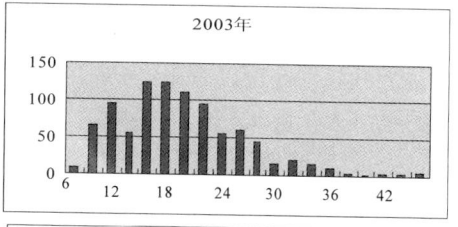

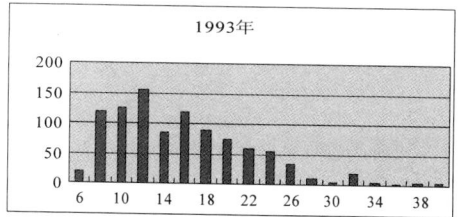

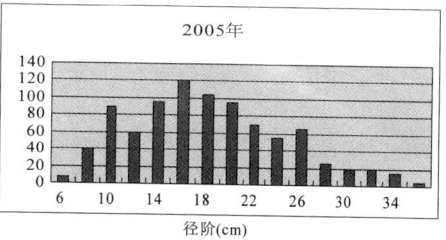

标准地35－2－10径阶－株数变化图

图4-2 标准地径阶－株数变化图(续)

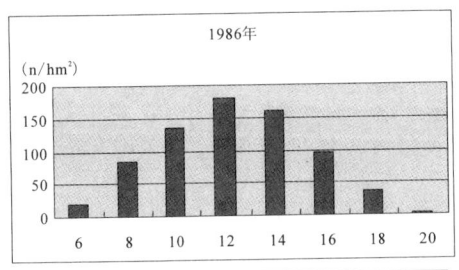

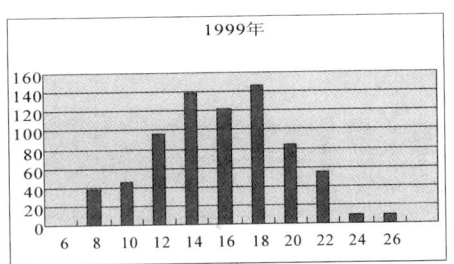

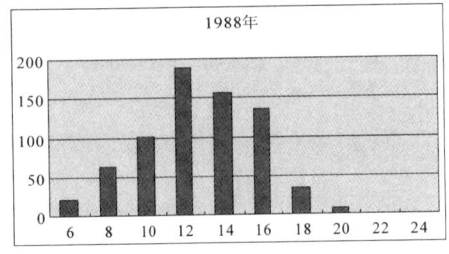

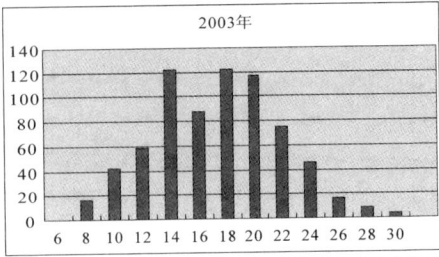

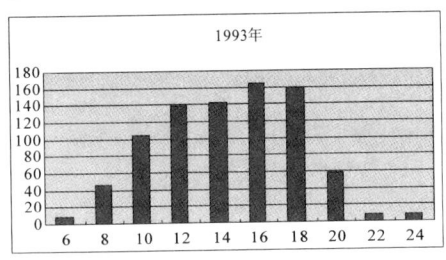

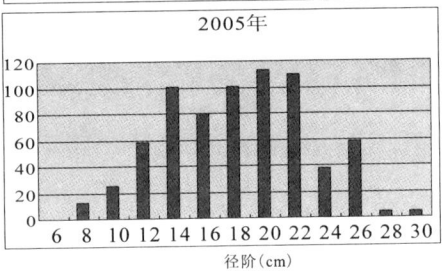

径阶(cm)

标准地 29 – 16 – 21 径阶 – 株数变化图

图 4-2　标准地径阶 – 株数变化图(续)

线图,2005 年呈典型的人工林直径分布 – 对称的单峰山状曲线。29 – 16 – 21 标准地一直保持典型的人工林直径分布 – 对称的单峰山状曲线,说明此林型在直径分布指标上与异龄混交林还有较大差异。

在影响林分生长的几个因素中,密度是营林工作中能够有效控制的因子。林分密度在很大程度上决定了林分的产量结构,研究和调整林分密度,成为森林经营的关键问题。

从林分的株数密度可以看出,6cm 径阶的株数在各个标准地上都偏少,说明林分的更新较差,这影响了人工林天然化的进程。各个标准地的每公顷株数差别较大,1985 年株数最多的为 47 – I – 2 标准地为 1509 株。最少的是 35 – 2 – 10 标准地只有 748 株,这在一定程度上反映了林分的更新较差,森林经营应进行休养生息的保护阶段,35 – 2 – 10 标准地应进行人工辅助更新。从落叶松的株数变化可以看出,落叶松的株数呈缓慢减少的趋势,天然林木的株数正在逐渐增加,表明天然树种对整体林分的影响正在加大。

(1) Weibull 分布

针对长白山落叶松人工天然混交林直径分布曲线类型较多、变化复杂的特点,选择适应性强、灵活性大的 Weibull 分布函数对直径分布进行拟合。

$$f(x) = \begin{cases} \dfrac{c}{b}\left(\dfrac{x-c}{b}\right)^{c-1} e^{-\left(\frac{x-a}{b}\right)^{c}} & x > a \\ 0 & x \leqslant a \end{cases} \quad (4-1)$$

其中,a、b、c 分别称为位置参数、尺度参数及形状参数,e 为自然对数的底,x 对应径阶直径，$f(x)$ 对应各径阶株数百分数。

在利用三参数 Weibull 分布密度函数拟合林分直径分布时，一般参数 a 定为林分直径最小径阶的下限值（即 $a = d_{min}$）（孟宪宇，1996），这里 $a = 5$，根据其分布函数下式（4-2）的性质，通过线性变换得式（4-3），采用线性求解法求解参数 b 和 c。式（4-1）对应的分布函数形式如下：

$$F(x) = \begin{cases} 1 - e^{-\left(\frac{x-a}{b}\right)^c} & x > a \\ 0 & x \leqslant a \end{cases} \tag{4-2}$$

变换可得：

$$\ln\{-\ln[1 - F(x)]\} = -c\ln b + c\ln(x - a) \tag{4-3}$$

这里 $F(x)$ 对应各径阶直径 x 的累计株数百分数，其中 $F(x) = 1$ 时不参与拟合。

用式（4-3）分别求四块标准地历年直径分布的分布参数 a、b、c 及相关指数 R，结果见表 4-3 至表 4-6。拟合结果 x 对 $F(x)$ 的相关系数 R 很高，均在 0.95 以上，表明用 Weibull 分布函数拟合落叶松人工天然混交林直径分布效果较好。

用 Weibull 分布函数可推导出林分各径阶株数预测式为：$n_i = N \cdot K \cdot c/b \cdot [(x-a)/b]^{c-1} \cdot \exp\{-[(x-a)/b]^c\}$，式中 n_i 为第 i 径阶中林木株数，N 为林分总株数，K 为径阶范围，x 为对应径阶直径。

表 4-3　47 - I - 2 标准地株数径级分布用 Weibull 分布函数拟合的 a、b、c 值及相关系数 R

标准地	47-I-2	47-I-2	47-I-2	47-I-2	47-I-2	47-I-2	47-I-2	47-I-2	47-I-2
调查日期	1986.8	1988.7	1990.6	1992.7	1994.8	1997.9	1999.5	2001.6	2003.7
a	5	5	5	5	5	5	5	5	5
b	8.1780	9.4108	10.6851	10.7485	11.3656	11.757	11.809	12.147	12.158
c	1.2634	1.3525	1.3924	1.4297	1.4800	1.4411	1.4884	1.545	1.4767
R	0.9654	0.9807	0.9533	0.9409	0.9802	0.9763	0.9862	0.9813	0.9813

表 4-4　29 - 16 - 21 标准地株数径级分布用 Weibull 分布函数拟合的 a、b、c 值及相关系数 R

标准地	29-16-21	29-16-21	29-16-21	29-16-21	29-16-21	29-16-21	29-16-21	29-16-21	29-16-21
调查日期	1986.8	1988.7	1990.6	1993.7	1996.8	1999.5	2001.6	2003.7	2005.8
a	5	5	5	5	5	5	5	5	5
b	7.2765	7.7766	8.1844	9.7476	10.6314	11.1403	11.9714	12.8753	13.9213
c	2.3266	2.5804	2.3169	2.5699	2.8196	2.7608	2.8542	2.7799	2.8531
R	0.9954	0.9907	0.9933	0.9909	0.9802	0.9763	0.9862	0.9813	0.9813

表 4-5　35 - 2 - 11 标准地株数径级分布用 Weibull 分布函数拟合的 a、b、c 值及相关系数 R

标准地	35-2-11	35-2-11	35-2-11	35-2-11	35-2-11	35-2-11	35-2-11
调查日期	1985.8	1988.7	1993.6	1999.7	2001.6	2003.7	2005.7
a	5	5	5	5	5	5	5
b	8.5194	9.9607	12.7074	14.7926	14.5797	15.4825	16.6603
c	1.6474	1.6986	2.0982	2.1352	2.2047	2.2144	2.3581
R	0.9954	0.9907	0.9933	0.9909	0.9802	0.9763	0.9862

表 4-6 35 – 2 – 10 标准地 株数径级分布用 Weibull 分布函数拟合的 *a*、*b*、*c* 值及相关系数 *R*

标准地	35 – 2 – 10	35 – 2 – 10	35 – 2 – 10	35 – 2 – 10	35 – 2 – 10	35 – 2 – 10
调查日期	1985. 8	1988. 7	1993. 6	1998. 7	2003. 7	2005. 7
a	5	5	5	5	5	5
b	7. 5847	8. 6130	10. 9063	12. 5510	13. 0696	13. 0696
c	1. 5169	1. 3759	1. 5037	1. 6507	1. 8273	1. 8273
R	0. 9954	0. 9907	0. 9933	0. 9909	0. 9802	0. 9763

(2)负指数分布

迈耶指出,均衡的异龄林的直径分布趋于一个指数方程表达式:

$$Y = Ke^{-aX} \tag{4-4}$$

式中:*Y* 为每个径阶的林木株数,*X* 为径阶,*e* 为自然对数的底,*a*、*K* 表示直径分布特征的常数(Meyer,1952)。

典型的异龄林直径分布可通过确定上述方程(4-4)中的常数 *a* 和 *K* 值来表示。*a* 值表示林木株数在连续的径阶中减小的速率,*K* 值表示林分的相对密度。2 个常数有很好的相关关系。*a* 值大时,说明林木株数随直径增大而迅速下降;当 *a* 值和 *K* 值都大时,表明小径级林木的密度较高(于政中,1993)。

表 4-7 47 – I – 2 株数 – 径级分布用负指数分布拟合的 *a*、*K* 值 及相关系数 *R*

标准地	47 – I – 2	47 – I – 2	47 – I – 2	47 – I – 2	47 – I – 2	47 – I – 2	47 – I – 2	47 – I – 2	47 – I – 2
调查日期	1986. 8	1988. 7	1990. 6	1992. 6	1994. 8	1997. 9	1999. 5	2001. 6	2003. 7
a	0. 1090	0. 0777	0. 0505	0. 0608	0. 0720	0. 0752	0. 0718	0. 0432	0. 0502
K	565. 5	325. 772	195. 6642	245. 4026	299. 615	323. 921	271. 076	138. 850	171. 52
R	0. 9089	0. 7708	0. 6578	0. 6987	0. 6885	0. 7752	0. 6981	0. 6380	0. 7393

表 4-8 29 – 16 – 21 株数 – 径级分布用负指数分布拟合的 *a*、*K* 值 及相关系数 *R*

标准地	29 – 16 – 21	29 – 16 – 21	29 – 16 – 21	29 – 16 – 21	29 – 16 – 21	29 – 16 – 21	29 – 16 – 21	29 – 16 – 21	29 – 16 – 21
调查日期	1986. 8	1988. 7	1990. 6	1993. 7	1996. 8	1999. 5	2001. 6	2003. 7	2005. 8
a	0. 098	0. 529	0. 111	0. 087	0. 133	0. 090	0. 095	0. 077	0. 056
K	204. 445	117. 554	241. 387	79. 575	434. 980	237. 817	237. 270	168. 258	108. 299
R	0. 734	0. 533	0. 715	0. 629	0. 742	0. 788	0. 585	0. 641	0. 742

表 4-9 35 – 2 – 11 株数 – 径级分布用负指数分布拟合的 *a*、*K* 值 及相关系数 *R*

标准地	35 – 2 – 11	35 – 2 – 11	35 – 2 – 11	35 – 2 – 11	35 – 2 – 11	35 – 2 – 11	35 – 2 – 11
调查日期	1985. 8	1988. 7	1993. 6	1999. 7	2001. 6	2003. 7	2005. 7
a	0. 181	0. 093	0. 065	0. 074	0. 050	0. 075	0. 075
K	1083	206. 975	110. 864	175. 213	112. 843	159. 350	113. 160
R	0. 922	0. 700	0. 474	0. 674	0. 492	0. 704	0. 565

表4-10　35 – 2 – 10 株数 – 径级分布用负指数分布拟合的 *a*、*K* 值 及相关系数 *R*

标准地	35 – 2 – 10	35 – 2 – 10	35 – 2 – 10	35 – 2 – 10	35 – 2 – 10	35 – 2 – 10
调查日期	1985. 8	1988. 7	1993. 6	1998. 7	2003. 7	2005. 7
a	0. 140	0. 132	0. 109	0. 085	0. 090	0. 043
K	425. 302	515. 584	340. 495	231. 227	216. 329	97. 544
R	0. 794	0. 889	0. 821	0. 749	0. 765	0. 758

表4-7 ~ 表4-10 为历次调查直径分布及平均直径分布用负指数分布拟合的的参数值 *a*、*K* 和相关系数 *R*。从表中可以看出，人工天然混交林相关系数 *R*，在 0.9 以上只有两次，最低的相关系数 *R* 只有 0.492，在人工干扰最小的 1985 年，最小的相关系数也只有 0.734，可以看出用负指数分布拟合的效果较差，说明人工天然混交林直径分布并不是典型的异龄混交林结构。

（3）Logistic **方程**

惠刚盈等用 Logistic 方程描述株数累积频率曲线取得了良好的效果（惠刚盈，盛炜彤，1995）。设株数相对累积频率为 *F*，*x* 为直径，二者之间关系用 Logistic 方程式描述：

$$F = c/(1 + e^{a-bx}) \tag{4-5}$$

式中，*a*，*b*，*c* 为参数，由于 *c* 是 *F* 的上界，对于利用累加生成、标准化处理后的林分直径分布，其变化区间为（0，1），故 *F* 的最大值为 1，即 *c* = 1。这样，（4 – 5）式可简化为：

$$F = 1/(1 + e^{a-bx}) \tag{4-6}$$

表4-11　标准地 47 – I – 2 株数 – 径级分布用 Logistic 方程拟合的 *a*、*b*、*c* 值及 R^2

标准地	47 – I – 2	47 – I – 2	47 – I – 2	47 – I – 2	47 – I – 2	47 – I – 2	47 – I – 2	47 – I – 2	47 – I – 2
调查日期	1986. 8	1988. 7	1990. 6	1992. 7	1994. 8	1997. 9	1999. 5	2001. 6	2003. 7
a	0. 2577	0. 2635	0. 2493	0. 2635	0. 2628	0. 2475	0. 2589	0. 2754	0. 2595
b	3. 23	4. 0591	3. 9748	4. 0591	4. 0804	3. 8918	4. 1622	4. 5753	4. 2305
c	1	1	1	1	1	1	1	1	1
R^2	0. 9638	0. 9241	0. 9738	0. 9241	0. 9606	0. 9735	0. 9603	0. 9358	0. 9511

表4-12　标准地 29 – 16 – 21 株数 – 径级分布用 Logistic 方程拟合的 *a*、*b*、*c* 值及 R^2

标准地	29 – 16 – 21	29 – 16 – 21	29 – 16 – 21	29 – 16 – 21	29 – 16 – 21	29 – 16 – 21	29 – 16 – 21	29 – 16 – 21	29 – 16 – 21
调查日期	1986. 8	1988. 7	1990. 6	1993. 7	1996. 8	1999. 5	2001. 6	2003. 7	2005. 8
a	0. 663	0. 6316	0. 6165	0. 5459	0. 5051	0. 4621	0. 4563	0. 4165	0. 4617
b	7. 4231	7. 3108	7. 3432	7. 3603	7. 1182	6. 7509	7. 0012	6. 8019	7. 7949
c	1	1	1	1	1	1	1	1	1
R^2	0. 9818	0. 9909	0. 9818	0. 9866	0. 9932	0. 9931	0. 9942	0. 9944	0. 9647

表4-13　标准地 35 – 2 – 11 株数 – 径级分布用 Logistic 方程拟合的 *a*、*b*、*c* 值及 R^2

标准地	35 – 2 – 11	35 – 2 – 11	35 – 2 – 11	35 – 2 – 11	35 – 2 – 11	35 – 2 – 11	35 – 2 – 11
调查日期	1985. 8	1988. 7	1993. 6	1999. 7	2001. 6	2003. 7	2005. 7
a	0. 3583	0. 3482	0. 3354	0. 2715	0. 307	0. 2693	0. 279
b	4. 3916	4. 9372	5. 5712	4. 8686	5. 3442	5. 0051	5. 4242
c	1	1	1	1	1	1	1
R^2	0. 9926	0. 9693	0. 9715	0. 9937	0. 9662	0. 9943	0. 9877

表4-14 标准地 35 – 2 – 10 株数 – 径级分布用 Logistic 方程拟合的 *a*、*b*、*c* 值及 R^2

标准地	35 – 2 – 10	35 – 2 – 10	35 – 2 – 10	35 – 2 – 10	35 – 2 – 10	35 – 2 – 10
调查日期	1985. 8	1988. 7	1993. 6	1998. 7	2003. 7	2005. 7
a	0.2987	0.2388	0.2425	0.2378	0.2309	0.2901
b	3.698	3.0906	3.7111	4.0934	4.0519	5.1837
c	1	1	1	1	1	1
R^2	0.9343	0.9653	0.9611	0.9514	0.9531	0.9628

标准地历次调查的直径分布数据，用（4－6）式拟合株数相对累计分布曲线，得出参数 *a*，*b*，*c* 及相关系数 *R* 的值（表4-11 至表4-14）；从表中可以看出相关系数 *R* 均在 0.95 以上，高者可达 0.9944；在拟合结果中（33 次），相关系数 *R* 有 14 次在 0.98 以上，占总数的 42%，有 7 次在 0.99 以上，占总数的 21%，表明用 Logistic 方程可准确地描述长白山落叶松人工天然混交林直径分布，各标准地理论分布与实际分布比较见表4-18 以及图4-3 至图4-6。

表4-15 标准地 35 – 2 – 10 理论分布与实际分布比较

方　法	参数值	直径（cm）													
		6	8	10	12	14	16	18	20	22	24	26	28	30	32
Weibull 分布 总株数 939 株/hm²	7.5847 1.5169	124	180	176	147	111	78	51	32	19	11	6	3	1	1
实际分布 总株数 929 株/hm²		30	150	225	130	145	110	35	50	5	10	4	25	5	5

表4-16 标准地 29 – 16 – 21 理论分布与实际分布比较

方　法	参数值	直径（cm）													
		6	8	10	12	14	16	18	20	22	24	26	28	30	32
Weibull 分布 总株数 669 株/hm²	7.752 2.2366	91	145	162	134	83	38	13	3						
实际分布 总株数 719 株/hm²		21	84	134	181	160	97	38	4						

表4-17 标准地 35 – 2 – 11 理论分布与实际分布比较

方　法	参数值	直径（cm）													
		6	8	10	12	14	16	18	20	22	24	26	28	30	32
Weibull 分布 总株数 790 株/hm²	8.5194 1.6474	52	102	122	121	108	88	67	48	32	21	12	7	4	
实际分布 总株数 790 株/hm²		15	95	100	115	145	60	75	85	45	30	5	15	5	

表 4-18 标准地 47 −Ⅰ−2 理论分布与实际分布比较

方 法	参数值	直径(cm)													
		6	8	10	12	14	16	18	20	22	24	26	28	30	32
Weibull 分布总株数 1513 株/hm²	8.1780 1.2634	249	270	239	196	154	117	87	63	45	31	22	15	10	9
实际分布 总株数 1508 株/hm²		104	221	325	234	130	117	130	65	65	26	26	26	26	13

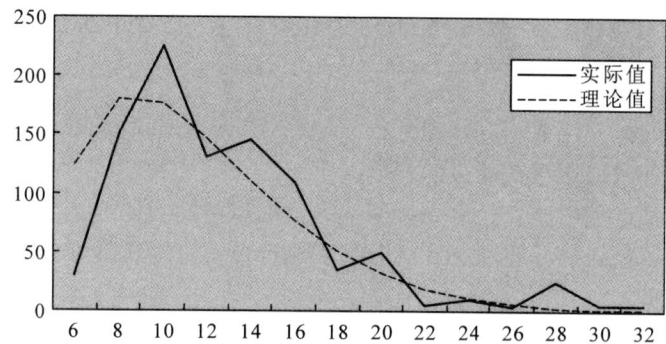

图 4-3 标准地 35 −2 −10 理论分布与实际分布比较图(1985 年 7 月)

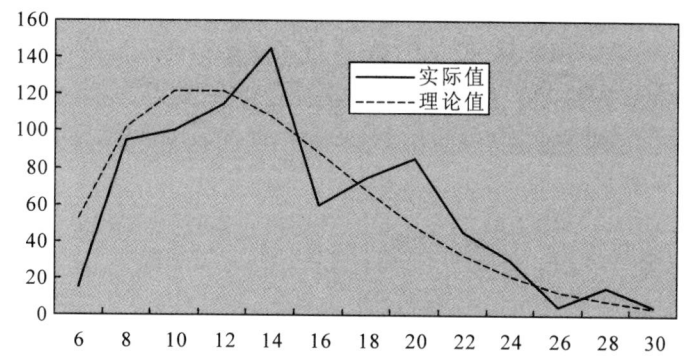

图 4-4 标准地 35 −2 −11 理论分布与实际分布比较图(1988 年 7 月)

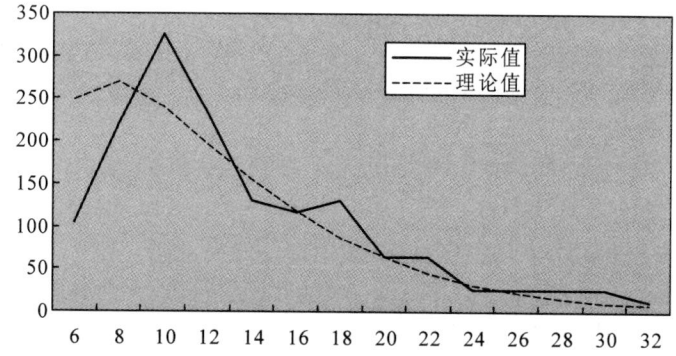

图 4-5 47 −Ⅰ−2 标准地理论分布与实际分布比较图(1986 年 7 月)

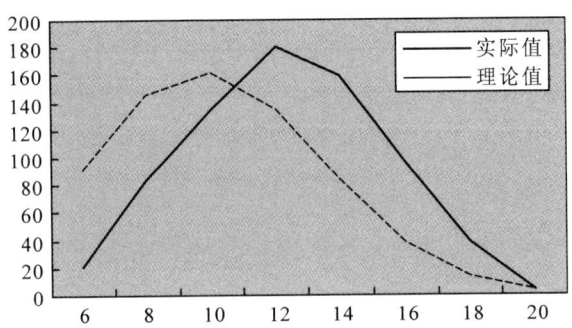

图4-6　标准地29－16－2理论分布与实际分布比较图(1986年7月)

（4）小结

林分直径分布即林分株数随直径的分布，是林分结构的基本规律之一。研究其直径分布规律是科研和生产部门迫切需要解决的问题。

在林分群体生长过程中，直径分布是遵从一定的规律而变化的，了解林分直径分布，可以准确地估计林分各径级的分布状态和林分蓄积总产量，为森林勘察设计、抚育间伐及定向培育提供科学的依据。

人工天然混交林直径结构比较复杂，其分布曲线类型受林分年龄结构、树种特征及组成、更新方式及过程、自然灾害、采伐方式及强度、立地条件等多种因素影响。

本研究分析了长白山落叶松云冷杉人工天然混交林直径结构，用 Weibull 分布函数、负指数分布及 Logistic 方程对现实林分直径结构进行了静态拟合，认为：①在长白山人工天然混交林中，用负指数分布拟合人工天然混交林直径分布准确性较差，不能准确的反应人工天然混交林的直径分布，而 Weibull 分布函数 Logistic 方程适应性强，可准确地描述人工天然混交林直径分布；②在此森林类型中，直径分布严重偏离负指数分布，说明林分直径结构并不符合异龄混交林的结构特征，需要对林分的直径分布进行调整；③人工天然混交林样地株数在 660～1548 株/hm^2 之间，蓄积量在 73～273m^3/hm^2 之间，A. 起测直径为 5cm 时，用 Weibull 分布函数拟合直径分布的参数范围：$a=5$，$b\in[7.2765,16.6603]$，$c\in[1.283,2.855]$，B. 用 Logistic 方程拟合直径分布的参数范围：$a\in[3.23,7.79]$，$b\in[0.2305,0.6630]$，$c=1$。

4.1.4　人天混林林分空间结构研究

林分空间结构是指林木在林地上的分布格局、在水平和纵向的三维空间上其属性的特征和排列方式，即林木的树种、林木大小、分布等空间关系，自身的规律及其相互间的关系。林分空间结构决定了树木之间的竞争势及其空间生态位，并决定着林分的稳定性、演替发育方向、经营效益和功能。因此，为了更好地经营和改造人工林，促进人工林天然化和其生态系统的健康稳定，必须清楚地了解林分的空间结构及变化规律。

根据现代森林经理学的观点，以下3个方面可以完整描述天然林的空间结构：①林木个体在林地水平面上的分布方式，或者说是种群的空间分布格局；②林木个体大小分化程度；③树种的空间隔离程度，或者说树种组成和空间配置情况（描述非同质性）。因此，对人天混林林分总体规律和主要特性的研究，使用了林分树种点格局分布、混交度和大小比数等3个参数来描述林分的空间结构特征。

4.1.4.1　研究方法

（1）点格局分析

生物种群的空间格局分析是研究种群特征、种群间相互作用以及种群与环境关系的重要手段（张金屯，1998），在生态学中一直是研究的热点之一。一般而言，植物种群在小尺度空间中的分布可以分成 3 种类型，即随机分布、集群分布和均匀分布。分布类型与样本空间大小关系十分密切，也就是说种群的分布类型与空间尺度有重要关系。一个物种在小尺度空间下可能呈现集群分布，而在大尺度空间中有可能为随机分布或均匀分布。两个物种的关联关系在某一种空间尺度下可能是正相关，而在另一种尺度下则呈现负关联或者没有显著的相关性（Sterner，1986）。因此，传统的样本调查和分析方法，无论样方大小是多么的合理，都不能全面反映一个物种在空间的分布特点和种间的相互关系。

根据数学原理，平均数（m）和方差（v^2）是一维数集的一次和二次特性，同理，密度（λ）和协方差（k）是二维数集的一次和二次特征结构。对于点格局，λ 是单位面积内的期望点数，k 是点间距离分布的测定指标，k 值随着尺度的变化而变化。Diggle（1983）证明该二次特征结构可以简化为一个函数方程 $K(t)$，其定义为（Diggle，1983；Ripley，1977；1981）：

$K(t) = \lambda^{-1}$（从某一随意点起距离 t 以内的其余的期望点数）　　　　（4-7）

这里 t 可以是 >0 的任何值，λ 为单位面积上的平均点数，可以用 n/A 来估计，A 为样本面积，n 为总点数（植物个体数）。在实践中，$K(t)$ 式用 4-8 估计（Diggle，1981）：

$$\hat{K}(t) = \left(\frac{A}{n^2}\right) \sum_{i=1}^{n} \sum_{j=1}^{n} \frac{1}{w_{ij}} It(u_{ij}) \quad (i \neq j)　　（4-8）$$

其中，u_{ij} 为两个点 i 和 j 之间的距离；当 $u_{ij} \leqslant t$ 时，$It(u_{ij})=1$，当 $u_{ij}>t$ 时，$It(u_{ij})=0$；w_{ij} 为以点 i 为圆心，u_{ij} 为半径的圆周长在面积 A 中的比例，其为一个点（植株）可被观察到的概率（Diggle，1983），这里为权重，是为了消除边界效应（Edge effect）（Ward et al.，1996）。

实际上 $\hat{K}_{(t)}/\pi$ 平方根在表现格局关系时更有用，因为在随机分布下，其可使方差保持稳定，同时它与 t 有线性关系，我们用 $\hat{H}_{(t)}$ 表示 $\hat{K}_{(t)}/\pi$，

$$\hat{H}_{(t)} = \sqrt{\frac{\hat{K}_{(t)}}{\pi}}　　（4-9）$$

将 $H(t)$ 的值减去 t，得到 $H(t)$ 的值：

$$\hat{H}_{(t)} = \sqrt{\frac{\hat{K}_{(t)}}{\pi}} - t　　（4-10）$$

在随机分布下，$\hat{H}_{(t)}$ 在所有的尺度 t 下均应等于 0，若 $\hat{H}_{(t)}>0$，则在尺度 t 下种群为集群分布，若 $\hat{H}_{(t)}<0$，则为均匀分布。

Monte-Carlo 拟合检验用于计算上下包迹线（Envelopes），即置信区间。假定种群是随机分布，则用随机模型拟合一组点的坐标值，对每个 t 值，计算 $\hat{H}_{(t)}$；同样用随机模型再拟合新一组点坐标，分别计算不同尺度 t 的 $\hat{H}_{(t)}$。这一过程重复进行直到达到事先确定的次数，

$\hat{H}_{(t)}$ 的最大值和最小值分别为置信区间的上下坐标值。拟合次数对 95% 的置信水平应为 20 次，99% 的置信水平就为 100 次（Ripley，1977），因此该方法，计算量较大。

用 t 作为横坐标，上下包迹线作为纵坐标绘图，置信区间一目了然。用种群实际分布数据（点图）计算得到不同尺度下的 t 值若在包迹线以内，则符合随机分布；若在包迹线以外，则显著偏离随机分布（张金屯，1998）。

种间关系分析，两个种的关系分析实际上是两个种的点格局分析，也叫多元点格局分析（Multivariate point pattern analysis）。上面介绍的单种格局分析可以认为是种内个体间的关系研究，因此对第一个种 $K_{(t)}$ 可以写成 $K_{11}(t)$，对第二个种可以写成 $K_{22}(t)$，现在要考虑两个种的个体在距离（尺度）t 内的数目，就是要求 $K_{12}(t)$，其定义和计算原理与单种格局相近。不难证明 $K_{12}(t)$ 可以用下式估计（Diggle，1983）：

$$\hat{K}_{12}(t) = \frac{A}{n_1 n_2} \sum_{i=1}^{n_1} \sum_{j=1}^{n_2} \frac{1}{W_{ij}} It(u_{ij}) \tag{4-11}$$

这里 n_1 和 n_2 分别为种 1 和种 2 的个体数（点数），A、$It(u_{ij})$ 和 W_{ij} 含义同 4-7 式，不同的是 i 和 j 分别代表种 1 和种 2 的个体，同样计算

$$H_{12} = \sqrt{\hat{K}(t)/\pi} - t \tag{4-12}$$

当 $\hat{H}_{12}(t) = 0$ 表明两个种在 t 尺度下无关联性，当 $\hat{H}_{12}(t) > 0$ 表明二者为正关联，当 $\hat{H}_{12}(t) < 0$ 表明二种为负相关。

我们仍用 Monte-Carlo 检验拟合包迹线，以检验两个种是否显著地关联。

（2）树种混交度

是指参照树 i 的 4 株最近相邻木中与参照树不属于同种的个体所占的比例，用公式表示为：

$$M_i = \frac{1}{4} \sum_{j=1}^{n} v_{ij} \qquad v_{ij} = \begin{cases} 1,\text{当参树 } i \text{ 于第 } j \text{ 株木非同种时} \\ 0,\ \text{否则} \end{cases} \tag{4-13}$$

其中：M_i 为林木 i 的点混交度，$n = 4$。

混交度表明了任意一株树的最近相邻木为其他树种的概率。当考虑参照树周围的 4 株相邻木时，M 的取值有 5 种：

$M_i = 0$，参照树周围 4 株最近相邻木与参照树均属于同种；

$M_i = 0.25$，参照树周围 4 株最近相邻木有 1 株与参照树不属于同种；

$M_i = 0.5$，参照树周围 4 株最近相邻木有 2 株与参照树不属于同种；

$M_i = 0.75$，参照树周围 4 株最近相邻木有 3 株与参照树不属于同种；

$M_i = 1$，参照树周围 4 株最近相邻木有 4 株与参照树不属于同种。

这 5 种取值对应的混交度称为零度、弱度、中度、强度、极强度混交（相对于此结构单元而言），它说明在该结构单元中树种的隔离程度，其强度以中级为分水岭，生物学意义明显。如果分别树种统计混交度时可以获得该树种在整个林分中的混交情况。

（3）大小比数

被定义为：大于参照树的相邻木个数占所考察的全部最近相邻木的比例，它可以用于胸

径、树高和冠幅。用公式表示为：

$$U_i = \frac{1}{4}\sum_{j=1}^{n} Kij \qquad Kij = \begin{cases} 1, 当参照树\ i\ 小于\ j\ 株木时 \\ 0, 否则 \end{cases} \qquad (4-14)$$

大小比数量化了参照木与其相邻木的关系，U_i 的值越低，比参照树大的相邻木越少，该参照树的生长越处于优势地位。当考虑4株最近相邻木时，U_i 值的可能取值范围及代表的意义为：

$U_i = 0$（相邻木均比参照树小），称为优势；

$U_i = 0.25$（1株相邻木比参照树大），称为亚优势；

$U_i = 0.5$（2株相邻木比参照树大），称为中庸；

$U_i = 0.75$（3株相邻木比参照树大），称为劣态；

$U_i = 1$（4株相邻木比参照树大），称为绝对劣态。

这5种状态明确定义了参照树在林分中所处的生态位，且生态位的高低以中级为岭脊。显然，按树种统计可获得该树种在整个林分中某一测度方面的优势或中庸态势。

上述后2个描述森林空间结构的参数都是针对一个空间结构单元而言的。在分析整个林分的空间结构时，需要计算林分内所有结构单元的参数平均值，并将其作为分析的基础。其中，通过分析样地点格局分布来研究林木水平地面上的分布格局，通过分析各树种混交度和林分平均混交度来研究天然林树种组成和空间配置情况，通过分析各树种大小比数来说明该树种在林分内的生长优势程度。

空间结构分析以空间结构单元分析为基础。林分内任意一株单木和距离它最近的几株相邻木都可以构成林分空间结构单元，结构单元核心的那株树就是参照树。空间结构单元的大小取决于在参照树的周围选取的相邻木的株数。综合考虑野外调查时人的感知与判断方向的习惯、相邻木与参照树构成的结构关系所代表的生物学意义要明显、对混交林空间结构分析应具有较强的可解释性等要求，选定 $n=4$（惠刚盈，2003）。

4.1.4.2　林分空间结构分析

（1）林木空间点格局分布

某树种在自身和林分的不同发育阶段表现出不同的空间格局，这与群落的自然稀疏过程、干扰格局和环境变化关系密切。人天混林样地的分析结果见图4-7。图中实线为用实际数据计算的 $\hat{H}_{(t)}$，虚线为拟合的上下包迹线（置信水平），当 $\hat{H}_{(t)}$ 值大于上包迹线值时，说明个体显著偏离随机分布，呈集群分布；当 $\hat{H}_{(t)}$ 值小于下包迹线值时，说明个体也显著偏离随机分布，但呈均匀分布。分析时取 t 的间隔为0.5（即代表空间距离0.5m），上下包迹线为95%的置信区间，t 的最大值为样地边长的一半即20m。图的 X 轴坐标 t，用空间距离直接表示。

1）1985 年林分点格局计算结果

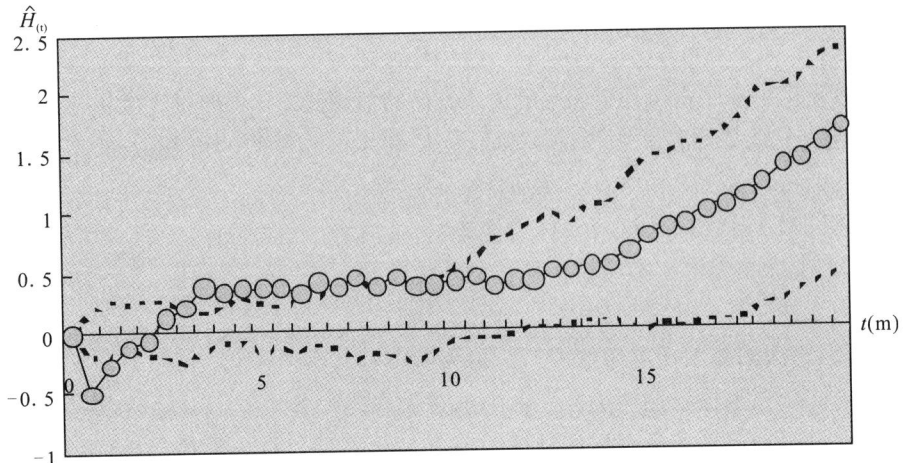

标准地 35 - 2 - 10

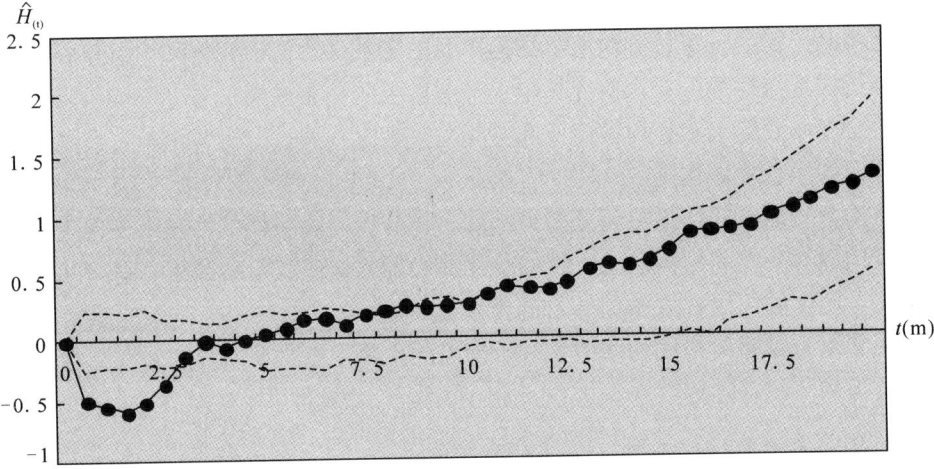

标准地 35 - 2 - 11

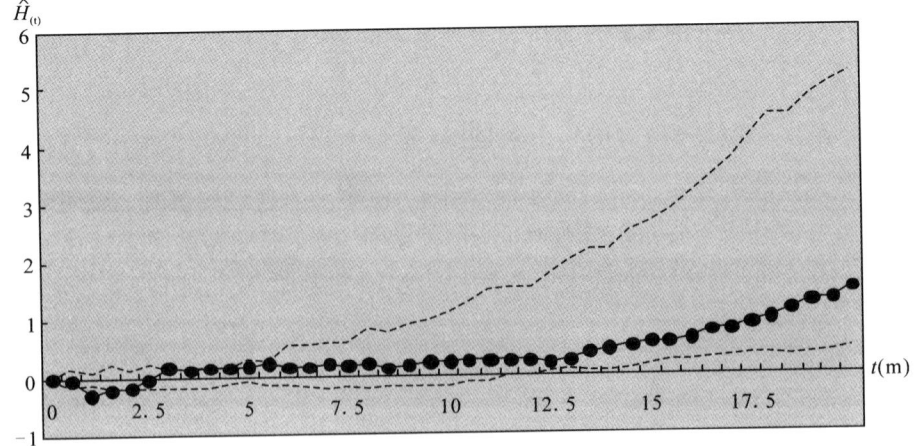

标准地 29 - 16 - 21

图 4-7　1985 林分的分布图与点格局计算结果

　　图 4-7 为标准地在 1985 年整体分布格局曲线图。在 1985 年林分整体在小于 3m 尺度的范围内均呈现了均匀分布，这于当时人工林占主要优势有直接关系，林分的排列受种植初期的影响较大。在混交度较高的 35 - 2 - 10 标准地在大于 3m 小于 10m 的范围之内出现了非显著的聚集分布，这与天然林占的比重较大，天然林特别是阴性树种更新较好有直接关系。在大于 10m 的尺度上三块标准地均出现了随机分布，说明各树种的变化对大尺度的林分整体影响较小。

　　2）1995 年林分点格局计算结果

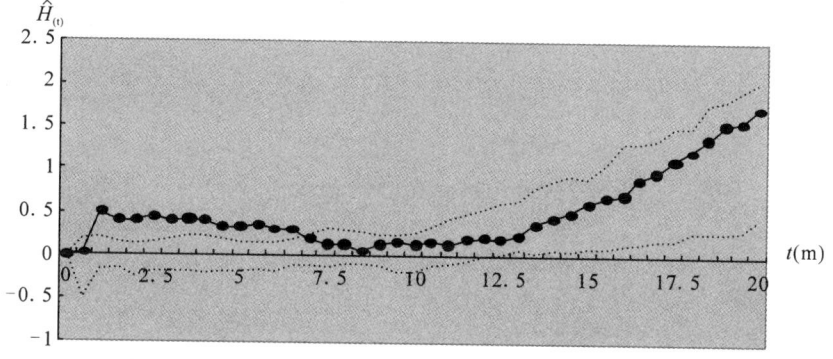

标准地 29 - 16 - 21

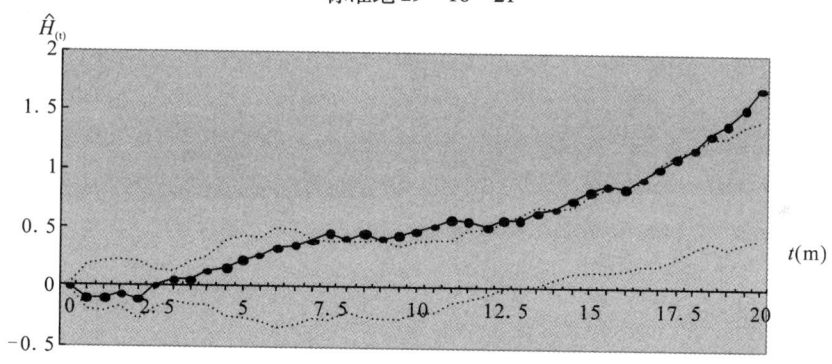

标准地 35 - 2 - 10

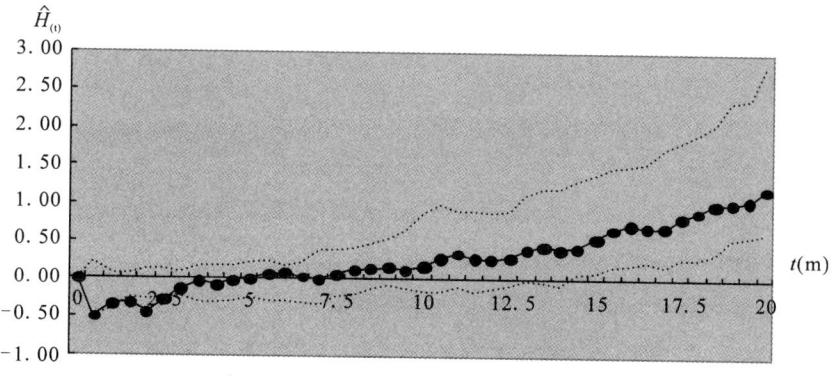

标准地 35 - 2 - 11

图 4-8　1995 林分的分布图与点格局计算结果

由图 4-8 可以看出，在 1995 年 29 – 16 – 21 标准地在 7m 的尺度内出现了聚集分布，而在大于 7m 尺度内呈典型的随机分布，35 – 2 – 10 标准地在大于 8m 尺度上出现了非显著的聚集的分布，在小于 8m 的尺度内呈显著的随机分布，35 – 2 – 11 依然延续了 1985 年的结构特点。

3）2005 年标准地的点格局分布曲线

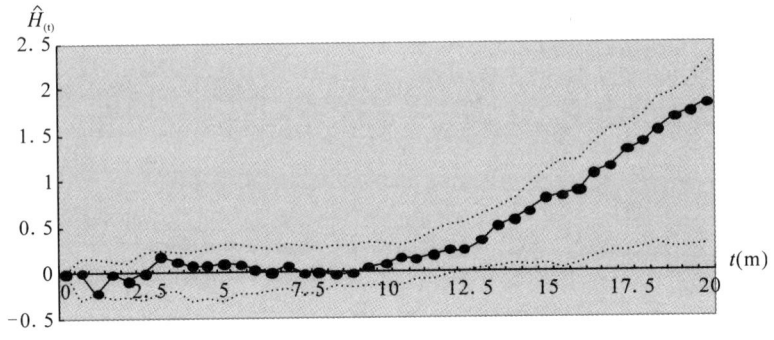

标准地 29 – 16 – 21

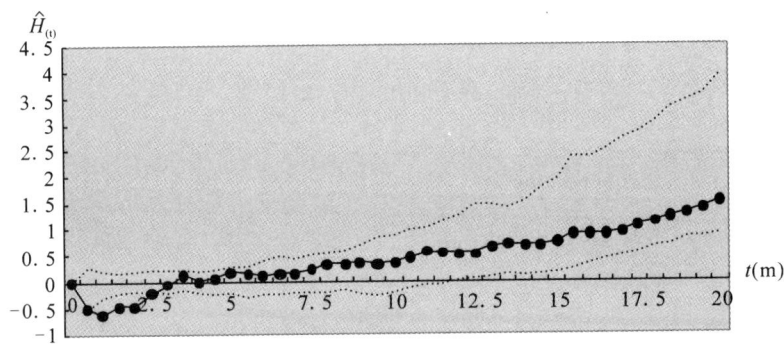

标准地 35 – 2 – 11

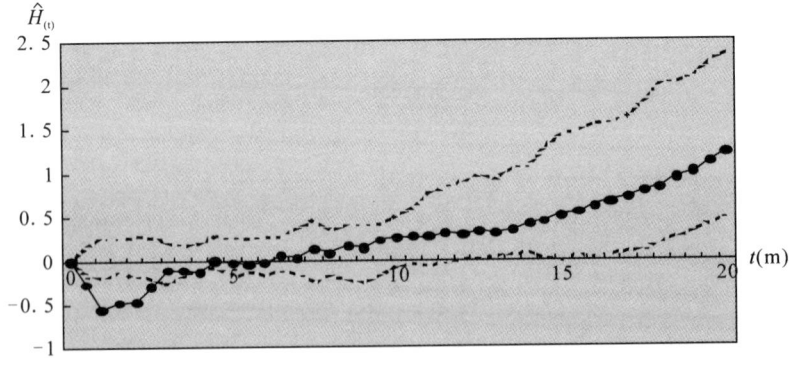

标准地 35 – 2 – 10

图 4-9　2005 林分的分布图与点格局计算结果

由图 4-9 可以看出，2005 年 35 – 2 – 10 标准地全林分在 3m 尺度内表现为非显著的均匀与随机分布，在 3 – 10 米间为弱度的聚集分布，大于 10m 的尺度呈显著的聚集分布。29 – 16 – 21 在所有尺度内均呈随机分布，35 – 2 – 11 标准地在 4m 尺度内表现为非显著的均匀与随机分布，但是在大于 4m 尺度内，呈现明显的随机分布。

4）人工落叶松与天然树种空间点格局分布变化分析

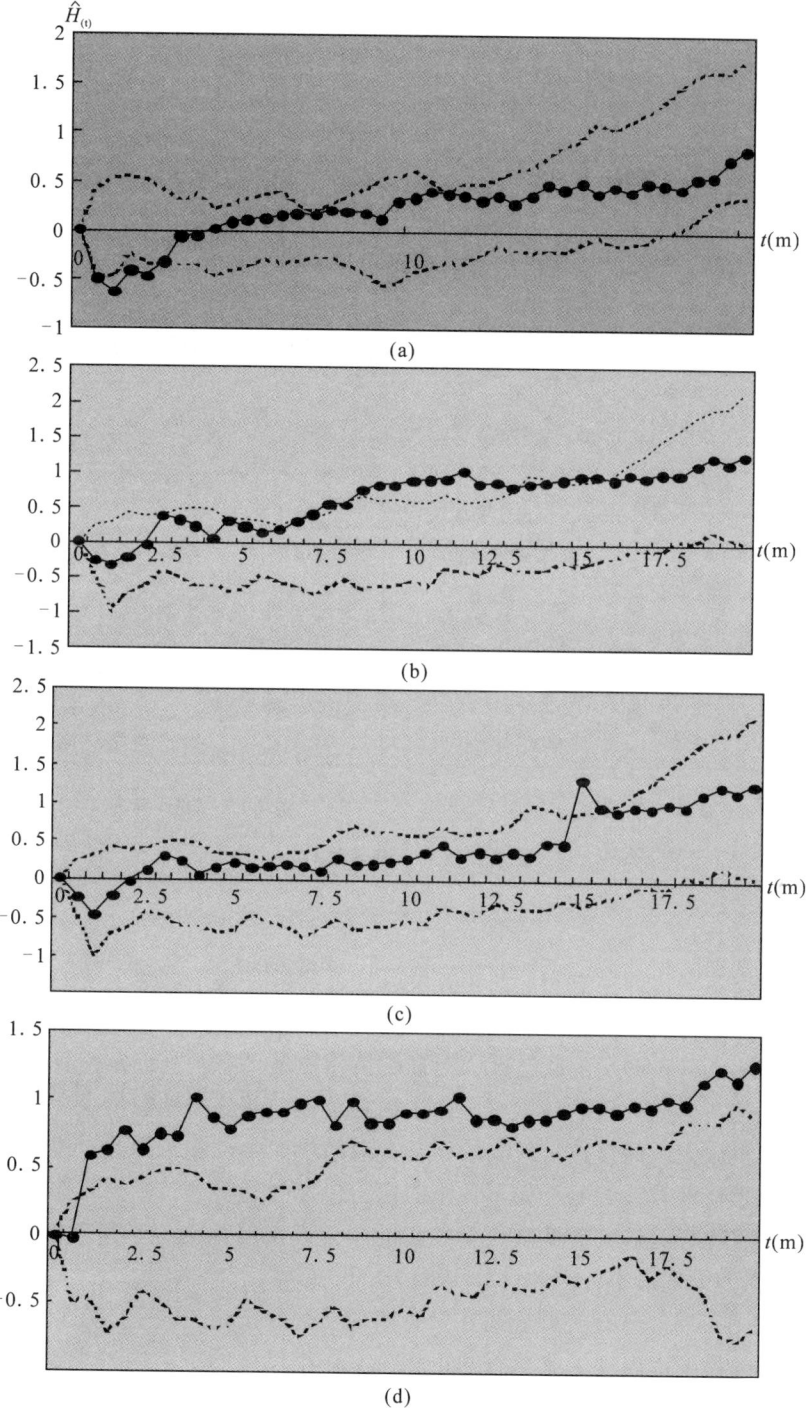

（a）1985 天然林木的点格局计算结果

（b）1985 落叶松的点格局计算结果

（c）2005 落叶松的点格局计算结果

（d）2005 天然林木的点格局计算结果

图 4-10　35－2－10 标准地落叶松与天然树种空间点格局分布变化分析

由图4-10可以看出，对于1985年的落叶松，在其小于7m的尺度内为显著的随机分布，当尺度大于7m小于17m时，则轻微的聚集分布，大于17m后则呈显著的随机分布。1985年天然树种小于3m呈均匀分布，大于3m后呈显著的随机分布。2005年落叶松除15m时的聚集分布外均呈现显著的随机分布。而2005年的天然树种均呈现显著的聚集分布。

对比2005年与1985年的格局分布可以看出（图4-11，图4-12），全林分的格局出现了聚集增长的趋势，落叶松由轻度的聚集逐渐向随机分布变化，而天然树种由均匀于随机分布向聚集趋势变化。

出现这种现象是人工经营干扰和天然林木逐步入侵综合作用的结果，落叶松结构单元正在被逐步分割，而天然林入侵的范围正在扩大。

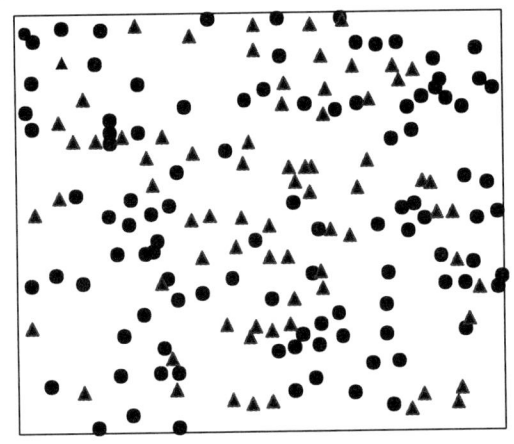 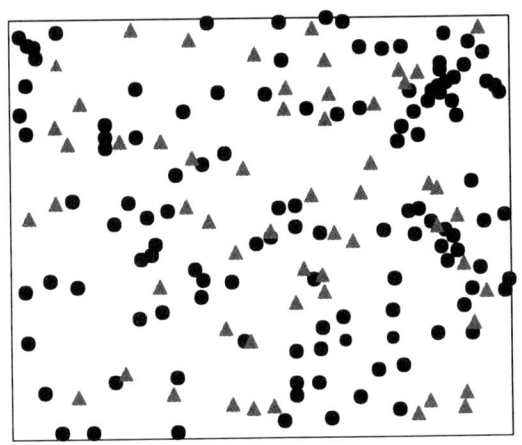

图4-11　1985年林木的平面分布图　　　　图4-12　2005年林木的平面分布

▲落叶松　●天然林木

5）种间联结性分析

种间联结是指不同物种在空间上的相互关联性，通常是由于群落生境的差异影响了物种的分布而引起的。这种联结性是对各物种在不同生境中相互影响、相互作用所形成的有机联系的反映，测定不同种种群间的联结性，对研究群落数量动态及其稳定性具有重要意义。

在进行种间关系格局分布的计算中，由于树种较多，部分树种数量少，如果都进行种间关系计算，计算量太大。而且数量较少的树种会对结果产生误差，因此对树种进行了分类整化。根据树种林学特性具体的分类如下：水曲柳、色木为硬阔类，杨树、榆树、枫桦和椴树划为软阔类，云、冷杉为针叶，此次计算的目的主要以落叶松为主，落叶松单独列为一类。因为1985年时人为干扰最小，因此计算1985种间联结性。

计算结果如图4-13。所有类型之间并没有出现显著的正相关联系，在软阔—硬阔之间在大于3m小于10m尺度内出现了非显著的正相关。在小尺度的范围内，小于3m时，所有种间关系均呈现负相关。说明在近距离各树种相互的较为激烈。阔叶—落叶松分析中大于3m时呈现不关联。阔叶—针叶在小于12m的尺度内出现了显著的负相关。落叶松—硬阔在所有尺度均呈现不关联。落叶松—针叶在小于15m尺度内呈现了不关联，大于15m出现了非显著的负关联。硬阔—针叶在8m内出现了负关联，在大于8m时又出现了不关联。

根据种间关系计算结果，可以了解各树种的演化过程中的距离变化，在进行人工林天然化的经营过程中，应当根据树种之间的相互关系调整各树种之间的距离，或是在营造混交林时应考虑距离因素，加快其演化到终极状态的速度。

（2）林分树种组成和空间配置

标准地内针叶树种主要有落叶松、云杉、冷杉，阔叶乔木树种有椴树、枫桦、水曲柳、色木、榆树。在标准地调查的数据基础上，利用空间结构分析软件 winkelmass 处理数据，将结果进行整理，得到不同树种混交度的大小和频率分布，如表 4-19、表 4-20 所示。

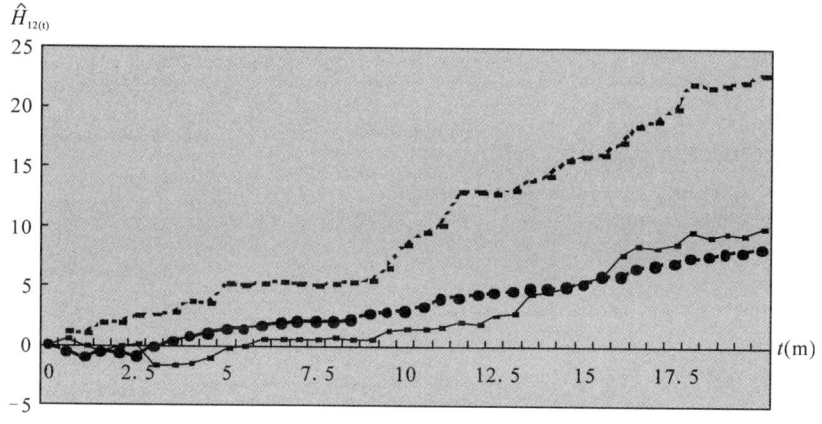

落叶松—针叶

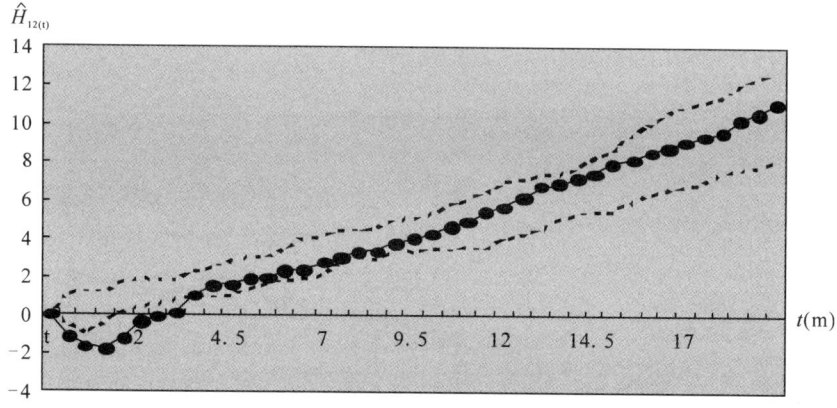

阔叶—落叶松

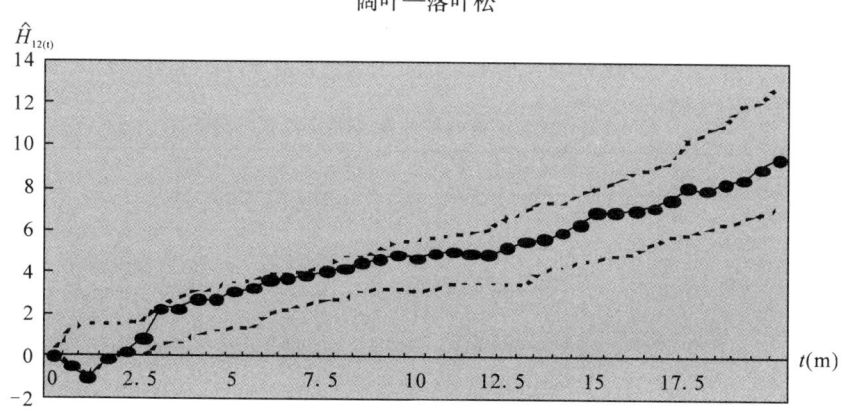

阔叶—硬阔

图 4-13　1985 年 35－2－10 标准地种间关系格局分布曲线

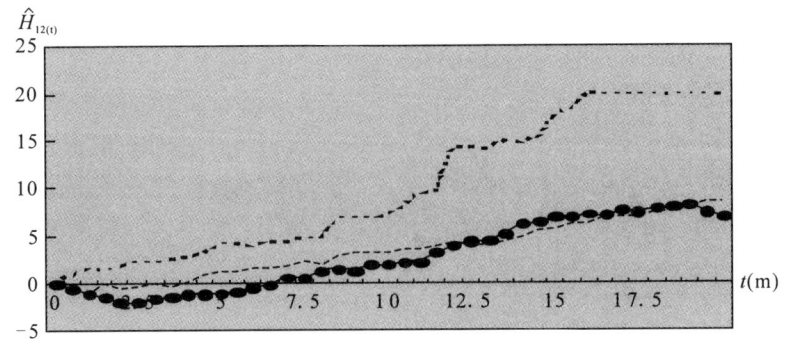

阔叶—针叶

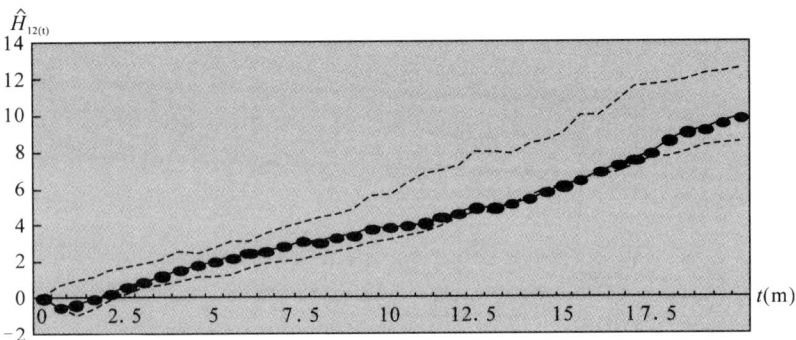

落叶松—硬阔

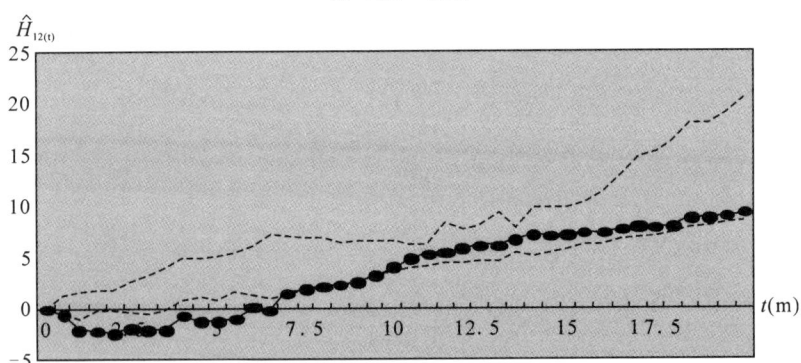

硬阔—针叶

图4-13　1985年35 - 2 - 10 标准地种间关系格局分布曲线(续)

表4-19　1985年各树种的混交度及其频率分布

树种	M					平均混交度
	0	0.25	0.5	0.75	1	
落叶松	0.34	0.24	0.25	0.14	0.03	0.32
椴树	0.00	0.00	0.05	0.19	0.76	0.93
枫桦	0.00	0.02	0.11	0.28	0.59	0.86
红松	0.00	0.00	0.00	0.00	1.00	1.00
冷杉	0.00	0.00	0.16	0.28	0.56	0.85
云杉	0.02	0.02	0.20	0.37	0.39	0.77
水曲柳	0.00	0.06	0.22	0.37	0.35	0.75

续表

树种	M					平均混交度
	0	0.25	0.5	0.75	1	
榆树	0.00	0.00	0.00	0.00	1.00	1.00
色木	0.00	0.00	0.00	0.00	1.00	1.00
杂木	0.00	0.00	0.00	0.44	0.56	0.89
全林分	0.04	0.03	0.10	0.21	0.62	0.84

从表4-19可以看出，1985年各树种的平均混交度中最小的是的落叶松为0.32，榆树、色木、红松的平均混交度最高，达到了1。在标准地中，落叶松弱度混交和中度混交频率很高达到了0.83，出现了明显的单种聚集的现象。而天然入侵的树种混交度最小是云杉为0.75，中度混交和强度混交、极强度混交的频率达到了0.94，优势很明显。占蓄积较大的天然树种云杉、椴树、枫桦、水曲柳在强度和极强度混交中共同占有的比例较大。榆树、色木、红松由于数量极少，所以其周围最近的4株相邻木均为不同的树种，即全部呈现出极强度混交。

2005年各树种的平均混交度中最小的是落叶松为0.35，红松的平均混交度最高达到了1（表4-20）。云杉、椴树、枫桦、水曲柳的混交度虽然有小幅下降，但依然保持了强度混交的状态。

表4-20　2005年各树种的混交度及其频率分布

树种	M					平均混交度
	0	0.25	0.5	0.75	1	
落叶松	0.33	0.23	0.24	0.14	0.07	0.35
椴树	0.00	0.00	0.08	0.27	0.65	0.89
枫桦	0.00	0.01	0.10	0.40	0.49	0.84
红松	0.00	0.00	0.00	0.00	1.00	1.00
冷杉	0.00	0.00	0.27	0.37	0.37	0.78
云杉	0.00	0.06	0.19	0.38	0.38	0.77
水曲柳	0.02	0.10	0.21	0.31	0.31	0.71
榆树	0.00	0.00	0.00	0.33	0.67	0.92
色木	0.00	0.00	0.11	0.16	0.74	0.91
杂木	0.00	0.00	0.00	0.46	0.55	0.86
全林分	0.03	0.04	0.12	0.24	0.57	0.82

对比2005年与1985年的混交度，结果表明：整体林分的混交度出现了小幅下降，但依然保持了强度混交。相比1985年，2005年占林分大部分的落叶松的混交度上升了0.03，说明随着天然树种的入侵落叶松正在被逐步分离。而占蓄积较大的天然树种云杉、椴树、枫桦、水曲柳在强度和极强度混交中共同占有的比例较大，但是均出现了小幅的下降。出现极强混交的榆树、色木也出现了小幅下降，而这是由于天然下种的原因在母树周围形成了大量的天然树种，与点格局分布的天然林木呈聚集分布现象吻合。由于数量较少红松依然保持了极强度混交的态势。

有研究结果表明：越向稳定群落发展，强度和极强度混交的频率有越高的趋势（安慧君2003）。全林分的平均混交度为0.84（1985年）和0.82（2005年），介于极强度混交和强度混交之间。因此，人天混交林的此种林分类型是一个由不同树种呈现强度混交状态组成的复杂群落，这种结构使得不同的树种占据各自有利的生态位，形成种间的协调互利关系，维持群落的稳定状态。

（3）林木大小分化程度

根据大小比数定义，取值越大代表相邻木越大（即相邻木体越占优势），而参照树越不占优势。将调查数据统计分析后，得到各个树种的大小比数分布，如表4-21、表4-22所示。

标准地内1985年林分直径大小比数的总平均值为0.57，表明距离每一株树最近的4株相邻木中有1/2强的林木直径比该参照树的小；而2005年的直径大小比数的总平均值为0.55，表明经过20年变化树木之间的直径差距正在逐渐扩大。1985年数据中云杉的均值最小为0.3，表明云杉在结构单元中占据明显优势。而处于最劣势地位的榆树仅为0.89。蓄积比重较大的落叶松的均值为0.43，在落叶松的结构单元中占据优势。而椴树、红松、冷杉的平均直径大小比数都很接近于0.5，因此可以判断在由它们构成的结构单元中，比它们大和比它们小的相邻木的数量基本相同。红松的直径大小比数取值为0和1的株数比例相同，均为30%，这表明其处于占有优势和受压状态的林木株数相同。而杂木和枫桦均在结构单元中不具有优势。

表4-21 1985年各树种的直径大小比数及其频率分布

树种	U					平均混交度
	0	0.25	0.5	0.75	1	
椴树	0.14	0.29	0.05	0.38	0.14	0.52
枫桦	0.09	0.13	0.19	0.27	0.33	0.65
红松	0.30	0.10	0.20	0.10	0.30	0.50
冷杉	0.22	0.17	0.09	0.43	0.09	0.50
云杉	0.45	0.22	0.10	0.14	0.08	0.30
水曲柳	0.04	0.07	0.09	0.33	0.46	0.78
榆树	0.00	0.00	0.22	0.00	0.78	0.89
色木	0.33	0.00	0.33	0.33	0.00	0.42
杂木	0.13	0.06	0.13	0.13	0.56	0.73
全林分	0.19	0.13	0.16	0.23	0.29	0.57

2005年数据中，云杉的均值最小为0.4，仍然占据优势地位，居第二位的是落叶松为0.41，在其结构单元中也占据优势地位，占据优势最小的是色木为0.82。椴树、红松、冷杉的平均直径大小比数依然为中庸与劣势之间，并且在结构单元中呈优势下降趋势。而榆树和杂木也具有弱度优势地位。

表4-22 2005年各树种的直径大小比数及其频率分布

树种	U					平均混交度
	0	0.25	0.5	0.75	1	
落叶松	0.27	0.22	0.22	0.17	0.12	0.41
椴树	0.12	0.08	0.35	0.27	0.19	0.59
枫桦	0.07	0.16	0.21	0.24	0.32	0.66
红松	0.00	0.20	0.40	0.20	0.20	0.60
冷杉	0.13	0.20	0.30	0.13	0.23	0.53

树种	U					平均混交度
	0	0.25	0.5	0.75	1	
云杉	0.40	0.13	0.15	0.15	0.19	0.40
水曲柳	0.10	0.16	0.26	0.21	0.26	0.59
榆树	0.25	0.25	0.08	0.17	0.25	0.48
色木	0.05	0.00	0.16	0.21	0.58	0.82
杂木	0.29	0.14	0.29	0.00	0.29	0.46
全林分	0.17	0.15	0.24	0.17	0.26	0.55

对比 2005 年与 1985 年的大小比数，全林分平均值下降，表明树木之间的直径差异正在扩大。主要树种落叶松呈优势上升趋势，云杉 2005 年的 0.4 相比 1985 年的 0.3 上升了 0.1，呈优势下降趋势，这是由于云杉的小径阶的数量增多引起。而水曲柳、榆树和杂木则出现了大幅的变化，优势明显上升。由 1985 年的劣势上升为亚优势地位。

4.1.5　结论与讨论

4.1.5.1　结论

本节以长白山落叶松云冷杉人工天然混交林为对象，从人工林天然化的角度，从三个方面研究林分的结构特征变化：林分的蓄积变化、林分的直径结构和林分的空间结构，其中空间结构通过点格局分布、混交度大小比数来描述。得到的结论如下：

（1）该林分类型组成树种的蓄积比例变化不大，保持了稳定性。

（2）林分直径分布状况不符合异龄林直径结构的基本特点，相比之下利用负值数分布不能准确地表达此林型的直径分布，而 Weibull 分布和 Logistic 方程都能准确描述直径分布，Logistic 方程最准确。

（3）标准地 35 - 2 - 10 空间结构变化表明：入侵天然树种的空间分布由随机分布向聚集分布转变，落叶松由轻微聚集分布向均匀分布和随机分布转变。整体林分变化不大，但是出现了小范围的聚集分布。

（4）种间相互关系表明：所有类型之间并没有出现显著的正相关联系，在阔叶 - 硬阔之间在大于 3m 小于 10m 尺度内出现了非显著的正相关。在小尺度的范围内，小于 3m 时，所有种间关系均呈现负相关。阔叶—落叶松大于 3m 时呈现不关联。阔叶—针叶在小于 12m 的尺度内出现了显著的负相关。落叶松—硬阔在所有尺度均呈现不关联。落叶松—针叶在小于 15m 尺度内呈现了不关联，大于 15m 出现了非显著的负关联。硬阔—针叶在 8m 内出现了负关联，在大于 8m 时又出现了不关联。

（5）对比 2005 年与 1985 年的直径大小比数表明：全林分平均值下降，表明树木之间的直径差异正在扩大。落叶松在其结构单元中优势增大，天然树种云杉、椴树、红松、冷杉呈优势下降趋势，水曲柳、榆树和杂木呈优势上升趋势。应根据各树种在群落的生态位及时采取经营措施。

（6）对比混交度变化，结果表明：整体林分的混交度出现了小幅下降，但依然保持了强度混交。占林分大部分的落叶松的混交度上升，但是天然树种均呈现了不同幅度的下降。

4.1.5.2 讨论

本研究所用的点格局分析方法同时可以分析不同尺度下的格局，有明显的优越性。从结果看，点格局分析方法较好地描述了不同尺度下各种群分布特点及变化的趋势，结果一目了然。点格局分析的结果比传统的方法更接近实际，在群落结构研究中有重要意义。

由于标准地材料所限，空间尺度较小并不能完全说明各树种所有尺度时的分布规律。

混交比例用于说明林分中各树种所占的比例，常用株数比例或者树种组成系数来表示，这些数值只是整体性的平均状态，没有从单木的角度给出树种空间搭配，更不能说明某一树种周围是本树种还是其他树种。而混交度这一概念能够清楚地表明任意一株树的最近相邻木为其他树种的概率。至于林木大小差异程度，过去多采用直径分布来表达，从直径分布图上可以获得最大直径、最小直径、各树种的各径级所占的频率等信息，但是缺乏空间信息，比如没法判断出2个树种是单独聚生还是混生。依树种计算出的大小比数量化了参照树与其相邻木的大小相对关系，每个树种的大小比数均值很大程度上反映了林分中的树种优势。

一般来说林分的空间结构越好，林分的功能越强、稳定性越高。现有的人天混的林分结构对比人工纯林有了改进，但与同类地段最优的林分空间结构还有较大差距。若要调整现有的人天混林分空间结构，还应该调查同类地段的最优空间结构的林分，对比分析两者在林木水平分布格局、树种混交程度和单木大小分化程度等方面的差别，制订相应的现有人天混林空间结构调整目标与措施。

另外，在优化林分空间结构的森林经营措施当中，可以根据林分平均大小比数以及大小比数的比例差异、同一树种的混交度和点格局分布的差异，分树种来制定采伐方案，可以将直径大小比数取值较大的单木作为抚育采伐的对象以调节树种组成和防止逆行演替。落叶松的混交度经过20年变化虽然有所上升，但仍然较弱为0.35，介于弱度和中度之间。结合天然树种呈显著的聚集分布，因此应该进行人工辅助更新，扩大入侵的天然林的分布范围，提高落叶松的混交度，使人工林向更稳定的混交林方向发展。

4.2 云冷杉针阔混交林结构调整技术研究

云冷杉林也称暗针叶林，是由云杉属(*Picea*)和冷杉属(*Abies*)树种组成或为主要组成的常绿、阴暗、潮湿的森林群落总称，是我国分布最广的森林类型之一，也是横跨亚欧大陆的"北方针叶林"的重要组成部分，为北半球寒温地带性主要森林类型。以云冷杉为主的天然针阔混交林在经济产出、环境保护和社会效益等诸方面显示出了优良品质。

我国云冷杉资源极为丰富，面积大、蓄积高，是最主要的用材林之一。云冷杉针阔混交过伐林在我国东北东部山区占有相当大的比重，是重要的森林资源，同时森林最优结构的研究也是过伐林科学经营的依据。云冷杉针阔混交过伐林是原始云冷杉针阔混交林经采伐(主要是不合理的径级采伐)干扰后，仍保持0.4以上的郁闭度、经过一段时期可自然恢复的森林群落。虽然云冷杉过伐林的破坏程度尚未超出自然恢复能力的范围，但它属于不稳定的森林类型，外力的干扰如果再加重的话，过伐林即会变为天然次生林(樊后保，臧润国，田树华，邸宝良，1999)。如何经营该类型森林，如何将其逐步恢复成近天然的森林状态，已经成为我国东北地区乃至全国木材生产及林业可持续发展的当务之急。中国林业正在经历着从以木材生产为主向多种效益经营的历史性转变，其中生态效益的需求随着国力的增长而快速增加。但在这个转变阶段，人们对木材产品的需求却是有增无减，而且在未来相当长的时间内，国民经济用材仍主要来源于天然林资源。因此调整林分结构，提高林地生产力，尽快实现并保持天然云冷杉针阔混交林分的最优林分结构有着重要的现实意义，既保证林分生态系统健康，又保持着最大的蓄积生长量，满足林分经济产出的要求。

本节通过分析影响云冷杉针阔混交林林分结构的因素，探索最优林分结构和生长动态，归纳云冷杉针阔混交林结构调整的理论和技术，从而实现云冷杉针阔混交林的经济效益和生态效益的最大化。

4.2.1 天然异龄林林分结构和生长收获研究概述

天然林在未遭受到严重干扰(如灾害性气候的破坏及人工高强度采伐等)的情况下，林分内部许多特征因子，如直径、树高、形数、材积、树冠、林层、年龄和树种组成等，都具有一定的分布状态，而且表现出较为稳定的结构规律性，即林分结构规律(law of stand structure)。因此，林分结构内含着反映林分特征因子的变化规律，以及这些因子间的相关性。探讨这些规律对森林经营技术、编制经营数表及林分调查都有着重要的意义(孟宪宇，1995)。

4.2.1.1 林分结构

林分结构大致可分为三类：年龄结构、空间结构和树种结构。其中，空间结构又可分为水平结构和垂直结构。树种结构可用物种多样性指数、树种组成系数、混交度和物种组成指数等表示。年龄结构可用年龄和株数的关系来表达。水平结构可用密度、直径分布、q值、每公顷的断面积等表示。垂直结构可用成层性(具体为林层比和林层数)等表示。例如，徐红、于政中(1992)等提出下述林分结构因子来表征一个异龄林分：每公顷株数，每公顷的断面积，小、中、大径级林木在总株数中所占的百分比，云冷杉、伴生针叶(主要为红松)、伴生阔叶、杂木的断面积所占百分比。他们还提出了衡量异龄林生长的因子：每公顷活立木断面积生长量、每公顷进界株数、死亡率及小中大径阶活立木断面积生长量等。

(1) 林分结构特征

1) 年龄结构

异龄林的年龄结构是指种群内各种不同年龄个体的数目，或它们在种群中所占的比重。年龄结构的研究在种群生态学中占有非常重要的地位。年龄结构一般可用年龄和林木株数的关系表达。由于天然林立木年龄测定确认难度大，根据经验，异龄林的年龄和林分株数的关系可用以下关系表达：

$$N = c_1 e^{-c_2 t}$$

其中，c_1 和 c_2 为参数，e 为自然对数之底。

2) 水平结构

① 直径分布

Daniel(1979)对异龄林分直径结构进行了深入研究后认为，保留林(指一定面积上由于人为灾害原因仅保留了少数林木加上后来更新生长起来的林木所形成的林分)及群状同龄林(指经过三次或者三次以上连续更新高潮所形成的，如同几个同龄林交叠起来的林分)的林分直径分布呈间断的或波纹状的反J型曲线；具有明显层次的复层异龄林分，直径分布呈双峰山状曲线；林冠层次不齐整的异龄林分，则呈不规则的山状曲线。斯瓦洛夫(1979)根据前苏联远东地区的松树、云杉及落叶松标准地资料，分析了林分直径分布，均为不对称的山状曲线，在314块松林标准地中，有245块呈现左偏山状曲线，在265块云杉标准地中有264块呈现左偏山状曲线。并且认为，偏度的大小与单位面积上的树木株数成正比，而与林分平均直径成反比关系。我国对异龄林的直径分布也进行了较深入的研究，如钱本龙(1984)利用岷山原始冷杉异龄林分45个小班全林检尺资料(近30万株)对林分直径分布进行了研究，并认为，岷山冷杉林分直径分布为不对称的山状曲线，偏度为正，在平均直径较小(24cm以下)的林分中，曲线尖削，偏度较大；但随着平均直径的加大，削度从正到负，偏度也逐渐变小；平均直径超过40cm的林分，形成了宽而平的分布曲线。孟宪宇(1988)利用内蒙古大兴安岭落叶松78块标准地资料，分析了林分直径分布状况，其中有29块(37%)的林分直径分布呈反J型曲线，49块(63%)林分直径分布呈不对称的山状曲线。辛爽和倪洪秋认为，择伐作业成败的标准应当是：在完成主伐任务的同时，使保留木保持异龄合理结构。这种基本结构是林分株数(空间)和径级(时间)的相关结构，是连续均匀的反抛物线分布，这是异龄林植物群落存在的基本形式(辛爽，倪洪秋，2003)。

有关天然异龄林林分直径分布的模型很多，佐勒尔(Zohre，1969、1970)、寇文正(1982)、孟宪宇(1988)等人的研究证明，不论是近似正态直径分布，还是左偏、右偏乃至反J型的递减直径分布，使用β分布函数及Weibull分布函数拟合都可以取得十分良好的效果。例如，Bailey(1973)引用Weibull分布密度函数描述林分直径分布以来，在林业中逐步得到广泛应用，并取得了良好的效果；莫塞(Mose，1976)介绍了一种用断面积、树木—面积比率或树冠竞争因子来表示反J型直径分布的方法；米尔菲和法尔伦(Murphy and Farran，1982)介绍了以双截尾指数概率密度函数表示异龄林直径分布的方法；法国的德莱奥古(de Liocurt)发现，在典型的异龄林林分内，相邻径级的立木株数比率趋向于一个小于1的常数。牟永成(1987)建立了天然混交异龄林的直径分布模型，周卫东(1987)利用Weibull分布模拟天然阔叶异龄林的林分结构。

②直径q值

法国的德莱奥古(F. de Liocurt)发现，在典型的异龄林林分内，相邻径阶的立木株数比率趋向于一个小于1的常数，可用q值表示，它是一个递减系数或常数，q值的序列和均值可以表达林分的径级株数分布状况。q值越小，直径分布曲线越平缓，q值越大曲线越陡峭。q的取值在于经营者的目标，一般情况下，q值小，生产大径材数量多；q值大，小径材数量就多。De Liocourt(1899)认为，q值一般在1.2~1.5之间；Moore(1964)研究犹他州恩氏云杉—亚高山冷杉林的q值在1.24~1.54之间；Alexander(1977)研究落基山脉恩氏云杉—亚高山冷杉林的q值在1.3~1.5之间(丹尼尔等，1987)；H. Biolley认为欧洲云杉的q值为1.3时最好；于政中、亢新刚等(1993)在对金沟岭林场的检查法样地林木分析后的出的结论是云冷杉针阔混交林的q值在1.2~1.4之间，都属于正常情况；Carcia等(1999)研究认为，q值在1.3~1.7之间。

③各径级林木的理想蓄积比例

毕奥莱(H. Biolley)认为，欧洲云杉异龄林分各径级林木的理想蓄积比例为：小径木(17.5~32.5cm)：中径木(32.5~52.5cm)：大径木(55.5cm以上)=2：3：5。虽然蓄积的理想标准如此，但是瑞士 Neuchatel 州 Couvet 乡的云杉检查法试验林林分从未达到上述标准。郝清玉、周育萍（1998）研究认为，由 20% 小径木、30% 中径木、50% 大径木组成蓄积量的林分即已达到了平稳状态，即小径木、中径木、大径木的蓄积量应保持 2∶3∶5 的比例，并指出这是一个暂时的指标，仍将一期一期地加以改善，而且完全有可能选出另一模型代替。此外，随着林分的生长条件、采伐的难度、清查的径阶下限、径级的间距以及消费者的需要等因素的变化，其平稳状态还必然或可能有所不同。

3）垂直结构

垂直结构是指物种群体之间纵向的层次，可用成层性来表示，林层数的表达就是其中之一。赵云萍等（1995）通过皆伐样地资料，利用立木的树种—树高、年龄—树高、径阶—树高的关系分析了长白山林区复层异龄针阔混交林群落中林木垂直结构的动态变化，研究认为：群落中的目的树种必须有连续更新的能力，立木在各高度级中均有分布；群落在不同高度级都有其他的组成树种作为辅佐木或伴生种；长白山林区的阔叶红松林系统和暗针叶林系统的森林植物群落具有较强的自我恢复和自我稳定机制；同一树种立木按径阶或龄级分布的峰值有随林层上升而增大的趋势。

4）树种结构

是指林分中树种的种类、数量比例及彼此之间的关系。由于天然林树种较多，因此树种结构比较复杂。为了说明主要规律，常常将林木划分为针叶和阔叶两类或者划分为顶级树种和非顶级树种两类进行说明。高桥延清（1971）对异龄林进行了大量的研究工作，提出以平均蓄积 300 m^3/ hm^2、年生长量 7～8m^3/hm^2、针阔混交比 7∶3 作为异龄林的目标。

（2）结构优化

森林的最优结构，也是目标结构，通常是指能够持续地提供某一种或几种效益的最大收获量，最大限度地满足经营目的，符合永续利用秩序的森林结构。南云秀次郎认为，森林的最优结构是能够永续地从质量和数量上有最大收获并持续稳定的森林状态。

Zachara 在研究择伐对欧洲赤松（Pinus sylvestris Linn.）林分结构影响时认为，低强度采伐对林分结构没有太大的影响，20%～30% 的强度对改善林分结构和树木生长的效果较好。Chang 和 Michie（1985）通过林价对异龄林的最优林分结构和择伐周期进行了研究。Haight（1985）和 Daniel（1987）分别对异龄林直径分布及收获的优化、异龄林树种组成结构的优化问题进行了探讨。

我国从上世纪 80 年代开始，已经有学者研究天然林分的结构优化的问题。于政中、亢新刚等（1987，1993，2001，2005，2010）在异龄林的收获调整上做了大量的研究工作，分别对长白山天然针阔混交林和天山天然云杉混交的收获调整和可持续经营进行了比较全面系统的研究，把现代数学规划理论和计算手段运用到此项研究之中，为我国异龄林收获调整的研究和应用开辟了新的途径。汤孟平、唐守正等人（2004）提出林分择伐空间结构优化的建模方法，建立了林分择伐空间结构优化模型。该模型集成现代森林经理学的理论、生物多样性保护与信息技术，并成功地与检查法相结合，模型属于非线性多目标整数规划，目标函数基于混交、竞争和空间分布格局的空间结构，并以非空间结构作为主要的约束条件。朱永红、翁国庆（2000）从林分密度、树种组成、林分直径分布、转换决策（包括择伐周期与转换期长度）等方面对异龄林经营决策优化进行了研究。张芸香、郭晋平（2004）对关帝山中高山山地混交林结构模式进行了研究，对几种混交林型的树种组成合理性、年龄结构完整性、林下更新情况和林分结构稳定性进行了分析,从多个角度论证了几种混交林结构的合理性。

4.2.1.2 林分生长和收获模型

杜纪山、唐守正等(2000)对异龄林小班森林资源数据的更新模型进行了研究,提出林分级生长模型组可以实现无人为干预小班森林资源数据的全面更新和连续预测。于政中、李法胜、殷传杰等(1994,1996)以矩阵模型为基础,利用林分直径生长、进界生长和枯损的资料,用非线性动态模型模拟云冷杉针阔混交林动态生长,并预测不同择伐周期和采伐强度下林分的径阶结构变化,分析不同采伐强度对年生长量、年收获量和恢复时间的影响。结果表明,非线性动态模型在模拟林分生长方面具有结构严谨和精度高的优点,将模型推广到采伐林分中,能够为制定合理的采伐方案提供科学依据,科学地经营云冷杉针阔混交林。

森林生长模型已成为探讨森林动态特征的有效工具,多年来,已研究建立了许多种森林生长演替模型。如Mielke等(1978)模拟美国阿肯色州(Arkansas)栎—松混交林33个树种的FORAR模型,还有Shugart等(1980,1981)模拟新南威尔士—昆士兰亚热带雨林的125个树种动态的KIAMBRAM模型等。阳含熙(1988)应用马氏链模型模拟长白山阔叶红松林演替趋势,成功解决了转移概率问题。

由于异龄林生长过程十分复杂,难以将所有影响生长的因子都结合起来对各因子间的相互作用进行分析。目前,对异龄林生长动态的研究正逐步由定性研究转向定量为主,定量和定性相结合的方向发展。

4.2.2 研究区云冷杉针阔混交林概况

研究区选在长白山东北部地区,研究对象为以云杉、冷杉和红松为主的,有1~4个阔叶树种混交的林分,以下简称云冷杉针阔混交林。其中冷杉(*Abies nephrolepis*)、红皮云杉(*Picea koraiensis*)和鱼鳞云杉(*Picea jezeonsis* var. *microsperma*)是主要的建群种。在该森林类型中,云杉属和冷杉属树种的比重多数占40%以上,其他的针叶和阔叶树种混交其间。根据针阔树的蓄积比重,可将该森林类型分为云冷杉针叶混交林和云冷杉针阔混交林两种。该森林类型大致分布于海拔500~1500m区域范围内。土壤以棕色森林土为主,腐殖质层较厚,一般都在15cm以上。本区森林资源曾相当丰富,原始林为云冷杉暗针叶林及阔叶红松林,是当地的顶级群落。在该林区,由于长期多次不同强度的过量采伐,森林资源遭到了严重破坏,原始林退化成迹伐林,许多变成次生林。森林结构发生了巨大的变化,改变了林分的主体结构,造成结构不合理状况,主要表现在年龄结构、径级结构、蓄积结构和树种结构等方面不合理。天然林资源以中幼林为主,成过熟林比重极小,单位面积蓄积量较低。

研究试验地选择在吉林省汪清金沟岭林场。该林场于1947年建立,从1959年开始采用采育择伐方式。由于早期采伐强度过大,造成采伐后恢复到优化结构的难度较大。现有的云冷杉林是在原始林经过2~4次较大强度的择伐形成的,林分蓄积量多在100~300 m³/hm²之间(原始林为350~450 m³/hm²),林分株数以小径木为多(亢新刚等,1998)。1987年北京林业大学于政中、亢新刚等人与汪清林业局合作,在金沟岭林场选择有代表性的云冷杉针阔混交林,引进国际先进的集约经营技术——检查法,积极探索天然林可持续经营的理论、技术和方法,在连续不间断20多年中,进行了多项内容和多个阶段的研究。

4.2.3　研究数据收集

云冷杉针阔混交林的研究资料取自长白山东部过伐林区的金沟岭林场，林场的自然条件、经营条件和资源状况都具有一定的代表性。本研究的数据分为三种类型：①检查法样地连续 20 年调查；②解析木和标准木数据；③其他标准地材料。

检查法样地 I 大区各样地 1987 年设立，面积为 95.2hm²，大区又分为 5 个小区，各小区面积基本相同。小区间界限用红漆标记。在 5 个小区中机械设立 112 个固定样点，每个样点 0.04 hm²(20m×20m)，后面积增加到 30m×30m，每个样点中心埋设一个水泥标桩，注明样地号，样地四角用木桩标记，以便于复查。II 大区在 1988 年设立，面积为 110 hm²，也分为 5 个小区，设样点 150 个，区划与 I 大区基本相同，其中 II-4 的面积在 1999 年变动为 19.9 hm²。根据 I、II 大区蓄积抽样计算，可靠性为 95% 时，I 大区各样地的精度达到 81%~94.7%，II 大区各样地的精度达到 88.2%~95.1%。检查法 III 大区于 1989 年设立，共分为 5 个小区，样本单元 150 个。所有样地每 2 年调查一次，每个大区各小区低强度择伐 2 次，采伐前后各调查一次。

速生丰产标准地的面积 0.135~0.21 hm² 不等，每一组均分为四块，采伐强度分别是 0、20%、30%、40%。

局固定样地面积均为 0.5 hm²，1986 年设置，至今基本上没有被采伐过。

采育林标准地面积分别为 0.3 hm²、0.318 hm²、0.2 hm²，它们的公顷蓄积量相对比较大。

4.2.4　确定云冷杉针阔混交林林分最优结构的思路和方法

4.2.4.1　总体思路

林分的生长包括林木年龄、直径、树高、断面积和蓄积生长等多个方面的内容。对于天然用材林来说，主要的目标就是实现单位面积每年最大蓄积生长量。在择伐为主伐方式的前提下，林分的最优结构可定义为使年蓄积生长量达到最高的结构状态。在一定的视角情况下，林分蓄积生长量的大小主要与林分蓄积量和蓄积生长率两个因素有关，它们之间的关系可用下式表示：

$$M_{生长量} = M_{保留木} \cdot P_{生长率}$$

即：蓄积生长量 = 蓄积量 × 蓄积生长率。

在林分生长演替过程中，蓄积量最高时而蓄积生长率不高，甚至很低；在蓄积量低的阶段，如幼龄阶段，蓄积生长量较高。由此可见，林分蓄积生长量并不总是随林分蓄积量或蓄积生长率的增加而呈直线上升，生长量大小同时受到蓄积量和生长率 2 个因素的制约。因此，如何使蓄积量与蓄积生长率乘积最大的状态是森林经营的目标，达到这种状态时的林分结构就是最优林分结构。找到这种状态的林分结构，并保持长期相对稳定是研究天然林经营的理论与技术的最终目标，也是在林分尺度生态系统实现森林可持续经营的核心内容之一。

在天然林中，年龄、树高的生长不容易测定，而断面积和蓄积的生长都可用直径的生长的函数反映出来，所以分析林分结构可以主要围绕直径这一个指标进行。而其他因子的生长状况可以根据它们与直径的关系推导出来。只要找到林分的最优结构，分析最优结构下的树种结构、直径结构、大中小径材比例、择伐强度等方面所具有的特点便可确定林分调整的目标，最终得到该林型的结构调整技术方法。

4.2.4.2 主要研究方法

(1)直径与年龄关系的拟合

径阶平均年龄随着径阶的增长呈规律性变化，本研究重点选择了抛物线方程和三次方程来表达年龄与直径的关系，公式如下：

抛物线方程：$A = b_0 + b_1D + b_2D^2$

三次方程：　$A = b_0 + b_1D + b_2D^2 + b_3D^3$

式中：b_0，b_1，b_2，b_3为均为方程的参数；D 为径阶中值；A 为树龄。

(2)选择蓄积连年生长量最大的样地阶段

计算各样地的年蓄积生长量变化，找出年蓄积生长量最高时的时期及其所在样地，分析这些样地林木在径阶株数分布、径级结构组成、树种组成、林分密度等方面的分布规律，从而归纳出相应的合理结构。

(3)直径分布拟合

①负指数分布函数

拟合天然异龄林的直径分布的函数很多，比如威布尔分布函数、限定线函数和倒 J 形对数函数等，本研究采用负指数分布函数，公式基本型如下：

$$Y = K\mathrm{e}^{-aD}$$

式中：Y 为每个径阶的林木株数；D 为径阶中值；e 为自然对数的底；a、K 为表示直径分布特征的常数。

②直径 q 值

法国的德莱奥古(de Liocurt)发现，在典型的异龄林林分内，相邻径阶的立木株数比率趋向于一个小于 1 的常数，其林分径级分布可由下列关系式来表达(于政中，1993)：

$$X_{td} = X_{td-1} / q$$

式中：X 为在 t 时刻中径级 d 的立木株数；q 为某一径级的株数与相邻较大径级株数之比。

q 值是一个递减系数或常数，q 值的序列和均值可以表达林分的径级株数分布状况。q 值越小，直径分布曲线越平缓，q 值越大曲线越陡峭。q 的取值在于经营者的目标，一般情况下，q 值小，生产大径材数量多；q 值大，小径材数量就多。于政中、亢新刚(1993)在对该林场的检查法样地研究分析后得出的结论是云冷杉针阔混交林在 1.2～1.4 之间都属于正常情况。

4.2.5 云冷杉针阔混交林的生长分析

无论是天然林还是人工林，由于其本身固有的树种生物学特性和生长规律，决定了它们的固定生长季节周期和生长大周期的特点。对林分的生长进行研究，林分或林木的年龄是个不容忽视的要素。普遍认为林木直径和年龄呈正相关性，但这种关系并没有被真正研究过，需进一步证实。

本研究分析了 1221 株解析木和标准木资料数据，包括冷杉、云杉、红松、椴木、枫桦、色木、杨树 7 种主要的针阔叶树种，它们各个径阶的年龄变动情况如图 4-14 至图 4-19 所示。

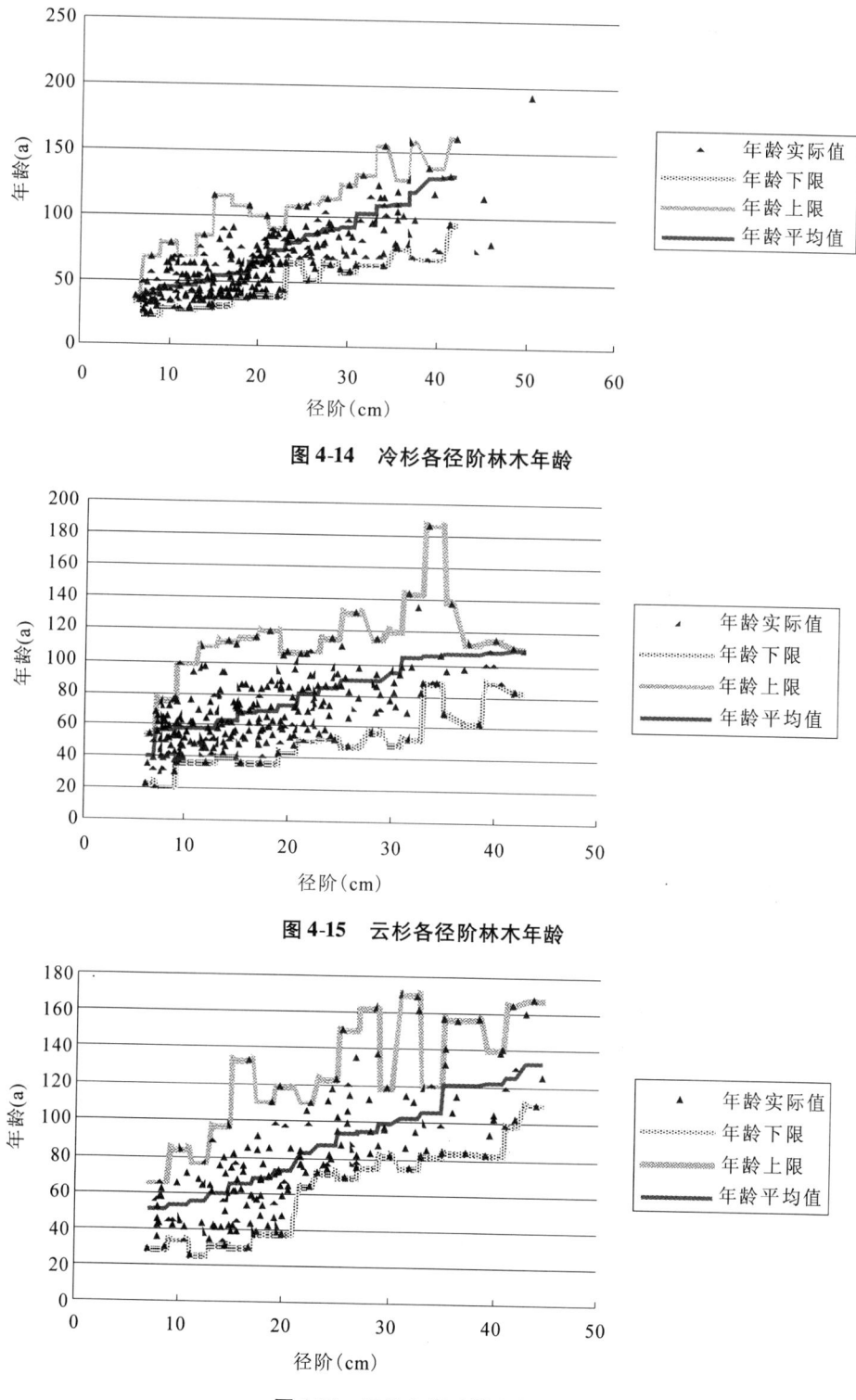

图 4-14 冷杉各径阶林木年龄

图 4-15 云杉各径阶林木年龄

图 4-16 红松各径阶林木年龄

从上面各图可以看出，针叶树种各径阶的年龄变动范围比较大，如冷杉某一径阶的年龄变化范围最大达到83年，云杉达100年，红松95年。阔叶树种中色木的径阶年龄变化范围

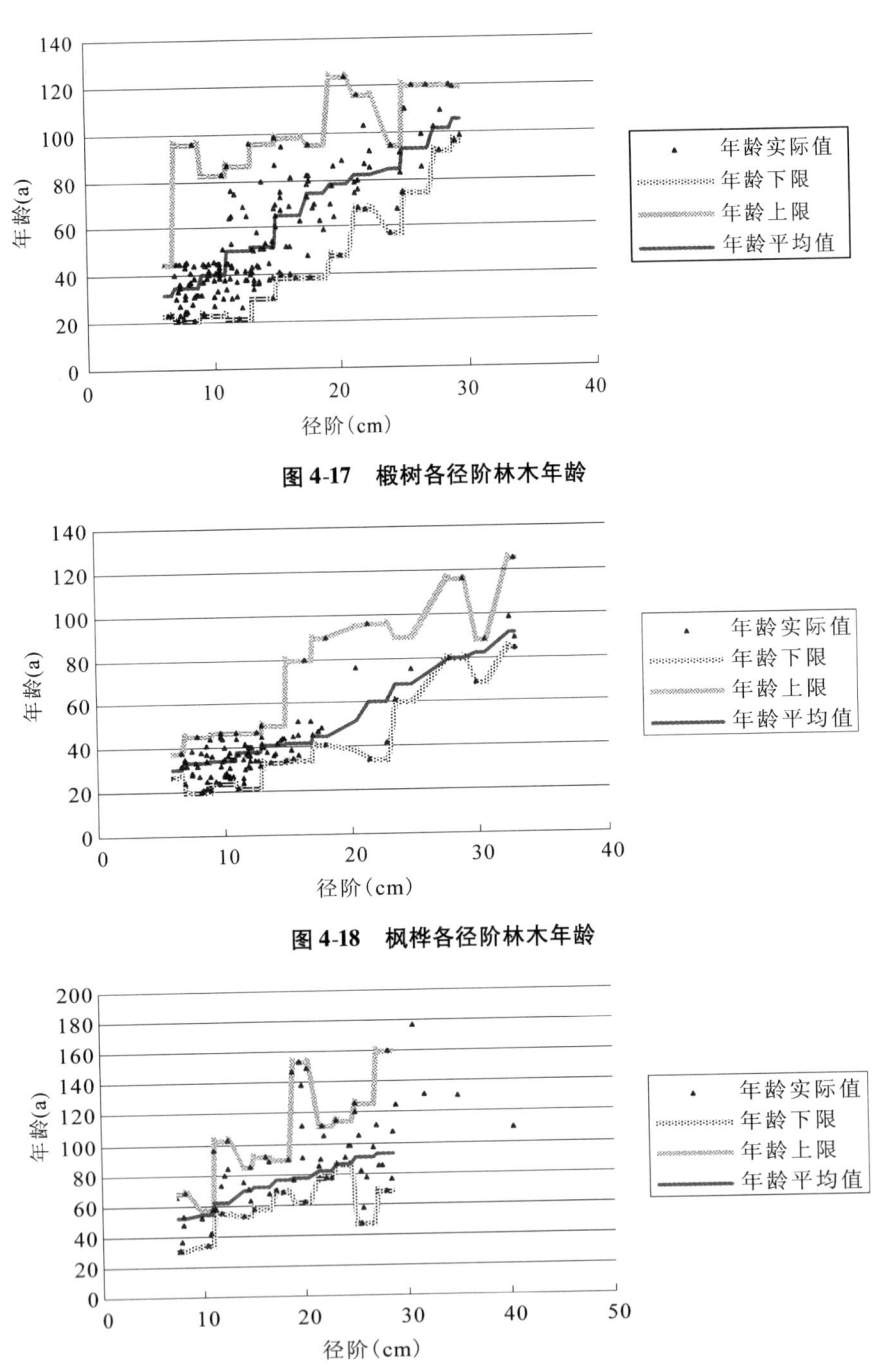

图 4-17　椴树各径阶林木年龄

图 4-18　枫桦各径阶林木年龄

图 4-19　色木各径阶林木年龄

相对较高，最大可达 92 年。总体来看，林木实际年龄变化的区间大小约是理论年龄的一倍。

　　为了能更好地反映出林木生长变化，根据每一组 D－A 值画出直径－年龄曲线，拟合直径—年龄之间的关系方程。对上述几种树种的直径—年龄进行拟合，拟合方程如表 4-23 所示：

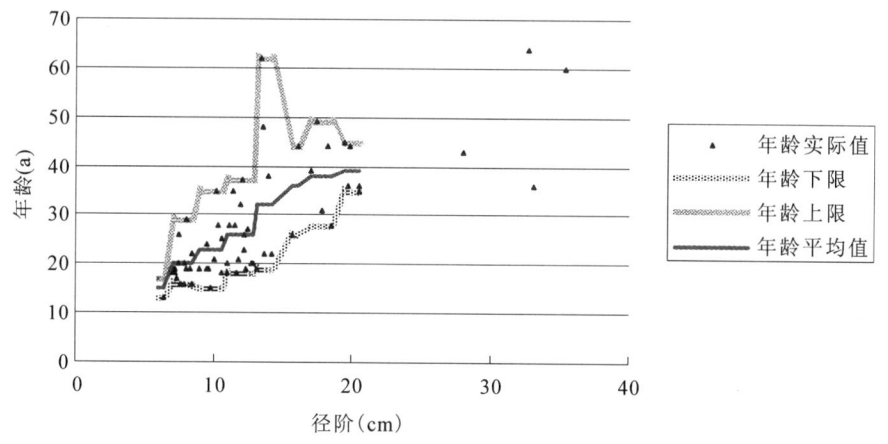

图 4-20　杨树各径阶林木年龄

表 4-23　几种树种的直径一年龄拟合方程表

树种	方 程	相关系数 R
冷杉	$A = 22.628218 + 1.767020D + 0.021045D^2$	0.99705
云杉	$A = 28.096418 + 2.798946D + -0.019295D^2$	0.98911
红松	$A = 29.625129 + 2.276155D + 0.001629D^2$	0.99359
椴树	$A = 7.105894 + 3.752997D - 0.016109D^2$	0.99412
枫桦	$A = 26.827198 + 0.146909D + 0.059581D^2$	0.99428
色木	$A = 27.346387 + 3.280420D - 0.033800D^2$	0.99230
杨树	$A = 15.142857 - 1.596140D + 0.335498D^2 - 0.009785D^3$	0.99639

其中，A 指年龄，D 指直径，R 代表相关系数。

这几个方程的相关系数 R 均达 0.99 以上，说明林木直径和年龄并不呈简单的线性关系，二者之间的变化随树种的不同也有所不同。

拟合后的各树种的直径—年龄曲线如图 4-21，可以看出，生长到起测径阶所需时间从短到长依次是杨树、枫桦、椴树、冷杉、红松、云杉和色木。总体来讲，针叶树种生长到起测径阶时所需的时间比阔叶树种要长，但阔叶树种中色木属于一个特例，它在中小径阶时的生长比针叶树种还慢。像冷杉、云杉、红松等树种基本上是由种子更新起来的，生长到起测径阶所需的时间就比萌芽更新树种（如杨树）长一些，而且冷杉、云杉、红松、色木及椴树均属于慢生树种，也注定它们生长到某一特定径阶所需时间相对较长。

直径生长速率方面，冷杉和枫桦刚开始曲线上升趋势缓慢，后来则上升加快，说明这两个树种起初林木直径生长速率较大，之后其生长速率有所减小，其余几个树种的生长速率与此恰好相反，均先小后大。

现实研究中，由于林木或林分的年龄不方便调查或确定，往往都用林木直径代替年龄来反映林分的生长状态，上面证明了这种做法是有理论根据的。虽然直径与年龄的关系从理论上讲并不呈简单线性关系，但从图 4-21 可以看出主要树种的直径—年龄正相关性较高，二者具有正相关性，采用林木直径代替林木年龄对林分结构进行分析的做法是合理的。

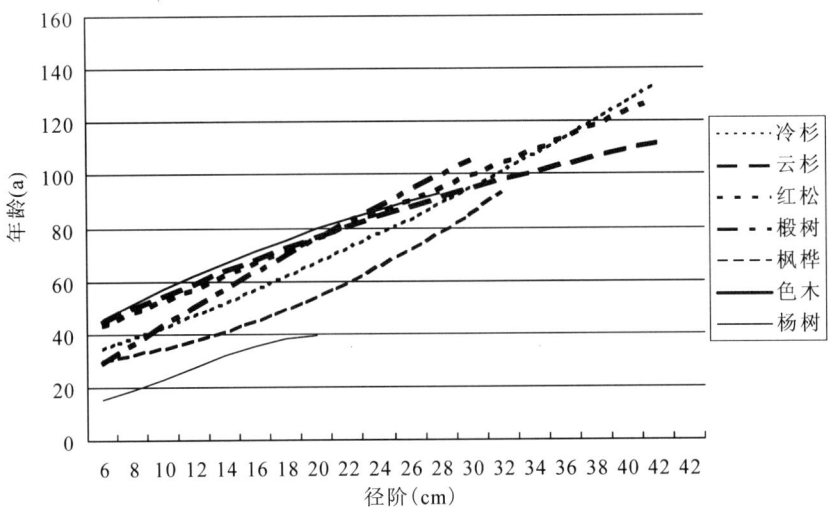

图 4-21　各树种年龄和直径变化曲线

4.2.6　天然云冷杉针阔混交林林分最优结构

林分中不同种类和不同大小的林木，由于各树种本身的生物学特性、生长发育规律、立地条件、经营措施以及其他人为和自然干扰的综合影响，形成了不同的林分结构。林分结构因子通常包括直径、树高、树种组成、年龄、林层等。混交、异龄、复层的天然林结构比较复杂，但林分结构也具有一定的规律性，并决定着森林的功能。

4.2.6.1　样地数据筛选

计算出各样地的年生长量并绘成图，从图 4-22 可以看出，这些样地的年生长量最高达到 15m³/hm²·a，而年生长量的高值部分 11～15m³/hm²·a 几乎都落在蓄积量 185～330 m³/hm² 的区间段内，共 19 组数据，具体如表 4-24 所示。

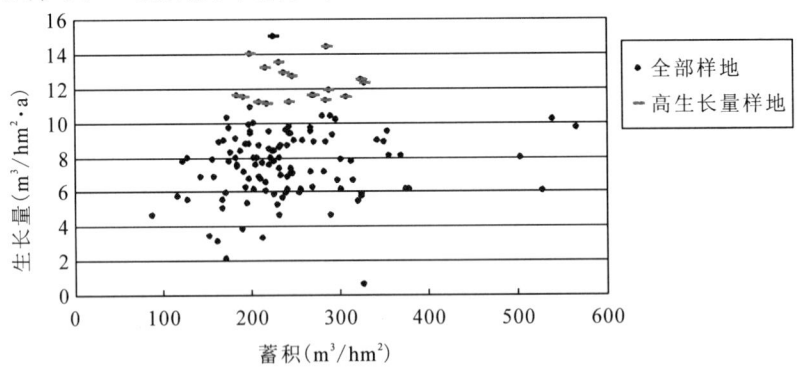

图 4-22　蓄积量与年生长量之间的关系

这 19 组数据中，针阔比值总体来说比较大，除了 1994 年 I 大区 1 小区针阔比 6∶4 外，其余林分都在 8∶2 以上，郁闭度都高于 0.7。从样地的类别看，这 19 组数涉及检查法样地、速生丰产林样地和采育林样地，而 4 块从未采伐过的局固定样地并没有被包括进来。

表 4-24　选出的年生长量高值部分

样地号	调查时间	树种组成	针阔比	公顷株数 (n/hm²)	郁闭度	胸径 (cm)	蓄积 (m³/hm²)	生长量 (m³/hm²·a)
Ⅰ-1	1999.04	2冷2云2红2椴1色1枫	6:4	917	0.7	18.9	232	13.5
Ⅰ-5	1992.10	4冷3云2红1椴	9:1	979	0.8	18.7	210.6	11.2
Ⅱ-2	1994.08	2冷2云2落1红1色1枫1杨	8:2	998	0.8	16.5	201.2	14
Ⅱ-3	1995.07	3冷2云1红3落1桦+色	8:2	936	0.9	20.5	218.5	13.2
Ⅱ-4	1994.08	4冷2云2红1落1椴	9:1	974	0.7	18.7	185.9	11.6
Ⅱ-5	1998.07	4冷2云2红1落1色+椴	9:1	915	0.8	22.6	193.1	11.5
Ⅵ-21	1994.08	5冷2红2云1枫	9:1	1352	0.9	20.4	289.7	11.9
Ⅵ-24	1994.08	7冷2红1云	9:1	786	0.7	24.1	271.9	11.6
Ⅶ-25	1994.09	6冷2红1云1色	9:1	810	0.9	25.1	286.3	11.3
Ⅶ-26	1994.08	7冷2红1云	9:1	780	0.9	22.4	243.4	11.2
Ⅶ-27	1994.08	5冷3云2红	10:0	875	0.9	18.7	220.1	11.1
Ⅶ-28	1992.11	5冷3云2红	10:0	1140	0.8	19.4	287.5	14.4
Ⅷ-30	1992.11	7冷2红1云	10:0	837	0.8	20.3	270.4	11.6
Ⅸ-34	1992.11	5冷2红2落1云	10:0	800	0.7	22.3	238.7	12.9
Ⅹ-40	1990.10	4冷2云2红1椴1杨	8:2	2056	0.9	13.4	226.9	15
Ⅹ-40	1997.08	4冷2云2红1椴1杨	8:2	1918	0.8	15.7	307.7	11.5
采育林16号	1992.11	4云4冷2红	9:1	726	1	25.6	325.1	12.5
采育林16号	1994.10	5云4冷1红	9:1	706	0.9	27.2	328.4	12.3
采育林18号	1990.05	4冷2云2红1枫1椴	8:2	786	0.9	26.6	247.5	12.7

4.2.6.2　直径结构

同龄林都是形成一条以算术平均直径为峰点，中等大小的林木株数占多数，两端径阶的林木株数逐渐减少，近似于对称的单峰山状曲线，这条曲线近似于正态分布曲线(Normal distribution curve)，或者成为对称的山头状。异龄林分中较常见的情况是最小径级的林木株数最多，随着直径的增大，林木株数逐步减少，达到一定直径后，株数减少幅度渐趋平缓，而呈现为反 J 形曲线(inverse J - shaped curve)或者是负指数分布曲线。在同龄林分和异龄林分这两种典型的直径分布之外，还存在着许多其他类型，且林分直径分布曲线的形状与林相类型有关。但是，由于异龄林的直径分布规律受林分自身的演替过程、树种组成、树种特性、立地条件、更新过程以及自然灾害、采伐方式及强度等因素的影响，其直径分布曲线类型多样而复杂(孟宪宇，1996)。

（1）径阶株数分布

对以上挑选出的 19 组年蓄积生长量相对较高的林分进行分析，它们的直径分布主要呈现以下三种现象：

1）反 J 型曲线

检查法样地的林分直径分布几乎都呈反 J 型曲线。例如，Ⅰ大区 1 小区 1999 年的直径分布状况符合复层异龄林的直径分布规律，如图 4-23 所示。同时可以观测到，该图象呈波纹状的反 J 型曲线，且大径阶林木较少，原因在于林分经历了多次高强度的采伐，恢复的年限还远远不够。

图 4-24 中显示出Ⅱ大区 2 小区 1994 年的径阶株数分布大体上呈递减分布，存在大径阶

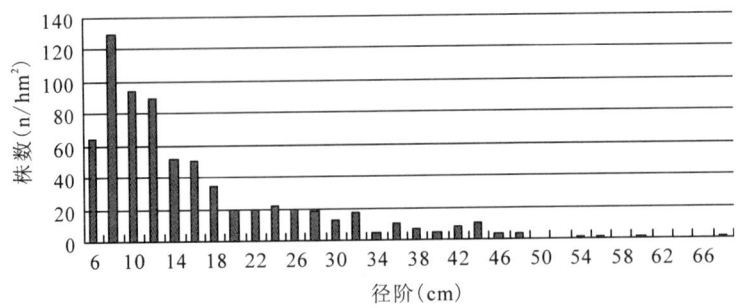

图 4-23 I 大区 1 小区 1999 年径阶株数分布

林木缺失现象，林分中等径阶林木株数比例偏高。

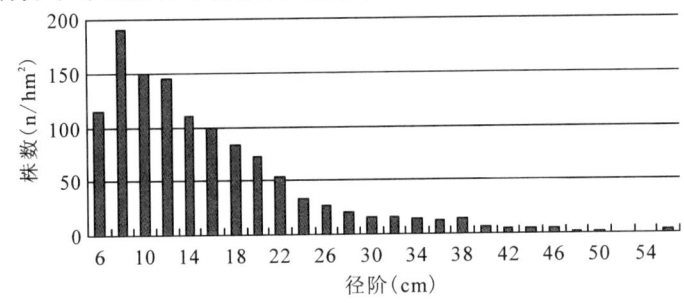

图 4-24 Ⅱ 大区 2 小区 1994 年径阶株数分布

图 4-25 显示的是 Ⅱ 大区 4 小区 1994 年林分的直径分布，呈现典型的反"J"型曲线，径阶株数分布合理，直径分布比较理想。

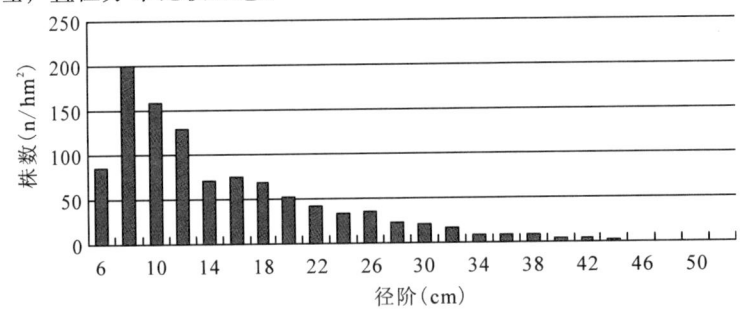

图 4-25 Ⅱ 大区 4 小区 1994 年径阶株数分布

2）多峰山状曲线

双峰山状曲线在这些林分的径阶株数分布中也比较常见，速生丰产林 24 号样地 1994 年、速生丰产林 25 号样地 1994 年、速生丰产林 27 号样地 1994 年、速生丰产林 28 号样地 1992 年、速生丰产林 30 号样地 1992 年和速生丰产林 40 号样地 1990 年的直径分布均属双峰山状曲线，呈现出多代林的结构特点。从图 4-26、图 4-27 和图 4-28 可以看出这些林分具有明显的层次，呈现波浪式的双峰山状曲线。1992～1997 年的林分调查数据表明这些林分的株数分布低谷最深处几乎处于胸径 14～22cm 处。

3）单峰山状曲线

林分的林冠层次不整齐，往往就会呈现出不规则的单峰山状曲线，如图 4-29 和图 4-30

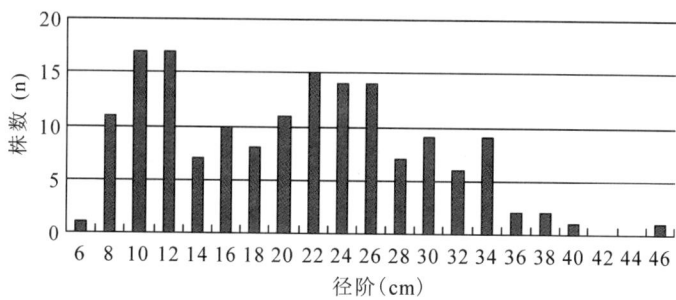

图 4-26　速生丰产林 25 号样地 1994 年径阶株数分布

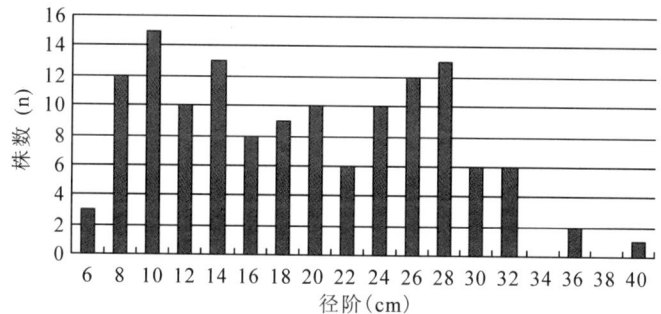

图 4-27　速生丰产林 30 号样地 1992 年径阶株数分布

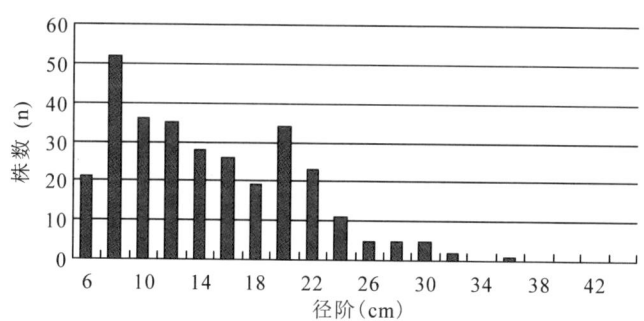

图 4-28　速生丰产林 40 号样地 1997 年径阶株数分布

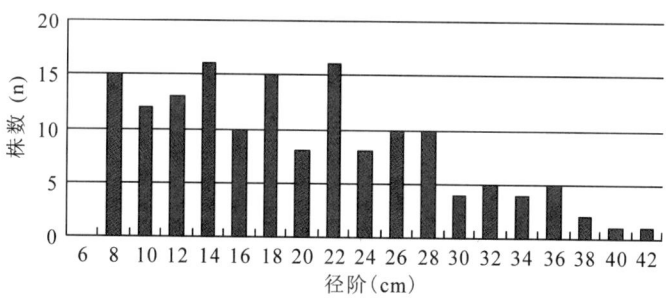

图 4-29　速生丰产林 26 号样地 1994 年径阶株数分布

所示，另外，相邻径阶之间树木株数变动比较明显。

　　上面出现的几种现象与 Daniel(1979)对异龄林直径的研究结论相一致。Daniel(1979)从森林经营角度对异龄林径阶株数分布进行了深入研究后认为，保留木(Reserve – form stands)

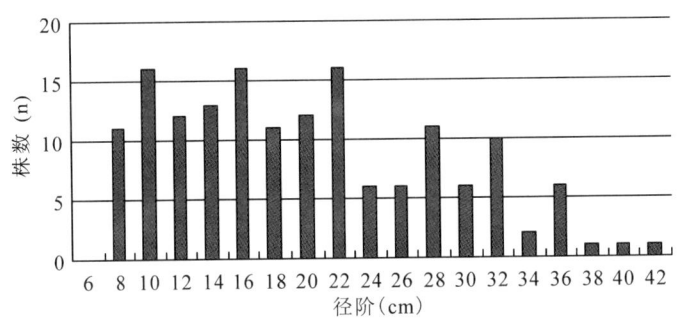

图 4-30　速生丰产林 34 号样地 1992 年径阶株数分布

（指一定面积上由于人为或灾害原因仅保留了少数林木加上后来更新生长起来的林木所形成的林分及群状同龄林（even – aged group stands）（指经过三次或三次以上连续更新高潮所形成的，如同几个同龄林交叠起来的林分）的林分直径分布呈间断的或波纹状的反 J 型曲线；具有明显层次的复层异龄林分，直径分布呈双峰山状曲线；林冠层次不齐整的异龄林分，则呈不规则的山状曲线。

此外，速生丰产林 25 号样地 1994 年、30 号样地 1992 年、40 号样地 1997 年的径阶株数分布均呈现多峰山状曲线，相邻峰值之间的距离大概落在 8 ~ 18cm 范围内。速生丰产林 26 号样地 1994 年和 34 号样地 1992 年的径阶株数分布又呈现为单峰山状曲线。经调查，林分直径分布呈多峰或单峰山状曲线的这几块样地中，林分蓄积生长量出现高值时前后几年几乎都未被采伐过。

我国的刘慎谔（1985）等研究了红松的年龄结构，认为红松是阶段性异龄林，红松种群的年龄更替过程是一种稳定的周期运动，但不是稳定在一点，同时一定限度的外界干扰不会影响它稳定和动态行为。他们提出并试图证明年龄世代学说，但目前这种提法还没有充分的依据和证实。

上面的两种直径分布现象到底是森林世代更新造成，还是属于多次高强度采伐后林分出现的更新高潮，还没法给出明确的解释。可以肯定的是这些分布状态是受到了多次高强度采伐及其他干扰的影响后形成的。

综上所述，可以看出天然云冷杉针阔混交异龄林分的直径分布比较复杂，除了典型的反 J 型曲线外，还经常呈现为不对称的单峰或多峰山状曲线。

检查法样地中径阶株数分布基本呈反 J 型曲线，其中出现了一个异常现象，6cm 径阶（最小径阶）的林木株数比 8cm 径阶少，有的少的较多，这与天然林分林木更新生长的基本理论不符，这可能是由以下原因造成的：每木调查时对起测径阶附近够检尺的林木估测不准而造成漏查；树木采伐造成部分幼树枯死。近几年的样地更新调查数据显示，起测径阶林木的数量并没有上面描述的这样少。

（2）直径分布拟合

在描述结构复杂异龄林直径分布的规律时，应视其林分直径结构特征，选择不同的函数方法模型。针对研究地区天然云冷杉针阔混交林的森林经营宗旨和林分结构特点，本研究采用负指数分布和 q 值理论描述研究对象的直径分布。

1）负指数分布拟合

迈耶指出，一片均衡的异龄林趋于有一个可用指数方程表达的直径分布：

$$Y = Ke^{-ax}$$

式中：Y 为每个径阶的林木株数；X 为径阶；e 为自然对数的底；a、K 为表示直径分布特征的常数。

典型的异龄林直径分布可通过确定上述方程中的常数 a 和 K 值来表示。a 值表示林木株数在连续的径阶中减小的速率，K 值表示林分的相对密度，两个常数有很好的相关性。a 值大时，说明林木株数随直径增大而迅速下降；当 a 值和 K 值都大时，表明小径级林木的密度较高（于政中，1993）。

图 4-31 至图 4-33 是用负指数分布拟合的几个典型的直径分布图，它们包括并代表了研究中林分的整体状况。为了避免前面提到的起测径阶林木漏查和枯死现象严重等异常因素的影响，直径分布拟合从第 8 径阶开始。

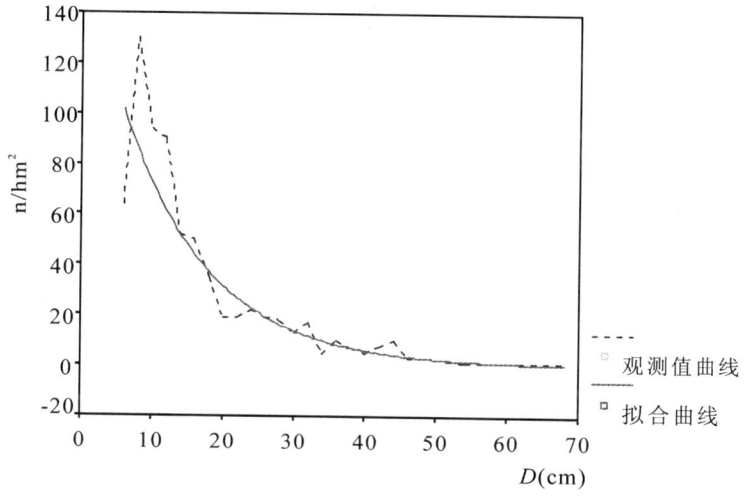

图 4-31　1999 年 I −1 直径分布及其拟合

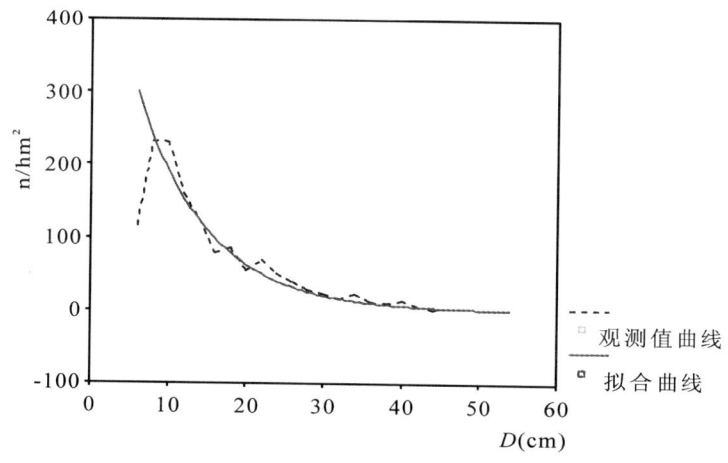

图 4-32　1998 年 II −5 直径分布及其拟合

用负指数分布拟合全部样地的径阶株数分布，拟合参数 a、K 以及相关系数 R 的值如表 4-25 所示。

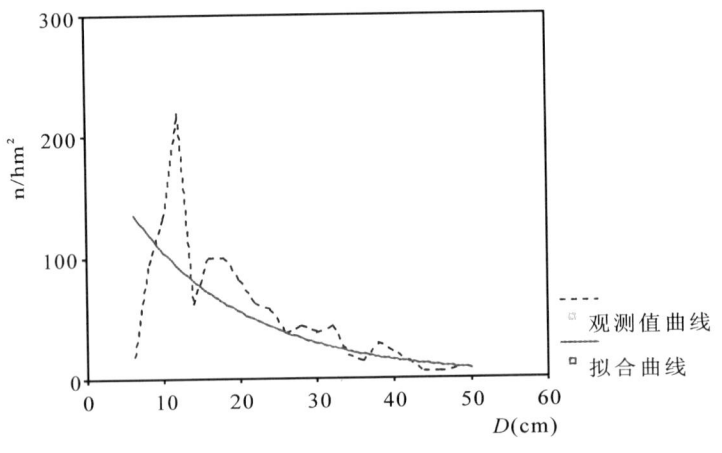

图 4-33　1994 年 Ⅵ－21 直径分布及其拟合

表 4-25　负指数分布拟合参数

样地号	调查时间	*a*	*K*	相关系数 *R*
Ⅰ－1	1999	－0.0854	182.357	0.967
Ⅰ－5	1992	－0.1097	424.891	0.976
Ⅱ－2	1994	－0.1097	517.324	0.970
Ⅱ－3	1995	－0.1161	710.026	0.968
Ⅱ－4	1994	－0.1185	558.209	0.989
Ⅱ－5	1998	－0.1165	712.820	0.981
Ⅵ－21	1994	－0.1064	125.660	0.959
Ⅵ－24	1994	－0.0708	39.1181	0.777
Ⅶ－25	1994	－0.0664	35.8827	0.797
Ⅶ－26	1994	－0.0728	40.2430	0.871
Ⅶ－27	1994	－0.0612	37.268	0.916
Ⅶ－28	1992	－0.089	80.769	0.875
Ⅷ－30	1992	－0.0592	27.950	0.765
Ⅸ－34	1992	－0.0759	42.223	0.820
Ⅹ－40	1990	－0.1555	287.700	0.893
Ⅹ－40	1997	－0.1358	203.950	0.940
采育林 16 号	1992	－0.0671	47.1778	0.878

从上面的图和表中可以看出，检查法样地直径分布的负指数分布拟合曲线与实际分布比较贴近，相关系数都在 0.959 以上，拟合效果较好，如图 4-31 和图 4-32 所示。检查法之外的其他样地中，只有速生丰产林 Ⅵ－21 样地 1994 年（见图 4-33）和 Ⅹ－40 样地 1997 年的径阶株数负指数拟合效果较好，相关系数在 0.940 以上，其余的相关系数都在 0.916 以下，有的只能达到 0.765。

综合分析，本研究认为该研究地区云冷杉针阔混交林直径负指数分布拟合的参数 *a* 和参数 *K* 最佳的变动范围为：$a \in (-0.1358, -0.0854)$，$K \in (125.660, 712.820)$。

2）直径 *q* 值

法国的德莱奥古（F. de Liocurt）发现，在典型的异龄林林分内，相邻径阶的立木株数比率趋向于一个小于 1 的常数，其林分径级分布可由下列关系式来表达（于政中，1993）。

$$X_{td} = X_{td-1}/q$$

式中，X_{td} 为在 t 时刻中径级 d 的立木株数；X_{td-1} 为在 t 时刻中径级 $d-1$ 的立木株数；q 为某一径级的株数与相邻较大径级株数之比。

根据上式，在计算林分径阶株数变动的 q 值时，也排除了起测径阶测量不准的影响，从 8cm 径阶开始计算。表 4-26 和表 4-27 是检查法实验区、速生丰产林、局固定样地和采育林样地的株数径级分布 q 值，其中阴影部分表明是异常的数据。分析异常和不理想结果产生的原因，主要有三个方面因素：一是起测径阶株数太少，二是林分径阶株数分布不太合理，中等径阶株数下降幅度比较大，出现明显的谷值；三是有些径阶（主要是大径阶）缺失现象严重，径阶株数分布不连贯。

表 4-26　检查法小区径阶株数分布及 q 值

径阶 (cm)	Ⅰ-1 (1999 年)	Ⅰ-5 (1992 年)	Ⅱ-2 (1994 年)	Ⅱ-3 (1995 年)	Ⅱ-4 (1994 年)	Ⅱ-5 (1998 年)
	径阶株数（n/hm²）					
8	130	137	190	168	201	233
10	94	104	150	131	158	231
12	90	72	145	111	129	160
14	52	72	111	128	71	124
16	50	92	100	104	74	79
18	35	67	84	111	69	86
20	19	55	73	93	53	55
22	19	40	54	90	42	69
24	22	32	33	54	34	51
26	19	31	26	50	35	40
28	18	19	21	37	23	29
30	13	20	15	38	20	24
32	17	30	15	21	17	16
34	5	12	14	15	9	23
36	10	11	13	13	8	12
38	7	10	14	12	8	10
40	5	6	6	7	5	14
42	8	5	5	3	5	6
44	10	3	4	4	3	2
46	3	1	4	3	0	4
48	3	2	1	1	1	3
50	0	0	1	0	0	1
52	0	1	0	2	1	2
54	1	1	0	0	0	1
56	1	0	3	0	0	0
58	0	0	0	0	0	0
60	1	0	0	0	0	0
62	0	0	0	0	0	0
64	0	0	0	0	0	0
66	0	0	0	0	0	0
68	1	0	0	0	0	0
q 值	1.174	1.268	1.310	1.304	1.646	1.413

表 4-27　速生丰产林、采育林样地径阶株数分布及 *q* 值

径阶 (cm)	Ⅵ-21 1994	Ⅵ-24 1994	Ⅶ-25 1994	Ⅶ-26 1994	Ⅶ-27 1994	Ⅶ-28 1992	Ⅷ-30 1992	Ⅸ-34 1992	Ⅹ-40 1990	Ⅹ-40 1997	采16号 1992
	径阶株数(n/hm²)										
8	36	6	11	15	22	18	12	11	61	52	26
10	55	17	17	12	12	29	15	16	33	36	22
12	40	18	17	13	20	21	10	12	42	35	14
14	25	14	7	16	20	31	13	13	30	28	20
16	21	14	10	10	15	26	8	16	23	26	16
18	21	14	8	15	13	11	9	11	25	19	11
20	15	10	11	8	11	12	10	12	35	34	10
22	14	9	15	16	12	13	6	16	17	23	17
24	8	12	14	8	8	18	10	6	6	11	10
26	13	10	14	10	10	13	12	6	6	5	5
28	8	9	7	10	8	12	13	11	4	5	9
30	7	11	9	4	6	7	6	6	3	5	7
32	3	6	6	5	4	7	6	10	1	2	8
34	3	7	9	4	3	5	0	2	1	0	3
36	2	1	2	5	5	0	2	6	0	1	9
38	1	3	2	2	0	1	0	1	0	0	9
40	3	1	1	1	0	0	1	1	0	0	4
42	1	1	0	1	0	1	0	1	0	0	6
44	2	0	0	0	0	0	0	0	1	0	0
46	0	0	1	0	0	0	0	0	0	0	1
48	0	0	0	0	0	0	0	0	0	0	1
50	0	1	0	0	0	0	0	0	0	0	1
52	0	0	0	0	0	0	0	0	0	0	0
54	0	0	0	0	0	0	0	0	0	0	0
56	0	0	0	0	0	0	0	0	0	0	0
58	0	0	0	0	0	0	0	0	0	0	1
q 值	1.338	1.470	1.294	1.310*	1.167	1.025	0.977	1.580	1.515	1.307	1.159

通过对上述数据的分析，剔除异常数据后，天然云冷杉针阔混交林林分的径阶变动 *q* 值区间范围为 1.159~1.646，比较合理的范围为 1.20~1.50。

为了研究林分直径结构规律，标准地面积的大小和林木检尺株数应足够多，一般情况下，根据林木大小不同应该在 150~250 株之间。

从上述两种异龄林直径结构曲线拟合的效果来看，在相邻径阶林木株数变动不算太大且林分株数较多时，尤其是小径级林木株数多时，用负指数分布拟合更为合适；而径阶株数分布比较连续，径阶缺失现象不明显，起测径阶株数不太少且中大径阶林木株数下降幅度平缓时，*q* 值理论比较适用于天然云冷杉针阔混交林的直径结构分析。

4.2.6.3　大中小径级结构

用于异龄林集约经营的检查法，经营要点是定期用统一标准、同一方法测定林分的生长量，以此确定定期的择伐量，进而调节林分林木株数、控制径级分布的比例。世界各国测定蓄积时，都划分小径木、中径木和大径木，但标准各异。

　　毕奥莱在其瑞士 Neuchatel 州 Couvet 乡进行的检查法实验研究中，提出欧洲云杉林分各径阶林木的理想蓄积比例为：小径木（17.5～32.5cm）：中径木（32.5～52.5cm）：大径木（55.5cm 以上）＝ 2：3：5。虽然蓄积的理想标准如此，但是他在瑞士 Neuchatel 州的云杉林分的试验研究中并没有实现上述标准。

　　胡文力（2003）认为，在该地区的过伐林中，天然云冷杉针阔混交异龄林的大中小径级林木径级比例在 2：4：4 时较好。这种蓄积比例时的径级结构有更高的蓄积生长量。

　　研究地区的天然林云冷杉针阔混交林上个世纪曾有过几次强度较大的采伐和破坏，这种情况也包括大兴安岭、小兴安岭等东北林区，大径级林木急剧减少，现在大径木在林分中所占的比例非常少，有的林区已经基本消耗殆尽。大径级林木比例减少，使森林质量不断下降。根据我国森林资源状况，中华人民共和国原林业部 1993 年规定：6～12cm 为小径木，14～24cm 为中径木，26～36cm 为大径木（38cm 以上为特大径木）。表 4-28 是选出的年生长量相对较高的各林分小、中、大径级株数比重。

　　不同的林分的公顷株数自然也会有差异，林木的公顷株数和林分小、中、大径级林木株数所占的比重有十分明显的关系。公顷株数越多，小径级林木所占的株数比重也就越大，中径级林木株数比重变化不太明显，大径级林木株数比重呈现减小的趋势。如图 4-34 显示，本研究分析表明，这些林分小径阶林木株数比重在 25.8%～55% 之间变动，中径级林木为 28.3%～48.7%，大径级林木为 5%～31.5%。

表 4-28　小中大径级比重

样地号	调查时间	小、中、大径木比例			公顷株数（n/hm²）	蓄积（m³/hm²）
		6～12cm	14～24cm	>26cm		
Ⅰ－1	1999.04	54.2%	28.3%	17.5%	917	232.0
Ⅰ－5	1992.10	49.8%	35.2%	15.0%	979	210.6
Ⅱ－2	1994.08	50.1%	38.0%	11.9%	998	201.2
Ⅱ－3	1995.07	55.0%	33.2%	11.8%	936	218.5
Ⅱ－4	1994.08	54.6%	32.6%	12.8%	974	185.9
Ⅱ－5	1998.07	53.2%	33.4%	13.4%	915	193.1
Ⅵ－21	1994.08	48.2%	36.6%	15.2%	1352	289.7
Ⅵ－24	1994.08	25.6%	44.5%	29.9%	786	271.9
Ⅶ－25	1994.09	28.4%	40.1%	31.5%	810	286.3
Ⅶ－26	1994.08	25.8%	47.1%	27.1%	780	243.4
Ⅶ－27	1994.08	34.3%	45.1%	20.6%	875	220.1
Ⅶ－28	1992.11	31.1%	48.7%	20.2%	1140	287.5
Ⅷ－30	1992.11	29.4%	41.2%	29.4%	837	270.4
Ⅸ－34	1992.11	24.9%	47.1%	28.0%	800	238.7
Ⅹ－40	1990.10	52.9%	42.1%	5.0%	2056	226.9
Ⅹ－40	1997.08	47.5%	46.5%	6.0%	1918	307.7
采育林 16 号	1992.11	32.4%	38.4%	29.2%	726	325.1

4.2.6.4　树种组成

　　树种组成是影响林分高效和高产的主要因子之一。近年来，无论从理论上还是在实践中，人们对人工林树种组成优化比例的研究很多，而对异龄林树种组成问题研究较少，其主

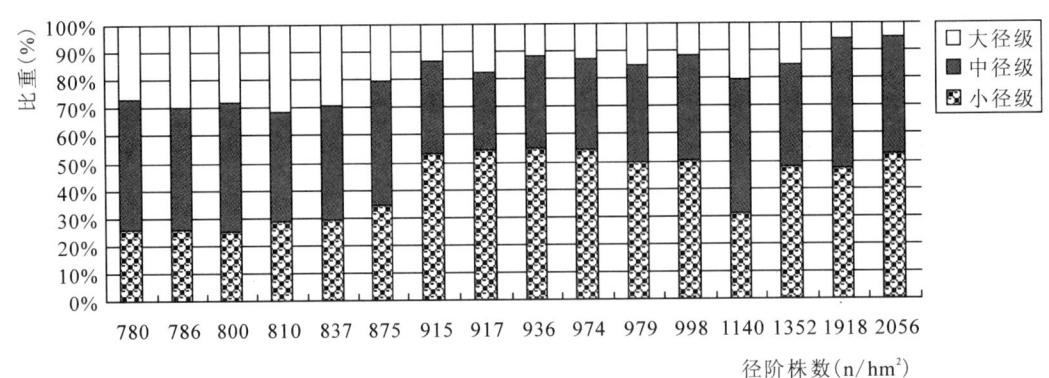

图4-34 小、中、大径级木株数比重

要原因在于天然异龄混交林组成树种较多，结构复杂，规律性短期内不明显。

高桥延清等（1971）对天然异龄混交林进行了大量的研究工作，提出针阔混交比7：3比较好，可以作为异龄林经营的目标。李法胜等将直径转移概率矩阵模型加以扩展，研究异龄林的最优树种组成问题，探讨了考虑树种组成情况下的合理采伐措施，并利用吉林省东部长白山地区针阔混交林分复测样地数据对模型进行了求解，结果针阔蓄积比为72：28（李法胜，于政中，1992）。

现实中的天然异龄林大都是复层混交林，树种组成从几个到十几个，在热带地区甚至是几十个，这些树种的存在是它们在自然过程中相互选择、相互适应的结果，它们之间具有十分复杂联系和规律性。要实现优化的经营目标，对异龄林实施经营措施，必然受到树种间相互作用规律的制约，因此合理的树种组成问题是一个必须考虑的问题。实际上，最优树种组成问题主要是分析天然混交林中各树种间的种间关系、种群动态、空间分布等问题，在森林经营活动中，根据经营目的对不同的树种做出最合理的采伐安排，保持适宜的树种搭配和组成比例，实现经营效益的最大化。

森林经营过程中为满足生物多样性有必要设置树种多样性约束。树种多样性约束包括两个方面：树种多样性指数（如Shannon – Wiener指数）不降低；树种个数不减少，确保不人为造成树种消失。

研究地区的天然云冷杉针阔混交林中，主要树种有冷杉、云杉、红松、落叶松、紫杉5种针叶树种，阔叶树种主要有枫桦、白桦、椴树、色木、杨树、榆树、黄波罗、水曲柳、胡桃楸等十余种。其中，云冷杉针阔混交林中云杉、冷杉、红松、椴木、枫桦、色木、榆木等属于目的树种，水曲柳、黄波罗、胡桃楸和紫杉则数量分布较少，均属于珍贵树种。耐荫树种紫椴和色木，以及水曲柳一般不会在林分内消失，在林分中是相对稳定的树种（阳含熙，伍业钢，1988）。

本研究从经营天然商品用材林的角度分析，在森林可持续经营的树种组成决策中必须同时考虑到以下几点：

林木生长——针叶树长势较快，但枯落物分解较难，易引起土壤酸化；多数群落顶级的阔叶树枯落物易分解，但长势较慢；

最优目标——一般是单位面积蓄积生长量最大，因此针叶树比重应较大；

结构效益——阔叶树根系发达，枯落物易于分解和保持土壤结构与肥力，有利于水土保持和水源涵养，而且针阔树混交有利于增加生物多样性。

综合考虑，本研究认为天然异龄混交林的针阔叶树比例在 6：4 至 8：2 之间均属合理，理想值为 7：3。

4.2.6.5 林分密度

林分密度(stand density)是说明林木对其所占空间的利用程度，它是影响林分生长、木材数量和质量的重要因子。在森林经营中，最基本的任务就是在林分生态系统整个生命过程中，通过人为干预，使林木处在最佳密度条件下生长，产生最好的效益，包括经济效益和生态效益。立地条件、树种及林龄不同时，其林分的最佳密度也不相同。林分密度对林木生长量、生长率和林木干形都有很大的影响。林分密度过小，不仅影响木材数量，也影响木材质量；反过来，林分密度过大，由于林木之间的竞争，会使林木枯损现象加剧。林分密度有几种类型，如株数密度、郁闭度、疏密度和密度指数等。本研究中主要使用株数密度和郁闭度2 种林分密度指标。

单位面积上林木株数多少，直接反映出每株林木平均占有的营养面积和空间的大小。本研究选出年生长量较大的几块样地，公顷株数从 726 n/hm^2 到 2056 n/hm^2 不等。其中检查法样地的公顷株数变动较小，基本处于 915 n/hm^2 到 998 n/hm^2 区间内，而其余的样地变动稍大一些。检查法样地经过实施集约经营，使林分株数密度控制在一个较小的变动范围之内，效果十分明显，达到了比较理想的林分直径结构，实现了林分年生长量的增长。其余类型的样地，株数密度变动范围相对大些，但同样也出现了年蓄积生长较大的数值。这说明理想的林分结构并不意味着要实现林分密度的单一值，而是允许株数密度可以在一定的范围内波动(当然也应该有下限和上限)，针对不同的林木株数密度，哪个结构比较好呢？关键是要看哪种林分株数密度和径级结构能够长期保持稳定，并是动态的平衡，保持较大的年蓄积生长量。有的林木结构可以保守很高的年蓄积生长量，但是是短期的，用大时间尺度衡量就不高了，这种结构并不能说明好的林木结构。针对本研究，把理想下限定为 800 n/hm^2，上限定为 1400 n/hm^2。

郁闭度可以较好地反映林木利用生长空间的程度。从郁闭度视角来看，几块研究样地的郁闭度都大于 0.7，而且林分公顷蓄积越大，郁闭度一般也越大，如图 4-35 所示。

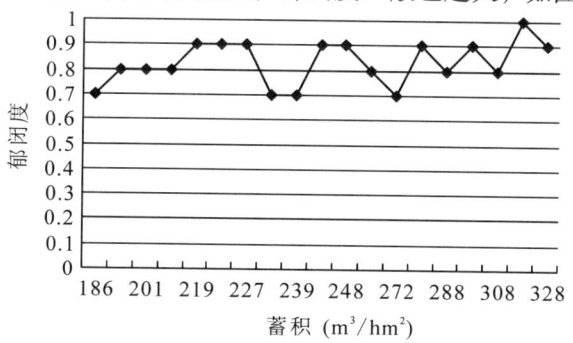

图 4-35　蓄积和郁闭度关系

4.2.6.6　林分平稳状态

混交林生态系统好的标志是 2 个以上树种的种间关系在整个生长发育周期以互利互补为主，形成比较稳定的林分群体结构，制约因素有树种特性、混交方式、混交比例、择伐强度和类型、立地条件等。林分中树种、株数、年龄、径级、树高等因子的分布状态构成林分结构，森林植物群落的结构是其摄取环境资源，进行物质生产的重要基础，也是实现各项功能的必要前提。但由于森林结构，特别是复层异龄针阔混交林林分的结构十分复杂的情况下，是各种因素结构的(诸如组成结构、年龄结构、直径结构、树高结构、水平结构、垂直结构等)综合作用的结果和表现。

平衡林分结构指的是林分的龄级或径级分布频率曲线为逐渐下降的指数曲线，即株数随径级的加大而减少，形成倒 J 型曲线分布。就各径级的材积而言则为相反的趋势，即各径级的材积随径级的加大而递增，形成递升曲线。虽然各树种和林分的递升趋势不同，但都是形成正 J 型曲线。前面所提到的单峰山状曲线和多峰山状曲线均属于不稳定的林分径阶株数分布结构。因为在这样的径级分布情况下，随着择伐作业的进行，各径级向上转移，必定会造成成熟林木产出不稳定的情况，有时成熟林木多，另一段时间又无成熟林木可以收获。

单木在森林群体中的空间位置和生长具有很大的随机性，天然林单木的随机性比人工林单木的随机性要大很多。从直径生长看，经过一段时间的生长，某株林木有可能枯损死亡、进到更大的径级或保留在原径阶 3 种情况，但是每种情况出现只能根据各个径级林木的转移概率计算。

一个生长平稳的林分，其林分结构必然具有以下几个特点，它们也是评价森林经营的好坏、经营活动是否合理的评价指标：

(1)林地得到充分利用，森林资源结构状况得到改善；

(2)单位面积蓄积量和生长量得到提高；

(3)资源消耗合理，并得到充分利用；

(4)林分质量否得到提高。

在我们的经营研究试验中，检查法样地自 1987 年建立以来，林分径阶株数分布曲线呈现出典型的反 J 型，曲线逐渐平滑，中、大径阶林木数量比重增加，实施轻度的择伐，林分蓄积生长量都出现了较高的数量增长。显而易见，检查法样地经过数年的集约经营后，林分结构越来越合理，演替进程平稳向上。而其他大多数类型的样地林分结构层次多样，虽然也能出现林分蓄积生长量的高值，但林分结构不是处于合理稳定的结构状态，没有出现林分平稳向上的生长状态。

4.2.6.7　择伐措施

择伐是主伐的方式之一，只能或主要采伐成熟的林木。择伐主要应用在天然异龄林的经营中。在森林经营实际中，择伐的作用不能仅仅是收获，很重要的另一个作用是调整保留木的结构和空间配置，使森林结构逐步趋向合理和优化，林地不仅能够产生较高的效益生长量，而且合理和优化的森林结构能保持长时间的稳定。

从森林生态系统演替的角度看，择伐林木的选择要能够使森林的演替方向是正向的，不应该出现退化。

适于择伐，而且森林结构合理的天然异龄林主要具有以下特点：

（1）林木组成以目的树种为优势，而且多树种针叶阔叶树混交；

（2）林木具有全时间序列，即各个径级的林木都有，或者是各种年龄阶段的林木都有，形成典型的异龄林状态；

（3）从二维平面空间分布上应该呈现均匀分布，从三维空间上应该是对光能利用最充分的；

（4）林地单位面积蓄积生长量（或者是某种效益生长量）达到最大，并能保持较长时间内的相对稳定。

择伐强度是森林经营中能否实现可持续经营（过去曾用"永续利用"术语）的最关键因素之一。在我国 1950 ~ 1980 年，东北林区使用择伐时多数采伐强度在 40% – 70%（设计强度）之间，加之其他生产环节对保留林木的损害，保留林木的密度严重不足，形成疏林地。许多林地在林木还没有恢复的情况下，又进行新一轮的采伐，使林地蓄积量越来越低，蓄积生长量越来越少。更有甚者，由于采伐轻度过大，保留的中小径级的林木不适应新的环境，大量枯死木、风倒木频繁出现。有的林地变成次生林，顶级群落树种退出，先锋树种成为主体。

于政中等（1996）对吉林省东部云冷杉针阔混交林研究的结论是，采伐强度在 10% ~ 20% 之间，回归年以 10 ~ 20 年为好。这样的择伐强度和择伐周期不仅能够单位面积蓄积生长量达到最大，而且能保持长时间的稳定状态，并且有利于天然更新，有利于天然异龄针阔混交林生态系统正向演替，逐步使林分整体结构达到在整个生命周期中的最优状态。还有其他人也进行了相关研究，例如王镇（2001）认为，黑龙江林区云冷杉林择伐强度应在 20% ~ 25%，伐后林分郁闭度必须保留在 0.6 以上，应保留一定比例的阔叶树种，以增加林内的防风防护效益和作用。宋采福（2001）等对青海祁连山云杉林渐伐后出现风倒、枯死现象进行了分析，认为祁连山水源涵养林脆弱的生态环境，不宜采用皆伐，适宜采取择伐，保留郁闭度不能低于 0.6，蓄积采伐强度以 15% 以下为宜。

综上所述，一般情况下合理的择伐能够促进林木的生长，采伐强度不能太大，确定时应该考虑林木的地势条件、收获量、对林分结构的调整、对更新的影响等多种因素。从生态系统整体生长角度看，采伐必须有利于保护生物多样性，保持水土，涵养水源，保持生态系统平衡和正向演替。而从可持续经营角度看，采伐应有利于多出材、出好材和森林更新，为市场提供大量的优质木材及林副产品。前面对林分径阶株数分布的分析中，径阶株数分布呈现反 J 型曲线的情况在经营时采用的是较小强度的择伐；而出现单峰和多峰山状曲线的情况，是由于遭受了大强度择伐后或者是重大自然灾害致使林木急剧减少后，在较短的时间内大量天然更新后形成的，具有相对同龄林的特征。从林分生长规律上分析，直径分布呈单峰和多峰山状曲线的林分结构不稳定，而且不能像反 J 型曲线分布的林分那样可以保证连续稳定的林木产出。所以反 J 型曲线直径分布的林分比较适合于研究地区云冷杉针阔混交林的经营，同时配以低强度择伐。

年蓄积生长量相对较高的检查法样地中，蓄积生长量高值都是紧跟着择伐措施的实施而出现，择伐强度从 12% 到 20% 不等，具体如表 4-29 所示。

表 4-29 蓄积年生长量高的检查法样地的采伐强度

样地号	调查时间	公顷蓄积	年生长量	上次采伐强度(%)
Ⅰ-1	1999.04	232.0	13.5	12.0
Ⅰ-5	1992.10	210.6	11.2	13.9
Ⅱ-2	1994.08	201.2	14.0	12.0
Ⅱ-3	1995.07	218.5	13.2	15.0
Ⅱ-4	1994.08	185.9	11.6	19.5
Ⅱ-5	1998.07	193.1	11.5	20.0

众所周知，林木生长呈现 S 型曲线，即 Logistic 曲线，中等径级的林木生长最为迅速。检查法样地实施择伐后，大径木伐去，中等径级的林木得到充分的营养空间，生长加快，最终导致蓄积生长的提升。在速生丰产林、采育林等样地中，林分自然(或人为干扰下)的林冠层次明显，各种规格的林木都能有效地利用环境资源，故生长量也可很高。

实施采伐作业时，林木大小多样性用径级的多样性和株数按径级倒 J 型分布描述，以采伐后不减少径级个数和保持株数按径级的倒 J 型分布作为采伐的约束条件。De Liocourt (1899)研究认为，理想的异龄林株数按径级依常量 q 值递减。

一般说来，成、过熟林木是林分中主要采伐的对象。对于现实的过伐林，林木株数较多，而成过熟木数量却较少，因此采伐强度应控制在 20% 以内，并按小、中、大径木的合理比例确定相应的应伐木。同时择伐作业还要能保护生物多样性，维持并增加林分结构的复杂性。择伐收获对象只能是成熟的大径阶的林木，为了保证择伐后林分能够再次恢复到择伐前的结构状态，择伐的林木必须考虑到林分各径级的生长状态，够采伐标准的各径阶要按不同的株数比重进行采伐，使采伐后林分结构仍具有生长到采伐前林分结构的潜力，经过一段时间的生长，能够再次生长恢复到采伐前的状态。

通过上面一系列分析，根据云冷杉过伐林现状，特别是检查法样地现状，考虑到劳力成本、调查成本、过伐林现状和林分的稳定性，本研究认为直径分布呈反 J 型曲线的林分择伐强度最好控制在 10%~20%，采伐周期为 10~20 年。

4.2.6.8 小结

林分结构受林分年龄结构、树种特征及组成、更新方式和过程、自然灾害、采伐方式及强度、立地条件等多种因素影响。下面仅对其中主要影响因素进行分析：

(1)择伐周期和择伐强度

随着择伐周期的延长，择伐强度也随着增大，这样择伐后林分结构就会发生很大的变化。采伐时可能造成林中空地的形成，由于阔叶树种一般为阳性树种，所以林中空地的出现有利于阳性树种的更新和生长，这样阔叶树种比例增加，林分树种组成也会发生随之变化。再一点就是林分择伐时，径阶采伐株数不当，造成中径级或大径级林木株数比例减少或失调，就会影响林分的蓄积量和蓄积生长量。虽然林分密度、伐后保留株数、气候条件、水分条件等对森林天然更新都有一定程度的影响，但是影响最大的仍然是择伐强度。

(2)森林更新

天然林的更新最好是自然完成天然更新，如果使用人工促进更新至少要增加经营成本。只有天然更新不能够满足需求时才使用人工促进更新。

密度较高的天然云冷杉针阔混交林下阴暗潮湿，不利于阳性阔叶树种的更新及幼苗幼树的生长，因此林分密度不要长期保持在 1.0。在天然更新的基础上，补植价值高的红松、黄波罗、水曲柳等阔叶树，有利于调节树种结构，提高林内物种多样性，优化树种组成。

（3）立地条件

林木生产力的高低除与林木的生物学特性有着密切的关系外，还与林地的立地条件有关。对于异龄林而言，立地条件是树种选择、林木生长状况的最主要的限制因子。

（4）经营目的

长白山林区云冷杉针阔混交林中一部分属于天然商品林，在森林可持续经营的前提下，除了以收获一定的木材产品为主要目的外，还要维持该森林生态系统的稳定，使其正向演替，充分发挥其经济效益、生态效益和社会效益。经营目的直接影响着树种组成和直径结构等，结构优化就是寻找符合森林经营目的林分最优结构，包括直径结构、年龄结构、树种组成、林分密度等在内的一系列结构因素的最佳搭配状态。

综上所述，为使天然云冷杉针阔混交林能处于健康生长、结构合理、高效产出的状态，本研究将最优林分结构定为：林分蓄积量为 $185 \sim 330 \ m^3/hm^2$，蓄积生长量 $11 \sim 15 m^3/(hm^2 \cdot a)$，树种组成 6:4 至 8:2，林分公顷株数 $800 \sim 1400 n/hm^2$，小径阶林木株数比重 25.8% ～55%，中径级株数比重 28.3% ～48.7%，大径级株数比重 5% ～31.5%，直径结构负指数分布拟合的参数 $a \in (-0.1358, -0.0854)$，参数 $K \in (125.660, 712.820)$，q 值为 1.20～1.50。直径分布呈反 J 型曲线的林分择伐强度最好控制在 10% ～20%，采伐周期为 10～20 年。

4.2.7　结构调整技术方案

通过云冷杉针阔混交林结构特征研究，结合当地的社会发展需求，明确了研究对象经营目标及满足经营目标的理想森林结构。然而，现实的林分结构与理想结构相比，往往有着较大的差距，必须经过结构调整，才能达到目标结构，实现经营目标。云冷杉针阔混交林的调整结构，指的是以林分目标结构为尺度，对现实林结构采取各种调整措施，以至满足经营要求。云冷杉针阔混交林结构调整的关键是制定一套适合于现实林结构的科学的调整技术措施。

4.2.7.1　结构调整因子的确定

云冷杉针阔混交林结构复杂，影响其结构的因子也众多。但这些因子对于云冷杉林结构影响的程度不同，有些是主要因子，有些是次要因子，有些是间接因子，有些是直接因子。在众多的影响因子中，筛选出对云冷杉林结构影响较大的因子是构建云冷杉针阔混交林结构调整的首先要解决的问题。这些影响因子的筛选过程是个复杂的过程，必须按照一定的选择原则，利用科学的方法，对诸多影响因子进行充分了解和分析，掌握各影响因子对林分结构所产生影响的大小来确定云冷杉针阔混交林结构调整因子。

（1）结构调整因子确定原则

1）相对独立性原则

虽然影响云冷杉林结构因子之间存在着内在的联系和互相影响关系，但确定结构因子时应该遵循相对独立性原则，选择概念清晰、涵义明确、易于理解与掌握的相互独立因子，避免因子间相互包含和交叉关系。

2）可操作性原则

经营模式的实质就是人们对森林生态系统所采取的科学的、规范的各项干预活动。因此，组成结构调整模式的因子应该遵循可操作性强，易于调整原则。

3）层次性原则

针对云冷杉林结构调整因子众多且复杂的特点，选择关联性强、作用相近的因子，组成不同层次的结构调整子系统，逐步实现总目标。

4）科学性原则

以科学的经营理论做指导，选择科学的方法，才能确定科学的结构调整因子。

（2）结构调整因子的确定

依据上述结构调整因子确定原则，在众多影响云冷杉针阔混交林结构因子中选择针阔混交比、树种组成作为云冷杉针阔混交林结构调整因子。结构调整的技术措施主要是采伐，包括采伐方式、采伐周期、采伐木的确定、采伐季节、天然更新等。

4.2.7.2 结构调整的阶段性分析

从现实林结构分析结果看，与确定的林分目标结构有着较大的差距，主要体现在林分每公顷蓄积量（255m³）与目标结构蓄积量（350～400 m³）差距较大；株数径阶分布不合理，现实林小、中、大径木蓄积比例（1 : 1 : 1）与目标结构小、中、大径木蓄积比例（2 : 3 : 5）也存在较大差距。这些差距决定了结构调整过程的长期性和复杂性，因此，依据现实林结构的实际状况及其与目标结构间的差距，结合经营目的，本研究提出分3阶段实现目标结构的调整方案。

（1）第1阶段结构调整目标

第1阶段结构调整的主要目标为：以"育"为主、以"采"为辅，提高林分单位面积蓄积量，严格按照采伐量小于生长量的原则，采取低强度的采伐，经过3～5个择伐周期（20～30a），实现每公顷蓄积量达到300 m³左右，对林分径阶株数分布进一步调整，趋于合理。

（2）第2阶段结构调整目标

第2阶段结构调整的目标为：采育结合，适当提高采伐强度，获取一定量的木材及林副产品外，林分中、大径木蓄积比例逐渐增大，林分每公顷蓄积量从第1阶段的300 m³提高到350 m³左右，林分结构趋于更加稳定、合理。

（3）第3阶段结构调整目标

本阶段结构调整目标为：采育兼顾，再适当提高采伐强度，获取更多的木材及林副产品，林分每公顷蓄积量稳定在350～400 m³之间，实现目标蓄积量，林分采伐量与生长量基本保持平衡，径阶株数按理想结构分布，基本实现目标结构。此时，林分结构稳定，持续生产大径级木材，满足用材、防护兼顾的经营目的。

虽然明确了现实林结构调整的3个不同的阶段结构目标，但是，由于受现有客观条件所限，本研究只探讨第1阶段的结构调整模式。

4.2.7.3 树种组成调整措施

树种组成是反应林分结构的主要指标因子之一，最佳的树种组成应该是与经营目标相一致的树种组成。即组成林分的树种与各树种蓄积比例符合经营目标的树种组成。现实林的树种组成往往是不符合经营目标和经营要求的，必须对其进行调整。调整林分树种组成必须考虑两个因素，一是树种生物学特性；另一个是经营目标。

　　现实林的树种组成是 2 冷 2 云 2 红 2 椴 1 枫 1 色，针阔混交比为 6∶4，与目标结构的树种组成的针阔混交比一致，但现实林的每公顷蓄积量为 255.1m³，而目标结构林分蓄积量比现实林蓄积要高得多。由于树种生物学特性不同，生长速度不同，因此，要在不同蓄积量状况下维持林分相同的树种组成比例，就必须对现有的树种组成进行调整。

　　从现实林各树种组成比例变化分析，冷杉、红松、椴树及云杉四个树种均在 2 成左右，其中，由于红松是禁止采伐树种，因此在林分中红松的蓄积比例将提高，本研究认为，从充分利用资源角度考虑，可以采伐已经到了自然成熟年龄的红松林木，避免资源浪费，并保持林分中红松组成比例。

　　冷杉是前两次采伐的主要树种，蓄积比例虽然有所下降，但还是林分中蓄积比例最多的树种，且大径阶林木较多，是近期采伐的主要对象。

　　云杉和椴树的蓄积比例变化不明显，可以根据其生长量进行适量采伐。值得注意的是，林分中有部分胸径已超过 60cm 的椴树，单株材积很高，在椴树蓄积量中占有一定的比重，并且是椴树天然更新的种子来源。但从充分利用资源及解放目标树和经营木考虑，可以逐渐采伐利用这部分椴树。

　　枫桦和色木始终占树种组成的 10% 左右，为了给其他树种的天然更新创造条件，并保持稳定的林分针阔混交比，应适量进行采伐。

　　除了上述林分中占蓄积比例较大的树种以外，在林分中也有部分阔叶树种，如榆树、白桦、水曲柳、杨树、暴马丁香等，虽然蓄积比例很小，但对维持森林生态系统稳定性、提高物种多样性及林分天然更新等方面都发挥着较大的作用，尽量保留。

4.2.7.4　结构调整措施—采伐模式研究

　　本研究的森林结构调整主要通过采伐来实现，即从采伐方式、采伐强度、采伐周期、采伐木的确定以及分布格局等几个方面探讨云冷杉针阔混交林的采伐模式。

　　（1）采伐方式的确定

　　依据现实林结构特征，结合经营目的，本研究确定单株择伐为云冷杉针阔混交林采伐方式。

　　（2）择伐强度的确定

　　鉴于检查法关于采伐强度的试验结果，结合研究对象结构特征及目标结构，结构调整第 1 阶段采伐强度确定为 10%。

　　（3）择伐周期

　　择伐周期的确定，依据公式：

$$c\% = 1 - \frac{1}{(1+p)^n}$$

变换得：

$$n = \ln\left(\frac{1}{1-c\%}\right) / \ln(1+p)$$

　　其中：n 为择伐周期；$c\%$ 为采伐蓄积强度；p 为材积生长率；

利用林分 1996～2003 年的材积生长率 3.1%，计算云冷杉针阔混交林择伐周期。选择择伐强度 10% 时，择伐周期为 3 年，但考虑林分现有每公顷蓄积量较低，结合不同阶段结构调整目标方案，把研究对象结构调整第 1 阶段择伐周期调整为 5 年。

（4）择伐强度与择伐周期合理性分析

进行林分结构调整，采伐强度与采伐周期是关键的因子，研究对象结构调整采伐强度与采伐周期是否合理，本研究做了以下分析：

林分生长量的大小是由林分生长率和林分蓄积量来决定的，而林分生长率的大小与采伐强度、林木年龄以及林分状况等因子有关。研究对象目前的生长率为 3.1%，通过对林分结构调整，改善林分条件，采取合理采伐强度等措施可以进一步提高研究对象目前生长率。本研究在林分生长率保持不变、不考虑林分枯损量（枯损率 0.58%）的情况之下，利用已确定的择伐强度和择伐周期预测结构调整第一阶段的采伐量与收获量（表 4-30）。

表 4-30　结构调整第 1 阶段蓄积量变化（m^3/hm^2）

择伐周期	生长量	伐前蓄积量	采伐量	伐后蓄积量
第 1 择伐周期	42	297	30	268
第 2 择伐周期	44	312	31	280
第 3 择伐周期	46	327	33	290
第 4 择伐周期	53	343	34	309

从上表看出，在第 1 阶段，以择伐强度为 10%、择伐周期为 5 年进行调整，在 4 个择伐周期内，可以采伐 128 m^3/hm^2 活立木蓄积，平均每年可以采伐 6～8 m^3/hm^2，林分蓄积净增长 54 m^3/hm^2，达到 309 m^3/hm^2。

从以上预测结果看，只要保持林分一定的生长率，按照上述择伐强度及择伐周期进行调整，能够实现目标结构，从而说明了择伐强度及择伐周期的合理性。

（5）采伐木的确定

林分结构调整最终以采伐的形式实现，合理确定采伐木，林分结构能够得到改善，解放被压木，给中下层林木提供更大的生存空间，提高林分生长量；反之，林分结构被破坏，功能下降。因此，如何确定采伐木是采伐的关键环节。

为了合理确定采伐木，本研究提出以目标树来控制采伐木的一种方法，称作目标树控制法。

1）目标树的概念

依据林木的生长状况或在林分中的作用可以把立木划分为不同的等级或不同的类别。传统采伐往往把林木分为采伐木和保留木两种类型，采伐木是伐区内被确定为采伐的林木，通常称为采伐对象；保留木是伐区内，不作为采伐对象的林木（森林采伐规程，2004）。这种分类，未能清楚地体现保留木中林木之间存在的差异和为何保留的真正含义。为此，本研究提出森林经营的目标树概念，把研究对象林木划分为目标树、采伐木及经营木三种类型，为生态系统经营提供理论依据。

目标树：能够满足经营目的，对林分的稳定性和生产性发挥重要作用的林木，是寿命长、经济价值高的林木。

采伐木：影响目标树生长的、需要在近期或下一个择伐周期采伐利用的林木。

经营木：林分中的既非目标树，也不是采伐木，是为保持林分结构需要经营的林木。不作特别标记，部分经营木可能成为林分未来的目标树。

从目标树的含义分析，目标树对林分结构的稳定、功能的发挥以及整个森林生态系统完整性发挥重要作用的林木，通常位居林分中、上层林，是林分培育的主要对象。只要在林分中保持一定数量(包括蓄积)的目标树，林分就会维持良好的林分结构。

提出目标树的意义在于，根据经营目标，首先确定目标树，依据市场需要和目标树的生长发育状况以及是否影响目标树的生长等因素来确定采伐木，不仅为确定采伐木提供新的方法，也为调整林分结构提供了理论依据。

2)目标树结构

目标树具备的条件包括生长状况、林层位置和关键树种。生长状况：干形通直、生长良好、经济价值高的健康林木；林层位置：在林分内均有分布，但通常位居林分中、上林层的林木；关键树种：生态系统中具有关键作用的林木，如：种子树、珍稀濒危树种、禁伐树种等；

目标树株数密度：在林分中目标树株数密度多大为合理，应该依据林分现实结构来确定，结构调整的不同阶段目标树株数密度大小也不同。从以上目标树和采伐木的概念及其含义分析，影响目标树生长的林木均确定为采伐木，如果两棵树树冠重叠就认为相互影响，那么，可以得出目标树与目标树的最近距离不能小于两棵树树冠平均直径大小(两棵树树冠周边相切)。依据上述目标树间的最小距离和林分平均冠幅计算出目标树每公顷株数，计算结果为为 294 株/hm^2。由此，确定研究对象目标树株数密度范围为 250 ~ 350 株/hm^2。

目标树分布格局：由于目标树多为生长状况良好的优势木组成，对林分结构的稳定以及林分的天然更新等方面发挥重要作用，因此，目标树的分布格局应为随机分布或均匀分布。

相邻目标树距离：依据目标树分布格局可以确定相邻目标树适宜距离。以目标树随机分布为前提，根据目标树株数密度，确定相邻目标树适宜距离。云冷杉针阔混交林相邻目标树适宜距离为 3 ~ 7m。

目标树蓄积量：依据目标树株数密度和林分平均直径，再利用当地一元材积表计算出目标树的每公顷蓄积量范围。研究对象结构调整第 1 阶段的目标树每公顷蓄积量范围为 150 ~ 200m^3。

目标树培育径阶：目标树不仅能维持良好的林分结构，而且能不断生产优质木材满足经营目的。目标树的采伐利用及持续培育对实现经营目的具有重要作用。虽然数量成熟龄是林木材积平均生长量最大时的年龄，但不是其经济效益最高的年龄，目标树应该培育到大径材工艺成熟或接近自然成数龄时其木材规格大，经济效益较高。由于研究对象工艺成熟和自然成熟龄研究资料较少，本研究认为，数量成熟龄再延长 1 ~ 2 龄级为各树种大径材工艺成熟龄，此时的直径总生长量为目标树的培育径阶。鉴于以上分析，目标树培育径阶确定为，红松≥48cm；云杉≥46cm；冷杉≥40cm；椴树≥46cm；枫桦≥36cm；色木≥38cm。

目标树树种组成：目标树树种组成是林分树种组成的主体，因此，调整目标树树种组成结构是调整林分树种组成结构的重要部分。本研究，依据目标结构树种组成及现实林树种组成，确定目标树树种组成为：2 云 2 冷 2 红 2 椴 1 枫 1 色，针阔比为 6 : 4。

3）目标树的确定流程

目标树必须干形通直、生长良好、无病虫害、经济价值高的健康植株，通常位居林分中、上林层，具有较高培育价值的林木，如果林分结构的特殊需求（如较大林隙，无上、中林层林木等），位于下林层林木也可以确定为目标树。

在满足上述目标树基本条件的基础上，依照以下流程确定目标树。

●确定为目标树的优先顺序为：珍稀濒危树种＞禁伐树种＞种子树＞其他树种；

●目标树树冠范围之内不选其他目标树；

●在多个树种被选择目标树时，以经济效益优先为原则确定目标树。即以当时市场木材价格高的树种优先确定为目标树。研究地区 2003 年各树种木材价格（表 4-31）。同一树种的大径级价格是小径级的 2～4 倍，目前国内大径级材供不应求，且主要依靠进口，价格不断上扬，培育大径级材在经济上是有效益的。

表 4-31   各树种木材平均价格（元/m³）

树种	云杉	冷杉	杨树	白桦	枫桦	椴树	色木	榆树	水曲柳	黄波罗	蒙古栎
价格	560	550	450	850	910	1150	820	820	1150	1150	1150

注：材种：选材；等级：1～2级；规格：24～28cm、6m；

●以相邻目标树距离 3～7m 为优先；

为了更直观、清楚地表述目标树确定流程，绘制了目标树确认流程图，见图 4-36。

4）目标树的现地落实

在目标树现地落实时，首先从林地上选择一株认为能够满足目标树条件的林木，按照目标树确定流程对其进行确认，如果不具备目标树条件，则另选一株，以至找到满足条件的林木确定为目标树。确定第一株目标树之后，在其树冠范围之外以相邻目标树适宜距离范围之内寻找一株林木再进行确认是否满足目标树条件，依此进行确认整个林分的目标树，并在确认的目标树上挂号标记，以便与其他林木区别。

5）采伐木起伐径阶的确定

起伐径阶是根据不同树种材积达到数量成熟时期的直径大小来确定，本研究试图通过对云杉、冷杉、红松、椴树、枫桦及色木的生长过程分析，确定其材积数量成熟龄，从而确定其培育径阶。但由于受解析木年龄所限，未能确定红松材积数量成熟龄，因此，无法确定其培育径阶。参照其他成果其余树种的培育径阶均按照上述方法确定。

由于红松是禁伐树种，因此，以材积数量成熟龄来确定其培育径阶没有实际意义，但从充分利用木材资源，避免资源浪费以及为其他林木释放空间等方面考虑，红松也应该适量采伐，采伐的标准应该根据林分结构实际状况及红松个体生长状况来确定。

其余树种的培育径阶，均依据本研究对解析木生长过程分析结果确定如下：云杉 42cm；冷杉 34cm；椴树 38cm；枫桦 30cm；色木 30cm。

6）采伐木分布格局

采伐木的分布格局直接影响保留林木的分布格局及林隙分布格局，从而影响林分天然更新效果及林分结构。从研究对象天然更新结果分析，具有空隙更新的特点，采伐后形成的林隙不宜过大，因此，本研究认为，采伐后形成的林隙直径不超过采伐木平均树高 2 倍，适宜林隙直径大小为 10～20m。

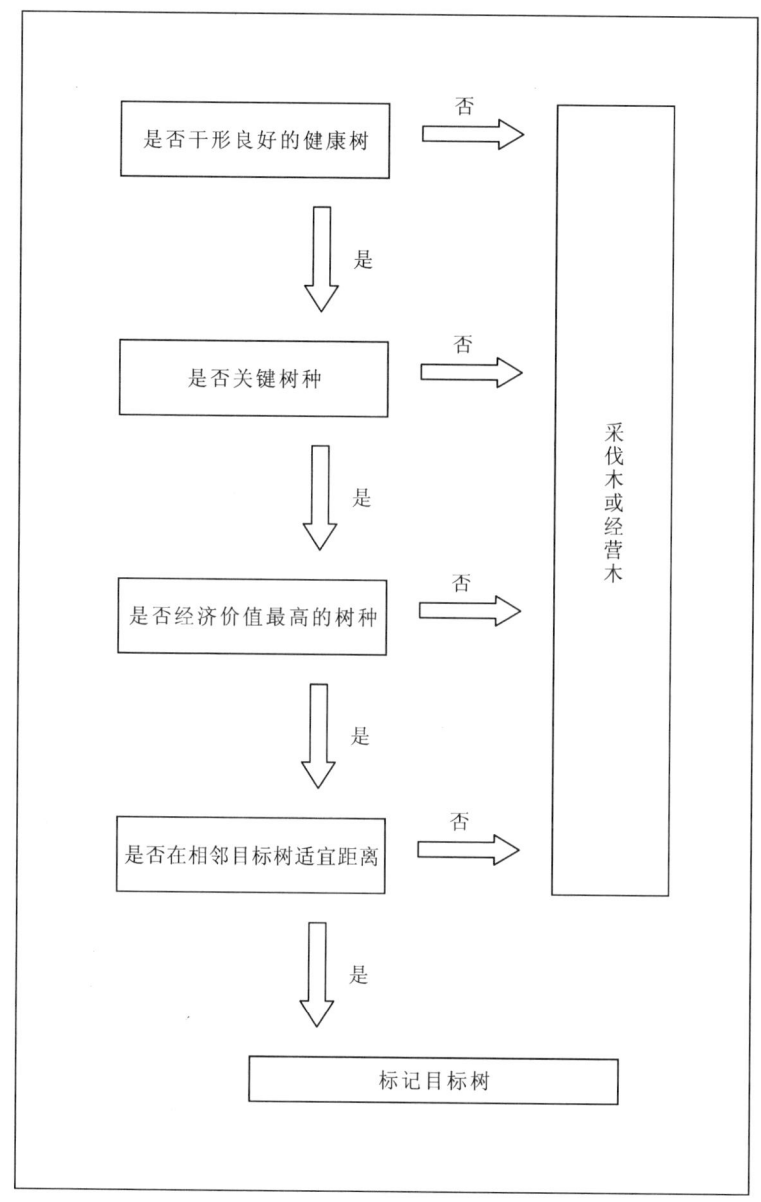

图4-36　目标树确定流程图

　　因此，有利于林隙分布格局，有利于林分天然更新，采伐木分布格局尽量以随机分布为佳。

　　7）采伐木确定流程

　　采伐木的确定，首先应该为目标树创造良好的生长条件和保持目标树结构；其次，考虑林分结构的完整性、合理性以及有利于天然更新；另外，应永久保留一定数量的不同腐烂程度和分布密度的枯立木和倒木，满足野生动物和其他生物对一些特殊生境的要求。

　　在综合考虑上述因素的基础上，按照以下顺序来确定采伐木。

　　●影响目标树生长的林木确定为采伐木；

　　●已经达到目标树培育径阶和采伐木起伐径阶以上的林木；

●明显有缺陷或没有培育前途的林木，如：病腐木、损伤木、分叉木、弯曲木、濒死木等，在考虑林分结构的基础上，按一定比例保留为森林动物、微生物提供生存场所以外，其他均确定为采伐木；

●严重影响到其他树木生长的林木，竞争激烈的林木中选择生长状况不良的林木确定为采伐木；

●采伐后能形成适宜大小林隙（直径小于20m）的林木。

为了更形象描述确定采伐木过程，本研究绘制了采伐木确认流程图（图4-37）。

8）采伐木的现地落实

采伐木的确定工作与目标树的确定工作是在林分中同时进行，但优先确认目标树的基础上确定采伐木。采伐木确定前对林分进行每木调查，依据制定的采伐强度和生长量计算出采伐量，再依据径阶株数分布及针阔混交比的调整要求，把采伐量分配到每个树种的不同径阶上。

做好以上前期工作之后，到现地按照本研究制定的采伐木确定流程落实采伐木。

9）目标树、采伐木现地落实模拟

目标树和采伐木的现地落实是复杂的过程，确定其控制因子众多。因此，为了指导现地落实工作和检验制定的目标树、采伐木确定流程的合理与否，利用2004年林分立木空间结构调查数据来模拟现地落实过程。

●绘制林分树冠投影平面图

为了更直观地显示林分结构信息，利用空间结构标准地调查数据，按一定比例绘制林分树冠投影平面图（图4-38，另见彩页）。为了方便起见把树冠的东、西、南、北四个方向的冠幅，取其平均值作为树冠的半径，以树冠实、虚线反映林木高度及林木树冠之间的相互影响，即没有被遮挡的树冠以实线表示，被遮挡的树冠用虚线表示。这样绘制的林分树冠投影图，可以反映林木间的距离、林木高度以及林木树冠之间的相互影响，为目标树和采伐木的确定提供了准确的结构信息。

●制定目标树、采伐木落实计划

依据目标树结构标准计算出标准地内落实的目标树株数与蓄积量。经过计算，在40m×50m的标准地内目标树株数以50~70株、蓄积量以30~50m³较为合理。同样以确定的结构调整第一阶段的采伐强度计算出本次从标准地内采伐的蓄积量，计算结果为6m³左右。

●现地落实

在依据制定的目标树与采伐木落实计划的基础上，按照目标树与采伐木确定流程，结合林分现实结构特征，进行现地落实。在标准地内目标树与采伐木分布情况见图4-39，确定的目标树共52株，蓄积量为31.8 m³，采伐木共10株，蓄积量为7.4 m³，与制定的目标树、采伐木落实计划正好相符。

确定采伐木和目标树时，除了考虑以上述因子以外，还应该考虑目标树与相邻目标树之间，目标树与相邻经营木之间的空间高度连续补位问题。即目标树将来被采伐时，相邻的经营木能够具备目标树条件，成为目标树，发挥维持林分结构的作用，避免目标树采伐后相邻没有可选目标树而影响林分结构的连续性。为了更直观地说明上述问题，利用标准地31、32、41、42四个小区的部分目标树与采伐木的确定过程来解释上述问题（见图4-39，另见彩页）。

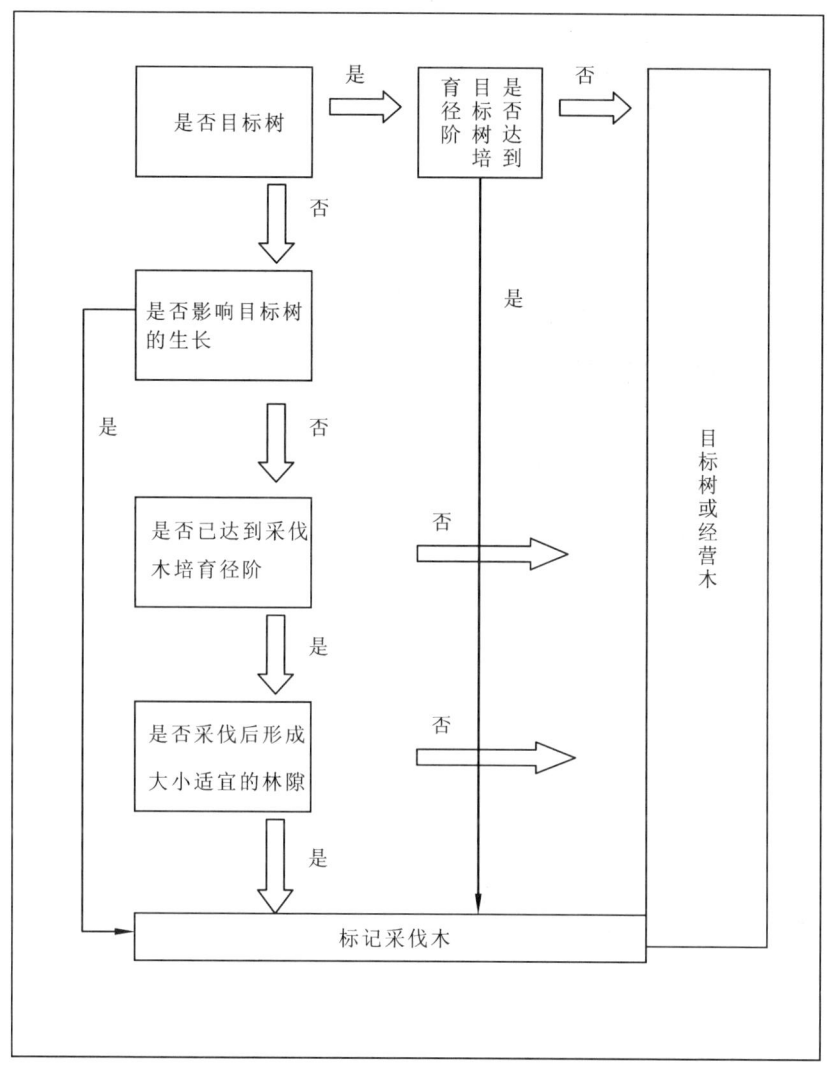

图 4-37　采伐木确定流程图

　　从图 4-39 上看，35 号树红松的胸径已到了 62cm，而且严重影响了 31 号树红松的生长，因此确定为采伐木；第 106 号树椴树同样影响了 110 号树色木和 109 号树红松的生长，而且与目标树 75 号云杉是同一个林层，垂直方向上没有形成空间高度连续性，因此确定其为采伐木；在将来目标树 31 号红松和 75 号云杉被采伐时与其相邻的 33 号红松、28 号椴树与 110 号色木、109 号红松依次相继成为目标树，持续林分的稳定结构。

　　初次确定目标树的工作量比较大，但一旦确定之后，可以为以后的多次采伐木的定株选择和作业设计节省大量工作量，并可以实现单株木定向集约经营。

4.2.8　结论与讨论

4.2.8.1　结论

　　本节以长白山东部过伐林区天然云冷杉针阔混交林为对象，该森林类型的培养目标是使

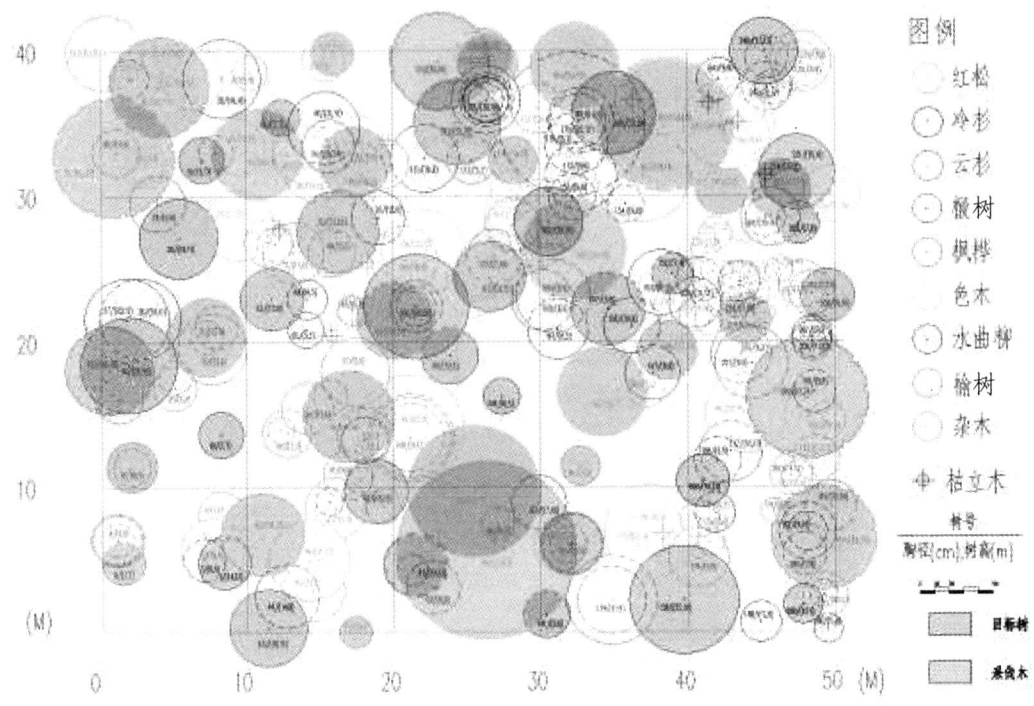

图 4-38　林分树冠投影平面图

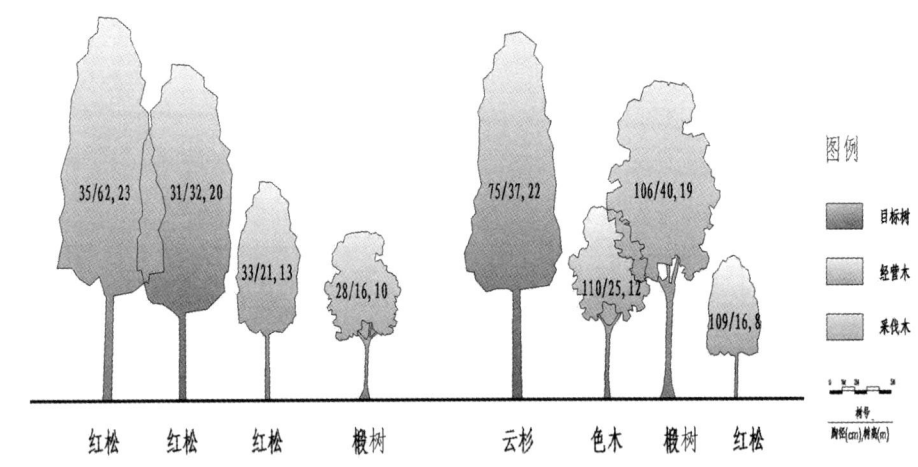

图 4-39　目标树与采伐木垂直分布图

森林的结构和空间配置处于最优状态，从而获得最高的蓄积生长量，同时获得较高的生态效益，实现森林的可持续经营。本研究根据 10 组检查法样地、26 块固定标准地的 1986～2003 年的野外调查数据和相关资料，从林分的直径结构、大中小径级结构、树种组成、针阔比、郁闭度、择伐经营等多个方面探讨了林分的最优林分结构和最优生长动态，得出以下结论：

　　（1）经过对资料的分析比较得知，近 20 年的检查法集约经营明显地改善了林分直径结构和针阔比值等林分因子，使云冷杉针阔混交林朝着理想的方向发展。

　　（2）通过负指数分布对现实林分直径结构进行拟合和分析，认为当长白山东部过伐林区云冷杉针阔混交林林分的林木株数分布曲线呈现典型的反 J 型曲线时，用负指数函数或用 q 值反映该种类型的直径分布效果比较理想。当林分小径级林木株数较多时，林分直径 q 值更能准确发映林分直径结构的合理性。一般情况下，这种森林类型的林木株数负指数拟合曲线的参数值和直径 q 值变化趋势也是一致的。研究得出：q 值在 1.2 - 1.4 为最好。

（3）树种结构良好，林分由云杉、冷杉、红松等针叶树和榆、椴、槭、桦、水曲柳、黄波罗等阔叶树组成。从林分生长、最优目标和结构效益上综合分析，较好的针阔混交比例为 8∶2、7∶3、6∶4，云冷杉过伐林最理想的针阔比重为 7∶3，占组成的树种不应少于 4 个。

（4）在择伐周期和择伐强度的确定中，根据云冷杉过伐林现状、生产成本、林分的稳定性等，检查法样地较好的择伐强度在 10% ~ 20%，择伐周期为 10 ~ 20 年。不仅能够促进林分的生长和正向演替，还能改善森林结构和林地生产力。

（5）在蓄积结构中，小、中、大径级林木的蓄积比重应该保持在 2∶4∶4 或 2∶3∶5 之间。

（6）森林结构的调整是一个渐近的过程，正如于政中等（1996）所指出，不能期望在一次采伐中获得完全调整好的最佳直径分布曲线。林分空间结构只有通过多次调整才能逐步趋于理想状态。调整次数取决于初始林分空间结构与理想空间结构之间的差距。在每次调整中重视经营措施对空间结构的影响，避免产生对森林结构的不良影响。

（7）林木空间配置合理，呈均匀或群状分布，没有大尺度的林隙（或林窗）。

4.2.8.2 讨论

研究中的一些问题和建议如下：

（1）森林结构调整是一个长期的过程，本研究用近 20 年的森林调查资料分析林分的结构和生长动态，得到了一些初步结论，它们只是阶段性的结论，随着研究深入还会有新的结论。

（2）在森林采伐中，一般情况下不主张对天然林进行抚育采伐，密度大时的竞争枯损可以使林木保持较好的干形。采伐要注意改善林木结构，促进林分向多层、混交、异龄结构发展，发挥森林生态系统各要素的最大潜力。

（3）由于受到研究时间和资料的限制，本次研究主要是水平结构的，涉及垂直结构的内容较少，但是垂直结构对林分生长的所有方面也是至关重要的。

（4）今后要开展种间联结、种群结构、不同时间和空间尺度的天然更新内容的研究，它们对经营好天然云冷杉过伐林也是重要的关键因素。

（5）研究中划分的 6 个不同蓄积水平在实际森林经营中能否准确代表特定林分的不同生长阶段，连续性和稳定性如何，还有待进一步验证。

第5章
小兴安岭次生林结构调整技术研究

小兴安岭地区大面积次生林的形成是一次自然景观的巨变。从 20 世纪三四十年代开始，该地区的顶极森林群落—原始阔叶红松林被砍伐殆尽（孙洪志，2003）。近几十年来，由于大力提倡封山育林，在山区形成了大面积的天然次生林。

该地区属于我国温带落叶阔叶林与温带针阔混交林过渡类型的中心地带，多种森林类型广为出现（李哈滨，1982）。到目前为止，受破坏后的原始林正进行次生演替的中、后期阶段（李俊清，1986）。在没有人为强烈干扰的地段，可以看到森林群落演替处于恢复阶段，进行进展演替；在有人为强烈干扰的地段，森林群落的演替处于停滞阶段或进行逆向演替（安慧君，2003）。在本地区常见的森林群落类型有：天然次生演替形成的纯龄幼林、混交林、杂木林、硬阔叶林、软阔叶林和人工林。硬阔叶林和软阔叶林占有很大比重。典型的林相有蒙古栎林、白桦林、山杨林等林分分布。

从目前来看，次生林作为该林区主要的森林形态，面积呈上升的趋势，质量呈下降的趋势，且存在着许多问题，如林分的年龄结构、树种结构、起源结构等不合理，垂直结构简单，生产力低下，缺乏目的树种等等，因此对于次生林结构的调整和恢复是当前重要的任务之一。现代的科学森林经营应以林分空间结构与功能的关系为基础，通过空间优化经营从而构建合理的林分空间结构。

本章基于多期固定样地数据，建立了小兴安岭地区天然次生林主要树种及林分类型的单木生长模型及林分生长与收获预估模型，研究了各林分类型的直径结构分布规律，并以黑龙江省帽儿山林场内杨桦林、软阔叶混交林和硬阔叶混交林三种典型天然次生林林分类型为对象，分析了三种林分类型的空间结构特征，以林分的人为干扰（间伐和择伐）为切入点，把空间结构引入林分采伐规则，建立林分空间结构优化经营模型，并提出相应的结构调整目标和技术，以改善次生林的结构状况，为小兴安岭地区的天然次生林可持续经营提供理论依据和技术支撑，促进生态系统的正向演替，逐步恢复和形成健康稳定的生态系统。

5.1 天然次生林主要树种单木生长模型的研究

建立天然次生林主要树种单木生长模型的数据主要来小兴安岭地区白河林业局分别于 1990 年和 2000 年 1200 多块一类清查固定样地的 2 次复测数据。模型的检验数据采用了 1990 年和 2000 年两次森林经理调查中的 810 块天然林复位样地。

5.1.1　与距离无关的单木胸径生长模型

模型基本形式：

$$\ln(id) = a_1 + a_2\ln(d) + a_3 d + a_4 BAL + a_5\ln(SCI) \tag{5-1}$$

式中：id 为5年间胸径生长量(cm)；$d = DBH$(cm)；BAL 为胸径大于对象木的林分断面积合计(m²/hm²)；SCI 为地位级指数(m)。

表5-1　天然林主要树种直径生长模型的拟合结果

树种(组)	a_1	a_2	a_3	a_4	a_5	R^2	s. e.	n
红松	-0.499	0.521	-0.0355	-0.0368	0.148	0.158	0.656	2784
落叶松	-0.167	0.760	-0.0625	-0.0716	0	0.243	0.686	10303
樟子松	0.004	0.381	-0.0322	-0.0567	0.119	0.203	0.720	2895
水胡黄	-0.982	0.432	-0.0355	-0.0562	0.460	0.206	0.657	3118
蒙古栎	-2.245	0.560	-0.0426	-0.0563	0.724	0.211	0.688	38826
榆树	-1.935	0.602	-0.0338	-0.0475	0.494	0.180	0.796	6833
椴树	-1.707	0.428	-0.0319	-0.0524	0.542	0.162	0.817	9737
白桦	-1.810	0.884	-0.0570	-0.0530	0.208	0.136	0.805	27870
杨树	-2.194	0.447	-0.0200	-0.0367	0.612	0.127	0.774	8244

5.1.2　树高预测模型

模型基本形式：

$$h = b_1(1 - \exp(-b_2 d))^{b_3} t^{b_4} \tag{5-2}$$

式中：h 为树高(m)；$d = DBH$(cm)；t 为林分年龄(a)。

表5-2　天然林主要树种树高预估模型的拟合结果

树种(组)	b_1	b_2	b_3	b_4	n	R^2	MSE
红樟	2.562	0.346	2.262	0.435	60	0.703	4.487
落叶松	6.402	0.154	1.428	0.284	115	0.769	2.655
水胡黄	6.408	0.225	3.237	0.255	32	0.695	5.734
蒙古栎	7.825	0.186	2.269	0.162	418	0.651	3.499
榆树、色木	7.879	0.252	5.006	0.177	63	0.523	5.560
白桦、枫桦、黑桦	6.522	0.095	0.966	0.266	397	0.718	3.283
椴树	9.443	0.056	0.811	0.224	63	0.834	1.424
杨、柳、杂木	11.383	0.156	2.294	0.134	95	0.791	3.009

5.1.3　单木枯损模型

林木枯损概率模型基本形式：

$$p = \frac{1}{1 + \exp(-c_1 + c_2\ln(d) + c_3 d + c_4 BAL + c_5 t)} \tag{5-3}$$

式中：p 为5年间林木存活概率；$d = DBH$(cm)；BAL 为胸径大于对象木的林分断面积合计(m²/hm²)；t 为林分年龄(a)。

表 5-3　天然林主要树种林木枯损概率模型的拟合结果

树种（组）	c_1	c_2	c_3	c_4	c_5	R^2	n
红樟	1.971	1.244	−0.0327	−0.0595	−0.0067	0.075	8616
落叶松	−2.387	3.192	−0.1037	−0.0157	−0.0174	0.104	14085
水胡黄、榆树	1.816	1.515	−0.0662	−0.0622	−0.0029	0.057	12571
蒙古栎	−1.553	3.111	−0.1470	−0.0489	−0.0074	0.080	45868
椴树	−0.157	2.278	−0.1047	−0.0483	−0.0016	0.052	12454
白桦	−2.525	3.298	−0.1714	−0.0385	−0.0034	0.075	37048
杨柳	0.133	1.266	0	−0.0372	−0.0173	0.107	13417

5.2　天然次生林主要树种林分生长模型的研究

5.2.1　基础数据的来源

建立主要林分类型林分生长与收获预估模型的数据，来自于 1986、1990、1995、2000和 2005 年在黑龙江省市县林区复测的国家森林资源连续清查固定样地数据。1986 年测定一类清查固定样地 1133 块，后四期调查分别补充了新的固定样地若干，每次测定算作一个样本，总共收集一类清查样地样本数为 6455。为对数据进行补充，2006 年、2007 年在黑龙江省市县林区分别设置的重点生态公益林监测样地 11121 块和 4124 块。总共收集样本数量为 21700。

各样地按林分类型及优势树种的分布见表 5-4。

表 5-4　黑龙江省样地按林分类型和优势树种分布表

代码	林分类型	样地数量			优势树种	样地数量		
		计	天然	人工		计	天然	人工
1	红松林	211	66	145	红松	388	181	207
2	云杉林	32	19	13	云杉	115	93	22
3	冷杉林	35	35	0	冷杉	162	162	0
4	落叶松林	1645	119	1526	落叶松	2168	355	1813
5	樟子松林	726	11	715	樟子松	871	37	834
6	赤松林	28	12	16	赤松	35	15	20
7	水曲柳林	128	80	48	水曲柳	549	487	62
8	胡桃楸林	33	31	2	胡桃楸	216	209	7
9	黄波罗林	2	1	1	黄波罗	39	38	1
10	椴树林	297	295	2	椴树	1525	1506	19
11	蒙古栎林	4177	4144	33	蒙古栎	6858	6770	88
12	榆树林	119	112	7	榆树	565	542	23
13	色木林	30	29	1	色木	349	346	3
14	枫桦林	11	11	0	枫桦	120	120	0
15	黑桦林	447	439	8	黑桦	1173	1156	17
16	白桦林	1973	1955	18	白桦	3359	3316	43
17	杨树林	1533	659	874	杨树	2613	1710	903
18	柳树林	157	140	17	柳树	249	226	23
19	杂木林	128	126	2	杂木	346	342	4

续表

代码	林分类型	样地数量			优势树种	样地数量		
		计	天然	人工		计	天然	人工
20	针叶混交林	309	160	149				
21	针阔混交林	921	545	376				
22	软阔叶林	5712	5620	92				
23	硬阔叶林	3046	3002	44				
合计		21700	17611	4089		21700	17611	4089

5.2.2　地位级指数导向曲线

根据各树种的平均年龄和平均树高数据，利用 Forstat2.0 统计软件包分别拟合各理论方程，确定采用 Chapman – Richards 方程作为各林分类型地位级指数的导向曲线的基本方程。

$$TH = A(1 - \exp(-kt))^c \tag{5-4}$$

式中：TH 为林分平均高(m)；t 为林分年龄(a)；A、k、c 为待定参数。

利用已知的立地信息(区域信息)，用区域号作为哑变量，代表样地立地信息，将此哑变量引入基本导向曲线方程进行回归，拟合各区域的地位指数导向曲线。白桦天然林地位级指数曲线如图5-1示。

$$TH = (a_1 s_1 + a_2 s_2 + a_3 s_3 + a_4 s_4 + a_5 s_5)(1 - \exp(-(k_1 s_1 + k_2 s_2 + k_3 s_3 + k_4 s_4 + k_5 s_5)t))^c \tag{5-5}$$

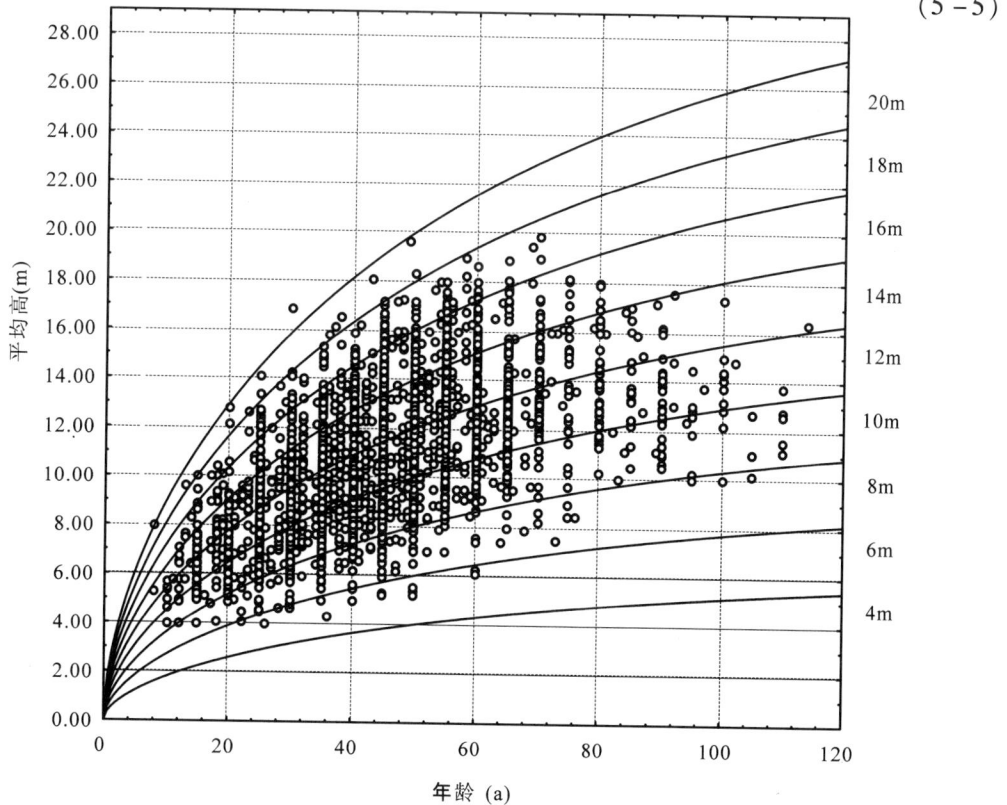

图 5-1　黑龙江省白桦天然林地位级指数曲线

5.2.3　林分密度指数(SDI)

根据林分密度指数的定义(Reineke，1933)采用下式可以得到每个林分的林分密度指数(SDI)：

$$SDI = N \times (D_0/D_g)^{-\beta} \tag{5-6}$$

式中：N 为每公顷株数(n/hm^2)；Dg 为林分平均胸径(cm)；D_0为基准直径(cm)。

表 5-5　各林分类型 SDI 方程参数

序号	林分类型	样本数	D_0(cm)	参数 β	SSE	R^2
1	蒙古栎天然林	92	15	1.127814	4058835.84	0.9597
2	椴树天然林	15	15	1.145463	1952542.54	0.6591
3	山杨天然林	48	15	1.044016	2804742.09	0.8797
4	白桦天然林	62	10	1.435750	3015421.38	0.9300
5	黑桦天然林	19	10	1.061417	572114.15	0.9190
6	针叶混交林	43	20	1.304876	1429330.10	0.9452
7	针阔混交林	42	15	1.344761	1501271.07	0.9671
8	硬阔叶林	108	15	1.202145	3837633.52	0.9540
9	软阔叶林	120	15	1.196614	5486494.14	0.9570

5.2.4　林分生长与收获模型

5.2.4.1　断面积生长预估模型

本研究以 Chapman – Richards 生长曲线为基本模型建立了各林分类型断面积生长预估模型。Chapman – Richards 生长方程的基本形式为：

$$y = A(1 - e^{-kt})^c \tag{5-7}$$

式中：A 为渐进参数；k 为与生长速率有关的参数；c 为形状参数。

通过分析各主要林分类型的断面积生长曲线，发现 Chapman – Richards 方程中的渐进参数 A 主要与立地条件(SCI)有关，林分密度(SDI)主要影响断面积生长速度，因此方程中的参数 k 则主要与林分密度(SDI)有关，而与立地条件(SCI)无关。关于形状参数 c 与立地条件和林分密度之间并无明显关系。故本研究所构造的各主要林分类型的断面积生长预估模型如下：

$$BAS = a_0 SCI^{a_1}(1 - \exp(-k_0(SDI/10000)^{k_1}t))^c \tag{5-8}$$

式中：BAS 为林分断面积(m^2/hm^2)；SCI 为地位级指数(m)；SDI 为林分密度指数；t 为林分年龄；a_0，a_1 k_0，k_1，c 为模型参数。

5.2.4.2　林分蓄积量预估模型

为了预估林分收获量，采用所收集的各林分类型固定标准地数据，选择林龄(t)、树高(TH)、立地(SCI)和林分断面积(BAS)作为基础变量，并对这些变量进行初等变换和组合，借助多元回归技术建立了以形高模型为基础的收获预估模型。其模型为：

$$VOL = BAS \times TH \times \left(\frac{d_0}{TH + d_1}\right) \tag{5-9}$$

式中：VOL 为林分蓄积（m³/hm²）；BAS 为林分断面积（m²/hm²）；TH 为林分平均高（m）；d_0，d_1 为模型参数。

5.2.4.3　联立方程组的建立

　　本研究建立林分断面积和蓄积预估模型的联立方程组，利用 ForStat 2.0 软件所提供的参数估计方法对线性联立方程组参数进行估计，解决度量误差参数估计问题。建立了各林分类型相容性林分生长与收获模型系统。

　　另外，为建立各林分类型各个区域的生长收获模型系统，经研究分析，在方程组的断面积预估模型中对参数 a_0 和 k_0 构造哑变量，最终方程组形式如下：

$$\begin{cases} BAS = (a_{01}s_1 + a_{02}s_2 + a_{03}s_3 + a_{04}s_4 + a_{05}s_5)SCI^{a_1} \\ \qquad (1 - \exp(-(k_{0\,1}s_1 + k_{02}s_2 + k_{03}s_3 + k_{04}s_4 + k_{05}s_5)(SDI/10000)\,k_1t))^c \quad (5-10) \\ VOL = BAS \times TH(d_0/(TH + d_1)) \end{cases}$$

图 5-2（a）、（b）分别为白桦林分断面积和蓄积生长曲线。

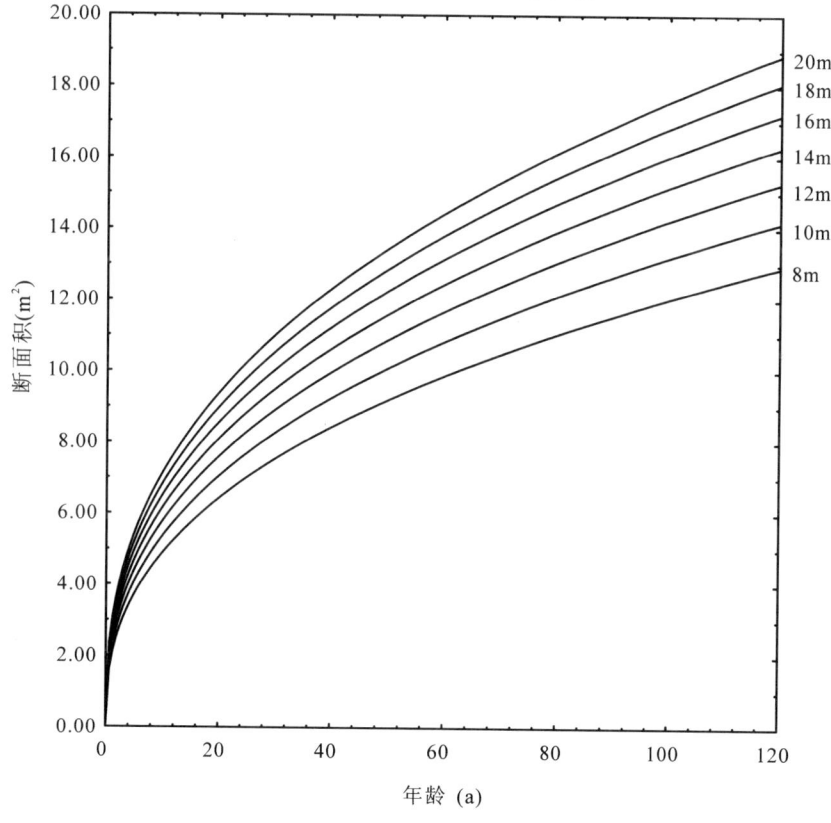

图 5-2（a）　白桦林断面积生长曲线

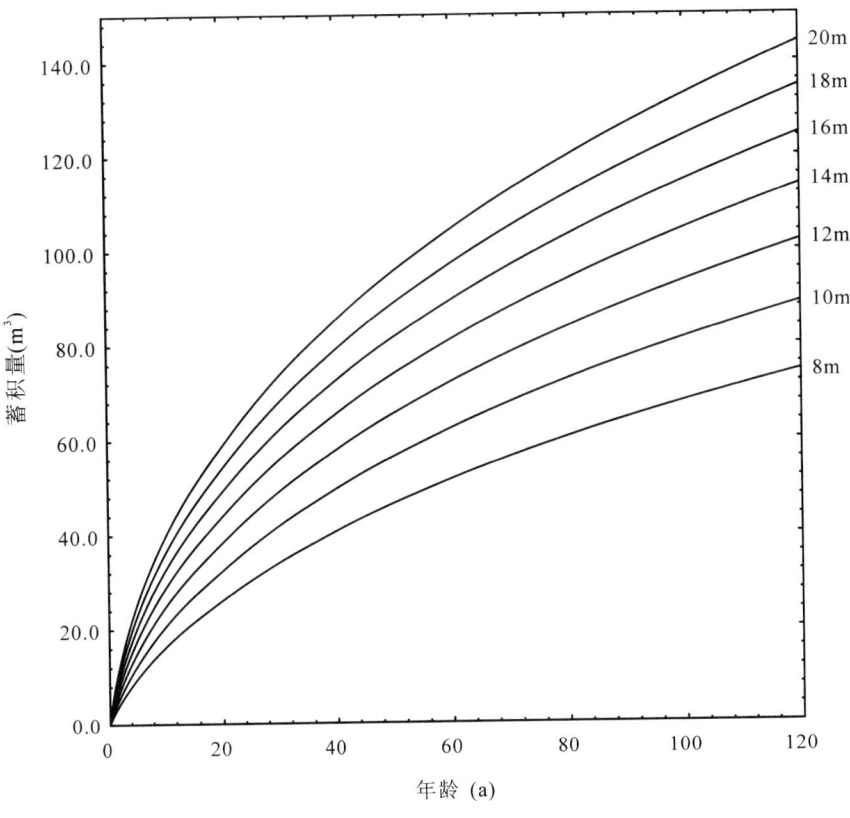

图 5-2(b)　白桦林蓄积生长曲线

5. 2. 4. 4　天然林林分密度指数(SDI)动态预估模型

从 1986 ~ 2005 年四次复测的 3815 块天然林固定样地中,选取了调查间隔期内未采伐或采伐量小(采伐强度 <5%)、优势树种未发生变化的有林地共 2847 块固定样地作为基础数据,来构建天然林主要林分类型的林分密度指数(SDI)动态预测模型。

通过分析各天然林固定样地林分密度指数(SDI)动态趋势,发现瞬时天然林各林分类型林分密度指数(SDI)相对生长率近似常数,故可以假设:

$$\frac{dSDI/dt}{SDI} = \alpha \qquad (5-11)$$

式中: SDI 为 t 年时的 SDI; α = 常数。

用初始条件当 $t = t_1$ 时, $SDI = SDI_1$ 对方程(5-11)积分得到林分密度指数(SDI)动态预测模型:

$$SDI_2 = SDI_1 e^{\alpha(t_2-t_1)} \qquad (5-12)$$

式中: SDI_1 和 SDI_2 分别为预估期初(t_1)和预估期末(t_2)时林分密度指数; t_1 和 t_2 分别为预估期初和预估期末时林分年龄; α 为待定参数。

5.3　天然次生林直径分布模型的研究

5.3.1　直径结构分析

　　根据 2007–2008 年调查的 120 块天然次生林固定标准地(面积 0.06 和 0.1hm²)以及 2007 年收集的黑龙江省 12800 多块生态公益林监测样地(面积 0.05、0.06 和 0.1 hm²)数据，天然次生林径阶株数分布大都呈现反 J 型曲线(图 5-3)。

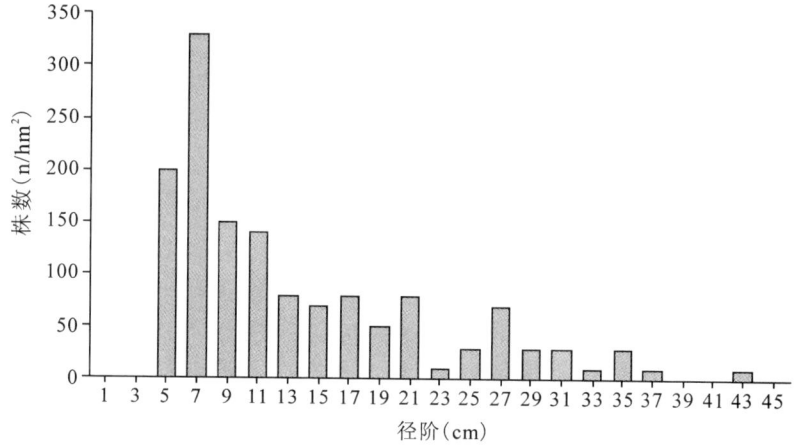

图 5-3　标准地 M712 的径阶株数分布

　　除了典型的反 J 型曲线外，有些复层异龄林林分具有明显的层次，其直径分布呈现波浪式的双峰山状曲线(图 5-4)。

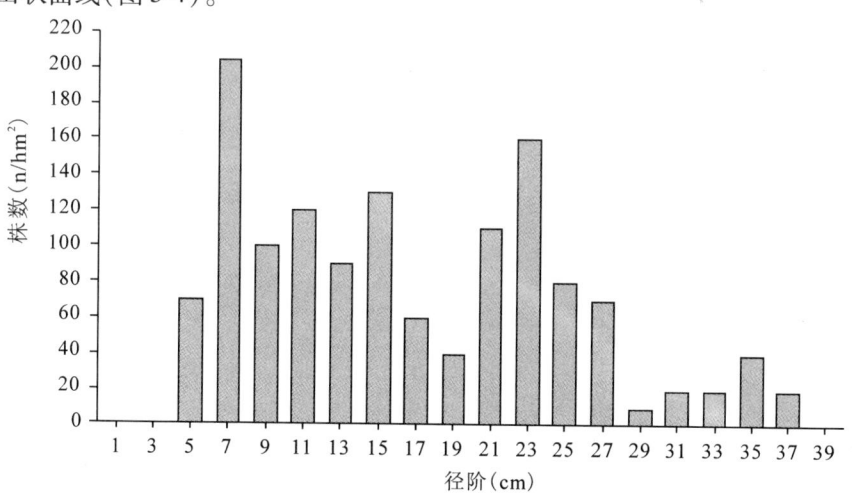

图 5-4　标准地 M703 的径阶株数分布

　　有些林分的林冠层次不齐整，则呈现出不规则的单峰山状曲线，相邻径阶之间树木株数变动比较明显(图 5-5)。

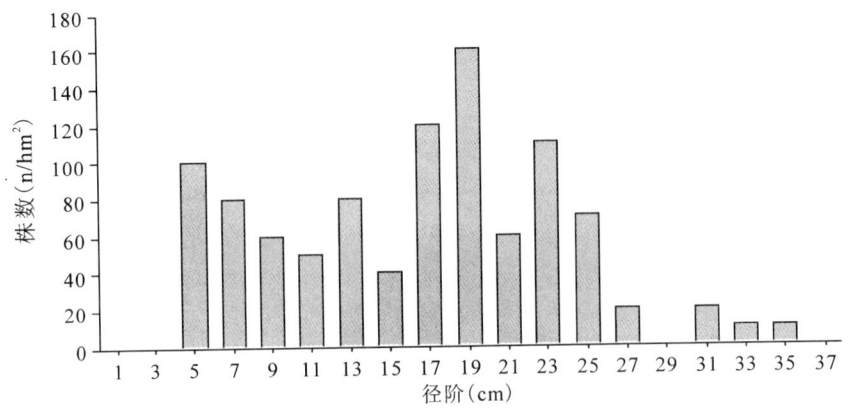

图 5-5 标准地 M703 的径阶株数分布

5.3.2 直径结构模拟

选用 S_B 分布、负指数分布、正态分布、Weibull 分布和 β 分布函数对各标准地直径分布数据进行拟合检验。为了更精确地比较各种分布函数对实际数据的拟合效果，各分部函数均采用矩解法求解其参数。研究结果表明，天然次生林林木株数随着直径的增大呈减少的趋势，负指数分布和三参数 Weibull 分布的拟合效果较好，但负指数分布优于 Weibull 分布（图 5-6），在 0.05 显著水平下卡方检验通过率分别为 65% 和 50%。在干扰比较严重、以阔叶树为主的天然次生林中，直径结构规律变化较大，采用负指数分布拟合的接受率约为 50%。但是，在干扰比较小、以针阔混交的天然次生林中，直径结构比较稳定，采用负指数分布拟合的接受率高于 75%。因此，可以采用负指数分布函数作为天然林结构优化的基本模型。

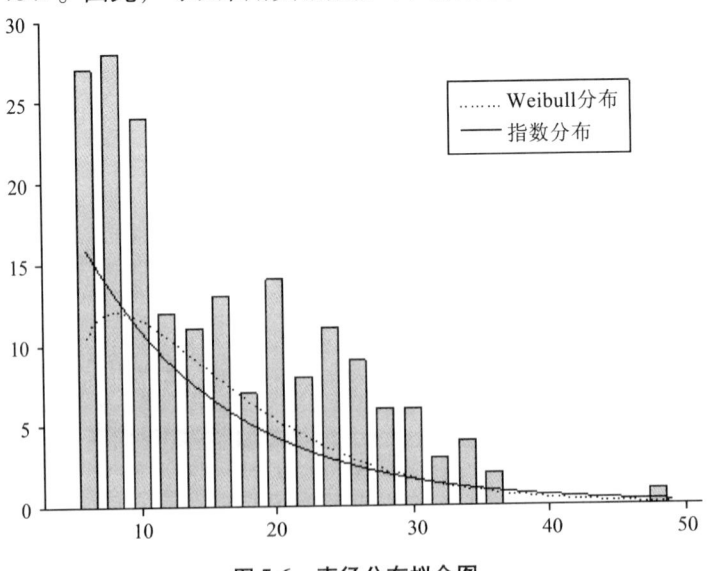

图 5-6 直径分布拟合图

5.4 天然次生林林木竞争及林分空间结构

与林木空间位置有关的结构统称为林分空间结构(spatial structure of stand)。林分空间结构可以从树种混交度、大小分化度以及林木个体在水平地面上分布的空间格局 3 个方面加以描述(惠刚盈等,1999,2001,2005)。相应地,描述林分空间结构的定量指标称为林分空间结构指数,包括混交度、大小分化度和空间分布格局指数等。空间结构是林分的重要特征属性之一,运用怎样的评价手段从而更加准确、有效地描述林分的空间结构特征已成为了众多研究者广泛关注的问题之一。

本节以帽儿山天然次生林区 2007 年所调查的 30 块标准地和 176 株解析木的数据为基础,以杨桦林、软阔叶林和硬阔叶林为研究对象,分析各主要林分类型的树种组成,直径结构等林分基本结构;应用空间结构三参数,以最小结构单元为基础,从混交度、直径、树高和冠幅的大小比数以及角尺度具体分析了次生林的水平结构;采用 Hegyi 单木竞争指数对帽儿山林场各主要林分类型的种内、种间竞争强度进行定量分析。

5.4.1 研究地区概况

5.4.1.1 地理位置及地形地势

帽儿山实验林场位于黑龙江省东南部,距哈尔滨市 100km 左右,属尚志市所辖。东部以自然山脉与尚志市黑龙宫、小九林场相邻,南部以哈绥铁路与国营林场局所辖的帽儿山林场为界,西部和北部以自然分水岭为界与阿城市平山林场、山河林场相接壤。地理坐标为东经 127°30′至 127°34′,北纬 45°20′至 45°25′。总面积为 26,496hm²,南北长 30km,东西宽 20km,全场划分为 10 个施业区,即尖砬沟、老爷岭、新垦、跃进、中林、北林、东林、太平、密峰和老山施业区,共 151 个林班。

5.4.1.2 气候概况

该地区属温带季风气候,但是具明显的大陆性,四季分明,冬长夏短。冬季寒冷干燥,夏季空气湿热,春季气候干燥,蒸发量大,秋季温度略高于春季。年平均气温 2.8℃,气温≥10℃初始至终止日数 153d、连续日数平均 148d,大于等于 10℃的年积温 2582℃,年日照时数 2471.3h,无霜期 120~140d,年降水量 723.8mm,集中于 6、7、8 月,年蒸发量 1093.9mm,年平均相对湿度 70%,年太阳辐射总量 124.45kcal/cm²。

若以平均气温单因子作为划分季节长短标准,则夏季仅一个月左右,春秋季 4 个月,而冬季则长达 7 个月。冬季不仅寒冷且持续时间长,从当年 9 月下旬至翌年 4 月。1 月份为最冷时节,月平均气温 -19.7℃,极端最低温比该月平均气温低 18℃左右。初雪在 9 月下旬,终雪在翌年 3 月下旬,降雪量占年降水量的 20% 左右;冬季水蒸发处于冰面和雪面蒸发状态,是全年总蒸发量的 30% 左右。整个冬季大地被雪覆盖,最长连续积雪日数 152d;冻结初日在 9 月下旬,解冻在 5 月上旬,最长连续结冰近 180d,冻层深达 150cm 左右。夏季是在 6 月下旬至 7 月中旬。7 月平均气温 20.9℃,极端气温 38℃(1966 年),平均相对湿度 85%。受本林区地形影响,空气乱流混合作用较弱,气温日较差比较大,白天气温高,夜间冷却快，温差 15℃ 左右，最大值可差 20℃，7、8 月份是雨量集中期，降水量 380.8mm，占年降水量的 54%。

5.4.1.3 土壤特点

该地区地带性土壤为暗棕壤(暗棕色森林土或灰棕壤)，有机质含量、各种化学元素、微量元素含量都较高，机械组成、土壤结构较好，占总面积的 68.18%，上层深厚，林地无季集水现象，但土壤湿润，水分充足。在常年积水或有季节性积水的地方有白浆化、草甸化和潜育化的暗棕壤。非地带性土壤为白浆土、草甸土、泥炭沼泽土等，占 31.82%。林场土壤肥沃，适宜发展林业及其他种植业。

5.4.1.4 资源状况

该地区的植被属于长白山植物区系，是由地带性顶极植被阔叶红松林经人为干扰破坏后形成的较典型的东北东部天然次生林。20 世纪 40 年代后期进行了封山育林，原始森林被采伐后，通过经营恢复地带性植被阔叶红松林已被阔叶次生林所代替，逐步恢复成不同阶段的天然次生林，主要林分类型有杨桦林、珍贵硬阔混交林、色、榆、蒙古栎为主的硬杂木林以及红松、樟子松、落叶松为主的人工林，在山顶石砾等处有残留的百余年生的天然红松。现已形成不同类型的复层异龄混交林，具有显著的生态功能和社会功能。固定标准地所在的樟子松人工林内，偶尔有白桦、榆树、色木、椴树等阔叶树种和红松、落叶松等针叶树种生长其中。

帽儿山地区约 26 000hm² 面积内，1958 年的总蓄积量为 88 万 m³。通过持续封山育林，并实施"栽针保阔"各项措施，使森林蓄积量逐步增长。连续资源清查的结果：1965 年为 148 万 m³，1983 年为 198 万 m³，1990 年为 215 万 m³。同期间的采伐量由 1958 年的年产木材 4 000m³，逐步上升到 1989 年的 21000m³，1990 年的森林资源监控报告中的蓄积量年净量为 28 061m³。说明这样的经营途径已保证了建设性因素占据主导地位。在保证森林资源恢复发展的过程中，还促使原地带性顶极——阔叶红松林得以恢复。次生林各主要类型的分层频度调查证实，原顶级类型中的主要伴生种类所形成的落叶软阔叶林或落叶硬阔叶林，其演替层或更新层中落叶硬阔叶树已日益占据优势。1979 年，演替层和更新层中已明显看出中庸性或耐荫的落叶硬阔叶树种占主要地位，特别呈现出"水曲柳更新优势"。至 1990 年，这一趋势更加明显。

该地区次生林类型多样而具有代表性。森林类型有：硬阔叶林、软阔叶林、针阔混交林。天然次生林主要包括：蒙古栎林、杨树林、白桦林、杂木林等；人工林有樟子松林、落叶松林、落叶松 - 水曲柳混交林、红松中幼龄林、水曲柳幼林等。

该林区植被属东亚温带针叶、落叶阔叶混交林，即红松阔叶林的一部分，植被种类较丰富，蕨类植物有 36 种，一个变种，种子植物 789 种、47 个亚种及变种、6 个变型，共计 102 科、883 种(少数是引进树种)，真菌 133 种。

组成林分的乔木树种主要为山杨(*Populus davidiana*)、枫桦(*Betula costata*)、白桦(*Betula platyphylla*)、水曲柳(*Fraxinus mandshurica*)、花曲柳(*Fraxinus rhynchopylla*)、黄波罗(*phellodendronamurense*)、胡桃楸(*Juglans mandshurica*)、榆树(*Ulmus laciniata*)、蒙古栎(*Quercus mongolica*)、椴树(*Tilia amurensis*)、红松(*Pinus koraiensis*)和色木(*Acer mono*)、白

牛槭（*Acer mandshuricum*）及青楷槭（*Acer tegmentosum*）。

灌木树种主要有暴马丁香（*Syringa amurensis*）、佛头花（*Viburnum sargenti*）、卫矛（*Evonymus sacrosanta*）、暖木条（*Viburnum burejaeticum*）、灯笼果（*Ribes pauciflorum*）、山高粱（*Sorbaria sorbifolia*）、乌苏里绣线菊（*Spiraea ussuriensis*）、早花忍冬（*Lonicera ruprechtiana*）、光萼溲疏（*Deutzia glabrata*）、毛榛（*Corylus mandshurica*）、东北山梅花（*Philadelphus schrenkii*）和刺五加（*Acanthopanax senticosus*）。

林地草本植物主要有苔草（*Carex* spp.）、山茄子（*Brachybotrys paridiformis*）、冰里花（*Adonis amurensis*）、银莲花（*Anemone amurensis*）、单花蒜（*Allium mouathum*）、兔葵（*Eranzhis stellata*）、小顶冰花（*Gagea hiensis*）、延胡索（*Corydalis ambigua*）、毛茛（*Ranuculus sclerarus*）、龙胆（*Geutiana zollingeri*）、驴蹄菜（*Caltha palustris*）、金腰子（*Chrysosplenium trachyspermun*）、铃兰（*Couvallaria keiskei*）、堇菜（*Viola aouminata*）、鹿药（*Smilacina japonica*）、白花碎米荠（*Cradnmine laucantha*）、柴胡（*Bupleurum longiradiatum*）、藜芦（*Veratrum nigrum*）、紫花耧斗菜（*Aquilegia viridiflor var atropurpure*）、蔓乌头（*Acouitum volubile*）、卵叶风毛菊（*Saussures graudifolia*）、山尖子（*Caclia hastat*）等。

主要蕨类有锉草（*Hippochaete hymale*）、猴腿蹄盖蕨（*Athyrium mutidentatum*）、东北蹄盖蕨（*Athyrium brevifrons*）、亚美蹄盖蕨（*Athyrium acrostichoides*）、及掌叶铁线蕨（*Adiantum pedatum*）。

该林区野生动物也较丰富，鸟类有 49 科、255 种、14 个亚种，其中非雀型各目共有 135 种，雀形目 120 种，占黑龙江省雀形目种类的 47.1%。野鸡、野鸭在本林区较多，鸳鸯也有出现；兽类有 6 目 15 科 39 种，主要有黑熊、野猪、狼、狍子、马鹿等，据当地居民称，在 1950 年前本林区曾有东北虎出没；两栖爬行类常见的有林蛙、蝮蛇等；鱼类主要是细鳞鱼、鲶鱼等；森林昆虫有 298 种，但不成灾。

5.4.2　数据收集及整理

数据均收集自帽儿山实验林场不同立地条件、林型、密度和海拔的林分中，选择有代表性的天然次生林类型，设置不同大小的标准地，来获取所需的数据。

5.4.2.1　主要林分类型划分

就各次生林类型的形成而言，可以归结为：种的相互竞争和相互适应；种的生态适应性；群落生态选择性。因此，不能把次生林各类型笼统地看作是外因的作用，重要的是要找出各个类型的发生途径。在本研究中把所调查的帽儿山的次生林分为 3 种类型：

（1）杨桦林

此类混交林主要包括白桦、杨树（山杨）、枫桦 3 个先锋树种和杂木。白桦、枫桦和杨树占 5 成左右，椴树和杂木占 4 成。此类森林往往处于森林演替的早期阶段，大多数情况下都是受到强度干扰（如皆伐或火灾）之后发展起来的次生林类型，是一种不稳定森林群落。在针叶树种源不足的情况下，也会长期处于此演替阶段。白桦和山杨具有喜光、速生、寿命短的特点。白桦和山杨种子小，结实多，能飞播较远距离。且萌芽、根蘖能力强。因此，通常在森林遭到强度干扰后，首先侵入的就是先锋树种白桦和山杨。白桦和山杨等先锋树种逐渐为顶极针叶树种创造有利的生长条件，为森林向更高阶段演替作准备。但在进一步演替中，首先与先锋树种发生竞争的往往不是顶极针叶树种，而是顶极树种的伴生树种(多为中性树种)色木、锻树和水曲柳等。林下灌木以暴马丁香、毛榛子和刺五加为主，草本种类较少。土壤为暗棕壤，土层较厚。

(2) 硬阔叶林

该类型以水曲柳、黄波罗、胡桃楸为先锋树种，约占4成左右，其他伴生树种，如蒙古栎、锻树、色木、榆树等约占3成，其他为不固定的杂木。多分布于沟谷和坡下位置。结构比较稳定，三大硬阔生长多良好，林下多有幼树，自然更新情况较好。林下灌木主要为暴马丁香、溲疏和刺五加等，草本较少。土壤为厚层腐殖土。

(3) 软阔叶林

在帽儿山地区广泛分布，多为锻树、色木等为优势树种，伴有少量的胡桃楸、黄波罗、山杨等树种。结构复杂，主林层主要是锻树、杨树为主，演替层多样化，色木、榆树、黄波罗等皆有分布，更新层间断分布水曲柳、色木等。

5.4.2.2 标准地的设置和测定

(1)标准地的设置

2007年在帽儿山实验林场的中林和跃进施业区设置30块不同林分类型的天然次生林标准地。所选的标准地所在林分均是未经过间伐、生长正常、具有代表性的次生林。标准地规格：根据地形和林相特点，设置不同面积的标准地，一般为20m×50m，最大为30m×70m。

(2) 标准地因子测定

1) 每木定位

首先将标准地的某一个角桩设为样地初始坐标原点，并用GPS定位，将相互垂直的两条边分别作为x轴和y轴，在标准地的y轴上按5m的间隔定小桩(坐标刻度)，用皮尺或测绳拴在桩上，将标准地划分为5m×x轴长度若干个带，便于更精确确定标准地林木的实际位置，然后在每个带依"之"字形顺序确定每株树木的坐标值(x_i，y_i)。

2) 每木测定

A. 在胸高位置(1.3m)用直径卷尺测胸径(精确到0.1cm)。

B. 测树高及枝下高(精确到0.1m)。

C. 皮尺量测树冠东、南、西、北四个方向的冠幅(精确到0.01m)。

(3)解析木的选取及测定

1)解析木的选取

由于次生林林分状况复杂，树种结构也很复杂，因此在选择解析木过程中，针对每个树种选择生长状况优良，干形通直，树冠均匀的树木，避免选择断梢、偏冠的树木。而且不能使用传统的等断面积分级法，只能根据计算得出的树种组成和每木检尺的结果，来选取标准地外的几个优势树种的平均木和优势木，以此作为标准地内林分主要树种最大的和平均的生长状况。一般每块标准地对应选择2种或3种优势树种，然后每个树种选择1株优势木，1株或2株平均木。

2)解析木的测定

在每块标准地附近，具有相同生长条件的林分中按所计算的胸径和树高值，选取冠形良好、生长正常、无病虫害的解析木。在解析木伐倒以前，应记载它所处的立地条件、林分状况和相邻木的情况，伐倒前，应先准确确定伐根位置，并在树干上标明胸高直径的位置和南北方向。实测每株解析木的胸径、冠幅长度及与邻近树木的位置关系，并绘制树冠投影图。

5.4.2.3　数据整理

本研究在不同林分类型中共设置不同年龄、不同立地条件、不同密度的天然次生林固定标准地 30 块，编号分别为 M701、M702、……、M730。对每块固定标准地完成上述因子测定并建立数据库，各标准地基本概况见表 5-6。

在所设置的 30 块天然次生林标准地中，共测得样木 4237 株，剔除枯死木和亚乔木，有效的数据为 3628 株。

表 5-6　标准地基本概况表

标准地号	林分类型	树种组成	海拔（m）	面积（hm²）	密度（株/hm²）	坡向	坡位
M701	硬阔叶林	4 胡 1 白 1 黄 1 槭 1 色 1 榆 1 椴	375	0.15	1344	阳	下
M702	硬阔叶林	2 胡 1 水 1 色 1 椴 1 榆 1 黄 1 槭	395	0.14	1100	阳	中
M703	软阔叶林	4 椴 2 胡 1 水 1 榆 1 枫 1 黄	459	0.135	1022	阳	上
M704	硬阔叶林	4 胡 2 椴 2 榆 1 黄 1 色	370	0.12	1183	半阳	下
M705	软阔叶林	4 椴 2 胡 2 黄 1 色 1 杨	366	0.1	1570	半阳	中
M706	软阔叶林	2 榆 2 椴 2 水 1 椴 1 黄 1 色 1 杨	359	0.1	1430	阳	中
M707	软阔叶林	4 椴 2 色 2 水 1 杨 1 榆	371	0.1	1260	半阳	中
M708	软阔叶林	4 椴 2 柞 1 色 1 黄 1 胡 1 水	469	0.12	1158	阳	上
M709	软阔叶林	3 椴 2 色 3 柞 1 胡 1 杨	475	0.12	1283	半阳	上
M710	软阔叶林	5 椴 1 色 1 黄 1 柞 1 榆 1 胡	503	0.1	1420	阳	中
M711	软阔叶林	4 椴 2 柞 1 色 1 黄 1 榆 1 杨	490	0.12	1142	半阳	中
M712	杨桦林	3 杨 2 色 1 柞 1 椴 1 胡 1 榆 1 黄	522	0.1	1410	阳	中
M713	杨桦林	4 枫 2 胡 1 椴 1 杨 1 色 1 柞	542	0.105	1238	阳	脊
M714	硬阔叶林	2 黄 2 水 2 杨 2 柞 1 椴 1 色	491	0.1	1310	半阳	上
M715	硬阔叶林	6 柞 2 椴 1 水 1 榆	501	0.075	1453	阳	上
M716	软阔叶林	5 椴 2 榆 1 柞 1 色 1 花	444	0.105	1648	阳	上
M717	软阔叶林	4 椴 3 杨 1 水 1 榆 1 柞	469	0.105	1790	阳	上
M718	软阔叶林	6 椴 1 色 1 榆 1 柞 1 杨	465	0.1	1360	半阴	中
M719	硬阔叶林	4 水 2 椴 2 枫 1 色 1 榆	415	0.105	1095	阴	中
M720	杨桦林	6 杨 1 椴 1 色 1 胡 1 水	396	0.15	820	半阳	中
M721	硬阔叶林	3 胡 2 色 1 黄 1 槭 1 椴 1 水	363	0.1	1440	阴	中
M722	软阔叶林	4 椴 2 胡 2 水 1 色 1 榆	402	0.14	1093	半阴	下
M723	杨桦林	2 枫 2 椴 2 杨 1 槭 1 榆 1 黄 1 水 1 胡	413	0.14	764	阴	中
M724	杨桦林	3 白 2 色 1 榆 1 水 1 柞 1 杨 1 椴	398	0.18	1094	半阳	下
M725	杨桦林	4 枫 3 色 1 色 1 榆 1 水	408	0.15	1060	阴	中
M726	杨桦林	5 白 2 柞 1 椴 1 水 1 色	366	0.18	1050	半阳	下
M727	软阔叶林	2 椴 2 色 2 白 1 黄 1 枫 1 胡 1 槭	417	0.12	1117	阴	中
M728	硬阔叶林	3 胡 3 榆 2 黄 1 椴 1 杨	345	0.1225	1322	阴	中
M729	硬阔叶林	5 胡 2 榆 1 杨 1 水 1 白	320	0.15	667	阳	平
M730	软阔叶林	6 榆 2 水 1 胡 1 柳	303	0.21	395	阳	平

注：柞——蒙古栎。

5.4.3 主要林分类型林木竞争及林分空间结构

5.4.3.1 杨桦林

杨桦林林木空间隔离程度不大，杨桦林中同树种聚集的情况较多，仅有7%的树种之间隔离程度较大，即林木与其最近相邻的4株树属明显的不同种。各树种组成的结构单元较多样化，林分较稳定。统计得出全林地的平均混交度为0.12，偏于弱度混交(0.25)。杨桦林是一个由不同树种呈现弱度混交结构状态的林分，这种结构使得不同的树种没有占据各自有利的生态位，群落的状态不稳定．山杨为主要树种，其株数所占比例较大，约为74%，很容易出现单种聚集的情况；胡桃楸、水曲柳、白桦、枫桦和黄波罗，株数较少，平均混交度在0.01左右，多为零度混交，每株树与周围的最近4株树均为同种。另外，色木的中度混交(M＝0.5)的频率很高，榆树的零度混交频率也极高。说明榆树出现单种聚集，其余均为不同树种间的混交。杨桦林直径大小分化程度不是很大，杨桦林直径大小比数的平均值为0.55，接近于0.5，全林地内处于优势的林木和处于劣势的林木基本相等。

在杨桦林中，以杨树参照树的结构单元中，相邻木中直径较大的林木较多，相邻木树高都大于目标树的树高，冠幅处于绝对劣势，杨树在结构单元中处于明显的劣势地位。在林地内，由于色木、白桦、槭树和榆树的数量虽然较少但是其胸径较大，因此均处于优势和亚优势。整体上目标树基本上处于劣势状态中。杨桦林的平均角尺度值为0.48，根据角尺度均值评判标准，为随机分布。

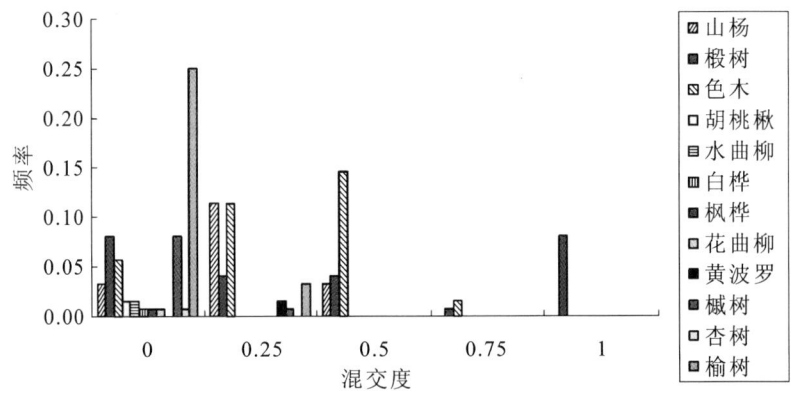

图 5-7　山杨次生林内各树种混交度及其频率分布图

对象木山杨在生长过程中不断与其他个体发生竞争，在胸径小于20cm时，正处于迅速生长时期，林分开始郁闭，密度调节发挥作用，争夺空间和资源的竞争非常激烈，以后种群自然稀疏现象作用加大，林木分化明显，树冠发育基本定型，林木距离加大，竞争强度随胸径增大而逐渐减小。在天然次生林中，山杨发育初期，因为胸径小，生存空间处于被压状态，周围的竞争木对其产生剧烈竞争。随着个体的发育，胸径不断增大，竞争能力逐渐增强，特别到了成熟阶段，保留下来的个体处于主林层，周围的竞争木与山杨都有适合各自生存的资源空间，竞争木对山杨的竞争逐渐减弱。种内竞争也表现出大致相同的趋势。

在生长过程中，山杨发生种内竞争的同时，也与周围其他物种的植株不断争夺营养空间，且不同种类物种对山杨的竞争强度存在较大差别。山杨种内竞争指数为7.014。种间竞争指数最大的是枫桦，为 384.891；竞争指数最小的为色木，为 0.281。山杨种内竞争指数明显低于种间，说明群落中种间竞争比种内竞争更剧烈。种内及其与主要伴生树种间的竞争强度顺序为：枫桦 > 白桦 > 蒙古栎 > 杏树 > 黄波罗 > 山杨 > 胡桃楸 > 槭树 > 榆树 > 水曲柳 > 椴树 > 暴马丁香 > 桦树 > 花楸 > 花曲柳 > 色木。

山杨在群落中处于乔木层，为该林型的顶极群落，竞争木的种数有 16 种。来自种间竞争的的个体数木为 264 棵，平均胸径较大，其种间的竞争指数因不同树种相比差异较大。

表 5-7　山杨竞争木的种类组成和种间竞争指数

种名	株数	百分比(%)	竞争指数	竞争指数排名
枫桦	1	0.38	384.891	1
白桦	1	0.38	9.538	2
蒙古栎	10	3.79	8.823	3
杏树	1	0.38	8.318	4
黄波罗	7	2.65	7.874	5
山杨	43	16.29	7.014	6
胡桃楸	14	5.30	6.389	7
槭树	12	4.55	5.833	8
榆树	22	8.33	4.864	9
水曲柳	6	2.27	3.819	10
椴树	53	20.08	3.759	11
暴马丁香	6	2.27	3.113	12
桦树	3	1.14	2.784	13
花楸	3	1.14	2.750	14
花曲柳	1	0.38	2.099	15
色木	81	30.68	0.281	16
总计	264	100	462.15	

5.4.3.2　软阔叶林

软阔叶林林分的林木空间隔离程度不大，大约 56% 的林木周围至少有 1～2 株同种林木与之相邻，28% 的林木周围只分布有同种林木。林分的优势树种为椴树，其聚集程度较大，达到了 12%。另外，椴树在几种混交情况中均有分布，蒙古栎只分布在零度混交和中度混交中，其余树种如杨树、水曲柳和黄波罗，在林分中所占株数比例很少，其混交程度很小，均为零度混交。槭树的数量较多，常为几株聚集在一起，呈现出多种强度混交。软阔叶混交林分的平均直径大小比数为 0.45，林分内占优势的树种和处于劣势的树种基本相同。林分内直径的分化程度很大。林地内椴树的直径的分化程度比较严重，另一主要树种榆树各大小比数范围内均有分布，多于一半的目标树（椴树）的树高大于相邻木的树高，样地内目标树在整体上处于中庸状态中。两者既有处于优势的林木又有处于劣势的林木。色木、槭树的生长处于优势。其他树种各分布频率均较低，基本处于劣势状态。色木、榆树、槭树处于优势状态的林木分布最多。软阔叶混交林的平均角尺度为 0.57，根据角尺度评判标准，其值大于 0.517，为聚集分布。

对象木（椴树）在生长过程中不断与其他个体发生竞争，在胸径小于 10cm 时，正处于迅速生长时期，争夺空间和资源的竞争非常激烈，林木分化明显。随着胸径的不断增大，树冠发育基本定型，林木距离加大，竞争强度随胸径增大而逐渐减小。椴树种内竞争指数总体趋

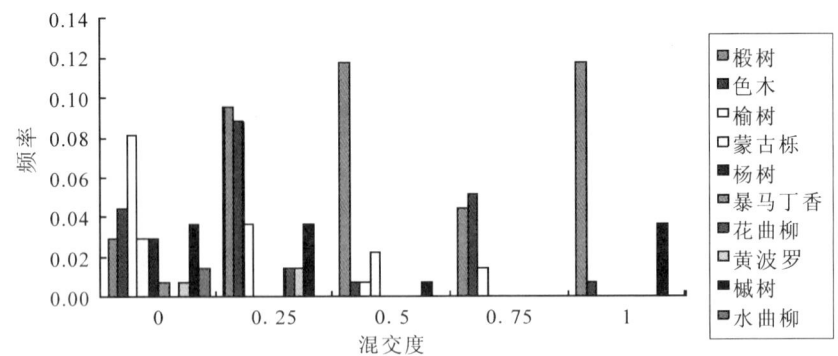

图5-8　软阔叶林各树种混交度及其频率分布图

势是随着径级的增加，其竞争指数逐渐减小。这主要是因为椴树在生长发育的过程中，由于种群调节，随着林木径级的增大，林木因自疏而加大植株间的距离，因此个体间对光、热、水、土等资源的竞争指数降低，同时林木逐渐趋于均匀化。植物在生长过程中，不仅与同种个体发生种内竞争，而且还与周围其他物种不断争夺营养空间，产生种间竞争。竞争木对椴树的竞争逐渐减弱。种内竞争也表现出大致相同的趋势。

群体的竞争强度以槭树为最大，竞争强度为10.356，其次为色木，竞争强度为8.358，山杨最小，为1.391。种内、种间竞争强度的顺序为椴树>槭树>色木>水曲柳>黄波罗>榆树>蒙古栎>山杨。

表5-8　椴树竞争木的种类组成和种间竞争指数

种名	株数	百分比(%)	竞争指数	竞争指数排名
槭树	1	3.57	10.356	1
色木	14	50	8.358	2
水曲柳	1	3.57	6.707	3
黄波罗	2	7.14	4.098	4
榆树	8	28.57	4.074	5
蒙古栎	1	3.57	1.685	6
山杨	1	3.57	1.391	7
总计	28	100	36.888	

5.4.3.3　硬阔叶林

硬阔叶林林分的林木空间隔离程度不大，硬阔叶混交林中同树种聚集的情况较多，大约59%的林木周围至少有1~2株同种林木与之相邻。仅有9%的树种之间隔离程度较大，各树种组成的结构单元较多样化，林分较稳定。林分的优势树种为胡桃楸，其强度混交频率很高，为0.25，在整个林分的株数分布比例为57%。而其他树种如白桦、椴树和黄波罗，平均混交度在0.01左右，多为零度混交。该林分类型平均混交度只有0.47。榆树的强度混交（M=0.75）的频率很高，说明榆树非单种聚集，其余均为不同树种间的混交。硬阔叶混交林林分的平均直径大小比数为0.49，林分内占优势的树种和处于劣势的树种基本相同。林分内直径的分化程度不大。按照树种的大小比数平均值排序可知：榆树<槐树<胡桃楸<杨树=黄波罗=白桦<水曲柳。水曲柳的大小比数平均值最大，为0.72。白桦、黄波罗、杨树

的生长优势相当。而榆树由于株数较少，也表现出较大的生长优势。作为优势树种的胡桃楸，直径分化程度严重，处于优势的林木仅有3%。

各树种的平均树高大小比数有一定变化，其中优势树种胡桃楸为0.57，水曲柳为0.61，树高属于中庸优势；杨树为0.71，白桦为0.75，树高处于明显劣势；榆树、槐树、黄波罗则明显处于亚优势。根据角尺度均值评判标准和角尺度统计分析表明，硬阔叶混交林的平均角尺度值为0.56，为聚集分布。

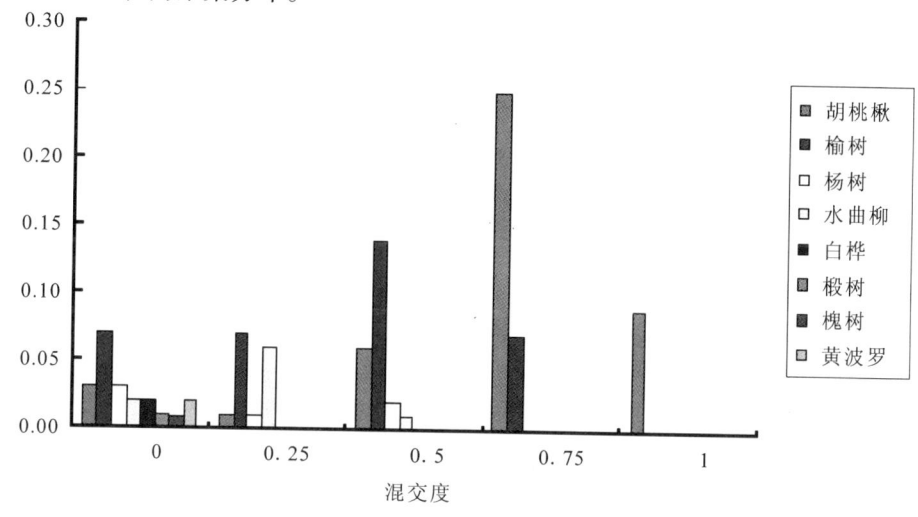

图5-9　硬阔叶林各树种混角度及其频率分布图

对象木胡桃楸在胸径10~20cm时，正处于迅速生长时期，平均竞争指数急剧增大。以后种群自然稀疏现象作用加大，林木逐渐趋于均匀化，竞争强度随胸径增大而逐渐减小。对象木胡桃楸的种间竞争树种为榆树，竞争强度为5.078。胡桃楸种内竞争表现出的趋势明显与其他林分类型中的优势树种不同，竞争强度随着胸径的增大而逐渐增大。

表5-9　胡桃楸种内竞争强度

径级(cm)	平均竞争指数	标准差
10~15	2.222	1.909
15~20	2.476	2.078
20~25	4.196	3.637
25~30	5.58	0.520

5.5　天然次生林林分空间结构优化经营模型的建立

基于乘除法的思想，用多样性混交度、聚集指数、竞争指数和树冠叠加指数作为目标函数构建了天然次生林择伐空间优化模型。设计了10个与林学意义相一致的约束条件(包括直径分布、树种多样性、采伐量、生长量、性混交度、聚集指数、竞争指数和树冠叠加指数等)，并采用0-1整数规划的思路，在LINGO9.0软件中使用了隐枚举法对目标函数求得最优解，从而确定出采伐木和保留木。

5.5.1 林分空间结构指标

林分空间优化的实质是合理确定采伐木，以便在获取木材并保持非空间结构的同时，导向理想的空间结构。本研究从次生林树种混交结构、竞争与分布格局3个方面描述林分空间结构，相应地，有3个空间结构子目标。

由于林分空间结构的各个方面既相互依赖又可能相互排斥，要求各子目标同时达到最优是困难的，采用多目标规划可取得林分空间结构整体最优。基于以上分析，林分空间结构在混交度和聚集指数上都是以取大为优，而竞争指数是取小为优。同时，考虑保持空间结构在林分整体上的稳定性，避免出现变动过大。

5.5.2 边缘校正方法

在计算林木空间结构的这几个指标时，如多样性混交度、聚集指数和竞争指数等，如果不考虑标准地边缘的树木对内部林木的影响，计算的结果会有误差，因此必须对标准地进行边缘的校正。

本研究根据数据调查的情况，采用简单的边缘校正方法，主要是考虑在计算 Hegyi 竞争指数时的竞争圈的大小为6m，并且林分的树冠的半径一般很少超过5m，因此在所设置的标准地内，人为划分出5m宽的界限，这与"8"邻域大样地边缘校正"（汤孟平，2003）所采用的方法相类似，在使用的过程中也较容易。而传统的边缘校正考虑边缘木的树冠投影与样地边缘的相交问题，很复杂，难以计算，不便于使用。边缘校正的方法如图5-10（另见彩页）。

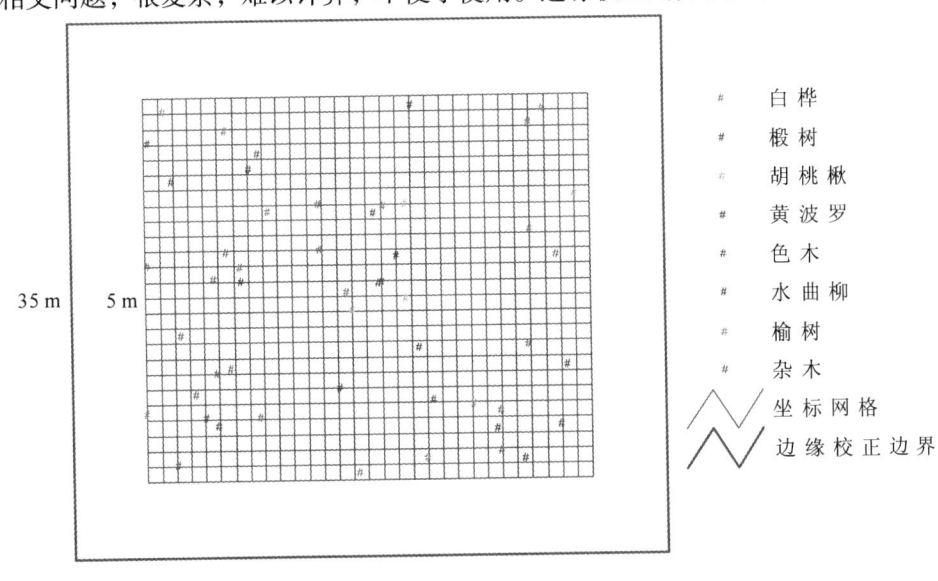

图 5-10　边缘校正示意图（M702）

5.5.3 空间结构优化方法

根据前天然次生林的三个方面的目标来具体构建多目标规划的形式，这个目标函数为：

$$V(d) = \frac{\dfrac{M(d)}{\sigma_M} \cdot \dfrac{R(d)}{\sigma_R}}{CI(d) \cdot \sigma_{CI} \cdot AO(d) \cdot \sigma_{AO}} \tag{5-13}$$

式中：M 为次生林多样混交度；R 为聚集指数；CI 为竞争指数；AO 为树冠叠加指数；σ_M 为混交度标准差；σ_R 为聚集指数标准差；σ_{CI} 为竞争指数标准差；σ_{AO} 为树冠叠加指数标准差；d 为决策向量，$d = (d_1, d_2, \cdots, d_N)$，$di = \begin{cases} 0 & \text{采伐第 } i \text{ 株样木} \\ 1 & \text{保留第 } i \text{ 株样木} \end{cases}, i = 0, 1, \cdots, N$。

目标函数的最优解集 X^*，就是为了使次生林林分多样混交度保持最大，聚集指数最大的同时，使竞争指数和树冠叠加指数最小。这种最优解集的林业意义就是在保持了树种多样性的基础上，使林木格局均匀分布，林木间的相互竞争减少，树冠叠加减少，保持林分结构稳定性，以达到结构调整的目标。

5.5.4 约束条件的设置

约束条件主要根据林分非空间结构设置，包括林分结构多样性、生态系统进展演替和采伐量不超过生长量。林分结构多样性是生物多样性的重要组成部分，林分结构多样性主要指林木大小多样性和树种多样性（Buongiorno et al. 1995）。生态系统进展演替是维持优势种或建群种的优势程度。采伐量不超过生长量是可持续利用木材的的基本前提。同时，要求伐后空间结构质量不降低。这些约束都符合近自然林业和可持续经营的要求。本研究主要考虑林分直径分布，树种多样性、采伐量不超过生长量和空间结构约束。

5.5.5 空间结构模型设计

在目标函数分析与约束条件设置基础上，可建立林分空间优化模型。假定已取得调查样地中每株树木有关调查因子如树种、胸径、树高、冠幅和坐标等，通过模型求解作出下一经理期内采伐木的安排（见表5-10）。

表5-10 样木调查因子与决策因子

样木编号	树种	胸径	树高	冠幅	坐标 x	坐标 y	材积	决策因子	采伐材积
1	s_1	dbh_1	h_1	cw_1	x_1	y_1	v_1	d_1	$v_1(1-d_1)$
2	s_2	dbh_2	h_2	cw_2	x_2	y_2	v_2	d_2	$v_2(1-d_2)$
…	…	…	…	…	…	…	…	…	…
N	s_N	dbh_N	h_N	cw_N	x_N	y_N	v_N	d_N	$v_N(1-d_N)$

空间优化模型形式为：

约束条件：

(1) $dbh(d) = D_0$

(2) $q(d) \geqslant q_1$

(3) $q(d) \leqslant q_2$

(4) $s(d) = S_0$

(5) $H'(d) \geqslant H'_0$

(6) $c(d) = v \cdot (1 - d) \leqslant Z$

(7) $M(d) \geqslant M_0$

(8) $R(d) \geqslant R_0$

(9) $CI(d) \leqslant CI_0$

(10) $AO(d) \leqslant AO_0$

式中：$dbh(d)$ 为择伐前保留木径级个数；D_0 为择伐后保留木径级个数；$q(d)$ 为择伐后 q 值；q_1，q_2 为 q 值的上下限；$s(d)$ 为择伐后树种个数；S_0 为择伐前树种个数；$H'(d)$ 为择伐后树种多样性指数；H'_0 为择伐前树种多样性指数；$c(d)$ 为采伐量；Z 为林分总生长量；$M(d)$ 为择伐后多样性混交度；M_0 为择伐前多样性混交度；$R(d)$ 为择伐后聚集指数；R_0 为择伐前聚集指数；$CI(d)$ 为择伐后竞争指数；CI_0 为择伐前竞争指数；$AO(d)$ 为择伐后树冠叠加指数；AO_0 为择伐前树冠叠加指数；v 为树木单株材积向量，$v = (v_1, v_2, \cdots, v_N)$；$1 = (1, 1, \cdots, 1)$；$d$ 为决策向量，$d = (d_1, d_2, \cdots, d_N)$；$d_i = \begin{cases} 0 & \text{采伐第 i 株树木} \\ 1 & \text{保留第 i 株树木} \end{cases}$，$i = 1, 2, \cdots, N$。

非线性多目标规划要求目标函数获得极值，在本研究中，要求目标函数 $V(d)$ 取得最大值，约束条件中，条件(1)保持择伐后保留木径级个数不变，条件(2)和条件(3)要求 q 值在一定范围内变化，条件(4)要求树种个数不减少，条件(5)要求树种多样性指数不降低，条件(6)是采伐量不能大于生长量的约束，条件(7)是要求林分的多样混交度不降低，条件(8)要求聚集指数不减小，条件(9)要求林木竞争指数尽量减小，条件(10)要求树冠叠加指数尽量降低。

5.5.6　模型求解

组合优化问题是指若干种组合运算中寻求最佳的一种组合，从而实现对问题(或策略)的最佳选择规划。求解组合问题的算法有很多，如穷举法、回溯算法，人工神经网络法、模拟退火法以及遗传算法等等，但这些算法在问题规模很大时，普遍的求解所需时间长，有时甚至达不到可行的结果。由于模型中存在大量的整数变量，会出现组合爆炸现象，用穷举法难以求解。

本研究根据所设计的目标函数和约束条件的特点，把目标函数转化为 0 - 1 规划的形式来求解。0 - 1 规划是纯整数规划的一种特殊情况，即要求它的解只是 0 或 1，来使目标函数达到最大或者最小。所使用的软件是 LINGO 9.0。

5.6　天然次生林经营模式

以黑龙江省帽儿山林场内杨桦林、软阔叶混交林和硬阔叶混交林三种天然次生林林分类型为研究对象，根据三种林分类型的空间结构特征及林分空间结构优化经营模型，提出相应的结构调整目标和经营模式。

5.6.1　空间结构优化结果

以帽儿山实验林场 2007 年所调查的 M702 标准地为例：

由空间优化经营模型确定出采伐木和保留木，采伐木的情况见表5-11。

表 5-11　采伐木基本因子统计

树号	树种	胸径	采伐	径级	树高	材积	X 坐标	Y 坐标
3	杂木	12.5	1	12	11.7	0.056348	2.2	4.9
28	椴树	6.5	1	8	7.9	0.013529	31.7	6.4
31	杂木	5	1	4	5.7	0.006402	28.7	9.7
37	胡桃楸	33.6	1	32	17.7	0.697863	15.9	5.8
41	色木	6.1	1	8	6.5	0.010658	8.5	5.9
55	杂木	7.6	1	8	8.3	0.017367	10.5	12.7
57	杂木	7.1	1	8	5.8	0.014775	10.6	11.8
59	椴树	14.5	1	16	11.4	0.085821	18.0	10.3
61	椴树	6.7	1	4		0.014468	22.6	14.9
62	黄波罗	32.3	1	32	14.3	0.529436	23.0	15.0
68	杂木	7.6	1	8	7.3	0.017367	34.2	11.1
71	椴树	10.3	1	12	7.8	0.038414	24.2	16.3
72	椴树	10.4	1	12	8.4	0.039285	23.8	18.0
77	水曲柳	22.4	1	24	13.7	0.272708	20.5	17.8
78	杂木	6.7	1	8	12.1	0.012872	19.5	17.1
81	色木	31.2	1	32	14.5	0.457991	11.0	17.8
84	杂木	11.6	1	12	9.4	0.047241	11.0	19.8
86	杂木	30.9	1	32	16.9	0.472814	9.5	19.4
98	杂木	6.4	1	8	6.2	0.011543	12.9	23.4
102	杂木	7.6	1	8	8.2	0.017367	20.4	20.3
107	榆树	9	1	8	7.9	0.025929	33.7	23.5
112	榆树	7.1	1	8	7.2	0.014775	36.5	27.9
114	杂木	7.5	1	8	6.9	0.016829	33.5	27.3
117	榆树	10.1	1	12	8.7	0.034062	31.3	27.2
118	榆树	5.9	1	4	5.3	0.009509	25.8	27.8
120	杂木	5.2	1	4	5.8	0.007033	22.3	29.3
122	榆树	8.5	1	8	9.2	0.022646	20.3	27.5
123	黄波罗	38.9	1	36	17.2	0.817385	16.9	28.0

从采伐木的情况来看，采伐的树种包括 7 种，其中以杂木为多，这个标准地杂木的比例较大，因此择伐了较多的杂木，这与现实状况相符。61 号和 123 号树为枯死木，需伐除。胸径多以小树为主，径阶为 4，8，12 和 16 的占大多数，在林分中，小树的竞争能力较差，树冠叠加指数和竞争指数都会很大，这表明了它们处于生长的被压状态，伐除小树，也是必然的趋势。其中也有几株径阶较大的树木，比如 37 号、62 号 81 号和 86 号树木，它们也被伐除，主要是由于它们对周围相邻木的竞争过于强烈，树冠叠加指数较小，影响了相邻木的生长空间。从采伐木的树高来看，与胸径的规律是相同的达到了预期的效果，数学的运算与林分的生物学特性相符。采伐后林分三维可视化图见图 5-11。

采伐之前与采伐之后的各因子的变化情况见表 5-12。

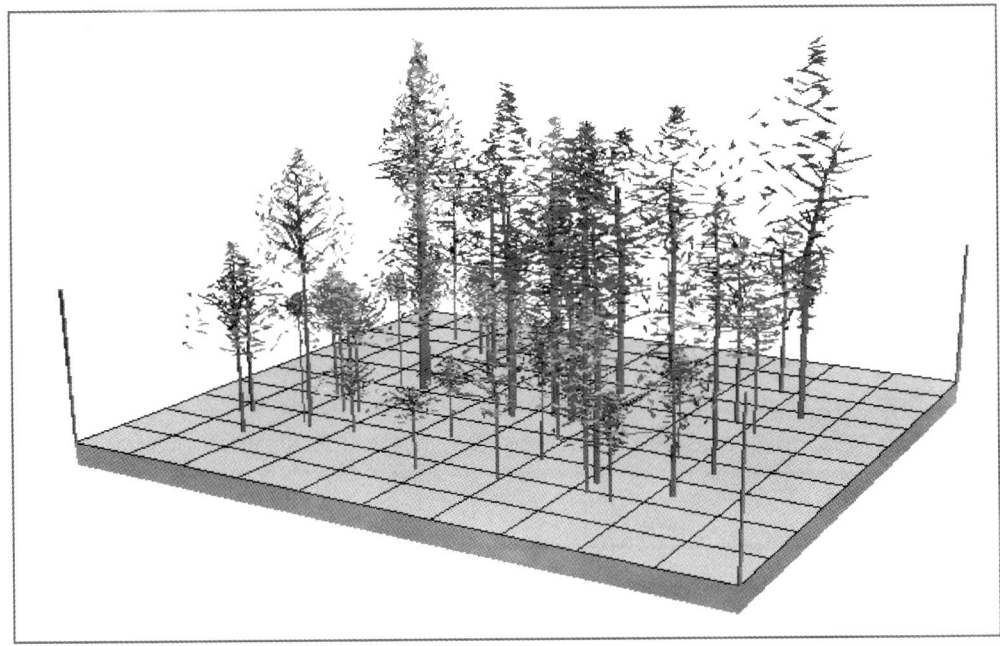

图 5-11 M702 标准地择伐后的三维可视化图

表 5-12 采伐前后的各因子比较

因 子	采伐前	采伐后	变化趋势	变动比例(%)
径阶数	8	8	不变	0
树种数	9	9	不变	0
株数	77	51	减小	-33. 7662
Shannon – Weiner 指数	1. 75780	1. 81945	增大	3. 507225
q 值	1. 28146	1. 19722	减小	-6. 57375
多样性混交度	0. 53208	0. 54556	增大	2. 533454

因　　子	采伐前	采伐后	变化趋势	变动比例（%）
多样性混交度标准差	0.18994	0.19388	增大	2.074339
聚集指数	0.60590	0.63051	增大	4.061726
聚集指数标准差	0.23392	0.24822	增大	6.113201
竞争指数	4.51813	3.61518	减小	−19.985
竞争指数标准差	3.59781	3.18693	减小	−11.4203
树冠叠加指数	170.9092	83.86379	减小	−50.9308
树冠叠加指数标准差	189.42660	87.09018	减小	−54.0243
目标函数值	$1.37878E-05$	$8.49429E-05$	增大	516.0729
蓄积（m³）	10.91768	7.96710	减小	−27.0257
采伐量（m³）	2.95058			
生长量（m³）	3.31373			
采伐强度（%）	27.03			

目标函数值按模型设计的要求发生了极大的改变，增加了 5 倍多，说明了最后这个解的优良性，满足了设计的要求。径阶数、树种数都保持不变，Shannon – Weiner 指数增加了，这些指标对于增强林分的物种多样性都有显著的作用。约束条件中的 q 值减小了约 6.6%，反应了空间结构的改善也会促进立地条件的变化。次生林的混交度和聚集指数都是重要的因子，它们分别增加了 2.5% 和 4.1%，这对于稳定次生林的结构起着良性的作用。约束条件中两个分母上的因子竞争指数和树冠叠加指数分别减小了 19.99% 和 50.93%，这对树木营养空间和光环境的改善起到了重要的促进作用。竞争压力的减少，使得树木的生长得以向着胸径、树高和冠幅三个方向增长。采伐量是小于林分的总生长量的，林木的蓄积减少了 27.03%，这种相对较高强度的采伐设计有利于空间结构的改善。总之，目标函数的 10 个约束条件在经过择伐优化模型的求解后，都得到了满足，并且目标函数值显著地增加，在符合了设计要求的同时，也与林分的林学意义相一致。

采用相同模型求解的方法对帽儿山地区天然次生林 30 块标准地进行求解，得出帽儿山地区天然次生林 30 块标准地的采伐株数及采伐强度如表 5-13 所示。

表 5-13　帽儿山地区天然次生林 30 块标准地采伐强度统计表

标准地号	采伐株数	采伐量（m³/hm²）	2007 年蓄积（m³/hm²）	采伐强度（%）
M701	31	21.0524	80.15513	26.26
M702	28	21.07557	77.98343	27.03
M703	27	19.6657	77.80059	25.28
M704	23	17.01325	74.85751	22.73
M705	32	32.1458	122.9966	26.14
M706	19	20.4512	76.00916	26.91
M707	23	21.5481	91.211	23.62
M708	21	16.82692	80.61578	20.87
M709	26	18.73992	84.07075	22.29
M710	22	20.7486	85.68306	24.22
M711	28	25.48267	92.71558	27.48
M712	28	21.4875	110.5588	19.44
M713	26	22.53219	97.39705	23.13
M714	16	18.4579	63.5713	29.03

续表

标准地号	采伐株数	采伐量(m³/hm²)	2007 年蓄积(m³/hm²)	采伐强度(%)
M715	15	16.87293	75.54851	22.33
M716	27	22.42743	100.0293	22.42
M717	27	26.52819	100.0293	26.52
M718	19	17.3054	74.62718	23.19
M719	21	19.18657	78.97056	24.30
M720	32	18.39067	81.99773	22.43
M721	24	23.4587	92.59298	25.34
M722	24	15.41957	68.11211	22.64
M723	22	13.96343	60.21505	23.19
M724	38	20.30433	81.38356	24.95
M725	32	18.56973	82.91907	22.40
M726	26	14.74878	56.04717	26.31
M727	23	19.28825	74.85751	25.77
M728	26	20.01347	82.35502	24.30
M729	17	9.7264	44.22351	21.99
M730	12	5.879	22.37499	26.27

从表 5-13 中可以看出采伐量是小于林分的总生长量的，采伐强度介于 20% ~ 30% 之间，采伐强度最小值是 19.44，最大值是 29.03。

5.6.2　空间优化经营模式

根据上述研究，采用线性规划的方法，通过林分空间指数建立了多目标函数，并以直径分布、树种多样性指数、生长量与采伐量、空间竞争指数作为约束条件，分别计算了三种林型（杨桦林、硬阔叶混交林、软阔叶混交林）最优的空间调整方式和择伐强度，得到三种林型的空间优化经营模式（见表 5-14）。

表 5-14　三种天然次生林空间优化经营模式

次生林类型	杨桦林	硬阔叶混交林	软阔叶混交林
平均胸径(cm)	9.9	12.83	12.03
采伐蓄积量(m³/hm²)	17.53	20.38	21.68
择伐强度(%)	25.63	24.66	24.76
平均胸径(cm)	13.75	14.83	14.58
采伐蓄积量(m³/hm²)	20.03	21.80	20.38
择伐强度(%)	20.92	24.54	24.01
平均胸径(cm)	16.97	16.95	18.28
采伐蓄积量(m³/hm²)	18.29	14.09	18.77
择伐强度(%)	22.92	25.51	24.91

经过结构优化以后，林木之间不再拥挤，树冠叠加情况得以改善，林冠层的透光性增强，结构更加合理和稳定。这种相对较高强度的采伐设计有利于天然次生林空间结构的改善。

第 6 章
大兴安岭火烧迹地森林恢复技术研究

森林生态系统中，火是一种相当普遍的自然现象，林火的发生导致植被、土壤理化性质、土壤养分含量、水质等均发生不同程度变化。火烧产生灰分，追加到土壤中，气化掉大部分氮等元素；改变枯落物分解归还速率；加速淋溶，使养分分配发生变化；改变生物数量和种群结构等。尤其重度森林火灾对生态系统的影响更难恢复，这就需要我们从森林生态系统经营角度研究火后生态系统的变化及火后有效的森林恢复技术措施。

大兴安岭林区是我国寒温带森林典型分布区，受温带和寒温带季风气候的影响，火灾发生频率较高，火干扰也就成为大兴安岭地区的主要干扰因子，在维持区域森林生态系统健康发展上具有重要作用。根据火灾统计数据，1980～2009 年间黑龙江大兴安岭地区共发生火灾 959 次，过火面积 $289 \times 10^4 hm^2$，其中林地面积 $147 \times 10^4 hm^2$。部分中度及重度火烧迹地急需利用科学有效的措施开展生态恢复。本章从火烧后对森林群落结构、生产力、土壤理化性质以及水质等方面的动态变化，综合分析火烧对生态系统的影响。在此基础上，通过示范区建设，研究提出大兴安岭地区火烧迹地森林恢复技术模式。

6.1 国内外研究现状

直到上个世纪初期，林学家和生态学家开始关注自然火干扰对森林演替的作用与影响。在此之前的很长一段时期，生态学界一直认为火是破坏生态系统，并且导致群落逆行演替的非自然因子(Kimmins，1987)。上个世纪末，人们逐渐意识到自然火干扰在森林中的普遍性(Spurr and Barnes，1980)，在促进森林的自然更新上也具有重要性(Oliver and Larson，1990)。自然火干扰在森林植被中的研究逐渐推广开来(Uemura et al，1990)。

6.1.1 林火对土壤理化性质影响

火烧后直接发生的是土壤温度的变化，相应地土壤的物理、化学性质也发生一定的改变。这些变化与可燃物类型、土壤类型、火强度、火烧持续时间、当地气象条件、立地条件、过火后植被的恢复情况等有密切关系。而这些变化也会随着时间相应地发生着正负效应的变化，林火对土壤的影响可以是短期的，也可以是长期的(郑焕能，1992)。短期变化一般是由人为因素引起的烧荒、或农田中根茬的燃烧、或局部区域火灾现象的发生等。长期的变化一般是由火灾密度大、火灾频率高、火灾发生的季节长等火灾状况引起的变化(陈华癸，1962)。受火影响较大的土壤主要是过火的森林土壤和草地土壤(周道玮，1995；Zhou，1997；Dyrness，1989；项凤武，1998)。

火烧后土壤物理性质的改变，取决于火的强度、可燃物类型、消耗的地被物载量、土壤受热程度、火烧面积大小及火烧频率。许多研究表明，只有严重火烧才会导致土壤表面板结和硬固。Beaton（1959）认为这可能是由于土壤表层大孔隙度减小，容积密度增加，表层板结，使渗水率下降，或者是火烧时土壤中形成的不透水性物质，产生抗水层，减少了土壤的渗透率和持水量（Neary，1999；DeBano, Dumn and Conrad，1977）。Nears（1999）在"火对地下系统可持续性的作用"一文中曾指出：高强度火烧后，土壤结构的退化可能持续一年甚至几十年，并能使土壤形成抗水层。土壤性质如渗透性、孔隙度、导热性、容重会受到火的影响而发生变化，而这些性质是形成良好水文功能的关键（Komared，1966）。钾、磷、钙、镁也是土壤的重要营养元素。研究表明，与未烧林地相比，自然火后，土壤灰分和表层矿化范围内很明显地集中了硫酸盐、钙、钠、镁、钾酸盐、氯化物等，至第二年夏季大都没有恢复到火烧前的水平（Marafa and Chau，1999）。

部分研究结果表明，燃烧前后土壤 pH 的差异可高达 3.6 个单位（Raison，1993），Brown 和 Mitchell（1986）的研究结果为土壤 pH 从 4.6 上升到 5.3，而这种上升在 7 个月内又恢复到火烧以前的水平（Brown and Mitchell，1986）。Boyle（1973）的研究却发现，在火烧后 15 个月内土壤 pH 一直上升（Boyle，1973）。Dyrness（1989）则认为土壤 pH 值一般随着火势的加强而上升（Dyrness，1989）。Dyrness（1989）等和 Almendros（1990）等研究表明，火烧后土壤的 C/N 基本上都呈降低的趋势（Almendros，1990）；Pandey（1977）发现经过二次火烧后，土壤的 C/N 持续下降（Pandey，1977）。

火烧对土壤有机质的含量、组分、分布、构成及转化有很大的影响（Raison，1979）。从长期影响看，生物体燃烧后的残体形成土壤黑碳，从而有助于形成稳定的土壤有机碳库。研究表明，黑碳形成了巴西亚马逊河流域（Terra Preta）中一个主要的土壤有机碳库。在日本火山灰土中，火烧后焦化的植物残体有助于土壤有机质积累，草原的燃烧对形成具有富含碳的黑土层有重要贡献，土壤有机碳的芳香性结构较高，所提取的胡敏酸芳香性结构也较高，含有羧基碳较多，而含羟基碳较少（Golchin et al，1997）。Schmidt（1999）认为火在黑钙土高有机碳含量的深厚的黑土层的形成中也可能起到了十分重要的作用（Schmidt et al，1999）。

一般情况下，火烧后土壤中速效 N 浓度、速效 N 占全 N 的比例（Almendros, Gonzáles - Vila, Martín，1990；Adems and Boyle，1980）明显上升，有的上升达到 3 倍（Raison，1993）。由于植物体的吸收及淋失等，速效 N 含量会逐渐下降（Raison，1979）。但土壤全 N 与火烧前比可能会大幅度下降。如 Dyrness（1989）等在阿拉斯加的研究发现，森林土壤火烧后全 N 含量下降了 50%。Goivanni（1990）等的试验表明，当火烧温度达到 220℃ 时土壤全 N 量下降。N 在高温下挥发，NH_4^- - N 含量在 220℃ 下增加，高于 220℃ 则快速下降（Almendros, Gonzáles - Vila, Martín，1990）。

我国关于林火对土壤的影响研究在最近十几年才开始，所以研究结果也比较少。西昌磨盘山云南松火烧两年后的林地分层研究表明：土壤结构未遭到严重破坏，地面侵蚀不明显，表土灰分多，pH 值略有升高，有机质明显减少，火烧后全钾、全磷都有所增加，速效磷增加，速效钾减少，钙、镁都有增减，相对动态保持平衡（杨玉盛，1992）。张阳武（1996）分别就不同火烧强度对大兴安岭北部土壤的影响进行了研究，发现轻度火烧对土壤影响不大，且恢复较快，火烧枝桠堆对中间土壤表层破坏力大，边缘几乎无影响（项凤武，1989；张阳武，1996）。田尚衣、田红艳和周道玮等人（1999）据松嫩草原火烧后的一系列研究结果表明，草原火烧后，当年春季土壤融化速度慢于未烧地，第二年春季的解冰融化速度快于未烧地。地表层以下，火烧地温度的日变化一直高于未火烧地（田尚衣，1999；田洪艳，1999；周道玮，1996；1999）。周瑞莲、张普金（1997）以及乐炎舟（1965）等人对我国西北高寒山区火烧土壤含水量变化进行了研究，发现在雨季前火烧迹地土壤含水量明显低于未烧土壤，而在雨季期间差别不大（周瑞莲，1997；乐炎舟，1965）。

周瑞莲和张普金（1997）的研究表明，高寒山区土壤火烧 3 年和 4 年后土壤有机质分别下降 73.17% 和 62.93%，而土壤全氮则分别下降 51.66% 和 42.58%（周瑞莲，1997）。结果表明，由于火烧造成的土壤有机碳下降幅度比全氮大，从而造成了土壤 C/N 的下降。国内李政海（1994）、周瑞莲（1997）、田昆（1997）和周道玮（1999）等人的研究表明，草地或森林土壤火烧后速效磷含量显著增加（周瑞莲，1997；周道玮，1999；李政海，1994；田昆，1997）。如周瑞莲（1997）的研究表明高寒山区草原地火烧 3~4 年后，土壤的速效磷还远远高于未火烧土壤（周瑞莲，1997）。他们对火烧后土壤中速效 K 含量的变化也做了研究，发现 K 浓度会随着火势的加强有显著上升的趋势（周瑞莲，1997；周道玮，1999；李政海，1994）。周道玮和姜世成（1999）研究表明，火烧后镁在土壤中有一明显的积聚层，该积聚层随时间推移而向下层移动（周道玮，1999）。

6.1.2　林火对森林资源的影响

森林经常遭到火灾的危害，在危害森林的诸因子中火灾是一种最具破坏性的灾害，每次大火都直接地危及立木、土壤甚至于微生物和野生动物（关百钧，1992；舒立福，1997）。全世界每年发生森林火灾几十万次，受灾面积达几百万公顷，约占森林总面积的 0.1%。特别是 20 世纪 80 年代以来，全球气候持续变暖，林火有上升的趋势，如 1987 年中国大兴安岭发生特大火灾，1988 年美国黄石公园的森林火灾过火面积达 50 万 hm^2，1988~1989 年墨西哥的森林火灾造成 12 万 hm^2 的热带雨林被毁；1997~1998 年印度尼西亚长期干旱后的森林大火烧掉了 300 万 hm^2 森林；1999~2000 年美国西部森林大火过火面积超过 200 万 hm^2；2001 年发生在澳大利亚悉尼的林火过火面积达 70 万 hm^2；这些森林火灾造成了巨大的经济损失（舒立福，1998；1999）。

我国是森林资源十分匮乏的一个少林国家，人均森林面积不足 $0.13hm^2$，人均森林蓄积量只有世界平均水平的 12%。但是由于我国在控制森林火灾方面的能力与发达国家相比还有很大的差距，使仅有的一点森林也经常遭受大火的危害，因此我国又是一个森林火灾多发的国家。从统计数字来看，从建国到 1999 年的五十年间全国共发生森林火灾 68.8 万次，年均 1.38 万次，受害森林面积 3855 万 hm^2，年均 77 万 hm^2，烧死、烧伤 3.3 万人，直接经济损失高达数百亿元，对环境生态的破坏更是难以用数字表达的。

6.1.3　林火对溪流水质的影响

Gerla 和 Galloway（1998）对美国怀俄明州黄石国家公园附近火烧和对照两条河流进行研究。测定温度、pH 值、碱度、大量元素、微量元素、养分含量和混浊度。结果表明火烧区溪流总溶解物流出量比未火烧区溪流高 25%~50%。混浊度和悬浮有机碳也有类似的变化，在火后一年里两个流域内主要阳离子浓度大多很相近。火烧溪流中溶解硅较高。在火后的第一年火烧区溪流磷输出量出现不稳定高峰值，经过几年的恢复与未火烧区溪流输出量接近（Gerla，1998）。Battle 和 Golladay 使用集水区对照法对美国西南部以长叶松为主的低压湿地进行水质研究。采用标准方法（Battle，2001）检测水的化学性质发现火烧湿地的碱度，溶解无机碳和 pH 均高于未火烧湿地（Julianm，2003）。

Townsend 和 Douglas 对澳大利亚北部 Kakadu 国家公园火烧后溪流悬浮物磷、氮、铁、锰等测定表明，总体上看火烧对溪流和水质的作用可忽略，主要是因为火发生的时间和强度低（Simon，2004）。Townsend 和 Douglas 在澳大利亚 Kakadu 国家公园 Kapalga 研究站进行试验火烧，使用对照方法对三个集水区（1988 年经过轻度火烧）进行研究，以 APHA（APHA，1985）为标准方法进行分析。结果表明火烧增加集水区受侵蚀的可能性，火烧区溪流 Fe 和 Mn 暴雨径流浓度要比未火烧高 2 ~ 5 倍（Williams，1999）。供水库中的养分元素的浓度过高会削弱饮用水的质量（WHO，1984）。

瑞典有关火烧对湖水化学性质影响的研究提出，在没有人为干扰的集水区内，火后植被生长补偿火烧造成的影响，所以灰分导致短时间碱化，要清楚了解火烧对水化学性质的影响，需要把火的作用综合起来考虑（Ulfsegerstrom，1998）。通过对马来群岛婆罗洲两个已长期观测的集水区研究表明，火后悬浮物浓度没有明显的升高，在受到干扰后悬浮沉淀物浓度会发生很大的变化，之后不到一年的时间里回到原来的水平上。火后除了磷酸磷和总磷，其他元素的浓度均明显增加。铵态氮和氯仅仅是在火后两个月内升高，而硝态氮、总氮和钙在火后五个月持续升高。钾很容易从土壤、灰分和正在分解的有机物中滤出，因此钾是滤出状况的重要指标（Malmer，2004）。

目前我国有关森林火灾对径流量和溪流水质影响的研究较少，尤其是对水质的影响。国内研究表明火烧后植被及其地被物遭到破坏而引起的地表径流、土壤侵蚀、土壤滑坡、干蚀及河道漂移等均在不同程度上影响下游河流的水质。河流混浊度是河流水质的重要指标之一，火烧后下游河流水质的混浊度均呈增加趋势，增加的程度与坡度有关；沉积物是在土壤受扰动以后造成水质差的主要污染物，但是总硬度也是水质的一个重要指标，增加的多少以及持续增加的时间与坡度有关；火烧对下游河流水质影响还表现在河水化学组成的变化上。其中氮、磷、钾、钙、镁、钠等化学物质的变化尤为明显；河流中含氮化合物主要是硝态氮和铵态氮，它们火后第一年春季河水中的含量会有所增加，这样会对火烧区的生产力造成影响；火烧后水中的磷含量会有所增加，但是通常不会引起水质的变化；许多研究表明，火后无论是土壤中还是下游河流中的碳酸氢盐的含量均呈增加趋势；火烧后水中的阳离子变化在各研究结果中有很大的不同（胡海清，2000；舒立福，1995）。

6.1.4　火烧迹地植被恢复的研究

植被恢复是生物群落重建的第一步，是以人工手段促进植被在短时期内得以恢复（彭少麟，2000）。广义的植被恢复，既包括自然植被恢复又包括人工恢复，导致植被破坏的因素很多，据此而有不同的植被恢复研究。而为了掌握森林火烧迹地的变化及更新演替规律，使森林生态环境向良性发展，国内外许多专家都对林火迹地植被恢复从不同角度进行了众多研究。

在最近十几年中，对火烧迹地的研究仍不断有新的进展与发现。Pastor（1990）在研究针叶林和硬木林镶嵌分布时，给出判别干扰和环境因素对镶嵌影响的各种假设，最后研究表明林火干扰和环境因素是造成针叶林和硬木林镶嵌分布格局的根本原因（Pastor et al.，1990）。陈因硕（1999）通过对澳大利亚白令湖早全新世沉积物的炭屑和孢粉分析，用时间序列和数学模拟的方法推算林火的活动频率，提出林火与植被各主要成分间的相互关系及林火在森林演替中所起的作用(陈因硕，1990)。Tinner(1999)等也运用该方法对瑞典南部的两个湖进行分析，发现 7000 年前火对这个地区的植物组成变化起了非常重要的作用，并且森林火灾减少了花粉的多样性，导致了一些忍耐能力差的植物的灭绝，并进一步改变着这个地区植物群落的演替(Tinner，1999)。Grogan(2000)等在加利福尼亚研究了火对重阳松林(Bishop pine)氮循环的影响，并指出火后树木燃烧的灰烬被风或水重新分配，这就导致植被在土壤中吸收氮的真正异质性，这也是导致易着火的生态系统形成不同斑块的重要机制(Grognan，2000)。Johnson(1992)曾采用年轮学和查阅历史记录的方法确定火的频度(Larsen，1998)。但年轮学并不能重现过去非针叶林树种和林下灌木、草本的植被动态(Johnson，1994；Fastie，1995)。Dix(1971)曾采用时间序列的研究方法(Dix，1971)，但这一方法耗时、耗资。为了缩短研究演替的周期，在可忽略不同的微环境和不同的生态历史为前提的条件下，火烧迹地植被动态通常采用"空间序列代替时间序列"的研究方法(马雪华，1994)。

我国对火烧迹地植被恢复的重点关注还是在 1987 年大兴安岭"5·6"特大森林火灾之后，重度火烧过后留下的火烧迹地已经丧失了原有的生态功能，火烧迹地的恢复与重建迫在眉睫。许多专家对森林火烧迹地的更新、立地状况、植被恢复及演替规律从不同角度进行了大量研究，发表了一系列的考察报告和研究文献。

（1）从不同尺度进行研究

①种群尺度。种群是物种存在和进化的基本单位，是生物群落和生态系统的基本组成部分(钟章成，1992)。不少研究人员从种群尺度研究了林火迹地种群数量变动、空间分布规律和种群的遗传特征。单建平(1990)等人研究了兴安落叶松(*Larix gmelinii*)结实规律与长短枝习性的关系，以及用花芽调查提前预报兴安落叶松的结实的方法，为火烧后兴安落叶松种群的恢复能否提供充足的种源，奠定了科学依据；刘恩海(1995)等人对樟子松(*Pinus sylvestris var. mongolica*)开花结实规律进行了研究；蒋伊尹(1990)等人对兴安落叶松幼、中龄林的生长规律进行了研究(蒋伊尹，1990)；还有杨传平(1990)就兴安落叶松种源进行了试验研究(杨传平，1990)，等等。郑焕能(1986)等根据 1971~1980 年的资料将大兴安岭划分为三个林火轮回期，并通过对林火轮回期、树种对火的适应性等的分析，探讨了森林演替规律和森林恢复途径，以树种的抗性为基础，考虑大兴安岭树种本身的特性，提出了 5 种树种更新对策类型(侵入型、逃避型、回避型、抵抗型和忍耐型)。

②群落尺度。周以良(1989)等提出按植物群落生态学特性，依据其森林的组成、分布、生长和更新规律，按垂直带采取不同的更新措施，结合直播造林，人工促进天然更新。舒立福从群落的角度研究了不同地域、不同火烧程度的森林演替状况，并根据演替的不同趋势建立了森林演替模型。认为森林演替在大兴安岭林区较为普遍，有原生演替、次生演替、进展演替和逆行演替，自然状态下林火导致以白桦(*Betula platyphylla*)为中间环节的森林演替，从大兴安岭森林群落在不同地理位置的演替，反映了在时间上的演替顺序，表明大的森林火灾或反复火烧，将导致落叶松林向阔叶林的逆行演替。如果阔叶林进一步遭火烧，将向草原化演替。

③生态系统尺度。周以良(1989)等强调，恢复火烧迹地要从一个相对宏观的角度，首先考虑的是对一个森林生态系统来进行经营管理，使乔、灌、草以及植物和动物达到一定比例，保持系统处于良性循环的合理结构。

④景观尺度。以森林为对象的景观生态学研究是景观生态学发展的重要组成部分和基础（郭晋平，2001）。森林景观是指某一特定区域里的数个异质森林群落或森林类型构成的复合森林生态系统。徐化成（1997）等通过大量的火疤木，研究了景观水平上火的状况，以及火干扰对森林景观格局的影响（徐化成，1997）。认为运用景观的理论和方法进行火烧迹地植被恢复的研究是目前发展的重要趋势（徐化成，1996）。

（2）从不同更新方式进行研究

①自然更新。李为海（2000）等建立的火烧迹地次生林天然更新株数模型，对不同立地类型上林分株数进行了简明的判定，对不合理分布进行调整，实施林业分类经营，使恢复森林结构趋向合理化。关克志（1989）等对大兴安岭过火后第二年不同类型样地的植被恢复情况进行了调查，并对相同植被类型的过火样地与非过火样地进行了比较，用定量方法进行分析，试图寻找出森林植物恢复的规律，探求植被恢复的可能性。

②人工更新。郑焕能（1987）等提出森林燃烧环理论，从可燃物类型、火源、火环境及火行为等出发，阐明森林燃烧环中各因子之间的相互关系，制定森林恢复应采取的措施。杨春田（1989）等在研究大兴安岭北坡火烧迹地更新的策略与技术中提出：人工更新要因地制宜，森林是处于动态演替过程中的植物群落，依其空间分布及演替阶段，区分为干旱系列、中生系列、湿生系列的森林变化。目前的人工更新应以中生系列的迹地进行更新为主，旱生系列以恢复植被为主。杨树春（1998）等通过连续10年对火烧迹地植被的研究，对植被种类、种群频度、盖度和生物量的变化，并阐明了植被的变化趋势。

除大兴安岭外，研究人员通过对攀西林区云南松（*Pinus yunnanensis*）林的一系列旧火烧迹地的更新恢复和生态变化的遥感调查，对各生态因子的空间分布特征及生态变化的影响规律进行分析，确定了评价因子及评价标准，从而构建了森林火灾后生态变化遥感监测评价模型（郭晋平，2001）。杨玉盛（1992）等研究火对森林生态系统营养元素循环的影响，这有利于更好地预测火烧迹地植被恢复的发展趋势。

6.2　研究区概况和研究方法

6.2.1　研究区概况

6.2.1.1　地理位置

大兴安岭林区是我国纬度最高而面积最大的一个林区，北和东北隔黑龙江与俄罗斯接壤，西与呼伦贝尔草原相接，东部与松嫩平原毗邻，向南呈舌状延伸到阿尔山一带。位于北纬46°26′~53°34′，东经119°30′~127°，全区南北向的距离超过东西向，且北宽南窄。

6.2.1.2　地形地貌

大兴安岭属于西褶皱带，燕山运动中又发生强烈活动，有大量的花岗岩侵入，以及斑岩、安山岩、粗面岩与玄武岩喷出。晚第三纪末的喜马拉雅运动，使大兴安岭沿东侧的走向断层掀升翘起，造成东西两坡的斜度不对称，东坡以较陡的梯阶向松辽平原降落，西坡则和缓地斜向内蒙古高原，同时早第三纪夷平面也抬升到1000m左右。不过，也见有500~600m

的夷平面，可能形成于上新纪末期。

大兴安岭的主脉呈北北东 – 南南西走向，另在北部有一支脉称之为伊勒呼里山，呈西西北 – 东东南走向。全区北部较低，南边较高。由于地质构造的原因，大兴安岭在地貌上的重要特点之一是，主脉东侧较陡，西侧较缓。

大兴安岭的地貌类型可以分为山地地貌和台原地貌两类。山地地貌分布普遍，内部呈有规律的变化，由松嫩平原向山地发展，由东向西可划分为浅丘、丘陵、低山和中山。西侧则多为波状丘陵。即使在低山或中山部分，总的来说山势也比较平缓，15°以内的缓坡占到80%以上。阳坡比较陡峭，阴坡比较平缓。不过，阳坡和阴坡的差别在坡的上部明显，在下部因为平缓而差别不大。在伊勒呼里山以北到黑龙江畔为一面积不大的台原。地形破碎，但山顶尚保存有平坦面，相对高差较小。

6.2.1.3 气候条件

大兴安岭地区属寒温带季风区，又具有明显的山地气候特点。冬季（候平均气温 <10℃）长达 9 个月，夏季（候平均气温 ≥22℃）最长不超过 1 个月，大部分地区几乎无夏季。日温持续 ≥10℃ 的时期（生长季）自 5 月上旬开始，至 8 月末结束，长 70 ~ 100 天。全年的平均温度为 –2 ~ –40℃，≥10℃ 的积温为 1100 ~ 2000℃。年温差较大。1 月平均气温 –20 ~ –30℃，极端最低气温在漠河为 – 52.3℃，在免渡河为 – 50.1℃。7 月平均气温为 17 ~ 20℃，极端最高气温在漠河为 35.5℃，在免渡河为 39℃。在北部和海拔较高的地方，生长季还时有霜冻发生。

大兴安岭地区冬季在寒冷而干燥的蒙古高压的控制下很少降水，只有在强烈的冷锋过境时，才会产生降雪，但降水量不大，从每年 11 月到翌年 4 月的降水量尚不足全年的 10%。与此相反，在一年中的暖季，本区东南季风活跃，南来的海洋湿润气流在北方气流的冲击下可形成多量降水，这造成这一时期的降水量可达全年降水量的 85% ~ 90%，降水多的季节，正好与温暖季节一致，这对于林木生长显然是有利的。全年降水量 350 ~ 500mm，相对湿度70% ~ 75%。积雪期达 5 个月，林内雪深达 30 ~ 50cm。

6.2.1.4 土壤

大兴安岭地区的土壤主要有棕色针叶林土、暗棕壤、灰色森林土、草甸土、沼泽土和冲积土等。棕色针叶林土或称棕色泰加林土，它的形成除了与气候、地质母岩、植被等条件有关外，还与土壤永冻层有密切关系。可以说，永冻层是棕色针叶林土的重要特性，又是它的重要形成条件。大兴安岭地区永冻层的分布是比较普遍的，不同的林型和植物群落，永冻层的发育状况也不同。在有永冻层存在的条件下，林木的生长条件显然发生了很大的改变，特别是整个土温降低，同时土壤的可利用空间也减少了。

棕色针叶林土是大兴安岭地区最具有代表性的土壤类别。它主要分布于海拔 500 ~ 1000m 的兴安落叶松林、樟子松林和白桦林中。棕色针叶林土的土壤剖面发生层次由 A_0、A_1、B、和 BC 层构成。表层有较厚的枯枝落叶层，达 5 ~ 8cm。表层的黑土层很薄，一般在10cm 左右，腐殖质含量 10 ~ 30%。在腐殖质层下面没有灰化层（A_2），B 层的土层较薄，20 ~ 40cm，呈棕色，结构紧密，含大量的石砾。土壤呈酸性，pH 值在 4.5 ~ 6.5 之间，盐基饱和度较高，代换性盐基总量达 10 ~ 40 毫克当量/100g 土。

6.2.1.5　植被类型

大兴安岭林区属于寒带针叶林区，是横贯欧亚大陆北部的"欧亚针叶林区"的东西伯利亚明亮针叶林向南延伸的部分，并沿着大兴安岭山体继续向南进入大兴安岭南部的森林植物亚区。本区受西伯利亚冷空气和蒙古高压控制，冬季严寒而漫长，森林植被垂直分层比较简单。主要以兴安落叶松（*Larix gmelini*）为优势建群种，分布广，约占该地区森林面积的55%，蓄积量占整个林区的75%。主要乔木树种有兴安落叶松（*Larix gmelinii*）、白桦（*Betula platyphlla*）、樟子松（*Pinus sylvestris* var. *mongolica*）、山杨（*Pobulus davidiana*）、云杉（*Picea aspoerata*）、杨树（*populus*）、柳树（*Salix matsudana*）等。林下灌木及草本植物较茂盛，主要灌木有杜鹃（*Rhododendron simsii*）、赤杨（*Alnus cremastogyne*）、胡枝子（*Lespedeza bicolor*）、刺梅果（*Rosa multiflora*）、绣线菊（*Spiraea salicifolia*）、杜香（*Leium palustre* var *dilatalum*）、丛桦（*Betula fruticosa*）、偃松（*Pinus pumila*）等。草本主要有鹿蹄草（*Pyrola rotundifolia ssp. chinensis*）、莎草科（Cyperaceae）、禾本科（Gramineae）、蚊子草（*Eragrostis pilosa*）等。该区以兴安落叶松天然林为主（邱扬，1997）。

6.2.1.6　历史火烧

大兴安岭林区一直以来都是火灾高发地区，在开发之前，主要火灾类型为地表火；火烧强度为轻度和中度火烧；火烧面积广大；火烧轮回期通常在30年左右。随着对大兴安岭林区的开发与经营，一方面减少了火灾发生次数以及火灾面积；但是林区从业人员的增加，各类生产和生活用火的增加，又使人为火灾的发生机率提高。通过对大兴安岭地区火烧轮回期的研究发现，北部原始林区（伊勒呼里山以北）为110～120年；中部针阔混交林区（包括塔河、克一河、甘河、阿里河、松岭等地）为30～40年；南部次生阔叶林区（包括加格达奇、大杨树和南瓮河等地）为15～20年（徐化成，1998）。

6.2.2　研究方法

6.2.2.1　火后植被恢复研究

6.2.2.1.1　样地设置

对大兴安岭松岭林业局和塔河林业局所辖的古源林场、绿水林场、塔丰经营所、秀峰林场、盘中林场、沿江林场、塔林林场进行了火烧迹地土壤采样及植被调查。按照当地防火办的历史火烧资料，寻找中等火烧强度，以落叶松－白桦混交林林型（火烧前）为主的火烧迹地作为样地，以火烧迹地相邻的、生境基本相同且近30年未被火干扰的林地作为对照样地。

6.2.2.1.2　森林植被调查

（1）乔木层每木检尺

在标准地里设置20m×20m乔木层样方，每块标准地内设置3个乔木层样方。

（2）树种更新

在乔木样方中按照对角线设置两条20m长、1m宽的样带，共40个1m×1m的样方调查乔木天然更新。

（3）植物多样性

乔木层样方设置同每木检尺，并在 20m×20m 乔木层样方中的四个角及中心设置 5 个大小为 2m×2m 的灌木样方；在 5 个灌木样方的中心各设置大小 1m×1m 的草本样方。

6.2.2.1.3　植物多样性及天然更新研究

（1）重要值计算（张金屯，2004）

$$重要值Ⅳ = （相对密度 + 相对频度 + 相对盖度）/3$$

（2）物种多样性（马克平，1994；李博，2000）

①物种多样性指数

Simpson 指数（D）：$D = 1 - \sum_{i=1}^{S} Pi^2$

Shannon – Wiener 指数（H）：$H = - \sum_{i=1}^{S} Pi \ln Pi$

②均匀度指数

Pielou 均匀度指数：$Jsw = - \dfrac{(\sum Pi \ln Pi)}{\ln S}$

Hurlbert 均匀度指数：$Ehu = (\triangle - \triangle_{min})/(\triangle_{max} - \triangle_{min})$

$\triangle$ 为实测多样性，$\triangle_{max}$ 和 $\triangle_{min}$ 分别为理论上的最大和最小多样性值。

③物种丰富度

Margalef 丰富度指数：$d_{Ma} = (S - 1)/\ln N$

物种数：$S = R$

式中，i 是 1、2、3、…N

Ni：第 i 个种的个体数，

N：种 i 所在群落的所有物种数之和，

Pi：$Pi = Ni/N$ 为样本中属于 i 种所占的比例数，

S：第 i 物种所在样方的物种总数，即丰富度指数。

④物种相似度

Jaccard 相似度：$S = c/(a + b - c)$

式中，S 为两个样地间物种相似度，a 为样地 1 中的所有物种数，b 为样地 2 中的所有物种数，c 为样地 1 和样地 2 共有的物种数。

（3）群落类型分类

群落类型运用 PC – ORD4.0 软件 TWINSPAN 程序对所有样方进行群落类型分类（罗涛，2007）。

（4）乔木天然更新

有效更新频度以样方为单位，样方频度计算方法（陈伯利，2005）：

①样方内出现几个树种时取一个目的树种或珍贵树种；

②同时有目的树种和珍贵树种时取珍贵树种；

③样方内有树频度为"1"，濒死的幼苗、幼树或无树，频度不计数。

④频度按百分数表示，其计算公式为：频度 = 有更新株树样方个数/样方总个数×100。

6.2.2.1.4　数据处理

采用以空间代替时间的方法，以未火烧林地作为火烧迹地的对照样地，分析各火烧迹地理化性质随火烧后时间变化的影响，植被多样性在火后不同时期的变化以及主要树种自然更新在火后不同时期的组成及数量变化，并运用 SPSS16.0 统计软件对所测数据进行显著性差异分析。

6.2.2.2　火后溪流水质及土壤理化性质的恢复研究

6.2.2.2.1　调查试验地选取

2006 年 6 月初对松岭林业局古源林场 5 月 23 日森林火灾火烧迹地及相邻地段进行踏查，在相同的立地条件下选择受火烧影响的溪流和未受火烧影响的溪流，于 2006 年 9～10 月通过对当年高强度火烧迹地踏察，选择三种有代表性的林型，分别为白桦林、落叶松林和落叶松白桦混交林，并在立地条件相同的邻近未火烧地段选择相同的三种林型作为对照样地。

6.2.2.2.2　外业取样

2006 年 5～10 月溪流取样，方法如下：

把 500ml 聚乙烯塑料瓶用无离子水漂洗至少三次，取样之前，在位于取样点下游 3m 左右处，先用被取水样润洗 3 次，然后用该塑料瓶在溪流中等深度处灌装水样。在火烧区与未火烧区溪流分别取三瓶约 1500ml 的样品；取样后立即用冰块保存并送至实验室。在现场测定样品的 pH 值和温度以后，一瓶中加入 1ml 左右 1∶1 的 HNO_3，另一瓶中加入 1ml 左右 1∶1 的 H_2SO_4，固定样品，保持水样的 pH 值小于 2，以保证在短期内不变质。每个月按固定时间采集水样（按照 3 个重复取样）按实验分析要求一部分水样需加固定液（分别加硝酸和硫酸）并放置冰箱中低温冷藏（0～4℃）以待在实验室中进行化学分析。

2006 年 9～10 月不同林型下土壤取样，方法如下：

在已选的样地内设置 30m×30m 的样方，在每个样方内呈"品"字形设置 3 个样点，挖土壤剖面，记录土壤剖面特征。进行机械分层（0～10cm、10～20cm），采用环刀和铝盒同时取样，进行土壤水分物理性质测定；在各样点取原状土样 1000g 分别装在布袋中，风干，以备室内试验。

6.2.2.2.3　室内试验

（1）溪流水质的测定

用 HI98128 笔式酸度计测定 pH 值和水温；Na^+、K^+、Ca^{2+}、Mg^{2+}、SO_4^{2-}、Cl^-、F^-、NO_3^-、和 Br^- 等离子采用日本岛津 LC－10A 离子色谱仪进行测定，Fe^{2+} 和 Fe^{3+} 分别用邻菲啰啉分光光度法和磺基水杨酸比色法测定。

（2）土壤容重的测定

土壤容重是指自然情况下，单位容积土体的质量。土壤容重的测定用环刀法，将称量质量后环刀中的土壤，取中间具代表性的一部分土样（20g 左右），放在已知质量的铝盒中，立即在分析天平上称量，置于 105℃±2℃ 烘箱中烘至恒定质量，测出土壤水分换算系数（国家林业局，2000）。用此系数将环刀中湿土质量换算成烘干土质量，即可算出土壤容重（g/cm^3）。计算公式为：

$$土壤容重（g/cm^3）= \frac{环刀内烘干土重}{环刀容积}$$

6.2.2.2.4　土壤持水性能指标的测定

测定土壤的饱和持水量、毛管持水量、田间持水量，必须采取土壤结构不破坏的原状土壤。把装有原状土的环刀用水浸泡至饱和，然后即称其质量，便可测定其饱和持水量；然后在干沙上放置 2h，称其质量，便可以计算出毛管持水量；再在干沙上放置一昼夜，称其质量，便可计算出田间持水量（国家林业局，2000）。计算公式为：

$$土壤饱和持水量（\%）= \frac{侵入后 12h 环刀内湿土质量（g）- 环刀内烘干土质量（g）}{环刀内烘干土质量（g）} \times 100$$

$$土壤毛管持水量（\%）= \frac{侵入后 12h 环刀内湿土质量（g）- 环刀内烘干土质量（g）}{环刀内烘干土质量（g）} \times 100$$

$$土壤田间持水量（\%）= \frac{在干沙上放置 24h 环刀内湿土质量（g）- 环刀内烘干土质量（g）}{环刀内烘干土质量（g）} \times 100$$

6.2.2.2.5   土壤孔隙度的测定

土壤孔隙度是指土壤中孔隙度容积占土壤总容积的百分数。土壤总孔隙度、毛管孔隙度、非毛管孔隙度的计算公式分别是：

$$非毛管孔隙度（容积\%）= [土壤饱和持水量（\%）- 毛管持水量（\%）] \times 土壤容重（g/cm^3）$$
$$毛管孔隙度（容积\%）= 毛管持水量（\%）\times 土壤容重（g/cm^3）$$

6.2.2.2.6   土壤 pH 值的测定

用电位法测定土壤 pH 值，称取通过 2mm 筛孔的风干土样 10g 于 50ml 高型烧杯中，加入 25ml 1.0mol/L 氯化钾溶液（酸性土壤测定用）静止 30min，用 pH 计测定，直接读出 pH 值（国家林业局，2000）。

6.2.2.2.7   土壤养分测定

在三种林型不同坡位的每个样地内呈"品"字形设置 3 个取样点，每个点挖取一个土壤剖面，记录土壤剖面特征。进行机械分层（0~10cm、10~20cm），同时，在每层取土样，室内风干，采用国家林业行业标准《森林土壤分析方法》（国家林业局，2000）测定土壤养分含量，包括土壤有机质，速效和全效 N、速效和全效 P 和速效和全效 K。具体方法如下：

有机质含量采用油浴外加热，重铬酸钾氧化 – 外加热法测定；

土壤有效氮的含量采用碱解 – 扩散法测定；

土壤速效钾的含量采用中性乙酸铵（1mol/L）浸提 – 火焰光度法测定；

土壤有效磷含量采用氟化铵 – 盐酸浸提法测定；

土壤全氮采用半微量凯氏法测定；

土壤全磷采用氢氧化钠—钼锑抗比色法测定；

土壤全钾采用酸溶—火焰光度法测定。

6.3   火烧迹地空间分布格局

6.3.1   不同等级林火面积

经 1980~2005 年黑龙江省火警火灾登记表统计，在这 26 年期间，大兴安岭地区共发生火警火灾 858 起，年均 33 次。其中林火共 615 起，年均 23.7 次，过火林地面积为 129.12 万 hm²。大兴安岭地区各年份内发生的不同等级的林火总面积见表 6-1。

表 6-1　不同等级林火面积(hm²)

年份	森林火警	轻度火灾	中度火灾	重度火灾
1980	0.9	469.1	1 548.3	121 500
1981	3.7	358.7	1 673.2	59 040
1982	4.6	240.4	470	18 706
1983	0.1	91.4	200	1 373
1984	0.7	68.3	60	0
1985	2.5	30.5	26.7	6 735
1986	7.43	514.7	968	4 895
1987	3.61	181.06	1 192.3	757 719.7
1988	2.2	19.99	33.3	0
1989	0.4	49.3	0	0
1990	0.2	31	196.2	0
1991	0	0.6	60	0
1992	3.02	1	0	68
1993	0	0.5	0	0
1994	0.2	0.7	0	78
1995	0.86	2	0	0
1996	0	1	86	0
1997	0	7.8	0.7	0
1998	1.5	8.2	0	87
1999	0	2.13	0	78.5
2000	5.25	184.96	384	19 124
2001	4.97	88.7	0	0
2002	5.7	35.11	156	0
2003	0.82	110.61	313.9	250 948.1
2004	0.94	41.4	186.8	18 600
2005	4	59.8	41.3	21 887
合计	117.87	2 598.96	7 596.7	1 280 839.3

其中森林火警 145 起，过火的林地面积为 117.87 hm²，轻度火灾 337 起，过火的林地面积为 2 598.96 hm²，中度火灾 71 起，过火的林地面积为 7 950 hm²，重度火灾 62 起，过火的林地面积为 1 280 839.30 hm²。

6.3.2　不同等级林火次数

大兴安岭地区 1980～2005 年间，各年份发生的各等级的火灾次数见图 6-1。

由图 6-1 可见，大部分年份中，轻度火灾发生的次数最多，其中 2002 年发生轻度火灾 51 次，次数最多，其次是 2005 年、2000 年和 1986 年，分别发生轻度火灾 34 次、31 次和 30 次。图中显示，1986 年和 1987 年时各个等级的林火发生次数比较多，林火发生比较频繁。但是在此之后的许多年内，大兴安岭地区发生的林火次数很少，1988～1999 年期间共发生森林火警 24 次，轻度火灾 57 次，中度火灾 9 次，重度火灾 4 次，年均火灾 7.8 次。其中 1988～1991 年 4 年内未发生过重度火灾。直到 2000 年后，大兴安岭地区的林火发生次数才又开始增多，并且每年的林火仍然以轻度火灾的次数居多。由此可见，1987 年发生了严重的森林火灾之后，森林可燃物消耗严重，使接下来的几年内，都难形成频率高的林火。直到 2000 年时，随着森林植被的恢复，可燃物的量也增多，火频率也因此而增加。

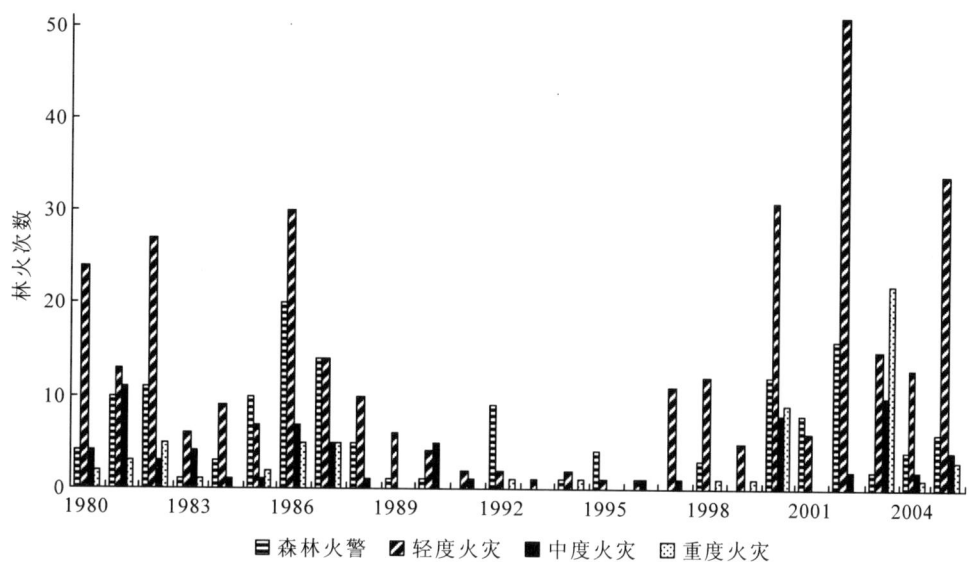

图6-1　各年份发生的不同等级的林火次数

6.3.3　不同等级林火平均面积

大兴安岭地区26年间，每年中各个等级的林火的平均过火面积见表6-2。

表6-2　不同等级林火发生的平均面积　　　　　　　　　　　　　（hm²/次）

年份	森林火警	轻度火灾	中度火灾	重度火灾
1980	0.23	19.55	387.08	60 750
1981	0.37	27.60	152.11	19 680
1982	0.42	8.90	156.67	3 741.2
1983	0.1	15.23	50	1 373
1984	0.23	7.59	60	0
1985	0.25	4.34	26.7	3 367.5
1986	0.37	17.16	138.29	979
1987	0.26	12.93	238.46	151 543.94
1988	0.44	2.00	33.3	0
1989	0.4	8.22	0	0
1990	0.2	7.75	39.24	0
1991	0	0.3	60	0
1992	0.34	0.5	0	68
1993	0	0.5	0	0
1994	0.2	0.35	0	78
1995	0.22	2	0	0
1996	0	1	86	0
1997	0	0.71	0.7	0
1998	0.5	0.68	0	87
1999	0	0.43	0	78.5
2000	0.44	5.97	48	2 124.89
2001	0.62	14.78	0	0
2002	0.36	0.69	78	0
2003	0.41	7.37	31.39	11 406.73
2004	0.24	3.18	93.4	18 600
2005	0.67	1.76	10.33	7 295.67
平均值	0.37	7.71	107.00	20 658.70

由表 6-2 可见，26 年内森林火警单次火烧面积为 0. 37 hm²，轻度火灾单次火烧面积为 7. 71 hm²，中度火灾单次火烧面积为 107 hm²，重度火灾单次火烧面积为 20 658. 7 hm²。2005 年时森林火警的平均单次火烧面积最大，为 0. 67 hm²，其次是 2001 年，平均单次森林火警的过火面积为 0. 62 hm²；1991 年、1993 年、1996 年、1997 年和 1999 年，共 5 年没有发生森林火警。1981 年时轻度火灾的单次火烧面积最大，为 27. 6 hm²，其次是 1980 年，单次轻度火灾的过火面积为 19. 55 hm²，26 年间大兴安岭地区每年都有轻度火灾发生。1980 年时中度火灾的单次火烧面积最大，为 387. 08 hm²，其次是 1987 年，平均单次中度火灾的过火面积为 238. 46 hm²；1989 年、1992 ~ 1995 年、1998 年、1999 年和 2001 年，共 8 年没有发生中度林火。1987 年时重度火灾的平均单次火烧面积最大，为 151 543. 94 hm²，其次是 1980 年，平均单次中度火灾的过火面积为 60 750 hm²；1984 年、1988 ~ 1991 年、1993 年、1995 ~ 1997 年、2001 年和 2002 年，共 11 年未发生重度火灾。可见，1987 年发生的各等级林火的平均面积都很大，其中重度火灾的单次过火的面积远远高出 26 年的平均水平 6 倍多。

6. 3. 4　小结

本节通过对 1980 ~ 2005 年的黑龙江省火警火灾登记表的统计，分别得到各个年份内发生的不同等级的林火次数、面积以及每年中各个等级林火的平均过火面积，得到 26 年间大兴安岭地区的不同等级林火的年际分布。研究发现，自 1987 年发生特大火灾以后的十多年内，各个等级林火的发生次数明显减少，与以往相同等级的林火相比，每次火灾的面积也比较小，这是因为在特大火灾中森林可燃物被大量消耗。直到 2000 年之后，各个等级的林火次数和每次火烧面积逐渐增加。

6. 4　火干扰对土壤理化性质的影响

6. 4. 1　火干扰对土壤物理性质的影响

6. 4. 1. 1　林火对不同林型不同土层土壤物理性质的影响

由表 6-3 可见，无论在对照样地还是火烧迹地，土壤容重、总孔隙度、毛管孔隙度以及非毛管孔隙度从 0 ~ 10cm 到 10 ~ 20cm 土层的变化趋势相同，即随着土壤深度的增加，容重增加，孔隙度减小。森林土壤受到森林凋落物、树根以及依存于森林植被下特殊生物群的影响，有机质和腐殖质一般都集中在土壤表层，随着土层的加深，其含量逐渐减少，因此，随着土层深度的增加土壤容重逐渐增加，孔隙度减小。但经过高强度火烧干扰后，从总体上看，虽然随着深度变化也是这样的趋势，但相差明显性增高，这可能是由于表层土壤在火烧当年没有经过严重的侵蚀，其随着时间的推移可能会表现的更加明显。所以在火烧当年，下层土壤的变化大于上层土壤。由表 6-3 可见，无论是对照样地还是火烧迹地的各种林型中，饱和持水量、毛管持水量、田间持水量以及贮水能力从 0 ~ 10cm 到 10 ~ 20cm 土层均呈减小趋势。

表6-3　三种森林类型的土壤容重与孔隙度特征

森林类型	土层深度 (cm)	容重 (g/cm³)		总孔隙度 (%)		毛管孔隙度 (%)		非毛管孔隙度 (%)		毛管/非毛管孔隙度比值	
		对照	火烧	对照	火烧	对照	火烧	对照	火烧	对照	火烧
白桦林	0 ~ 10	0.52	0.69	73.64	73.40	63.66	62.07	9.98	11.33	6.51	5.48
	10 ~ 20	0.68	1.14	72.74	53.44	62.87	45.21	9.87	8.23	6.37	5.49
落叶松	0 ~ 10	0.48	0.49	70.43	71.93	57.02	58.19	13.41	13.74	4.25	4.24
	10 ~ 20	0.77	1.03	62.13	58.22	56.89	53.95	5.24	4.27	10.96	12.63
混交林	0 ~ 10	1.11	1.13	57.95	50.72	50.39	37.64	7.55	13.08	6.67	2.88
	10 ~ 20	1.33	1.52	46.44	37.73	43.24	36.31	3.20	1.43	13.51	13.51

6.4.1.2　林火对不同林型土壤容重的影响

土壤容重是土壤物理性质的一个重要指标，容重大小反映出土壤透水性、通气性和根系伸展时的阻力状况，也是土壤紧实度的敏感性指标，是表征土壤质量的一个重要参数（Acosta – Martinez，1999；Whalley，1995；田大伦，2005）。由表6-3可见，在对照样地的各种林型中，土壤的平均容重为落叶松白桦混交林（1.22 g/cm³）＞落叶松林（0.63 g/cm³）＞白桦林（0.60 g/cm³）；火烧迹地为落叶松白桦混交林（1.33 g/cm³）＞白桦林（0.92 g/cm³）＞落叶松林（0.76 g/cm³）。由此可见，无论是对照样地还是火烧迹地，白桦林和落叶松林土壤平均容重均小于1，而落叶松白桦混交林土壤的平均容重大于1，可见白桦林和落叶松林土壤较落叶松白桦混交林土壤疏松。火烧后，三种林型下土壤容重均增加。

6.4.1.3　林火对不同林型土壤孔隙度的影响

土壤孔隙状况影响土壤通气透水性和根系穿插的难易程度，并对土壤中水、肥、气、热和微生物活性等发挥着不同的调节作用，是土体构造重要指标之一（杨弘，2007；孙艳红，2006）。由表6-3可见，在对照样地的各种林型中，总孔隙度的平均值为白桦林（73.09%）＞落叶松林（66.28%）＞落叶松白桦混交林（52.20%），毛管孔隙度的平均值为白桦林（63.27%）＞落叶松林（56.96%）＞落叶松白桦混交林（46.82%），非毛管孔隙度的平均值为白桦林（9.93%）＞落叶松林（9.33%）＞落叶松白桦混交林（5.38%）；在火烧迹地的各种林型中，总孔隙度的平均值为落叶松林（65.08%）＞白桦林（64.25%）＞落叶松白桦混交林（44.23%），毛管孔隙度的平均值为落叶松林（56.07%）＞白桦林（53.64%）＞落叶松白桦混交林（36.98%），非毛管孔隙度的平均值为白桦林（9.78%）＞落叶松林（9.00%）＞落叶松白桦混交林（7.26%）。由此可见，在对照样地，白桦林通气性较好，其次是落叶松林；在火烧迹地，落叶松林通气性较好，其次是白桦林；无论是对照样地还是火烧迹地，落叶松白桦混交林土壤的平均总孔隙度、平均毛管孔隙度、平均非毛管孔隙度都是最小的，说明在研究地区这个林型下土壤的通气性不如另外两种林型。

火烧后，除了落叶松白桦混交林土壤非毛管孔隙度外，三种林型下土壤平均总孔隙度、平均毛管孔隙度、平均非毛管孔隙度均减小。一般认为，土壤中大小孔隙同时存在，若总孔隙度在50%左右，毛管与非毛管孔隙度的比值在1.5~4.1时，透水性、通气性和持水能力比较协调（田大伦，2005；张希彪，2006；杨澄，1998），若非毛管孔隙度小于10%，不能保证通气，小于6%则大多植物不能正常生长。由表6-3可见，在对照样地及火烧迹地的各种林型中，只有火烧迹地的落叶松白桦混交林0~10 cm层土壤的透水性、通气性和持水能力比较协调。总体上看，在研究地的三种林型中，白桦林和落叶松林土壤的通气、透气、持水性能都基本可满足林木正常生长的需要，但不能满足营建速生丰产林的需要，而落叶松白桦混交林土壤条件较差，基本上不能满足林木正常生长需要，但是火烧后落叶松白桦混交林土壤条件有所改善。

6.4.1.4　林火对不同林型土壤含水量的影响

矿物质的风化、有机质的分解和转化(腐殖化)以及土壤微生物的活动，都离不开水，土壤中的水几乎参与土壤中所有的物理、化学、生物、物质和能量的转化过程。植物生长所需要的大量水分都是通过根系从土壤中吸收的；植物对养分的吸收也是以水为介质；同时水分也是土壤四大肥力(水、肥、气、热)因素之一。土壤持水性能直接影响土壤抗水蚀能力，是反映土壤生态功能的重要指标(马雪华，1993)。林地土壤的发育直接受森林植被的影响，森林类型不同，林地表层的枯落物构成及地下根系的生长发育也各异，所造成的林地土壤物理性质的差异，引起了各森林类型土壤蓄水能力上的变化(郝占庆，1998)。

6.4.2　火干扰对土壤化学性质的影响

6.4.2.1　林火对不同林型土壤 pH 值的影响

由表6-4可见，无论在对照样地还是火烧迹地，三种林型土壤均属于酸性土壤，土壤 pH 值从0~10cm到10~20cm土层的变化趋势相同，即随着土壤深度的增加，pH 值减小。火烧没有改变随深度变化的趋势，但相差明显性减小，这是由于火烧对上层土壤的 pH 值的影响强度大于下层。火烧后，三种林型0~10cm和10~20cm土层土壤 pH 值均减小，这是由土壤有机物质氧化并导致 CEC 下降造成的，同时还取决于沉积的灰烬的组成和数量，以及土壤的缓冲性能(陈华癸，1962)。当前也有许多研究表明，火烧后土壤 pH 值一般呈上升趋势(Almendros，1988；Andriesse，1984；沙丽清，1988；戴伟，1994)。

由表6-4可见，在对照样地，土壤 pH 值平均值为落叶松林(4.89)>落叶松白桦混交林(4.81)>白桦林(4.77)，火烧迹地，土壤 pH 值平均值为落叶松白桦混交林(5.13)>落叶松林(5.02)>白桦林(5.01)。对照样地和火烧迹地土壤 pH 值平均值从大到小排序不同，对照样地落叶松林土壤 pH 值平均值最高，火烧迹地落叶松白桦混交林土壤 pH 值平均值最高，无论是对照样地还是火烧迹地，白桦林土壤 pH 值平均值均最低(图6-2)。火烧后，土壤 pH 值的平均值增加最多的是落叶松白桦混交林，其增加值为0.32，其次是白桦林增加了0.24，落叶松林增加了0.13，火烧后，各林型土壤 pH 值平均值增加不明显。

6.4.2.2　火烧对不同林型土壤有机质的影响

由表6-4可见，无论在对照样地还是火烧迹地，有机质在土壤深度上的变化趋势是一致的，上层土壤有机质均大于下层土壤。火烧后，上下层土壤有机质差值发生变化，白桦林和落叶松林减小，落叶松白桦混交林增加。火烧后，白桦林和落叶松林土壤有机质减小，落叶松白桦混交林土壤有机质增加。火烧后土壤有机质减小的原因是火烧致使表土层有机碳大量

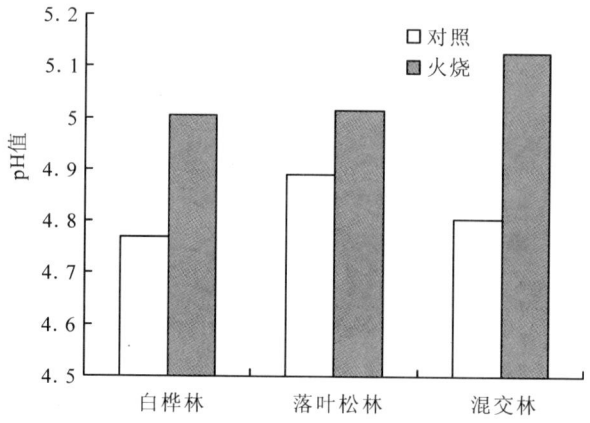

图 6-2　火烧迹地和对照样地土壤 pH 值平均值比较

表 6-4　三种森林类型的土壤 pH 值、有机质及土壤养分测定数据

森林类型	土层深度(cm)	有机质(g/kg)		全 N(g/kg)		碱解 N(mg/kg)		全 P(g/kg)		有效 P(mg/kg)		全 K(g/kg)		速效 K(mg/kg)		pH 值	
		对照	火烧	对照	火烧	对照	火烧	对照	火烧	对照	火烧	对照	火烧	对照	火烧	对照	火烧
白桦林	0~10	24.31	11.63	0.91	0.42	263.93	127.45	0.16	0.13	1.90	10.35	0.43	0.49	174.89	202.02	4.81	5.10
	10~20	14.00	6.21	0.47	0.27	120.56	105.98	0.10	0.12	0.72	10.45	0.51	0.47	90.97	135.05	4.73	4.91
落叶松林	0~10	33.90	16.40	1.17	0.61	329.61	145.72	0.17	0.10	4.66	4.77	0.38	0.49	112.54	200.78	4.89	5.20
	10~20	13.35	5.64	0.56	0.33	135.38	113.31	0.14	0.07	4.09	4.25	0.50	0.48	92.01	101.41	4.75	4.83
混交林	0~10	5.43	8.14	0.15	0.18	85.83	90.87	0.05	0.08	0.78	9.32	0.51	0.27	148.45	102.89	4.81	5.19
	10~20	5.12	5.43	0.11	0.10	76.28	72.26	0.05	0.06	0.78	3.99	0.55	0.26	111.11	61.64	4.80	5.06

分解(周瑞莲,1997)。当前许多研究也表明,从短期影响看,火烧后土壤有机质含量会大幅度下降(周瑞莲,1997;Almendros,1984,Ⅰ;Ⅱ)。

由图 6-3 可见,三种林型相比,对照样地土壤平均有机质为落叶松林(23.63g/kg)>白桦林(19.16g/kg)>落叶松白桦混交林(5.28g/kg);在火烧迹地也是相同的顺序,落叶松林(11.02g/kg)>白桦林(8.92g/kg)>落叶松白桦混交林(6.79g/kg),可见落叶松林土壤有机质含量较丰富。火烧后,土壤有机质平均值减小最多的是落叶松林,其减小值为 12.61g/kg,其次是白桦林减少了 10.24g/kg,而落叶松白桦混交林增加了 1.51g/kg,可见火烧对白桦林和落叶松林土壤有机质影响较大。

6.4.2.3　林火对不同林型土壤全氮的影响

由表 6-4 可见,无论在对照样地还是火烧迹地,土壤全氮从 0~10cm 到 10~20cm 土层的变化趋势相同,即随着土壤深度的增加,土壤全氮减小。火烧后,除了落叶松白桦混交林 0~10cm 土层土壤全氮稍有增加外,其他各林型土壤全氮均减小,这是由于氮的挥发温度低(200℃),火烧时氮素最易损失。Goivanni 等(1990)的试验表明,当温度达到 220℃时土壤全 N 量下降。N 在高温下挥发,NH_4-N 含量在 220℃下增加,高于 220℃则快速下降。

由图 6-4 可见,对照样地的三种林型,土壤全氮平均值从大到小的排序为:落叶松林

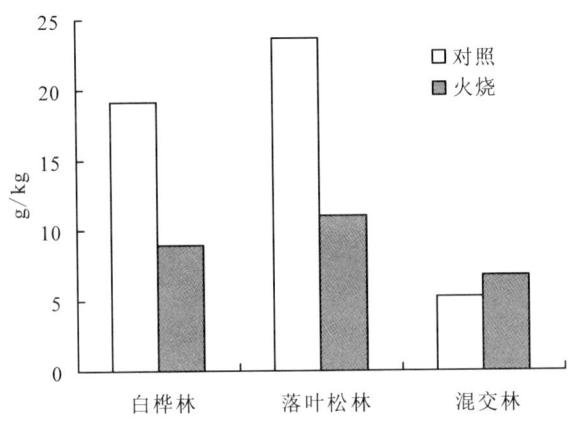

图6-3 火烧迹地和对照样地土壤有机质平均值比较

$(0.87g/kg)$ > 白桦林$(0.69g/kg)$ > 落叶松白桦混交林$(0.13g/kg)$，火烧迹地，土壤全氮平均值为落叶松林$(0.47g/kg)$ > 白桦林$(0.35g/kg)$ > 落叶松白桦混交林$(0.14g/kg)$。火烧没有改变三个林型下土壤全氮平均值的大小排序，均表现为落叶松林土壤全氮平均值最大，其次是白桦林，落叶松白桦混交林最小，可见落叶松林全氮含量较为丰富，落叶松白桦混交林下土壤全氮供应较低。火烧迹地与对照样地相比，火烧后白桦林和落叶松林土壤全氮平均值均呈减小趋势，分别下降了49.27%和45.98%，这与有关研究结果相似，如Dyrness等在阿拉斯加的研究发现，土壤全氮与火烧前比可能会大幅度下降，森林土壤火烧后全氮含量下降50%（Dyrness，1989）。而落叶松白桦混交林稍有增加，增加了7.69%。

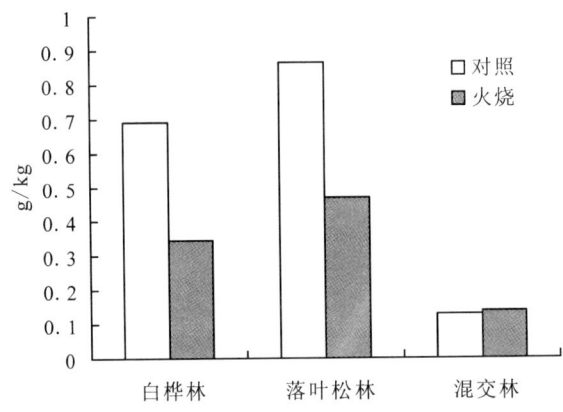

图6-4 火烧迹地和对照样地土壤全氮平均值比较

6.4.2.4 林火对不同林型土壤有效氮的影响

由表6-4可见，落叶松林和白桦林土壤有效氮供应较高，落叶松白桦林供应中等。无论在对照样地还是火烧迹地，土壤有效性氮从0~10cm到10~20cm土层的变化趋势相同，即随着土壤深度的增加，土壤有效性氮减小。火烧后，除了落叶松白桦混交林0~10cm土层土壤有效性氮稍有增加外，其他各林型土壤有效性氮火后均呈减小趋势。

由图6-5可见，对照样地和火烧迹三种林型中，土壤有效性氮平均值从大到小的排序为：落叶松林$(232.50mg/kg)$ > 白桦林$(192.25mg/kg)$ > 落叶松白桦混交林$(81.06mg/kg)$，火烧迹地,土壤有效性氮平均值为落叶松林(129.52mg/kg) > 白桦林(116.72mg/kg) > 落叶松白桦混交林(81.57mg/kg)。火烧没有改变三个林型土壤有效性氮平均值大小排序,均表现为落叶松林土壤有效性氮平均值最大,其次是白桦,落叶松白桦混交林最小,可见落叶松林有效性氮含量最丰富。火烧迹地与对照样地相比,火烧后白桦林和落叶松林土壤有效性氮平均值均呈减小趋势,分别下降了 39.29% 和 44.29%,与土壤全氮量相比,土壤有效性氮平均值下降的幅度稍低,这可能是由于植物体的吸收及淋失等,速效 N 含量会逐渐下降;落叶松白桦混交林稍有增加,增加了 0.63%。

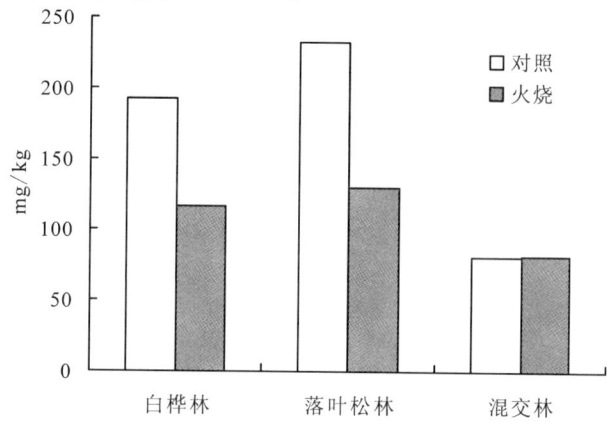

图 6-5　火烧迹地和对照样地土壤有效氮平均值比较

6.4.2.5　林火对不同林型土壤全磷的影响

由表 6-4 可见,对照样地和火烧迹地的三种林型,全磷量均小于 0.8g/kg,可见在研究地森林土壤全磷供应量不足。无论在对照样地还是火烧迹地,土壤全磷从 0 ~ 10cm 到 10 ~ 20cm 土层的变化趋势均相同,即随着土壤深度的增加,土壤全磷减小。火烧后,全磷的变化不规律,落叶松林及白桦林 0 ~ 10cm 土层土壤全磷减小,落叶松白桦混交林及白桦林 10 ~ 20cm 土层土壤全磷增加。

由图 6-6 对照样地三种林型中,土壤全磷平均值从大到小的排序为:落叶松林(0.155g/kg) > 白桦林(0.13g/kg) > 落叶松白桦混交林(0.05g/kg),火烧迹地,土壤全氮平均值为白桦林(0.125g/kg) > 落叶松林(0.085g/kg) > 落叶松白桦混交林(0.07g/kg)。在对照样地,落叶松林土壤全磷平均值最大,其次是白桦林,落叶松白桦混交林最小;火烧迹地,白桦林土壤全磷平均值最大,其次是落叶松林,落叶松白桦混交林最小,可见在研究区的三种林型中,落叶松白桦混交林土壤全磷含量最低。火烧迹地与对照样地相比,火烧后白桦林和落叶松林土壤全磷平均值均呈减小趋势,分别下降了 3.85% 和 45.16%,而落叶松白桦混交林增加了 40%。相关研究表明,火烧对森林地表覆盖物和表层矿质土壤中全磷浓度一般没有明显影响,只有火烧强度很大时会有一定的影响(戴伟,1994),Brown 和 Mitchell 认为,温度在 200 ~ 400℃ 间可导致树脂可提取态磷的释放,而全磷则变化不明显(Brown,G.,1986)。本研究结果表明,火后落叶松林土壤全磷下降的比较明显,白桦林不明显,落叶松白桦混交林增加的比较明显。

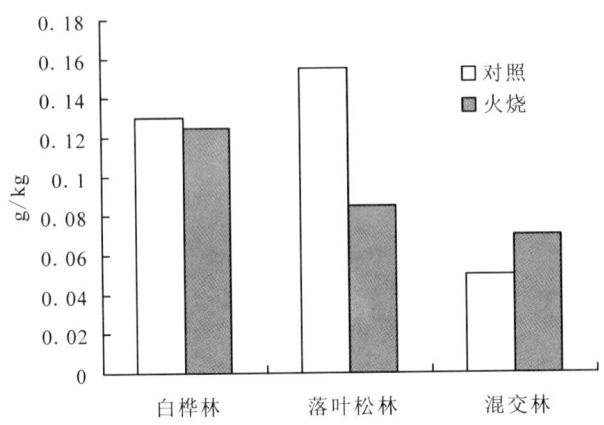

图6-6　火烧迹地和对照样地土壤全磷平均值比较

6.4.2.6　林火对不同林型土壤有效磷的影响

由表6-4可见,在对照样地和火烧迹地的三种林型中,土壤有效性磷从0~10cm到10~20cm土层的总体变化趋势相同,即随着土壤深度的增加,土壤有效性磷减小,但对照样地落叶松白桦混交林和火烧迹地白桦林土壤有效磷变化不明显。火烧后,除了落叶松白桦混交林10~20cm土层土壤有效性磷降低外,其他各林型土壤有效性磷均呈增加趋势。

由图6-7可见,对照样地和火烧迹的三种林型中,土壤有效性磷平均值从大到小的排序为:落叶松林(4.38mg/kg)>白桦林(1.31mg/kg)>落叶松白桦混交林(0.78mg/kg),火烧迹地,土壤有效性磷平均值为白桦林(10.4mg/kg)>落叶松白桦混交林(6.66mg/kg)>落叶松林(4.51mg/kg)。在对照样地,落叶松林土壤有效磷平均值最大,其次是白桦林,落叶松白桦混交林最小;火烧迹地,白桦林土壤有效磷平均值最大,其次是落叶松白桦混交林,落叶松林最小。火烧迹地与对照样地相比,火烧后三种林型土壤有效性磷平均值均呈增加趋势,白桦林、落叶松林及落叶松白桦混交林分别增加6.93、0.03和7.54倍。国内的研究表明,草地或森林土壤火烧后速效磷含量显著增加(周瑞莲,1997;1999;李政海,1994;田昆,1997)。强度较大的火烧森林土壤的速效磷含量在0~5cm土层可增加33倍,5~10cm可增加64.5倍,10~15cm可增加12.5倍(田昆,1997)。本研究结果表明,火后有效磷没有相关研究中报导的显著变化。

6.4.2.7　林火对不同林型土壤全钾的影响

由表6-4可见,在对照样地,土壤全钾从0~10cm到10~20cm土层的总体变化趋势相同,即随着土壤深度的增加,土壤全钾增加,但是在火烧迹地却随着土壤深度的增加,土壤全钾减小。火烧后三种林型下土壤全钾的变化不规律,白桦林和落叶松林0~10cm土层土壤全钾增加,10~20cm土层土壤全钾减小,落叶松白桦混交林土壤全钾增加。

由图6-8可见,对照样地的三种林型中,土壤全钾平均值从大到小的排序为:落叶松白桦混交林(0.53g/kg)>白桦林(0.47g/kg)>落叶松林(0.44g/kg),火烧迹地,土壤全钾平均值为落叶松林(0.49g/kg)>白桦林(0.48g/kg)>落叶松白桦混交林(0.27g/kg)。在对照样地,落叶松白桦混交林土壤全钾平均值最大,其次是白桦林,落叶松林最小;火烧迹地,

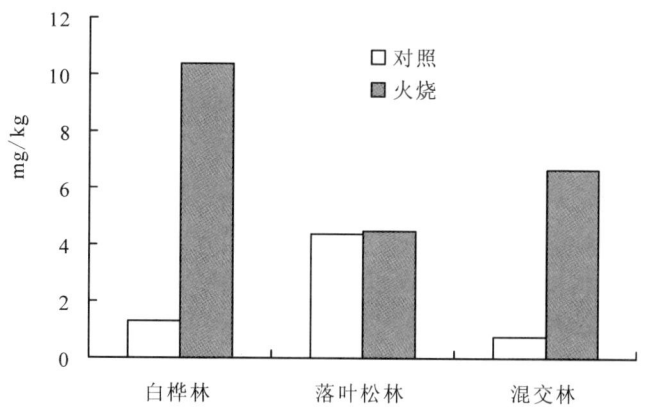

图 6-7 火烧迹地和对照样地土壤有效磷平均值比较

落叶松林土壤全钾平均值最大，其次是白桦林，落叶松白桦混交林最小。火烧迹地与对照样地相比，火烧后白桦林和落叶松林土壤全钾平均值均呈增加趋势，分别增加 2.13% 和 11.36%，而落叶松白桦混交林降低 49.06%。

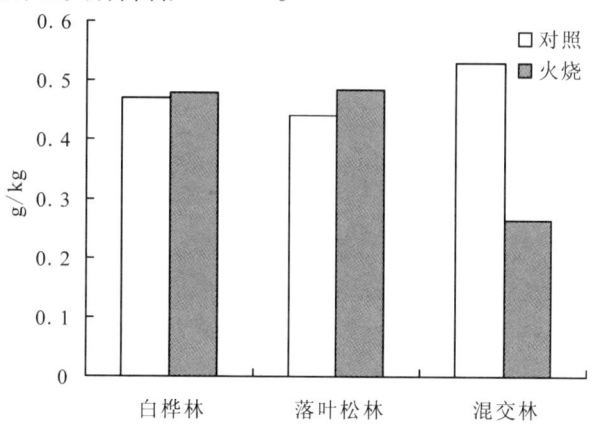

图 6-8 对照样地和火烧迹地土壤全钾平均值比较

6.4.2.8 林火对不同林型土壤速效钾的影响

由表 6-4 可见，三种林型中，火烧迹地落叶松白桦混交林 10～20cm 土层土壤速效钾在 50 和 70 mg/kg，为一般缺钾状态。其余各林型土壤速效钾均大于 70 mg/kg，含钾较为丰富。无论是在对照样地还是火烧迹地，土壤速效钾从 0～10cm 到 10～20cm 土层的变化趋势相同，即随着土壤深度的增加，土壤速效钾减小，而且变化比较明显。火烧后，白桦林和落叶松林土壤速效钾增加，落叶松白桦混交林土壤速效钾降低。

由图 6-9 可见，在对照样地和火烧迹的三种林型中，土壤速效钾平均值从大到小的排序为：白桦林（132.93mg/kg）>落叶松白桦混交林（129.78mg/kg）>落叶松林（102.28mg/kg），火烧迹地为白桦林（168.54mg/kg）>落叶松林（151.10mg/kg）>落叶松白桦混交林（82.27mg/kg）。在对照样地，白桦林土壤速效钾平均值最大，其次是落叶松白桦混交林，落叶松林最小；火烧迹地，白桦林土壤速效钾平均值最大，其次是落叶松林，落叶松白桦混交林最小。火烧迹地与对照样地相比，火烧后白桦林和落叶松林土壤速效钾平均值均呈增加趋势，分别增加 26.79% 和 47.73%，而落叶松白桦混交林降低 36.61%。与土壤全钾含量相比，白桦林和落叶松林土壤速效钾含量火后变化幅度较大。国内的一些研究也证实了火烧后土壤中速效 K 含量会显著上升（陈华癸，1962；周瑞莲，1997；1999；李政海，1994）。火烧后土壤交换性 K 和水溶性 K 浓度升高原因主要与矿物 K 的释放有关，经过 100 ℃ 以上灼烧处理，土壤中的交换性 K 和水溶性 K 含量可成倍增加，一部分由土壤中缓效 K 转化而来，还有一部分是由封闭在长石等难风化矿物中的无效 K 转化而来（朱祖祥，1983）。

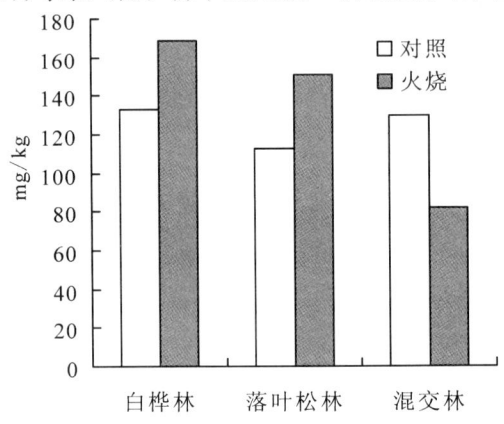

图 6-9　火烧迹地与对照样地土壤有效钾平均值比较

6.4.3　小结

本节对对照样地和火烧迹地的三种林型，分别进行了不同土层的土壤 pH 值、土壤有机质、土壤全氮和有效氮、土壤的全磷和有效磷、土壤全钾和速效钾的含量和浓度测定，分析总结了落叶松林、白桦林和落叶松白桦混交林在火烧前后土壤的理化性质的变化。

6.5　林火对溪流水质的影响

6.5.1　林火对溪流温度和 pH 值的影响

由图 6-10 可见，从 6 月到 10 月，火烧区溪流 pH 值均高于未火烧区溪流，两个溪流 pH 值变化趋势相似，先增大后减小。火烧区溪流输出的 pH 值平均值为 8.10，未火烧区溪流为 7.82，相差 0.18。由图 6-11 可见，从 6 月到 8 月，火烧区溪流温度值均高于未火烧区溪流，但 9 月和 10 月火烧区溪流温度值低于未火烧区溪流。

6.5.2　林火对溪流几种主要阳离子浓度的影响

通过对实验溪流水样的化学分析数据统计分析，并且与降雨水样中各离子分析结果对比表明，在相同的降雨条件下，火烧区溪流和未火烧区溪流的各阳离子浓度差别较大，由图 6-12、图 6-13、图 6-14 和图 6-15 可见，从曲线的总体趋势上看火烧区溪流输出的 Ca^{2+}、Mg^{2+}、Na^+ 浓度高于未火烧区溪流，同时，火烧区溪流输出的 Ca^{2+}、Mg^{2+}、Na^+ 的平均浓度和峰值均高于未火烧区溪流。尤其是火烧区溪流中 Ca^{2+}、Mg^{2+} 两种离子浓度明显高于未火

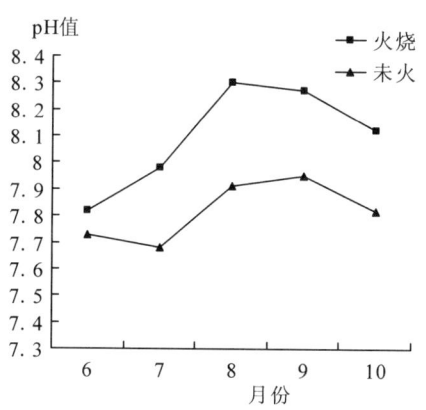

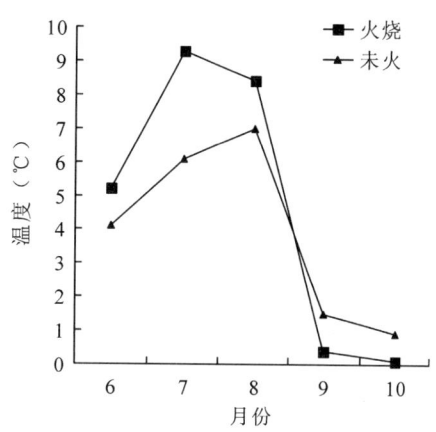

图 6-10　火烧区与未火烧区溪流中 pH 值比

图 6-11　火烧区与未火烧区溪流中温度比较

烧区溪流，可见火烧后溪流水质硬度变大了。Ca^{2+} 在火烧区溪流中出现的峰值 (18.40mg/L) 远远高于其他离子，峰值出现在 7 月，降雨输入的 Ca^{2+} 浓度峰值出现在 8 月，而且火烧区溪流输出的 Ca^{2+} 浓度远远高于降雨输入的 Ca^{2+} 浓度，可见，火烧区溪流中 Ca^{2+} 浓度的变化可能是由火烧引起的。未火烧区溪流 8 月输出 Ca^{2+} 浓度也有升高趋势，可能是由降雨引起的。火烧区溪流输出的 Mg^{2+} 浓度在各个月份都明显高于未火烧区溪流。Mg^{2+} 浓度虽然在未火烧区溪流 7 月也出现了增加趋势，但是明显小于火烧区溪流 7 月出现的峰值，降雨输入的 Mg^{2+} 浓度未见明显增加。虽然 5、6 月未火烧区溪流输出的 Na^+ 浓度大于火烧区溪流，但是在强降雨之后 (7 月) 火烧区溪流输出的 Na^+ 浓度一直大于未火烧区溪流。K^+ 浓度变化相对于 Ca^{2+}、Mg^{2+}、Na^+ 浓度的变化比较特殊，火烧区溪流中输出的 K^+ 浓度峰值出现在 7 月，未火烧区溪流中峰值出现在 8 月，而且未火烧区溪流中 K^+ 浓度最高值大于火烧区溪流，由 K^+ 浓度降雨曲线可见 (图 6-15)，降雨输入的 K^+ 浓度最高值出现在 8 月，而 7 月输入的较少，所以未火烧区溪流输出的 K^+ 浓度升高可能是降雨输入引起，火烧区溪流 K^+ 浓度升高是由火烧引起。

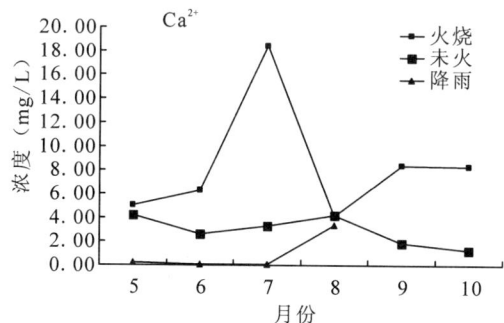

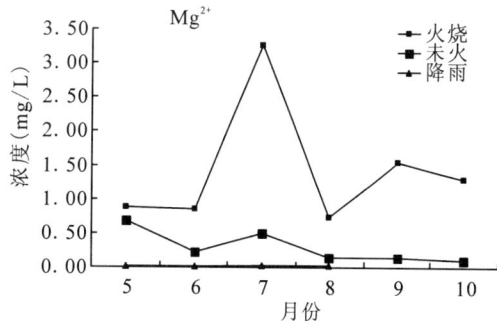

图 6-12　火烧区与对照区溪流中 Ca^{2+} 浓度比

图 6-13　火烧区与对照区溪流中 Mg^{2+} 浓度比较

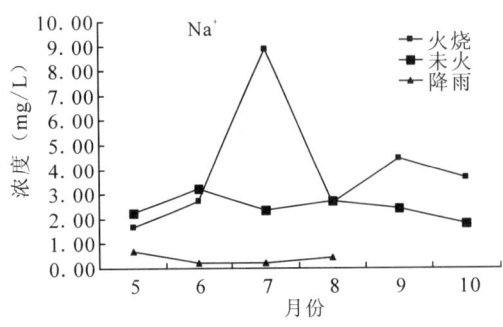

图6-14 火烧区与未火烧区溪流中Na^+浓度比较

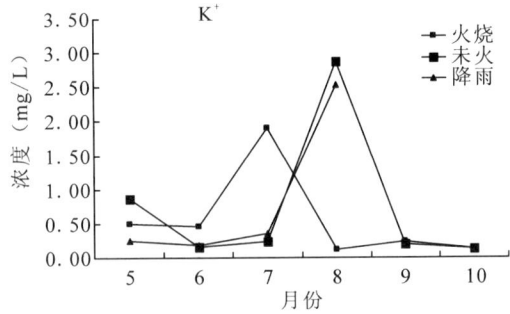

图6-15 火烧区与未火烧区溪流中K^+浓度

6.5.3 林火对溪流总铁以及可溶性铁浓度的影响

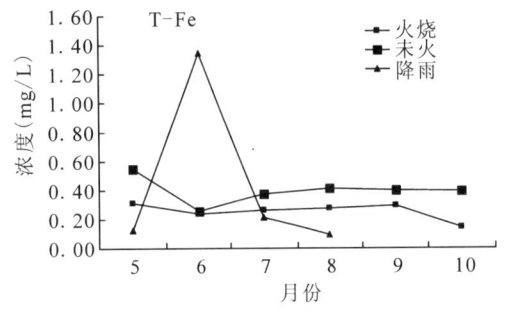

图6-16 火烧区与未火烧区溪流中总Fe浓度比较

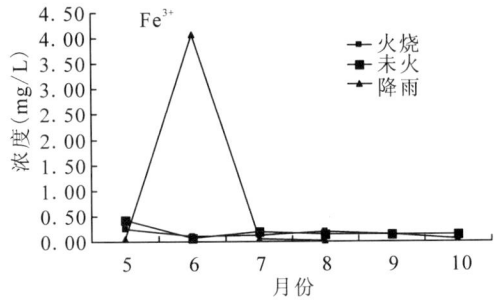

图6-17 火烧区与未火烧区溪流中Fe^{3+}浓度比较

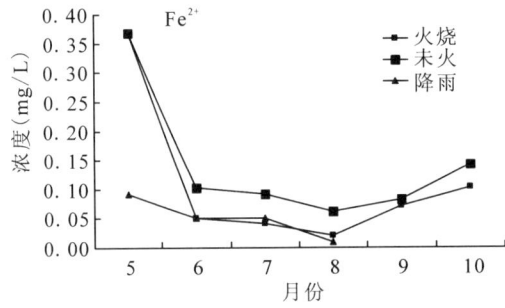

图6-18 火烧区溪流与未火烧区溪流中Fe^{2+}浓度比较

由图6-16、图6-17和图6-18可见,火烧区溪流和未火烧区溪流输出的总Fe和可溶性Fe总体变化趋势相同,5月到10月,未火烧区溪流输出的总Fe、Fe^{2+}浓度均大于火烧区溪流,两个溪流中Fe^{3+}浓度差别不明显。降雨输入的总Fe和Fe^{3+}在8月出现一个明显的峰值,但在溪流中未见升高。降雨输入、火烧区溪流输出和未火烧区溪流输出的Fe^{2+}浓度曲线变化趋势相同,所以降雨对于两个溪流中Fe^{2+}浓度变化可能起主导作用。

6.5.4 林火对溪流几种阴离子浓度的影响

通过对实验溪流水样的化学分析数据统计分析,并且与降雨水样中各离子分析结果对比表明(图6-19至图6-23),在相同的降雨条件下,火烧区溪流和未火烧区溪流的各阴离子浓度差别较大,火烧区溪流输出的SO_4^{2-}浓度最高值(20.02mg/L)出现在7月,这个月的降雨输入也是最高(2.91mg/L)，但火烧区溪流输出的 SO_4^{2-} 浓度值远高于降雨输入，同时也明显高于未火烧区溪流输出的最高值(6.12mg/L)。NO_3^- 浓度变化曲线与 SO_4^{2-} 浓度变化曲线相似，火烧区溪流输出和降雨输入的 NO_3^- 浓度在 7 月最高，分别为 3.98 mg/L 和 1.30 mg/L，火烧区溪流输出的 NO_3^- 浓度明显高于降雨输入，同时也明显高于未火烧区溪流输出的最高值(1.19 mg/L)。火烧区溪流和未火烧区溪流 F^- 浓度曲线变化趋势非常相似，基本上是波浪式上升，除了 9 月份，其他月份火烧区溪流中输出的 F^- 浓度均高于未火烧区溪流，降雨输入的 F^- 浓度在 7 月达到最大，但是在两个溪流中均未出现增加的趋势。火烧区溪流输出的 Cl^- 浓度和 Br^- 浓度最高值分别是 0.83 mg/L 和 0.27 mg/L，未火烧区溪流分别为 2.06 mg/L 和 0.35 mg/L，火烧区溪流输出的 Cl^- 浓度和 Br^- 浓度平均值分别为 0.54 mg/L 和 0.15 mg/L，未火烧区溪流分别为 1.07 mg/L 和 0.17 mg/L。可见，未火烧区溪流输出的 Cl^- 浓度、Br^- 浓度的最高值、平均值均大于火烧区溪流。

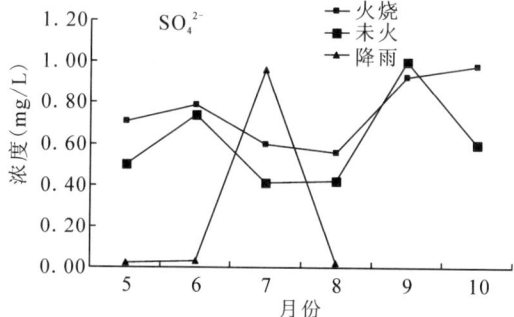

图 6-19　火烧区与未火烧区溪流 SO_4^{2-} 浓度比较　　图 6-20　火烧区与未火烧区溪流 NO_3^- 浓度比较

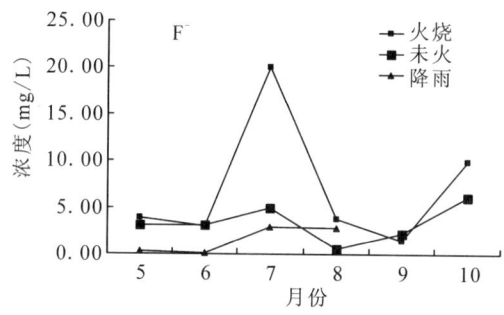
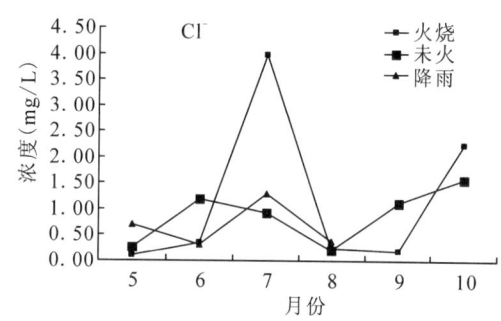

图 6-21　火烧区与未火烧区溪流 F^- 浓度比较　　图 6-22　火烧区与未火烧区溪流 Cl^- 浓度比较

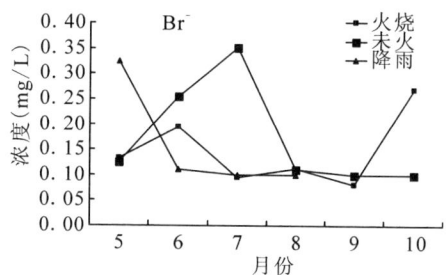

图 6-23　火烧区溪流与未火烧区溪流中 Br^- 浓度比较

6.5.5　林火对离子浓度增加幅度的影响

火烧区与未火烧区溪流输出的离子平均浓度差值如图所示（图 6-24），火烧后增加幅度最大的离子为 Ca^{2+}，其平均浓度高出对照溪流 5.51mg/L，依次为 $SO_4^{2-} > Na^+ > Mg^{2+} > NO_3^- > F^-$。增加幅度分别为 3.65mg/L、1.54mg/L、1.13mg/L、0.31mg/L、0.15mg/L，Fe、K^+、Cl^-、Br^- 平均浓度均低于未火烧区溪流，减小幅度分别为 0.14mg/L、0.18mg/L、0.53mg/L 和 0.03mg/L。Ca 是所测定的元素中最易淋失的元素（王顺利，2004），而且 Ca 在土壤中大量存在，所以火烧后 Ca 的增加幅度最大。硝态氮是无机氮的一种形式，是水溶性的，易为植物吸收利用，硝态氮为一价阴离子，不能为土壤胶体所吸附，而存在与土壤溶液中，极易淋失（罗汝英，1983），火烧后，植物被破坏，同时破坏了植物对氮的吸收利用，导致在火烧之后硝态氮流失的较多。

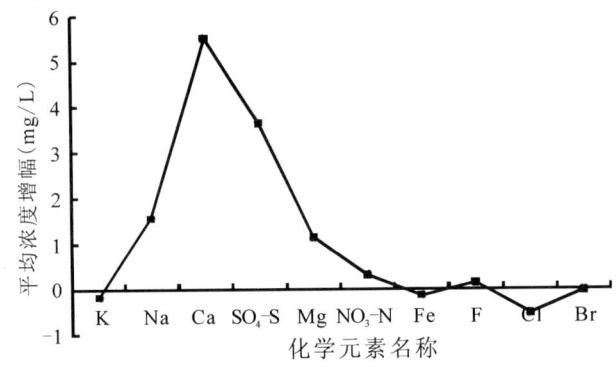

图 6-24　火烧区溪流与未火烧区溪流输出的各离子平均浓度比较

总体上看，阳离子在火烧后增加的幅度大于阴离子，这可能是由于土壤胶体吸附阳离子，火烧后，土壤胶体被破坏，导致阳离子流失。总的来说，火烧后多数离子平均浓度呈增加的趋势，这说明火烧在一定程度上会导致养分元素的流失。

6.5.6　林火对离子浓度月变化的影响

一般来说，养分元素的最高浓度出现在径流和降雨最大的季节（Gerla，1998）。由图 6-25 可见，火烧区溪流的各离子的峰值比较规律，多数出现在 7 月，这是由于这个季节降雨和径流都较多，火烧后灰烬中以及从林冠淋溶的养分元素随着径流进入下游的溪流中所导致，可见火烧在一定程度上会导致养分元素的流失以及侵蚀的增加。而未火烧区溪流中大多数离子没有规律的峰值，只有 SO_4^{2-}、Ca^{2+} 和 K^+ 的峰值较明显（图 6-26），这是由于这三种元素都是比较容易流失的养分元素。比较两个图发现，在火烧区溪流和未火烧区溪流中峰值最高的离子均是 SO_4^{2-}，这是由于硫（以 SO_4^{2-} 形式）的迁移能力最强，它的水迁移系数达 $n \times 10^2$（马雪华，1993）。K^+ 在火烧区溪流 7 月和未火烧区溪流 8 月均出现了峰值，这是由于 K 容易从土壤，灰分和正在分解的有机物中滤出，因此 K 是滤出状况的重要指标；同时 K 是最易溶脱的元素，经过林冠淋溶作用，林内雨中 K 的平均浓度都有大幅度的增加，另外，8 月降雨输入的 K^+ 浓度比较大。

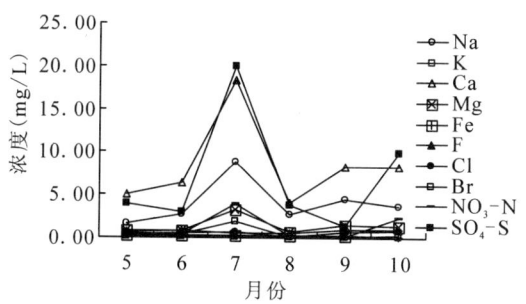

图 6-25　火烧区溪流不同月份离子浓度比较

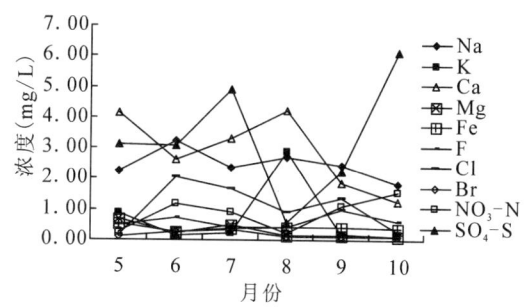

图 6-26　未火烧区溪流不同月份离子浓度比较

6.5.7　小结

本节重点研究了林火对溪流水质的影响。分析表明：火烧区溪流输出的 Ca^{2+}、Mg^{2+}、Na^+ 的平均浓度和峰值均高于未火烧区溪流，火烧区溪流和未火烧区溪流输出的总 Fe 和可溶性 Fe 总体变化趋势相同，火烧区溪流输出的 SO_4^{2-} 浓度和 NO_3^- 浓度最高值明显高于降雨输入以及未火烧区溪流，此外，火烧区溪流各离子浓度峰值比较规律，多数出现在 7 月，同时火烧后增加幅度最大的离子为 Ca^{2+}，其平均浓度高出未火烧区溪流 5.51 mg/L，总的来说，火烧后多数离子平均浓度呈增加的趋势，阳离子增加的幅度大于阴离子。

6.6　火干扰对植被多样性及群落结构的影响

林火是影响森林植被的一个重要因子，过去学者往往忽视它对森林的作用，而直到最近几十年它才被认为是森林生态系统中不可缺少的一部分（周以良，1991）。森林火灾对森林是具有双重作用的，一方面它能破坏森林的结构和功能，使群落演替发生变化；另一方面，它又能够改善森林的结构，促进物质循环，有利于林木的更新、生长和发育，也有利于促进森林生态系统的良性循环，在维持生物多样性方面也起着重要作用（徐化成，1998；郑焕能，1999）。国外在这方面研究较早，如 Grogan（2000），Lloret（2002）、Turner（1994）等人研究了林火对其周围环境的影响；Grant（1999），Perston（1999），Rieske（2002）等对火烧迹地某些物种动态变化的研究；Romme（1981）；Cwynar（1987）；Turner（1997），Turner（2003）等研究了火后环境因子对演替的影响（Cwynar，1987；Turner，1997；2003）；以及 Fastie（1999）对火后演替方向及过程的研究（Fastie，1995）。而国内在这方面的研究起步比较晚，而近几年对于火烧迹地的植被恢复的研究有了新的进展，在我国北方，如邢玮（2006）研究了大兴安岭不同火干扰强度对森林群落的影响；王绪高（2008）对大兴安岭落叶松火后群落演替过程的研究。在我国南方，如王玉涛（2005）对川西高山松火烧迹地天然更新的研究等。

6.6.1　火烧迹地火后恢复时期植被多样性的变化

6.6.1.1　物种多样性变化

对于物种多样性的变化，我们对生态学中常用的 Simpson 指数和香农 - 威纳指数进行了测定。由图 6-27 可以观察，在不同年龄火烧迹地下，Simpson 指数和香农 - 威纳变化趋势基本一致。火烧后 1 年植被各层的多样性升高，尤其是草本层的增幅比较大，而在火烧后 7 年又逐渐降低，在火烧后 12 年达到最低值，之后又开始升高，并在火烧后 13 年进入平稳状态，波动减小。由此可以说明火烧之后由于使林分郁闭度降低，林下的可见光增加，而且火烧之后土壤裸露，尤其适合阳性植物的生长。随着火烧迹地恢复时间的推移，在火烧后 5 ~ 7 年时，由于林下多年生植物的盖度增加，对于喜光植物的生长产生不利，同时由于上层乔木的树冠恢复，郁闭度开始增加，此时物种多样性则降低了。但是随着时间的推移，上层乔木的优势树种落叶松的自然更新，遏制了白桦、山杨等速生树种的生长与发育，随着营养元素的周期性循环，物种多样性在火烧后 12 年得到提升，随着上层落叶松逐渐取代白桦成为优势树种，火烧后 25 年火烧迹地内的物种多样性变化平稳。并且随着恢复时间的推移，火烧迹地内的物种多样性变化将基本保持平稳状态。

6.6.1.2 物种丰富度变化

对于物种丰富度的变化，采用物种数和 margalef 指数来说明。由图 6-27 可见，在不同年龄火烧迹地下，物种数和 margalef 指数变化趋势基本一致。火烧后植被各层的物种丰富度均降低，这是由于火烧使一些地被植物及一些小径级的乔木和灌木淘汰，有一些种在火烧迹地内灭绝，因此导致丰富度的降低。在火烧后 25 年年间，草本层的丰富度变化比较大，而乔木层和灌木层的丰富度变化较小，乔木层物种数基本在 5 种以下，而灌木层物种数则在 7 种以下。草本层在火烧后 1 年至火烧后 4 年期间，margalef 指数和物种数都降低了，这可能是处于火烧迹地恢复初期，虽然有大量的阳性物种的入侵，但是喜阴植物的减少，使得丰富度并没有因为喜光植物的大量繁殖而增加，反而降低了；随着火后恢复时间的推移，林内各层得到不同程度的恢复，喜阴植物逐渐出现在火烧迹地内，在火烧后 4 ~ 5 年丰富度增加，在 5 年后丰富度变化平缓，随火后恢复时间的推移，在火烧后 17 年出现大幅度下降，这可能由于林分郁闭度的增加，使林内喜光植物的生长和发育收到阻碍，喜光植物种的减少使得丰富度再次降低。在火烧后 25 年，草本层丰富度达到最小值。

6.6.1.3 物种均匀度变化

对于物种均匀度的变化，我们测定了 Pielou 均匀度指数和 Hurbert 均匀度指数。由图 6-27 可以看出 Pielou 均匀度指数和 Hurbert 均匀度指数变化是基本一致的。火烧迹地的物种均匀度随火烧后恢复时间的推移，变化幅度比较明显。

从乔木层来看，火烧后 1 ~ 4 年期间，乔木的均匀度降低，这是由于一些树木在火烧后受病虫害侵袭而逐渐死去，但是生命力旺盛的乔木仍然继续存活，使火烧迹地内乔木的分布不均匀。火烧后 4 ~ 20 年，乔木层丰富度呈波动变化，在火烧后 7 年达到最大值，在火烧后 17 年达到最小值，这可能由于白桦、山杨等喜光速生树种的入侵，导致在火烧严重和空旷迹地的地方这些树种开始占领，逐渐弥补了火烧迹地内的斑块，使得均匀度升高，但是随着时间的推移，土壤养分在短时间内无法补充速生树种的需求，在土壤养分多的地方乔木分布较为集中，从而使乔木层的均匀度再次降低。在火烧后 25 年，乔木层的均匀度变化逐渐平稳。灌木层和草本层的变化基本相似，均为先升高后降低，之后又小幅上扬并逐渐趋于平稳，只是它们各自的峰值时间各不相同。灌木层在火烧后 12 年达到最低值，在火烧后 20 年达到最大值。草本层在火烧后 1 年达到最小值，火烧后 7 年达到最大值。这些变化都可能与

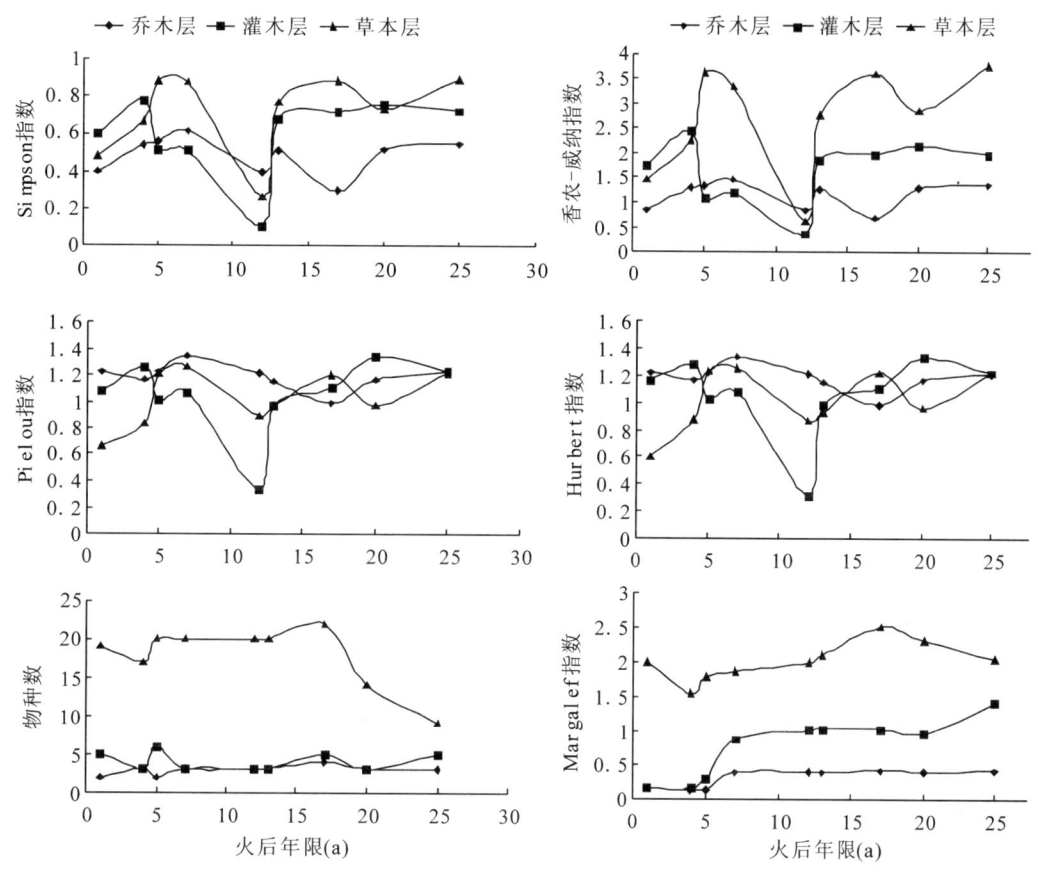

图6-27　火后不同年限火烧迹地群落各层物种多样性对比

乔木层变化有关。

6.6.2　火烧迹地火后恢复时期植被群落的动态变化

6.6.2.1　物种数变化

通过对物种数变化的研究，可以在时间推移的过程中，判断该群落的演替变化幅度。由图6-28可以看出，随火烧后恢复时间的推移，各火烧迹地上乔木层物种数变化不大，基本上在4至2种之间；而灌木层物种数随时间的变化也不够显著，基本上在6至2种之间；变化比较显著的是草本层的物种数，随火烧后恢复时间的推移，草本层的物种数在逐渐减少，这是因为在火后恢复初期，大量的阳性草本植物开始大量繁殖，物种数增加，但是随着时间的推移，林分内的郁闭度增加，各层植被间的相互作用，导致阳性草本植物的减少，到恢复后期将以阴性草本植物为主。从总体上来看，乔灌草层的物种数随时间的变化比较明显，这是由于大兴安岭林区，天然次生林中的乔木及灌木种类较少，其总体变化主要是随草本层物种的变化为主要趋势。

6.6.2.2　盖度变化

通过对盖度的研究，可以了解火烧迹地在群落演替的过程中，各层植被对演替的作用。

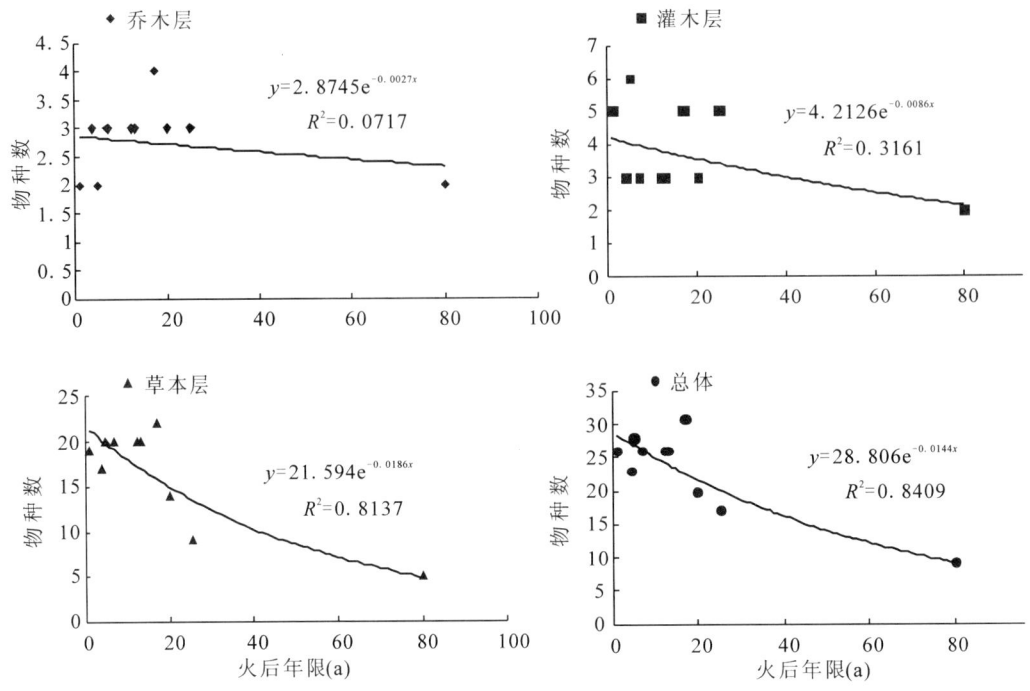

图6-28　火烧迹地各层植被物种数与火后年限的关系图

由图6-29可以看出，乔木层和灌木层盖度随火后恢复时间的推移呈升高的趋势，而草本层盖度则随时间的推移而呈下降的趋势。火后恢复初期，乔木层和灌木层破坏比较严重，由于其乔木层树种的种源及传播方式有限，因此在火后恢复初期，乔木层的更新不可能在短期内立即相应，同时，灌木虽然要比乔木繁殖迅速，但是仍然受水热光照等外界因素影响，同样不能迅速更新。而草本层植被不同，在火后恢复初期，阳性草本植被多为一年生植物，而且传播迅速，可以大量繁殖，如小叶章（*Deyeuxia anqustifolia*），还有一些固氮植被如广布野豌豆（*Vicia cracca*）等。但是随着时间的推移，乔木层的更新开始运作，喜光的白桦和山杨幼苗迅速更新，使乔木层的盖度逐渐上升。直到火后恢复后期，由于落叶松逐渐恢复优势，落叶松的平均高度逐渐超过白桦及山杨，最终成为优势树种，此时乔木层的盖度达到最大值60%，而草本层则达到最小值10%。从总盖度上来看，由于乔木层和灌木层在恢复中期的迅速更新，以及乔灌数量的增多和草本数量的降低，使得总盖度的变化趋势与乔木层和灌木层基本一致，随时间推移而逐渐升高。

6.6.2.3　频度变化

频度即某一物种在一定调查范围内出现的几率，一般用百分数表示。它是形容这个物种在一定区域出现的频率，能从侧面描述该群落中哪个种出现的频率高，最终成为优势种。由于乔木层树种比较单一，在样方中出现的几率很高，因此没有对乔木层的频度做测定。由图6-30可以看出，灌木层与草本层的频度都随火烧后恢复时间的推移而增加。灌木层在火后恢复初期，由于大量灌木被火烧后淘汰，因此频度高的物种很少，但是随着时间的推移，灌木层中植被对资源和空间的竞争将日益加剧，随着乔木层林冠逐渐恢复，灌木层利用资源和空间的压力也急剧上升，从而又使一些阳性灌木逐渐被淘汰，灌木层的物种数逐渐减少（如

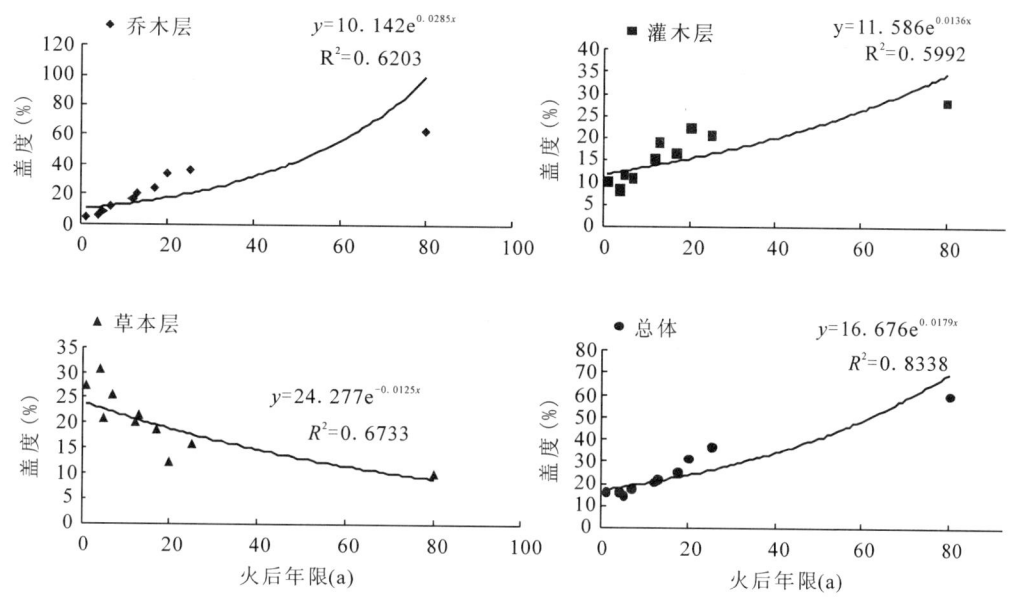

图 6-29　火烧迹地各层植被盖度与火后年限的关系图

图 6-30 所示)，处于优势地位的灌木如越橘(*Vaccinium vitis - idaea*)和笃斯越橘(*Vaccinium uliginosum*)逐渐散布开来，从而成为频度很高的物种，使灌木层植被频度提高。同样草本层也经历这样的过程，只是草本层的物种数量起始很高，但是随着时间的推移物种数量下降幅度很大，从而使高频物种占据优势，并在火后恢复末期出现85%的最大值。

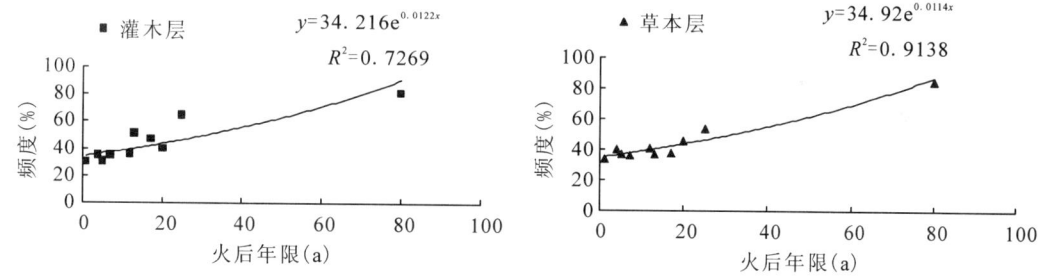

图 6-30　火烧迹地各层植被频度与火后年限的关系图

6.6.2.4　相似度变化

　　Jaccard 相似度是用来计算两个样地间物种相似程度的指标。通过对该指标的测定，可以了解到火烧迹地在火后恢复时期内物种的变化趋势与未火烧样地内的物种之间所存在的差异。由于乔木层树种比较单一，在物种变化上不是很明显，因此没有对乔木层的相似度做测定。由图 6-31 可以看出，灌木层和草本层的物种相似度随火后恢复时间的推移而升高，而草本层的变化要比灌木层的更加显著。灌木层在火后 17 年时达到最大值40%，而在火后 1 年和25 年时出现了 2 次最小值16.66%，可以看出，火烧迹地与未火烧对照样地灌木层的物种相似度出现波动变化，说明灌木层的物种在群落中，可能还会出现几种优势种。草本层的物种相似度变化在火后恢复初期，出现轻微波动，这可能由于喜阴植物与喜光植物的种间竞争导致的，但是随着时间的推移，在火后恢复后期 25 年时出现最大值40%。随着林分的逐渐郁闭，最终居于草本层优势地位的植物必然是喜阴植物。

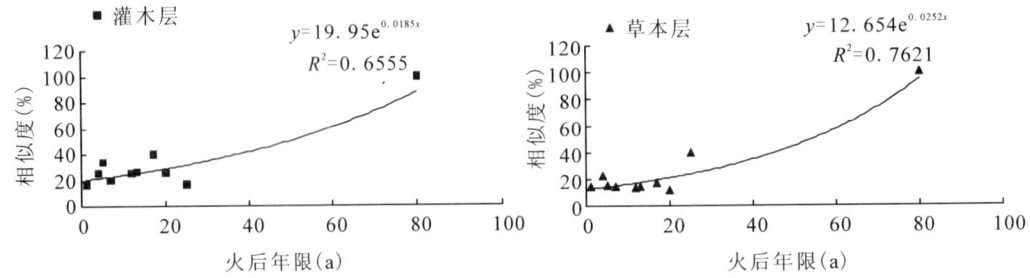

图 6-31　火烧迹地各层植被相似度与火后年限的关系图

6.6.3　火烧迹地不同火烧年限的植被群落结构

通过对火烧迹地物种多样性和植被恢复的动态研究，对火后群落结构进行探讨，旨在揭示火烧迹地植被群落随火后时间推移的变化规律，为人工促进火烧迹地的天然更新提供科学依据。

6.6.3.1　重要值

通过对物种重要值的计算，为分析火后群落结构变化提供基础数据。表 6-5 和表 6-6 分别为不同火烧迹地年龄主要灌木、草本的重要值。

表 6-5　不同火烧迹地年龄灌木物种重要值

名　　称	1a	5a	12a	17a	20a	25a	80a（未火烧）
兴安悬钩子 *Rubus chamacmorus*	0.3635	—	—	—	—	—	—
绣线菊 *Spiraea elegans*	0.0714	—	—	—	—	—	—
兴安杜鹃 *Rhododendron dauricum*	0.1550	0.2908	0.6667	0.3910	—	—	0.1239
绢毛绣线菊 *Spiraea media* var. *sericea*	0.1336	—	—	0.2274	—	—	—
刺玫蔷薇 *Rosa dahurica*	0.2765	—	—	0.0474	—	0.1592	—
珍珠梅 *Sorbaria sorbifolia*	—	0.0472	—	—	—	0.1542	—
越橘 *Vaccinium vitis – idaea*	—	0.2395	—	0.2098	0.4472	0.1750	0.8761
岩黄蓍 *Hedysarum mongolicum*	—	0.0511	—	—	—	—	—
兴安柳 *Salix hsinganica*	—	0.0983	—	—	—	—	—
笃斯越橘 *Vaccinium uliginosum*	—	0.2730	0.2659	0.1244	0.4033	0.0501	—
胡枝子 *Lespedeza bicolor*	—	—	0.0675	—	—	—	—
柳叶绣线菊 *Spiraea salicifolia*	—	—	—	—	—	—	—
细叶杜香 *Ledum palustre* ssp. *dccumbens*	—	—	—	—	0.1496	0.4615	—

表 6-6　不同火烧迹地年龄草本物种重要值

名　　称	1a	5a	12a	17a	20a	25a	80a（未火烧）
小叶章 *Deyeuxia anqustifolia*	0.0864	0.1234	0.0839	0.0866	0.1549	0.1879	0.2926
苔草 *Carex tristachya*	0.3446	0.0264	0.1633	0.1225	0.0844	0.4871	0.3627
酸模 *Rumex acetosa*	—	—	—	0.0763	—	0.0512	0.2693
展枝沙参 *Adenophora divaricata*	—	0.0471	0.0223	0.0442	—	—	—
老鹳草 *Geranium wilfordi*	—	—	—	—	—	—	0.0456
山鸢尾 *Iris setosa*	—	—	0.0184	—	0.0650	—	—

名　　称	1a	5a	12a	17a	20a	25a	80a(未火烧)
地榆 *Sanquisorba officinalis*	0.0221	0.1535	0.1340	0.0716	—	0.0784	0.0298
紫斑风铃草 *Campanula punctata*	0.0375	—	—	—	—	—	—
风毛菊 *Sausures japonica*	0.0197	0.0243	—	0.0336	0.0499	—	—
广布野豌豆 *Vicia cracca*	0.0363	0.0421	—	0.0197	—	0.0241	—
野火球 *Trifolium lupinaster*	0.0197	0.0243	—	0.0352	—	—	—
野草莓 *Fragaria ananassa*	0.0298	—	0.0605	0.0320	—	—	—
球果唐松草 *Thalictrum baicalense*	0.0209	—	—	—	0.0353	—	—
伞花山柳菊 *Hieracium umbellatum*	0.0471	—	0.0184	—	—	—	—
轮叶沙参 *Adenophora tetraphylla*	0.0209	0.0685	0.0485	0.0518	—	—	—
柳兰 *Chamaenerion angustifolium*	0.0286	0.0264	0.0236	0.0260	—	—	—
铃兰 *Convallaria keiskei*	0.0602	0.0307	0.1078	0.0457	—	—	—
林地铁线莲 *Clematis brevicaudata*	0.0119	—	0.0197	—	—	—	—
裂叶蒿 *Artemisia laciniata*	0.0393	0.1185	0.0421	0.0901	0.1052	—	—
假升麻 *Arumcus sylvester*	0.0298	—	—	—	—	—	—
红花鹿蹄草 *Pyrola incarnata*	0.0852	0.0307	0.0197	—	—	—	—
二叶舞鹤草 *Maianthemum bifolium*	0.0405	0.0421	—	0.0565	0.1405	0.0496	—
大叶柴胡 *Bupleurum longeradiatum*	0.0197	—	—	0.0106	—	—	—
球果堇菜 *Viola collina*	—	—	—	—	—	—	—
沿草 *Koeleria cristata*	—	—	—	—	—	—	—
大叶野豌豆 *Vicia pseudorobus*	—	—	0.0184	0.0229	—	—	—
紫菀 *Aster tataricus*	—	0.0286	—	—	—	—	—
东北羊角芹 *Aegopodium alpestre*	—	0.0129	—	0.0197	—	—	—
兴安乌头 *Aconitum ambiguum*	—	0.0421	—	—	—	—	—
林问荆 *Equisetum sylvaticum*	—	0.0857	—	0.0229	—	0.0271	—
灰背老鹳草 *Geraninm wlassowianum*	—	0.0243	—	0.0426	0.0690	0.0256	—
黑龙江野豌豆 *Vicia amurensis*	—	0.0221	—	—	0.0380	—	—
北方拉拉藤 *Galium boreale*	—	0.0264	—	—	—	—	—
掌叶堇菜菜 *Viola dactyloides*	—	—	0.0103	—	—	—	—
歪头菜 *Vicia unijuga*	—	—	0.0103	—	—	—	—
唐松草 *Thalictrum aquilegifolium*	—	—	0.0683	—	—	—	—
山芍药 *Paeonia japonica*	—	—	0.0197	—	—	—	—
关仓术 *Atractylis japonica*	—	—	0.0881	—	—	—	—
升麻 *Cimicifuga foetida*	—	—	0.0223	—	—	—	—
鼠掌老鹳草 *Geranium sibiricum*	—	—	—	0.0106	—	—	—
北重楼 *Paris verticillata*	—	—	—	0.0410	—	—	—
北野豌豆 *Vicia ramuliflora*	—	—	—	0.0379	—	0.0691	—
费菜 *Sedum aizoon*	—	—	—	—	0.0179	—	—
窃衣 *Torilis scabra*	—	—	—	—	0.0325	—	—
伏委陵菜 *Potentilla paradoxa*	—	—	—	—	0.0325	—	—
黄花马先蒿 *Pedicularis flava*	—	—	—	—	0.0690	—	—
林大戟 *Euphorbia lucorum*	—	—	—	—	0.1058	—	—

6.6.3.2　植被群落结构

通过对 66 个样方的物种重要值的记录，包括乔木层目的树种兴安落叶松和白桦，以及少量山杨、樟子松、红皮云杉(*Picea koraiensis*)在内的 69 个种，利用 PC – ORD 4.0 软件中的 Twinspan 功能对不同火烧迹地年龄的群落进行分类，并且结合当地实际情况，火烧迹地

不同火烧年限下的植被群落结构为:

Ⅰ. 兴安落叶松 – 兴安悬钩子 – 小叶章(*Larix gmelini – Rubus chamacmorus – Deyeuxia anqustifolia*)。火烧恢复 1 年,此时乔木层还是以兴安落叶松为主,而灌木则出现了大量的兴安悬钩子。

Ⅱ. 兴安落叶松 + 白桦 – 兴安杜鹃 + 笃斯越橘 – 地榆(*Larix gmelini + Betula platyphylla – Rhododendron dauricum + Vaccinium uliginosum – Sanquisorba officinalis*)。火烧恢复 5 年,乔木层中白桦的大量更新使白桦数量增加,灌木层则出现喜光植物兴安杜鹃与喜阴植物笃斯越橘,草本层地榆占优势。

Ⅲ. 白桦 + 兴安落叶松 – 兴安杜鹃 + 笃斯越橘 – 苔草 + 铃兰(*Betula platyphylla + Larix gmelini – Rhododendron dauricum + Vaccinium uliginosum – Carex tristachya + Convallaria keiskei*)。火后恢复 12 年,灌木层则仍然是兴安杜鹃与笃斯越橘在争夺灌木层,草本层的多年生草本铃兰占优势。

Ⅳ. 兴安落叶松 + 白桦 – 兴安杜鹃 + 绢毛绣线菊 – 苔草 + 裂叶蒿(*Larix gmelini + Betula platyphylla – Rhododendron dauricum + Spiraea media* var. *sericea – Carex tristachya + Artemisia laciniata*)。火烧恢复 17 年,乔木层仍然是白桦与兴安落叶松,灌木层出现了喜光植物绢毛绣线菊,草本层喜光的多年生草本裂叶蒿占优势。

Ⅴ. 兴安落叶松 + 白桦 – 越橘 + 笃斯越橘 – 小叶章 + 二叶舞鹤草(*Larix gmelini + Betula Platyphylla – Vaccinium vitis – idaea + Vaccinium uliginosum – Deyeuxia anqustifolia + Maianthemum bifolium*)。火烧恢复 20 年,灌木层发生了变化,耐阴植物越橘等再次占领火烧迹地,草本层喜阴植物二叶舞鹤草占优势。

Ⅵ. 兴安落叶松 + 白桦 – 细叶杜香 – 苔草 + 小叶章(*Larix gmelini + Betula platyphylla – Ledum palustre* ssp. *dccumbens – Carex tristachya + Deyeuxia anqustifolia*)。火烧恢复 25 年,乔木层的兴安落叶松占据优势,灌木层的喜阴植物细叶杜香占优势。

Ⅶ. 兴安落叶松 – 越橘 – 苔草 + 小叶章(*Larix gmelini – Vaccinium vitis – idaea – Carex tristachya + Deyeuxia anqustifolia*)。火烧恢复 80 年,物种多样性降低,各层植被物种数比较单一,基本上林分处于郁闭状态。

6.6.4 火干扰对乔木生长及天然更新的影响

我国对火后火烧迹地的植被恢复关注比较晚,大约只有几十年的历史,开始全面研究还是 1987 年大兴安岭"5·6"特大森林火灾之后。在此次特大森林火灾之后,为尽快恢复我国的森林资源,许多学者对火烧迹地进行了实地考察,对火烧程度、森林类型、林木结实、土壤、立地等自然要素进行了测定和调查,总结了许多植被恢复的措施和技术手段,推动和完善了我国对林火迹地植被恢复的研究(孔繁花,2003;段建田,2007;王明玉,2008)。国内对于火干扰对林木生长及天然更新方面的研究还是比较多的,但是主要集中在王绪高等对不同火烧强度下森林植被自然和人工恢复的研究,罗菊春(2002)对火后森林生态系统恢复的研究等,但是对大兴安岭林区在相同火烧强度下,不同火烧时期的火烧迹地森林天然更新的研究还比较少见。本节对近 25 年间的不同火烧时间的火烧迹地进行了研究。在火烧迹地边缘的未火烧林地设置对照样地,对火烧与未火烧样地内的林分生长,自然更新等进行了调查,通过此次研究使我国对大兴安岭森林自然恢复方面的研究更加完善,为人工促进火烧迹地的森林恢复提供科学依据。

6.6.4.1 火干扰对乔木生长的影响

表6-7 不同火烧时间下火烧迹地与对照样地乔木平均高、平均胸径的方差分析

指标	均方差	F 值	P 值	指标	均方差	F 值	P 值
白桦平均高	2.205	0.72	0.4097	白桦平均胸径	2.80E − 30	0	1
落叶松平均高	4.490	0.62	0.4434	落叶松平均胸径	5.227	0.57	0.4631
山杨平均高	28.427	379.45	<0.0001	山杨平均胸径	89.397	112.87	0.0004

由表6-7看出，只有山杨平均高和平均胸径在不同火烧时间下，火烧迹地与未火烧对照样地之间的差异是显著的。而白桦和落叶松平均高和平均胸径在不同火烧时间下，火烧迹地与未火烧对照样地之间的差异不显著。

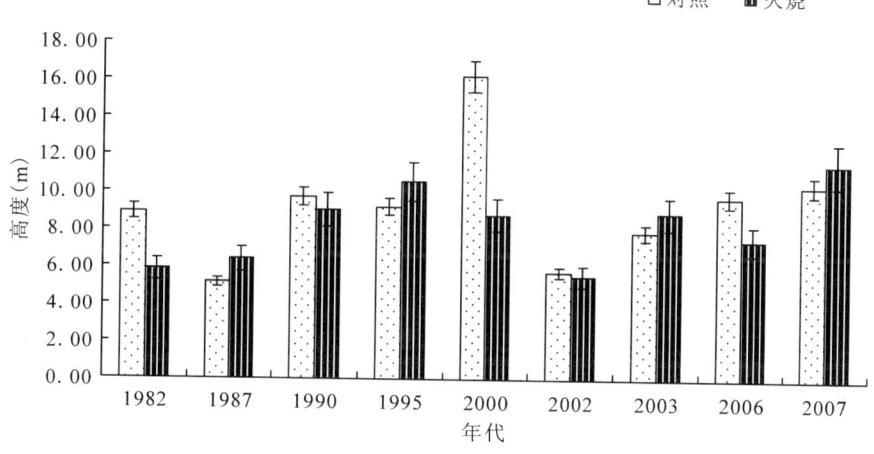

图6-32 不同火烧年代落叶松平均高度对比

火烧对林分的生长无疑会带来一定的影响(罗菊春，2002)。由图6-32可以看出，中度火烧之后落叶松的平均树高($p = 0.4434$)与未过火的落叶松平均树高具有一定差距，其中1982年、1990年、2000年、2002年和2006年这几块对照样地的落叶松平均树高高于火烧迹地的落叶松平均树高，最小差距0.23m，最大差距7.53m。其余的火烧迹地平均树高高于未过火样地。

由图6-33可以看出，中度火烧过后落叶松的平均胸径与未过火的落叶松平均胸径($p = 0.4631$)也有一定变化，其中1982年、1990年、2000年、2002年和2006年这几块对照样地的落叶松平均胸径大于火烧迹地的落叶松平均胸径，最小差距0.05cm，最大差距5.89cm。其余火烧迹地平均胸径大于未过火样地。

由图6-34、图6-35看出，1982年、1987年、1994年、2000年和2002年未过火对照样地白桦的平均高度($p = 0.4097$)、平均胸径($p = 1$)均大于火烧迹地的白桦平均高度和平均胸径。分析得出，火烧后5~25年白桦的胸径和高也在不断生长，但是由于中等火烧将当年小径级的白桦烧死，随着时间的推移，火烧迹地中的过熟白桦树停止高生长，而幼龄白桦树数

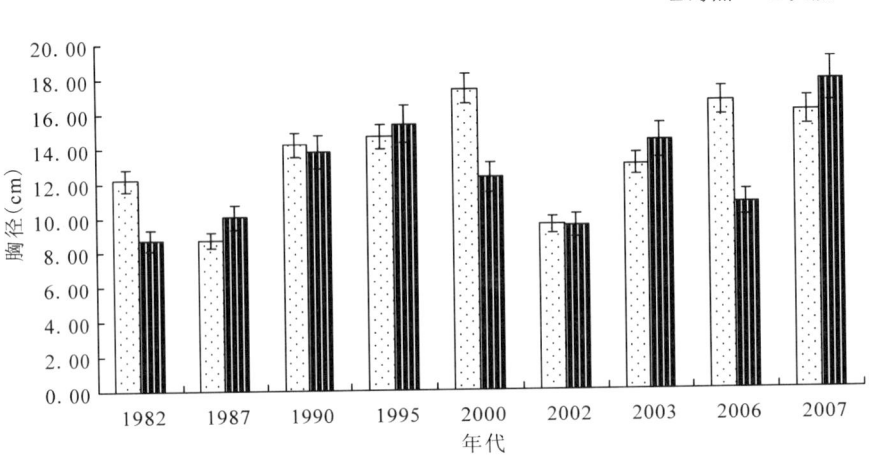

图 6-33 不同火烧年代落叶松平均胸径对比

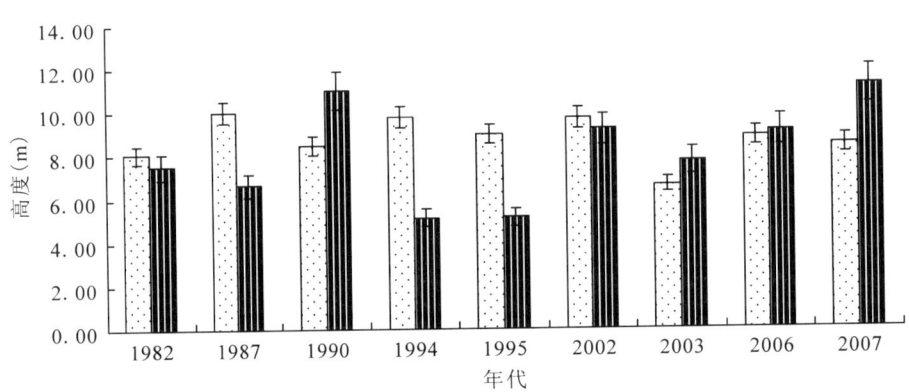

图 6-34 不同火烧年代白桦平均高度对比

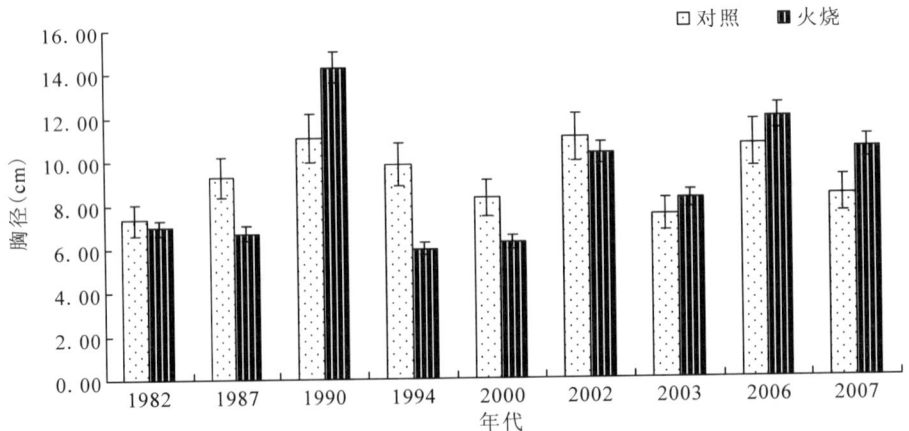

图 6-35 不同火烧年代白桦平均胸径对比

量很少，因此导致未过火对照样地的平均高和平均胸径高于火烧迹地；在火烧后短期内，当年至 4 年火烧迹地内的白桦受火干扰可能降低了生长速率，但是由于火烧使小径级的白桦死亡，使大径级白桦树得以存活，因而白桦平均直径和平均高得到提升。

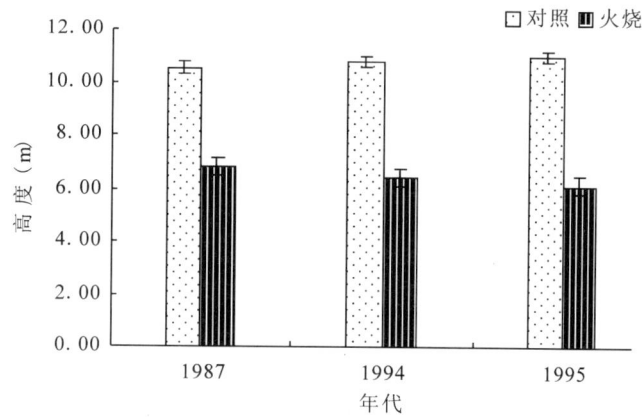

图 6-36　不同火烧年代山杨平均高度对比

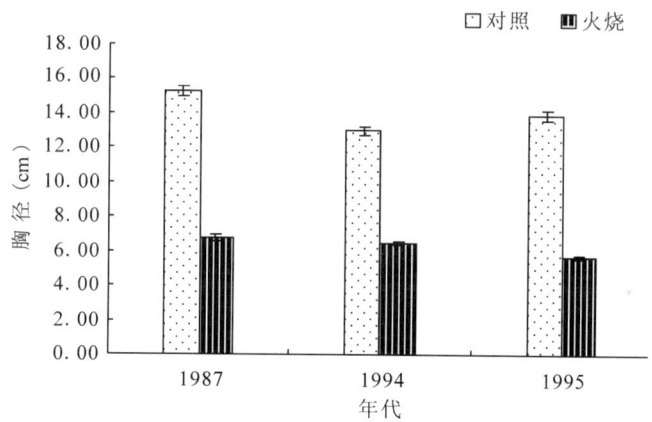

图 6-37　不同火烧年代山杨平均胸径对比

　　山杨是火烧迹地上的先锋树种，对于火烧之后的空旷迹地具有很强的适应性，并能迅速占领火烧迹地。由图 6-36，图 6-37 看出，1987 年、1994 年和 1995 年的火烧迹地的平均树高（$p < 0.0001$）和平均胸径（$p = 0.0004$）都低于未火烧的对照样地，原因可能是当年火烧之后大径级的山杨基本上被烧死，在火后的几年里，虽然有速生的山杨开始占领火烧迹地，但是仍然不能在短时间内超过未过火样地的蓄积量。

表 6-8　不同火烧时间下火烧迹地与对照样地乔木蓄积量的方差分析

指标	均方差	F 值	P 值
落叶松蓄积量	2906.24339	5.21	0.0364
白桦蓄积量	22.3178805	1.01	0.3298

　　由表 6-8 看出，落叶松蓄积量在不同火烧时间下，火烧迹地与未火烧对照样地之间的差异是显著的，而白桦蓄积量不显著。

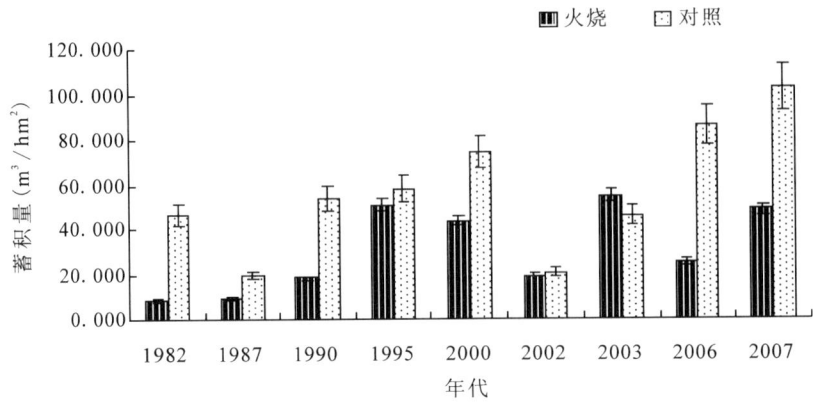

图 6-38 不同火烧年代落叶松蓄积量对比

中度火烧对落叶松蓄积量具有一定影响。由图 6-38 看出，除了 2003 年火烧迹地的落叶松蓄积量($p=0.0364$)比未火烧的对照样地高出 8.923，其余不同年代的火烧迹地蓄积量均低于未火烧对照样地。尤其是 2006 火烧迹地落叶松蓄积量低于未火烧 61.055 m^3/hm^2。其原因可能是在中等强度火烧下，火烧迹地内的小于 8cm 径级的落叶松被烧死，小径级的落叶松株数明显减少，虽然大径级的落叶松有部分存活，但是其林分中树种蓄积量是降低的。为火烧迹地由于为受到火干扰，小径级的落叶松正常生长，时隔 25 年(1982 年火烧后至调查时)落叶松蓄积量仍然低于未火烧对照样地 38.013 m^3/hm^2。

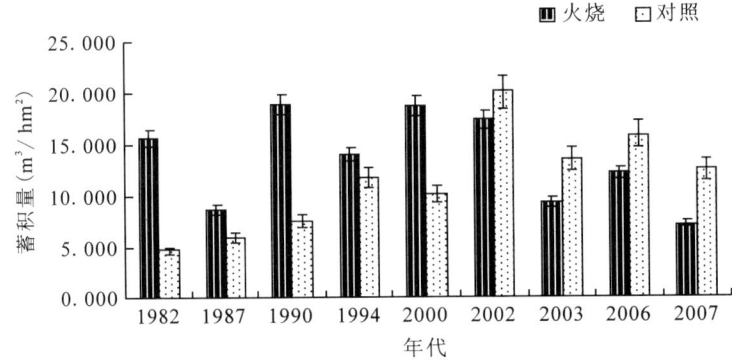

图 6-39 不同火烧年代白桦蓄积量对比

中度火烧会使火烧迹地出现林窗或者空旷迹地，非常有利于白桦、山杨等速生树种占据火烧迹地，并且迅速得到繁殖和生长。由图 6-39 看出，1982 年、1987 年、1990 年、1994 年和 2000 年的火烧迹地白桦蓄积量($p=0.3298$)均比未过火的对照样地高。这可能是由于在中度火烧后有部分树木被烧死，其中有落叶松也有白桦，但是随着过火后火烧迹地的阳性速生树种对空旷地的占领，白桦利用自身对周围环境资源的充分利用，开始大量繁殖和高生长。而未过火的对照样地，在长时间内未受到干扰，已经处于顶级群落，落叶松占绝对优势，因此对照样地的白桦蓄积量在 25 年(1982 年火烧后至调查时)间，蓄积量都未超过火烧迹地，比火烧迹地白桦蓄积量低 70%。2002 年、2003 年、2006 年和 2007 年的火烧迹地白桦蓄积量均低于未过火的对照样地，2002 年火烧距今已有 5 年，当年火烧已经将绝大部分小径级的白桦烧死，但是随着恢复时间的推移，白桦的生殖生长和高生长都比较快，并且逐渐接近未火烧样地的白桦蓄积量。说明在火后恢复的短时期内，火烧迹地白桦仍然不能超过未过火样地内的白桦蓄积量。

6.6.4.2　火干扰对天然更新的影响

过去已有不少的研究指出大兴安岭的森林火灾是有利于森林更新的。因为这里枯落物层厚，不易分解，只有火烧后，种子才能接触土壤。由于这里降水量较好，水热同季，种子发芽与苗木生长都有较好条件。这里土层普遍较薄，人工栽苗十分困难，而天然下种成苗好，因此人们认为天然更新途径较好，天然更新对火烧迹地的恢复更为有利。

表 6-9　不同火烧时间下火烧迹地与对照样地乔木有效更新的方差分析

指标	均方差	F 值	P 值
白桦有效更新	0.10952	5.55	0.03
落叶松有效更新	0.000405	0.23	0.6341
山杨有效更新	0.0405	2.9	0.1058

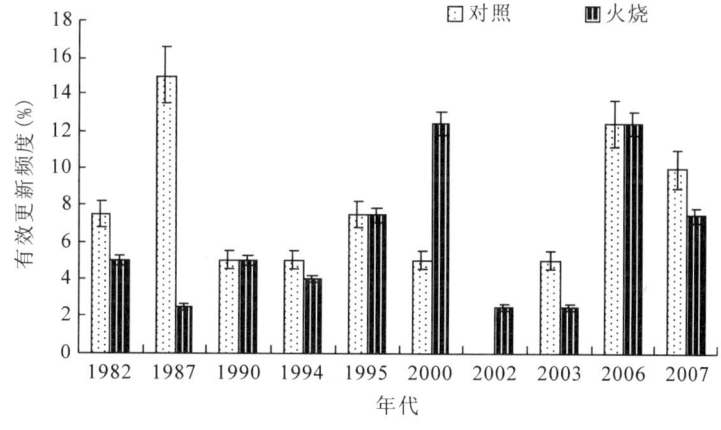

图 6-40　不同火烧年代落叶松有效更新频度

由图 6-40 可以看出，除 2000 年与 2002 年两块火烧迹地的落叶松天然更新频度（$p =$ 0.6341）大于对照样地的天然有效更新频度，其余不同火烧时间的对照样地落叶松有效更新频度均高于火烧迹地有效更新频度。1987 年对照样地落叶松天然有效更新频度很高，比火烧迹地的有效更新频度高出 22%。1987 年火烧迹地由于当年落叶松大部分母树被烧死，种源遭到破坏，火烧后落叶松的结实量也降低，而未火烧对照样地中，由于落叶松处于优势树种，种源及结实量也未受到干扰，因此幼苗成活率较高。因此火烧迹地更新频度低于对照样地。

由图 6-41 可以看出，除 1995 年对照样地的白桦天然有效更新频度（$p = 0.03$）超过火烧迹地的天然有效更新频度，其余不同火烧时间的火烧迹地白桦有效更新频度均高于未火烧样地。1995 年火烧迹地白桦天然有效更新低于未火烧对照样地，可能原因是当年中度火烧使大量小径级白桦、山杨死亡，但乔木层郁闭度没有较大变化，林下白桦幼苗存活率低，经过 12 年之后白桦种源仍然少于未火烧样地，因此有效更新频度也低于对照样地。在 2000 年对

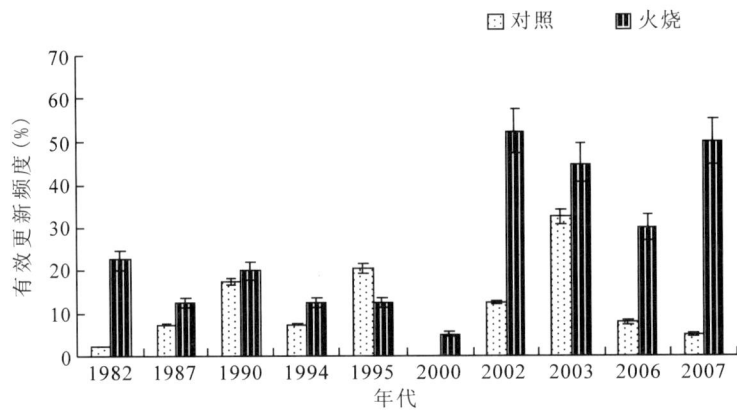

图 6-41　不同火烧年代白桦有效更新频度

照样地中白桦天然有效更新为零，而火烧迹地的白桦天然有效更新频度却达到了 5%。2007年火烧迹地白桦有效更新频度达到 50%，比对照样地高出 45%。由于中度火烧后，火烧迹地出现空旷迹地，对于白桦幼苗的存活比较有利。而 2002、2003、2006、2007 年火烧迹地中白桦母树的存活，也为火烧迹地白桦的大量繁殖提供了条件。

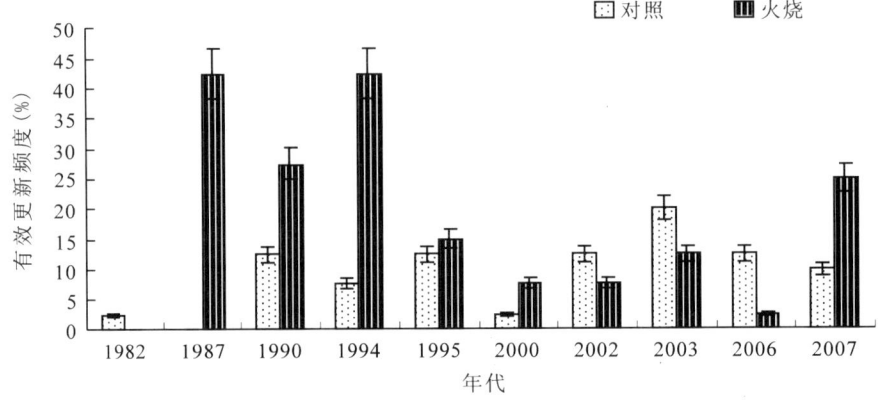

图 6-42　不同火烧年代山杨有效更新频度

　　山杨是火烧迹地的开拓种。从图 6-42 看出，1987 年、1990 年和 1994 年火烧迹地的山杨有效更新频度（$p = 0.1058$）仍然很高，分别为 42.5%、27.5%、42.5%。时间最长的距今已有 20 年之久，但是山杨仍然占据着天然更新的主要位置。这可能由于 1987 年、1990 年和 1994 年火烧迹地在当年火烧之后，山杨与白桦同时占据了火烧迹地，但是随着时间的推移山杨株数超过白桦，山杨在该林分中的比例增加，逐渐转变为山杨落叶松林，1987 年、1990 年和 1994 年火烧迹地的落叶松、白桦的有效更新频度均低于山杨的有效更新频度。2007 年火烧迹地山杨有效更新频度达到 25%，而 2002 年、2003 年和 2006 年火烧迹地的山杨有效更新频度却降低了，甚至低于未火烧的对照样地，这可能与火烧迹地在火后短期内，山杨迅速占领火烧迹地，并且快速繁殖所致，但是随着时间推移，山杨的繁殖数量受到其他喜光速生树种对营养的抢夺，从而有效更新频度降低。

表 6-10 不同恢复时期火烧迹地树种组成、林分蓄积量及有效更新株数比较

项目	未火烧	火后 1 年	火后 5 年	火后 12 年	火后 20 年	火后 25 年
林分郁闭度	0.45	0.34	0.40	0.35	0.26	0.34
树种组成*	8L2B	7L3B	6B4L	5L4P1B	5L3P2B	7L3B
树种蓄积量 （m^3/hm^2）	L102.9， B12.4	L25.6， B12.2	L19.5， B20.3	L50.8， P23.4， B7.0	L39.5， P14.1， B8.7	L35.8， B15.6
有效更新株数 （株/hm^2）	L1000， B500	L1250， B3000， P250	L250 B5250 P750	L750， B1250， P1500	L250， B1250， P4250	L500， B2300

注：* L 为兴安落叶松，B 为白桦，P 为山杨。

由表 6-10 看出，火烧后不同恢复时期，林分树种组成也发生变化。未火烧时的林分组成以落叶松为主，并且伴有少量白桦；火烧 1 年后，林分组成发生变化，落叶松组分降低，白桦组分升高；随着火后恢复时间的推移，落叶松的组分逐渐降低，并且出现了山杨；后烧 25 年后，落叶松组分又升高，占 70%，而白桦却占 30%，随着恢复时间的增加，火烧迹地的林分组成将逐渐接近火烧前状态。火烧后不同恢复时期，林分各树种的有效更新株数也发生着变化。未火烧时林分郁闭度在 0.45，落叶松有效更新数为 1000 株/hm^2，白桦为 500 株/hm^2；而火烧 1 年后，火烧迹地郁闭度在 0.34，此时落叶松有效更新数为 1250 株/hm^2，白桦为 3000 株/hm^2，同时山杨出现在火烧迹地，其有效更新数 250 株/hm^2；火后 5~20 年之间，郁闭度却逐渐降低，白桦和山杨的有效更新数升高，在这段时期林分有可能成为以阔叶树种占多数的针阔混交林区。

6.6.5 小结

火烧对林分中乔木的平均高与平均胸径会产生一定的影响。在火后恢复初期内，落叶松及白桦的平均高与平均胸径会比火烧前增加，这是由于中度火烧后，小径级乔木被消灭，使大径级的乔木存活，所以使平均高和平均胸径高于未火烧样地。白桦在火后恢复后期，其胸径基本上都低于未火烧对照样地，这是由于在恢复后期，落叶松数量逐渐恢复，对白桦的生长及繁殖造成了影响，因此可能仍需很长时间才能达到未火烧时的水平。火烧后山杨的平均高和平均胸径都为达到未火烧前的数值，这是由于杨树在火后恢复初期生长迅速，繁殖快，但是在火后恢复后期，同样受到落叶松的抑制，也需要较长时间才能达到未火烧时的水平。火烧后乔木蓄积量的变化在火后恢复初期是比较显著的，乔木蓄积量基本低于未火烧时的数值，但是随着火后恢复时间的推移，落叶松蓄积量仍然低于未火烧时的水平，而白桦的蓄积量却超过了未火烧时的水平，这是由于火后恢复后期虽然白桦的生长受到落叶松的抑制，但是在林分中的白桦株数居多，虽然都是小径级的乔木，但是林分中的蓄积量却高于落叶松。火烧后落叶松和山杨的有效更新频度与未火烧时相比，变化并不显著，而白桦有效更新频度在火烧前后变化显著。火后恢复初期白桦的有效更新频度远远高于未火烧时的数值，这是由于中度火烧后产生空旷迹地对于白桦更新有利造成的。火烧后随着恢复时间的推移，林分的树种组成，更新方式也会有很大变化。在火后恢复中期，落叶松的组分降低，阔叶树种的有效更新数量远远超过落叶松的有效更新数量，期间主要以阔叶树种更新为主。在火后恢复后

期，阔叶树种的有效更新数量减少，但是仍然需要较长时间才能使落叶松的有效更新株数达到火烧前水平。

6.7　林火对森林 NPP 的影响

6.7.1　乔木层 NPP 恢复

本部分的研究采用空间代替时间的方法。在当地有关部门的协助下，根据火灾登记表中林火的记录，结合 GPS 导航定位，在大兴安岭地区找到 2007、2006、2002、2000、1998、1995 和 1987 年时发生中度火灾的落叶松林和落叶松—白桦林。在不同火烧年份的火烧迹地内设置 20 m×30 m 的样地，其中，在过火面积相对较大的林分内设置 6 块，过火面积相对较小的林分内设置 3 块，并在每一处火烧迹地相邻的未过火林分内设置对照样地 2~3 块。在每个样地内进行每木检尺，钻取各树种大、中、小 3 个径级的树芯 30 株左右。将钻取的生长芯装进特制的塑料管中保存，并记录好每个生长芯对应的树种、胸径和树高。

事先定做带凹槽的木线，木线内的凹槽直径与生长芯直径相当。将取回的生长芯固定在木线的凹槽中，依次使用 240、400 和 600 目的砂膜将生长芯打磨光滑，使其年轮纹络清晰，使用年轮分析仪（EPSON EXPRESSION 1680）扫描，经 WinDENDRO Density 2003 软件分析计算得到每个生长芯上的每一个年轮的宽度 di。

由样地调查中实测的树木胸径 Dt，减去近 N 年（N 为试验时相距该样地发生火灾时的年数，$N \geq 5$ 时，N 为 5；$N < 5$ 时，N 为 N）的年轮宽度和的 2 倍，即得到该棵树 N 年前的胸径 D_f，即火烧前的树木胸径。结合大兴安岭地区一元材积表，分别查得 D_t 和 D_f 所对应的树木材积，进而求得材积差，即火后树木的材积生长量，结合大兴安岭地区各树种密度，即得到火前后树木的生物量差值，进而得到每株样木的近年的平均 NPP 值。将各树种各径级的样木 NPP 求和，再推算到样地水平上，即得到火烧迹地在火后 N（$N \geq 5$ 时，N 为 5；$N < 5$ 时，N 为 N）年的 NPP。

$$NPP = \frac{\Delta W}{N}$$

经野外调查取样分析，计算得到经历中度火灾后的落叶松林的乔木 NPP。图 6-43 表示为火后 1、3、5、10、12、17、20 和 21 年的落叶松林的乔木 NPP，以及火后 1、3、5、7、10、13 和 20 年的对照林分的乔木 NPP。

由图 6-43 可见，林火发生后的 20 年间，火烧迹地的 NPP 始终小于对照样地的 NPP。火烧迹地内的平均 NPP 比对照样地的 NPP 大约低 0.18 t/(hm²·a)，表明火烧后林地乔木的生产力有所下降。大兴安岭林区的火灾主要是地上火，火后林分的叶遭到大量破坏，使得光合作用效率下降，且几乎所有的火灾过境后，都会有一定数量的烧死木，这些都是直接导致乔木层的生产力下降的原因。

对照样地的 NPP 即代表未过火的落叶松林乔木生产力，其变化趋势代表未经林火干扰的落叶松林的 NPP 变化趋势。由图 6-43 中 NPP 的动态变化趋势可见，对照样地的 NPP 随着时间的增加而增大，在火后 15 年附近呈现下降趋势，但是变化比较平稳。火烧迹地的 NPP 也是随着火后恢复时间的增加而增大，并且与对照样地的乔木 NPP 之间的差值逐渐减小。

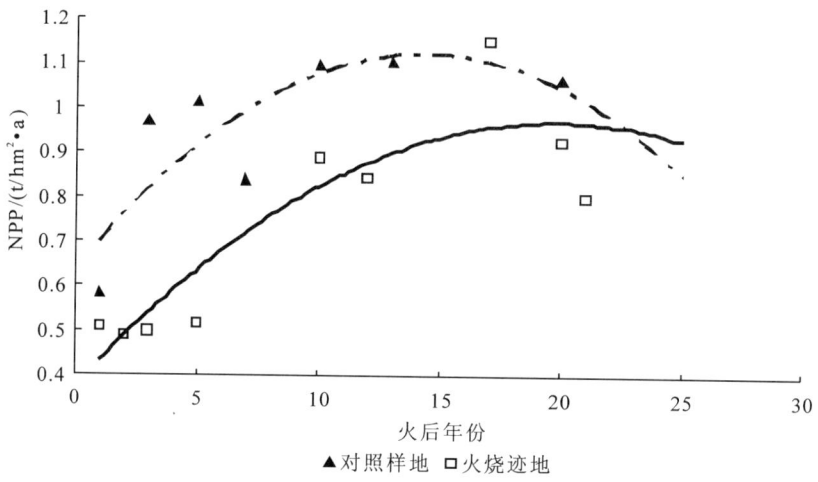

图 6-43　火后 NPP 的恢复动态

火后 20 年时，火烧迹地的乔木 NPP 值达到最大；火后 20 年后，火烧迹地内的 NPP 值变化不大；大约火后 23 ~ 24 年时，火烧迹地内的 NPP 几乎与对照样地的 NPP 值相等，并且呈现仍然继续上升的趋势。这说明林地在火后 20 年时，生产力水平基本稳定；火后 23 ~ 24 年后，乔木生产力有可能恢复到未过火的森林乔木生产力水平，甚至呈现出生产力继续增加，超过未过火的林地乔木生产力的趋势。

6.7.2　灌木层生物量的恢复

由于灌草的生长受年际气候的影响很大，生长速率较快(李博，2000；罗涛，2007；陈伯利，2005；郑焕能，1992)。尽管发生火灾时灌草层的生物量损失和碳的释放量很大，但是在 26 年这样的时间尺度下，灌草的恢复对碳的固定速率也很快。所以本研究假设，灌草的快速生长和恢复，能够在几年之内将在林火发生时所释放的碳，重新固定于灌草层植被。为此，进行了如下实验来验证假设：

在不同火烧年份的林分中设置 5 m × 5 m 的灌木样地和 1 m × 1 m 的草本样地各 3 块，并在相邻的未过火的林分中设置对照样地，灌木样地 5 m × 5 m 和草本样地 1 m × 1 m 各 3 块。在每块样地内，采用全部收获法，分别收割样地内的灌木和草本，称量其鲜重并记录。将各样地的灌木和草本分别取样，称其鲜重 W_0 并记录，装进纸袋带回实验室测其含水率。

将各个样地的灌木和草本样本放在烘箱中，进行 80℃ 恒温干燥。48h 后约 10h 取出一次称重，直至恒重记录其干重 W_1，由公式求得其含水率 p。

$$P = 1 - \frac{W_1}{W_0}$$

由灌草样本的鲜重及含水率，得到各样地内灌草样本的生物量，进而推算出各火烧迹地及其对照林分的灌木和草本生物量，即得到未过火的林分内以及火烧后不同时期的火烧迹地内灌木和草本生物量。

经过对各个火烧迹地内的灌木和草本样地及其对照样地的调查和取样，测得火后不同时期的火烧迹地内的灌草层生物量，对比结果如图 6-44 所示。

对照样地的灌草生物量代表未经火烧的林分内灌草层的生物量。由图 6-44 可见，对照

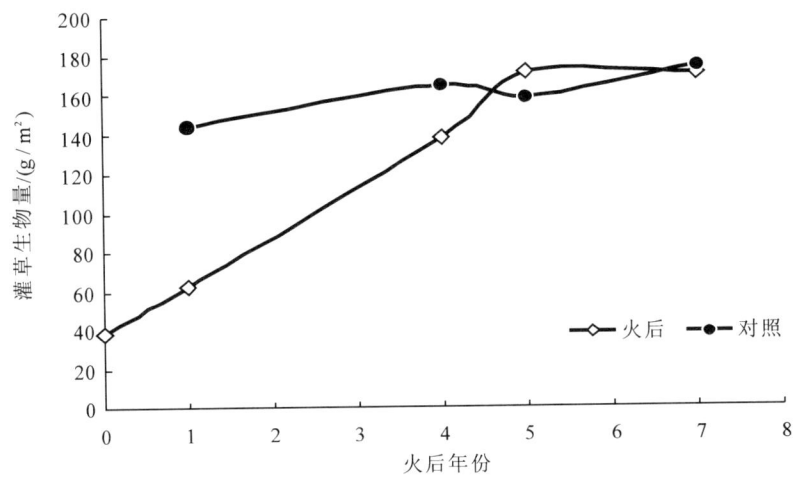

图 6-44   火后不同时期火烧迹地的灌草恢复

林分内的灌草层生物量变化不大，几乎始终保持在 160 g/m² 左右的水平。火烧当年和之后的一两年内，火烧迹地内的灌草层的生物量较小，但在火后 5 年内始终保持着增加趋势，火后的第 5 年，火烧迹地内灌草层的生物量略大于对照林份中灌草层的生物量，接下来的两三年中，火烧迹地内的生物量变化不大，一直与对照林份的灌草层的生物量相近。结果说明，在火后几年内，通常是 5～7 年，大兴安岭林区火烧迹地内的灌草层生物量即可恢复到林火发生前的情况，并保持一个相对稳定的水平。

因此研究认为，由于灌草层的快速生长，在林火中释放的碳可以在火后 5～7 年中重新固定于植被中。在 26 年的时间尺度下，其生产力可以恢复到火烧前的水平。

6.7.3   小结

本节分析了大兴安岭地区的典型的森林类型——落叶松林在中度火灾后，火烧迹地内灌草层生物量的恢复和乔木层 NPP 的恢复，研究发现，林火过后，火烧迹地内的灌草层生物量大约需要 5～7 年的时间即可恢复，而乔木层的 NPP 在火后明显下降后，大约需经过 23 年的时间能够达到对照样地的 NPP 水平，火烧迹地内的 NPP 恢复后，NPP 将继续增加，呈现出超过对照样地的 NPP 的趋势。

6.8   火烧迹地人工恢复技术模式

1987 年大兴安岭林区发生一场特大森林火灾，过火面积达 $1.33 \times 10^6 hm^2$，这次大火不仅改变了局部区域上物种的组成，而且也导致了景观尺度上森林结构、功能及动态的变化。灾后能否迅速地在火烧迹地上进行森林更新、恢复目的树种，是恢复森林资源、恢复受害森林生态系统，维护自然生态平衡的首要问题。在火灾程度较轻，有大量母树存在的地方，森林植被可以完全依靠自然更新得到很好的恢复。然而在火灾程度较重，过火面积很大且与未火烧林区距离较远的火烧迹地上完全依靠自然恢复将非常缓慢，而且有的地方甚至不能得到恢复。在这些地方，为了防止水土过度流失，改善受灾环境，尽快恢复森林资源，在过火区尤其是重度火烧区进行人工更新是必需的。大兴安岭火灾后，该地区的人工更新主要在重度火烧区栽植兴安落叶松和樟子松幼苗。通过人工更新可以直接改变森林物种的组成结构，极大地改变了该区森林景观的格局和生态恢复过程。课题组通过对阿木尔林业局 1987 年大火后形成火烧迹地上落叶松和樟子松人工更新现状的长期研究，根据不同的培育目标，对火烧迹地人工更新主要树种的恢复模式进行了研究。

6.8.1　林木生长调查与测定

按照林分起源的不同、树种组成的不同，分别在不同立地条件、不同密度林分中设置了 30 块固定标准地，40 余块临时标准地。在固定标准地中，每块样地内逐株进行编号、坐标定位，测定胸径、树高和冠幅。且人工更新标准地按照等断面积径级标准木法确定 3 株不同大小的林木作为解析样木，并将解析样木伐倒，进行树干解析。

具体测定顺序如下：

（1）每木定位：在标准地顺坡的两个边上按 5m 的间隔定桩，用皮尺或测绳拴在桩上，将标准地划分为若干小区，在每个小区内按一定的顺序确定每株树木的坐标位置，横坡方向为横坐标 X，顺坡方向为纵坐标 Y。

（2）每木编号测定

a. 对样地内林木逐株进行顺序编号，用直径卷尺测定胸径（1.3m），精确到 0.1cm。

b. 用尺杆精确测定树高，精确到 0.1m

c. 测定东西、南北两个方向冠幅，精确到 0.1m。

（3）解析木的选择：将每木测定的结果，按径阶统计分组，径阶的大小为 2cm，分组后按等断面积径级标准木法将林木分为 3 级，计算各径级的平均直径及平均高，以此为标准在标准地外选择标准木 3 株，作为解析样木。

6.8.2　土壤调查与测定

6.8.2.1　土壤调查

研究区域内土壤发育缓慢，土层很薄，土壤各层次的发育情况都较低，土壤层次结构中缺失 A 层的现象较为普遍，见表 6-11。

表 6-11　标准地土壤分层厚度一览表

土壤层次	N	平均值	最小值	最大值	标准差	变动系数（%）
A 层	53	0.7	0.0	28.0	3.87	539.7
B 层	53	6.0	0.0	21.0	4.47	74.1
C 层	53	9.3	2.0	19.0	3.52	37.8
总厚度	53	16.1	3.0	35.0	5.70	35.5

标准地中土层厚度平均只有 16.1cm，最厚地点也只有 35cm，且 A 层不明显。经方差分析，落叶松人工林、樟子松人工林和天然更新标准地中土层厚度差异不显著。

6.8.2.2　土壤物理性质

在标准地内沿对角线方向挖 3 个土壤剖面，按照机械分层（10cm 为一层）在每层用环刀分别取样。由于土层很薄，在这样的分层条件下绝大部分的土壤剖面中只能去得第一层的土样，即 0～10cm 层。土样带回驻地后马上进行物理性质的测定，从而计算出土壤容重、土壤持水量(最大持水量、毛管持水量、田间持水量)、土壤孔隙度(毛管孔隙度、非毛管孔隙度)，取 3 个剖面测定结果的平均值作为相应林地的指标值，见表6-12。

表 6-12　土壤物理性质一览表

	容重	持水量(%)			持水量(mm)			孔隙度(%)		
		最大	毛管	田间	最大	毛管	田间	总孔隙	毛管	非毛管
落叶松人工林	0.83	85.11	70.19	60.96	61.25	50.18	43.06	61.25	50.18	11.07
樟子松人工林	0.95	59.00	49.24	38.99	55.29	46.25	36.50	55.29	46.25	9.04
天 然 更 新	1.10	53.03	45.65	39.38	54.00	46.56	40.25	54.00	46.56	7.44

(1)土壤容重

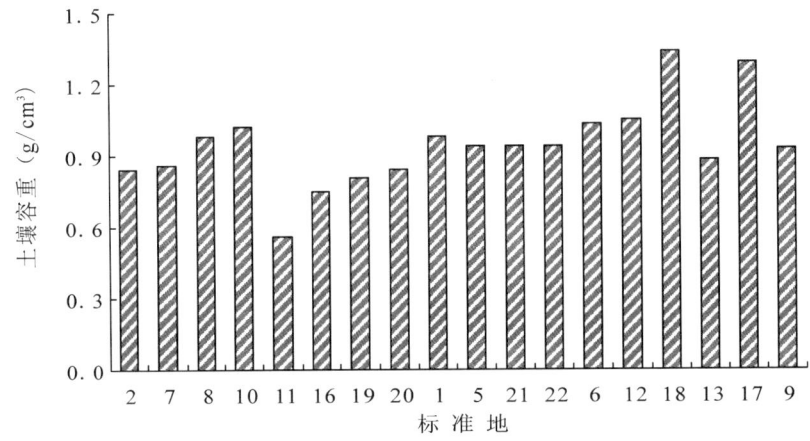

图 6-45　标准地土壤容重

由图 6-45 可见，落叶松人工林土壤容重普遍较小，天然更新林分土壤容重较大。

(2)持水量

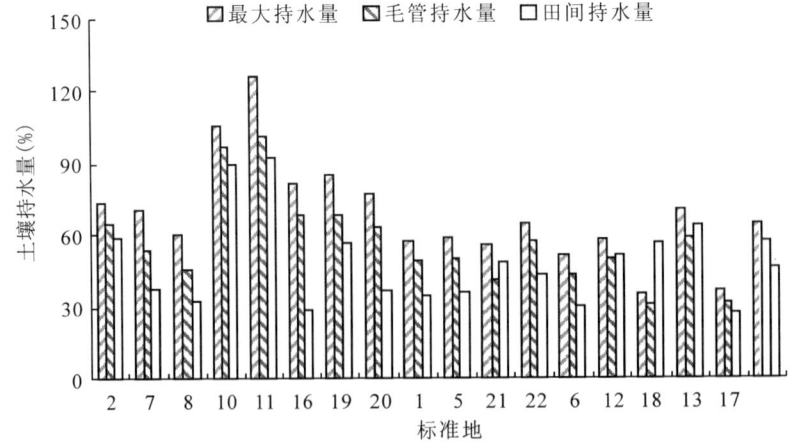

图 6-46　土壤持水量

由图6-46可见，落叶松人工林土壤最大持水量、毛管持水量和田间持水量普遍较大，其他林分较小。

（3）土壤孔隙度

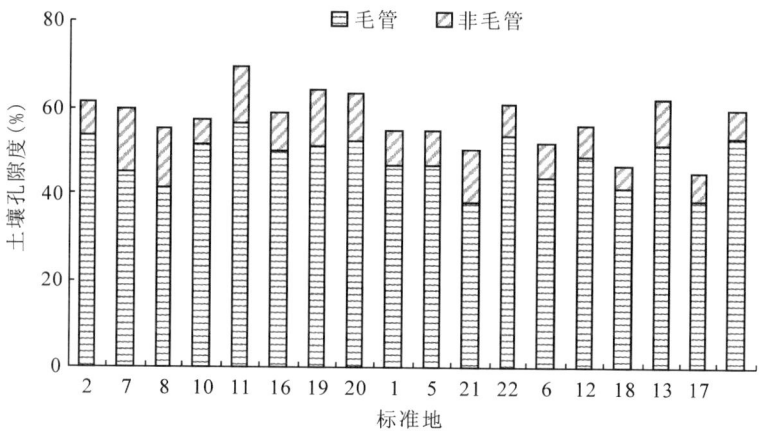

图6-47 土壤孔隙度

由图6-47可见，落叶松人工林土壤总孔隙度、毛管孔隙度和非毛管孔隙度普遍较大，其他林分较小。

3种林分的土壤容重均值在0.83～1.10之间，其中落叶松人工林、樟子松人工林的容重指标值反映出这两种林地具有较好的土壤结构，天然更新林分的土壤结构相对要差一些。落叶松人工林的最大持水量、田间持水量和毛管持水量均大于其他两种林分20%以上，持水能力最好；毛管孔隙度和非毛管孔隙度分别为50.18%和11.07%，能够保证土壤具有较好的通气性和透水性。在容重、持水量和孔隙度的三个指标上，樟子松人工林略优于天然更新林分。由此可见，落叶松人工更新对土壤结构的改造具有更明显的效果，很大程度上促进了土壤结构的发育。

6.8.2.3 土壤化学性质

在土壤剖面中取环刀样的同时，在每个剖面的在A、B两层中心处采取土样，将两层的土样均匀混合后带回实验室，测定全N、全P、全K量(表6-13)。

表6-13 土壤化学性质一览表

	全N(μg/g)	全P(μg/g)	全K(μg/g)
落叶松人工林	29.96	11.91	94.25
樟子松人工林	30.17	8.36	90.56
天然更新	32.97	10.65	86.00

从表6-13可以看出，无论是哪种林分，其N、P、K含量均非常低，经过方差分析，发现三种林分的全N、全P、全K量并没有显著差异。

6.8.3 植被更新

林下植被的描述与分析是森林植被调查的一个重要方面，是研究立地类型分类、群落动态及生产力不可缺少的基础性工作。

6.8.3.1 植被更新调查方法

采用样方调查的方法，在标准地内四角各设一块 $1m \times 1m$ 样方进行植被调查，标准地中心设一块 $3m \times 3m$ 样方进行灌木调查。设置好样方后，记录样方内所出现的全部植被名称，各种的数量、平均高度、盖度，计算出密度(株数/m^2)。

6.8.3.2 植物多样性

植被多样性既体现了植被及环境之间的复杂关系，又体现了植被资源的丰富性。这里采用 Shannon – Weiner 指数来计算植被多样性指数，公式如下：

$$H = -\sum_{i=1}^{s} P_i \cdot \log_2 P_i$$

其中：S 为物种数目，P_i 为属于种 i 的个体在全部个体中的比例。

表6-14 植被调查表

	多样性指数	灌木数量	草本数量	灌木盖度(%)
人工更新	1.68 ± 0.31	276.5 ± 135.5	134.6 ± 65.9	31.2 ± 14.3
天然更新	1.16 ± 0.57	332.8 ± 107.0	121.7 ± 35.9	29.4 ± 9.8

* 天然更新包括人促更新。

由表6-14可见，人工更新林下植被的生物多样性指数平均为1.68，而天然更新仅为1.16，人工更新林下植被的丰富度远远好于天然更新。由此可见，火后人工更新下的植被状况明显优于自然更新下的植被状况，其植被恢复所需的时间短于自然恢复。

6.8.3.3 抚育措施对植被的影响

由于种种原因，很多人工林没有进行人工抚育，未除去非目的树种、灌木等，任其自然生长，从而影响了目的树种的生长，也影响了灌木、草本更新。

表6-15 抚育对植被更新影响对比表

	多样性指数	灌木数量	草本数量	灌木盖度(%)
经抚育落叶松林	1.59	362.0	183.0	40.6
未抚育落叶松林	0.88	177.0	47	12

由表6-15可见，未经抚育的落叶松人工林多样性指数仅为0.88，灌木、草本的数量和盖度也远远小于经过抚育的落叶松人工林。

6.8.4 立地分类

立地类型的划分不只是在有林地内进行，同样也要在采伐地、火烧地进行。立地是一客观实体，虽然林地因各种因素可能消失，但也能在一定条件下恢复，而立地因子(土壤、地形)是相对稳定的。因此，不论是有林地，还是无林地都进行统一分类。

森林立地分类取决于自然综合特征，必须综合考虑各类型的构成因素，找出各类型的分异特征，在此基础上，找出几个主导因素及其划分指标。在具体组合划分类型时，主要是根据地形坡位、坡向和坡度的差异和植被类型的异同，乔木植被优势种，灌木、草本植被优势群落而划分的。

（1）立地类型划分

本分类系统采用立地类型组、立地类型两级分类。类型组是以能反映水热差异的坡位为限制因子，分为山顶、坡地、谷地三大类型组。由于该区域所处地理位置及纬度较高，阴阳坡差异不显著，故未按坡向划分立地类型组。按上述原则和方法，将阿木尔林业局过火林地划分 3 个立地类型组，12 个立地类型，分类结果见表 6-16。

表 6-16 阿木尔林业局立地类型表

立地类型组	编号	立地类型	林分因子	土壤因子	地形地势	下木及地被物
山顶类型组	1	中山顶针叶林土	以偃松为主、并有一些灌木、地位级为 IV－V	棕色针叶林土，土壤较湿润，土层厚 10～30cm	海拔 1000m 以上的岭脊、山顶	大叶杜鹃、岩高兰、杜香、越橘
	2	低山顶针叶林土	偃松混、混有落叶松、白桦、地位级 IV－V	棕色针叶林土，土层厚 15～30cm	海拔 1000m 以下的山脊、坡上部	赤杨、杜鹃、越橘、杜香、苔藓
坡地类型组	3	平缓坡厚层针叶林土	落叶松纯林、有时混有白桦、樟子松、云杉、地位级 IV－V	棕色针叶林土，湿润，土层厚 30cm	分布最广分，300～800m，不同坡位的平缓地带	杜鹃、赤杨、丛桦、接骨木、杜香、越橘
	4	平缓坡中层针叶林土	各树种均生长良好，地位 III－IV	棕色针叶林土，土层厚 20cm	海拔 400～800m，山地中下部的平缓地带	绣线菊、珍珠梅、禾本科草类
	5	平缓坡薄层针叶林土	各树均能生长。地位级 III	土层厚不超过 10cm	海拔 400～800m，山地、中上部的平缓地带	绣线菊、莎草等
	6	斜坡中层针叶林土	樟子松为主，并混有落叶松、白桦、地位级 II－IV	土层厚 20cm	500～900m 斜坡中上部	绣线菊、山刺梅、红花鹿、蹄草、铃兰、地榆、草梅
	7	斜坡薄层针叶林土	樟子松为主，散生落叶松、白桦、地位级 III	棕色针叶林土，土层厚不超过 10cm	500～900m 斜坡中上部	杜鹃大量分布，散生绣线菊、山刺梅、越橘
	8	陡坡薄层针叶林土	散生樟子松或小灌木	土层极薄，不超过 10cm	山地险坡	绣线菊、兔毛蒿
谷地类型组	9	河谷针叶林土	落叶松、云杉、杨柳、白桦，均生长良好，地位级 III－IV	表潜棕色针叶林土，土壤极湿。土层厚 30～40cm	山麓谷地河岸边	红瑞木、稠李、金腊梅、柳叶、绣线菊、大叶樟、红花鹿蹄草、禾本科草类

立地类型组	编号	立地类型	林分因子	土壤因子	地形地势	下木及地被物
谷地类型组	10	谷地草甸沼泽土	落叶松、白桦、生长较好，地位级Ⅲ-Ⅳ	草甸沼泽土，极湿黏壤，土层厚30~40cm	河谷式山麓各坡向平缓地带	丛桦、沼柳、苔草、蚊子草、小叶樟、金莲花
	11	谷地泥炭沼泽土	林木生长差，形成小老树	泥炭沼泽土，土层厚15cm以下，有永冻层	山麓、谷地、低洼平缓地带，排水不良，常年积水沼泽化地带	丛桦、赤杨、茶藨子、杜香、越橘、水藓等
	12	谷地草甸土	散生有落叶松、白桦幼树	草甸土、湿润、土层厚40cm	河谷或山麓	丛桦、小叶樟、地榆、无头、柳兰

（2）立地选择

适于商品林营造的立地类型，要求具有良好的水热条件以及与之相应的土壤理化条件。在立地选择时应注意中、小地形的变化，坡向、坡位、土壤厚度、土壤理化性质、石砾含量、指示植物，同时参考附加指标，即林地原有立木生长状况和原生林型。将选择的各项立地因子打分汇总，总分不少于25分，则比较适宜作为商品林进行人工更新，各立地因子得分见表6-17。

在立地选择时，也应注意到以前更新树木生长情况。可调查伐根的直径及年轮宽度，残留立木及附近活立木生长情况。凡落叶松成年立木节间短，枝条上附生物（藓、地衣）较多者，虽然地势没有很大起伏，但这样的立地也应避开，他们与永冻层、土壤浅薄、多石砾有关，是生产力低的标志。

表6-17   立地因子得分表

因子	指标	得分
海拔	≥600m	1
	<600m	2
地形部位	中地形	1
	坡上部	2
	坡下部	3
	冲击平原	4
坡度	陡坡	1
	斜坡	2
	缓坡	3
	平坦	4
坡向	半阴	1
	阴	2
	半阳	3
	阳	4
土类	沼泽土	1
	棕色针叶林土	2
石砾含量	>50%	1
	≤50%	2
立地条件类型	陡坡薄层针叶林土	1

因子	指标	得分
	斜坡薄层针叶林土	2
	斜坡中层针叶林土	3
	平缓坡薄层针叶林	3
	土谷地草甸沼泽土	4
	河谷针叶林土	5
	平缓坡中层针叶林土	6
	平缓坡厚层针叶林土	7
土层厚度（A 层）	薄（≤5cm）	1
	中（5~10cm）	2
	厚（>10cm）	3
土壤发生层次	无明显 B 层，以 A、BC 层形式存在	1
	具备 A、B、C 层	2
指示植物类型	草垫状灌木占优势	1
	草本占优势	2

6.8.5　人工更新恢复模式

　　大兴安岭北坡林区是火灾发生的高频区，特别是 1987 年的特大火灾使上百万公顷林地受害，不仅烧毁了大量森林资源，在经济上造成重大损失，而且使森林生态环境发生了重大变化。为了尽快恢复森林资源，在火烧迹地的许多地方进行了大面积的人工更新，但大面积人工更新年份多集中于 1988~1993 这 6 年中（图 6-48），因此，现存兴安落叶松和樟子松林龄大部分为 15~20 年，以研究区域阿木尔林业局为例，1988~1993 年中，共营造兴安落叶松人工林 1648hm² 和樟子松人工林 211hm²，根据阿木尔林业局现有火烧迹地上落叶松和樟子松人工更新的生长状况，以及不同的立地条件，提出以下 4 种人工更新恢复模式。

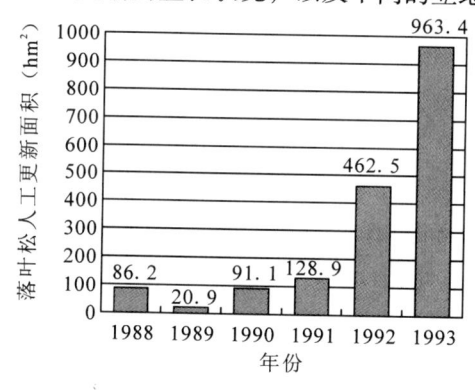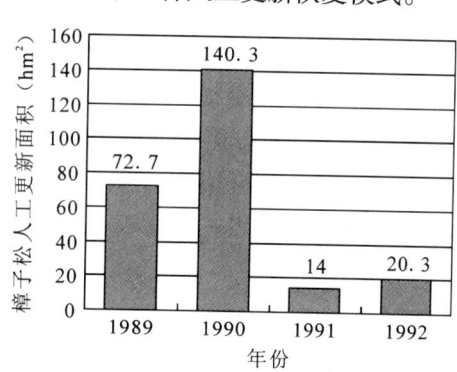

图 6-48　1988~1993 年人工更新面积

6.8.5.1　兴安落叶松商品林人工更新恢复技术模式

　　兴安落叶松是寒温带针叶林的主要建群种，在大兴安岭北部地区各立地类型分布非常广泛，大多数立地类型都适于其生长，但由于大兴安岭地区特殊的地理气候环境，在火烧迹地上仅依靠天然更新进行群落恢复，速度是相当缓慢的，因此找出有效的人工更新恢复模式，加快其生态群落恢复速度，具有重要的意义。

（1）生长量预估

林分平均高模型：$H_p = B_1 SI^{B_2} (1 - \exp(-B_4 \cdot t))^{B_3}$

其中：SI 为地位指数，t 为林分年龄，$B_1 = 2.4315875$，$B_2 = 0.91125$，$B_3 = 1.985734$，$B_4 = 0.05565238$，$R^2 = 0.990$。

密度指数模型：$S = N (D/D_0)^\beta$

其中：$\beta = 1.62$

林分平均胸径模型：$D = A_1 SI^{A_2} (1 - \exp(-A_5 S_q^{A_6} (t - t_0)))^{A_3} S_q^{A_4}$

其中：$S_q = S/1000$，t_0 为林木树高平均达到胸高时的年龄，$A_1 = 8.815633$，$A_2 = 0.763574$，$A_3 = 0.7735687$，$A_4 = -2.505$，$A_5 = 0.007935$，$A_6 = 3.366211$，$R^2 = 0.981$。

落叶松人工林不同地位指数各林龄生长量见附表6-1。

（2）经营技术

①立地选择：根据大兴安岭北部地区兴安落叶松各立地类型地位指数（见表6-18）的研究，兴安落叶松地位指数分布范围为 6.77～11.81m，平缓坡厚层棕色针叶林土最高，缓坡中层棕色针叶林土其次，分布于 9.75～11.81m，适合于落叶松商品林的营造。另外，谷地草甸沼泽土、河谷针叶林土立地类型在土壤条件较好的地点也可营造落叶松商品林。

表6-18 大兴安岭北部地区兴安落叶松各立地类型地位指数

立地类型	地位指数
陡坡薄层棕色针叶林土	6.77
斜坡薄层棕色针叶林土	7.67
缓坡薄层棕色针叶林土	8.88
缓坡中层棕色针叶林土	9.75
平缓坡厚层棕色针叶林土	10.75～11.81

②苗木：选用 S_{1-1} I 级苗木。

③整地：于造林前一年秋季进行整地，先铲除草皮（直径60cm），然后刨穴 50cm×50cm×20cm，打碎土块，翌年春季随整地随造林。

④造林密度：该地区有效积温低、生长季短、土壤条件较差等，因此较适宜培育中小径材，造林密度3300 株/hm²。

⑤栽植：在春季顶浆进行，随起苗随造林。栽植时将苗栽于穴中央，栽正、扶直，根系舒展，添土踏实，踏实后要使培土超过原根际1～2cm，然后覆上一层虚土。

⑥幼林抚育：第1～2年，每年抚育2次，进行穴状除草、培土。第3年抚育一次，进行全面割草、割灌。

⑦抚育间伐：间伐采用下层抚育伐，间伐木选择原则为留优去劣、砍大留小、留稀间密，林龄大于15年后，濒死木、枯立木应伐除，根据培育不同材种，郁闭度应控制在0.7～0.8，采用间伐强度按照公顷株数计算的方式进行间伐，抚育间伐起始年限、间隔期和保留株数见表6-19。

表6-19　落叶松人工林抚育间伐密度控制表(株/hm^2)

地位指数(m) 林龄(a)	10	11	12
12	2700	2550	2450
16	2500	2400	2300
20	2100	2050	2000
24	1600	1550	1500
28	1300	1250	1200
35	1000	950	900

⑧主伐:主伐龄为40年,具体收获量见附表6-1。

6.8.5.2　兴安落叶松公益林恢复技术模式

(1)立地选择

平缓坡薄层针叶林土、斜(陡)坡薄层针叶林土地位指数较低,均在9m以下,适于营造落叶松公益林。

(2)苗木

选用S_{1-1}Ⅰ级苗木。

(3)整地

由于土层很薄,可采用窄缝栽植,在秋季预先揭去草皮,植苗后将草皮翻转,盖在穴面上。在谷地造林,造林前一年秋季进行穴状整地,规格50cm×50cm×20cm,翌年春季随整地随造林。

(4)造林密度

该地区有效积温低、生长季短、土壤条件较差等因此,较适宜培育中小径材,造林密度3300株/hm^2。

(5)幼林抚育

同落叶松商品林培育模式。

6.8.5.3　樟子松商品林培育恢复技术模式

在研究区内,很难见到成片天然更新的樟子松,多数为落叶松、杨桦天然更新,对于坡度陡且土壤非常贫瘠的立地,目的树种的天然更新更是不好,植被恢复极为缓慢。经过对15~18年樟子松人工促进更新标准地的调查,发现在火烧后保留较多母树的情况下,森林恢复还是比较缓慢的。针对这种情况,本研究有针对性在此类立地进行了樟子松人工更新恢复的研究。

(1)生长量预估

林分平均高模型:$H_p = D_1 SI^{D_2}(1 - \exp(-D_4 \cdot t))^{D_3}$

其中:SI 为地位指数,t 为林分年龄,$D_1 = 2.316465$,$D_2 = 0.89804$,$D_3 = 1.962242$,$D_4 = 0.05638406$,$R^2 = 0.982$。

密度指数模型:$S = N(D/D_0)^\beta$

其中:$\beta = 1.63$

林分平均胸径模型：$D = A_1 SI^{A_2} (1 - \exp(-A_5 S_q^{A_6}(t - t_0)))^{A_3} S_q^{A_4}$

其中：$S_q = S/1000$，t_0 为林木树高平均达到胸高时的年龄，D_0 为标准年 20 年。$A_1 = 9.055632$，$A_2 = 0.7537078$，$A_3 = 0.7763561$，$A_4 = -2.51$，$A_5 = 0.008262$，$A_6 = 3.220087$，$R^2 = 0.975$。

樟子松人工林不同地位指数各林龄生长量见附表 6-2。

（2）经营技术

①立地选择：按照立地因子得分表查算总得分在 25 以上的立地条件类型，一般为平缓坡厚层针叶林土和平缓坡中层针叶林土立地类型（地位指数多为 10 ~ 12）。

②苗木：选择地径 4mm 以上，苗高 15cm 以上的 S1 – 1 或者 S1 – 1 – 1 优质苗木。

③整地：林地进行常规清理，造林前一年秋季进行穴状整地，规格 50cm × 50cm × 20cm，打碎土块，翌年春季随整地随造林。

④造林密度：适宜培育中小径材，造林密度 3300 株/hm²。

⑤幼林抚育

定植后适时培土踏实、扶正、扣草皮。第 2 ~ 3 年，割去以苗为中心 1m 直径内穴面附近的高草。当穴面附近杂草的盖度 >50% 时，进行扩穴，四周新土回至穴面，培土至苗根茎 2cm 处，倾斜 10° 以上苗要扶正，踏实苗根部。第 3 年割灌，干形通直有望成材的阔叶树予以保留。

⑥修枝

樟子松可进行二次修枝，第一次修枝在幼树下部出现 2 ~ 3 轮枯死或濒死枝时进行，间隔期 5 ~ 8 年，修枝应在生长停止的晚秋至春季萌动前进行。第一次修枝强度占树高的 1/3 以下为宜，第二次修枝可占树高的 1/2，除修去轮枯死、濒死枝外，还可以修去树干下部的 1 ~ 2 轮活枝。修枝切口应靠近主干。

⑦抚育间伐：同落叶松商品林间伐方式，抚育间伐起始年限、间隔期和保留株数见表 6-20。

表 6-20 樟子松人工林抚育间伐密度控制表（株/hm²）

林龄（a） \ 地位指数（m）	10	11	12
12	2700	2550	2450
16	2500	2400	2300
20	2100	2050	2000
24	1750	1700	1600
28	1400	1250	1250
35	1100	1050	1000

⑧主伐：主伐龄为 40 年，具体收获量见附表 6-2。

6.8.5.4 樟子松生态公益林恢复技术模式

①立地选择：斜陡坡薄（中）层针叶林立地类型营造水土保持生态公益林，斜陡坡立地条件土层瘠薄，存在部分母岩层裸露现象，可进行樟子松人工更新，作为水土保持林。此类

立地地位指数多了 7~9，生长缓慢，不适合营造商品林。由表 6-21 可见，坡度较大的立地上 17~18 年的樟子松平均胸径为 5.1~7.2cm，平均树高仅为 4.4~5.6m。

表 6-21　樟子松标准地因子表

标准地号	001	005	022
坡度(°)	15	17	18
坡向	南	南	东南
坡位	中	中	上
林龄(a)	18	18	17
平均胸径(cm)	6.3	7.2	5.1
平均树高(m)	5.1	5.6	4.4
优势木平均高(m)	7.6	6.7	7.2
胸径总平均生长量(cm)	0.41	0.43	0.32
密度(株/hm²)	2320	2300	2625

②苗木：同樟子松商品林苗木选择。

③整地：这种类型立地上，土壤 A 层较薄，掀开草皮即可见石砾，对该类土壤做充分搅动，无助于根际分布层水热状况的改善。宜在秋季预先揭去草皮，采用窄缝栽植，植苗后将草皮翻转，盖在穴面上。

④造林密度：3300 株/hm²

⑤幼林抚育、修枝：同樟子松商品林。

6.8.6　小结

本节重点研究了人工更新对森林恢复的影响，研究分析表明，在森林立地分类的基础上，经过 20 年的生长观测，从中筛选出适合于商品林和生态公益林的 4 种更新恢复模式。

附表 6-1 落叶松人工林不同地位指数生长过程

林龄	地位指数(m)																	
	7			8			9			10			11			12		
	$\bar{H}$ (m)	$\bar{D}$ (cm)	蓄积 (m³/hm²)	$\bar{H}$ (m)	$\bar{D}$ (cm)	蓄积 (m³/hm²)	$\bar{H}$ (m)	$\bar{D}$ (cm)	蓄积 (m³/hm²)	$\bar{H}$ (m)	$\bar{D}$ (cm)	蓄积 (m³/hm²)	$\bar{H}$ (m)	$\bar{D}$ (cm)	蓄积 (m³/hm²)	$\bar{H}$ (m)	$\bar{D}$ (cm)	蓄积 (m³/hm²)
8	1.88	1.55	0.68	2.12	1.72	0.93	2.36	1.88	1.23	2.60	2.04	1.58	2.83	2.19	1.98	3.07	2.34	2.43
10	2.64	2.65	2.45	2.98	2.93	3.36	3.32	3.21	4.43	3.65	3.48	5.69	3.99	3.74	7.12	4.32	4.00	8.74
12	3.43	3.62	5.49	3.88	4.01	7.52	4.32	4.39	9.59	4.75	4.76	11.86	5.18	5.12	14.02	5.61	5.47	16.54
14	4.23	4.52	10.22	4.78	5.01	14.01	5.32	5.48	17.85	5.86	5.94	22.08	6.39	6.39	26.11	6.92	6.83	30.80
16	5.01	5.37	15.55	5.66	5.95	21.31	6.31	6.51	27.09	6.94	7.06	33.40	7.57	7.59	40.16	8.20	8.11	47.25
18	5.77	6.19	23.27	6.52	6.85	31.89	7.26	7.49	40.55	7.99	8.12	49.99	8.71	8.73	60.10	9.43	9.33	70.72
20	6.49	6.97	29.05	7.33	7.71	38.15	8.16	8.44	48.19	8.99	9.15	58.98	9.80	9.84	72.10	10.61	10.51	86.37
22	7.17	7.72	37.26	8.10	8.55	48.85	9.02	9.35	61.56	9.93	10.14	78.94	10.83	10.90	96.50	11.73	11.65	115.60
25	8.12	8.81	48.04	9.17	9.76	64.22	10.20	10.68	80.56	11.23	11.57	86.99	12.25	12.44	105.52	13.26	13.30	125.39
30	9.46	10.55	64.72	10.69	11.68	83.47	11.90	12.78	103.3	13.10	13.85	114.83	14.29	14.89	138.26	15.46	15.92	162.98
35	10.55	12.20	77.54	11.92	13.51	98.67	13.27	14.78	120.26	14.60	16.02	128.51	15.93	17.22	152.87	17.24	18.41	177.83
40	11.41	13.78	89.72	12.89	15.26	112.71	14.35	16.69	135.29	15.80	18.09	138.78	17.23	19.46	162.92	18.65	20.80	186.71

附表6-2 樟子松人工林不同地位指数生长过程

地位指数(m)

林龄	7			8			9			10			11			12		
	$\bar{H}$ (m)	$\bar{D}$ (cm)	蓄积 (m³/hm²)	$\bar{H}$ (m)	$\bar{D}$ (cm)	蓄积 (m³/hm²)	$\bar{H}$ (m)	$\bar{D}$ (cm)	蓄积 (m³/hm²)	$\bar{H}$ (m)	$\bar{D}$ (cm)	蓄积 (m³/hm²)	$\bar{H}$ (m)	$\bar{D}$ (cm)	蓄积 (m³/hm²)	$\bar{H}$ (m)	$\bar{D}$ (cm)	蓄积 (m³/hm²)
8	1.82	1.64	1.34	2.05	1.81	1.80	2.28	1.98	2.35	2.51	2.14	2.99	2.73	2.30	3.69	2.95	2.46	4.49
10	2.55	2.80	3.78	2.87	3.10	5.01	3.20	3.39	6.35	3.51	3.67	7.74	3.83	3.94	9.28	4.14	4.21	10.87
12	3.30	3.84	7.70	3.72	4.24	10.04	4.14	4.64	12.69	4.55	5.02	15.50	4.95	5.39	18.09	5.36	5.76	21.21
14	4.05	4.79	13.41	4.57	5.30	17.55	5.08	5.79	22.09	5.58	6.27	26.98	6.08	6.74	30.99	6.58	7.20	37.02
16	4.79	5.70	19.60	5.40	6.30	25.52	6.00	6.89	32.04	6.60	7.46	39.11	7.19	8.01	46.52	7.77	8.56	54.22
18	5.50	6.56	28.29	6.20	7.26	36.87	6.89	7.93	46.26	7.57	8.59	56.38	8.25	9.23	67.14	8.92	9.85	78.24
20	6.17	7.39	32.97	6.96	8.18	42.77	7.73	8.94	53.26	8.50	9.67	64.46	9.26	10.40	78.06	10.01	11.10	92.58
22	6.80	8.20	42.87	7.67	9.07	55.56	8.53	9.91	69.35	9.37	10.73	83.84	10.21	11.53	101.50	11.04	12.31	120.47
25	7.68	9.36	52.19	8.65	10.35	67.03	9.62	11.31	83.11	10.57	12.25	97.02	11.52	13.16	116.91	12.45	14.05	137.90
30	8.92	11.21	64.36	10.05	12.40	81.76	11.17	13.55	99.92	12.28	14.67	118.28	13.38	15.76	130.93	14.47	16.83	159.36
35	9.91	12.97	72.44	11.18	14.35	90.91	12.42	15.68	109.41	13.66	16.97	127.13	14.88	18.24	150.47	16.09	19.47	174.30
40	10.70	14.66	82.20	12.06	16.21	102.17	13.41	17.72	121.67	14.74	19.18	139.55	16.06	20.61	163.89	17.36	22.01	188.33

参考文献

《吉林森林》编辑委员会．1988．吉林森林．长春：吉林科学技术出版社

《中国森林》编辑委员会．1999．中国森林第二卷，针叶林．北京：中国林业出版社

安慧君．2003．阔叶红松林空间结构研究，北京林业大学博士学位论文

鲍士旦．2000．土壤农化分析．北京：中国农业出版社

曹新孙．1990．择伐．北京：中国林业出版社

陈伯利．2005．西林吉林业局森林天然更新调查．内蒙古林业调查设计，28(3)：23－27

陈传国，朱俊凤编著．1989．东北主要林木生物量手册．北京：中国林业出版社，1－89

陈华癸．1962．施肥．中国农业土壤论文集．上海：上海科技出版社，275－296

陈如平．1993．发达国家木材采运工业现状和发展趋势．世界林业研究，(6)：10－15

陈遐林．1999．森林生态系统经营中有关森林结构问题的探讨．中南林学院学报，19(2)：43－47

陈因硕．1990．澳大利亚百令湖早在全新世森林演替中的森林火．植物学报，32(1)：69－75

陈增丰．1994．目标规划和线性规划两步优化法在森林收获调整中的应用．福建林学院学报，14(4)：329－338

戴伟．1994．人工油松林火烧前后土壤化学性质变化的研究．北京林业大学学报，16(1)：102－105

丹尼尔ＴＷ，海勒姆斯ＪＡ，贝克ＦＳ著．1987．森林经营原理．赵克绳，王业遽，宫连城，等译．北京：中国林业出版社，374－375

邓华锋．1998．森林生态系统经营综述．世界林业研究，(4)：9－16

董鸣．1987．缙云山马尾松种群年龄结构初步研究．植物生态学与地植物学学报，(01)：23－28

董希斌．2001．采伐强度对林分蓄积生长量的影响．东北林业大学学报，29(2)：23－25

董希斌．2002．森林择伐对林分的影响．东北林业大学学报，30(5)：15－18

杜纪山，唐守正，王洪良．2000．天然林区小班森林资源数据的更新模型．林业科学，(02)，26－32

段建田，魏世强，于萍萍，等．2007．林火迹地森林生态系统恢复研究．安徽农业科，35(1)：182－184

樊后保，臧润国．1999．吉林白石山林区过伐林群落的数量特征．福建林学院学报，19(1)：8－11

冯建祥，刘宏，罗桂生等．1991．SJ 0.4 2轻型遥控人工林集材索道研究．福建林学院学报，11(2)：159－164

高桥延清.1971.林分施业法——想法与实践.协和印刷商事

关百钧,魏宝麟.1992.世界林业发展概论.北京:中国林业出版社

关克志,张大军.1990.大兴安岭森林火灾对植被的影响分析.环境科学,11(5):82-89

郭建钢等.2002.山地森林作业系统优化技术.北京:中国林业出版社

郭晋平.2001.森林景观生态研究.北京:北京大学出版社

国家林业局.2003.中国森林保护与可持续经营国家报告.北京,国家林业局

国家林业局.2005.中华人民共和国林业行业标准:森林采伐作业规程(LY/T 1646-2005).北京,国家林业局

国家林业局.2000.中华人民共和国林业行业标准-森林土壤分析方法.北京:中国标准出版社

郝清玉,王立海.2006.长白山林区天然阔叶林培育大径木高产林分的结构分析.森林工程,26(1):1-7

郝清玉,周育萍.1998.森林择伐基本理论综述与分析.吉林林学院学报,14(2):115-118

郝占庆,王力华.1998.辽东山区主要森林类型林地土壤涵蓄水性能的研究.应用生态学报,9(3):237-241

何志斌,赵文智,刘鹄,等.2006.祁连山青海云杉林斑表层土壤有机碳特征及其影响因素.生态学报,26(8):2572-2577

胡海清.2000.林火与环境.哈尔滨:东北林业大学出版社

胡文力.2003.长白山过伐林区云冷杉针阔混交林林分结构的研究.北京林业大学硕士学位论文

胡艳波,惠刚盈等.2003.吉林蛟河天然红松阔叶林的空间结构分析.林业科学研究.16(5):523-530

惠刚盈,Gadow K v.,Albert M.1999.角尺度——一个描述林木个体分布格局的结构参数.林业科学,35(1):37-42

惠刚盈,Klaus von Gadow,Matthias Albert.1999.一个新的林分空间结构参数——大小比数.林业科学研究,12(1):1-6

惠刚盈,Klaus von Gasow,胡艳波,等.2007.结构化森林经营.北京:中国林业出版社

惠刚盈,胡艳波,徐海.2005.森林空间结构的量化分析方法.东北林业大学学报,8(33):45-60

惠刚盈,胡艳波.2001.混交林树种空间隔离程度表达方式的研究.林业科学研究,14(1):23-27

惠刚盈,克劳斯·冯佳多(德).2003.森林空间结构量化分析方法.北京:中国科学技术出版社

惠刚盈,赵中华,胡艳波.2010.结构化森林经营技术指南.北京:中国林业出版社

吉根林.2004.遗传算法研究综述.计算机应用与软件,21(2):69-73

吉林省林业勘察设计研究院.2008.吉林省汪清林业局森林资源调查报告.1-39

吉林省林业厅.2004.森林资源规划设计调查技术细则.1-92

贾秀红 郑小贤.2006. 长白山过伐林区云冷杉针阔混交林空间结构分析,华中农业大学学报,(4):436 –440

贾秀红 郑小贤.2004. 清林对云冷杉针阔混交林天然更新的影响,林业调查规划,(2):34 –36

贾秀红.2004. 长白山过伐林区云冷杉针阔混交林结构与更新特征的研究.北京林业大学硕士学位论文

江明喜,邬建国,金义兴.1998. 景观生态学原理在保护生物学中的应用.武汉植物学研究,16(3):273 –279

蒋伊尹,李凤日,李长胜.1990. 兴安落叶松幼中龄林生长规律的研究.东北林业大学学报,24(3):1 –6

蒋有绪.1997. 国际森林可持续经营标准和指标体系研究的进展.世界林业研究,19(4):9 –14

亢新刚,罗菊春,孙向阳等.1998. 森林可持续经营的一种模式.见;森林可持续经营学术研讨会论文集.林业资源管理,(特刊):51 –58

亢新刚,于政中.1992. 检查法应用研究.森林经理文集,141 –146

孔繁花,李秀珍,王绪高,等.2003. 林火迹地森林恢复研究进展.生态学杂志,22(2):60 –64

寇文正.1982. 林木直径分布的研究.南京林业大学学报(自然科学版),(01),51 –65

乐炎舟.1965. 青海高寒地区烧灰的效果.土壤通报,5:37 –40

雷相东,曾翀,陆元昌.2010. 基于潜在植被的森林景观多目标规划研究.第三届海峡两岸森林经理学术研讨会会议论文集,52 –57

李博.2000. 生态学.北京:高等教育出版社

李春明,杜纪山,张会儒.2003. 抚育间伐对森林生长的影响及其模型研究.林业科学研究,16(5):636 –641

李法胜,于政中,亢新刚.1994. 检查法林业生长预测及择伐模型的研究.林业科学,30(6):531 –539

李法胜,于政中,刘建国.1992. 矩阵模型在最优树种组成研究中的应用.北京林业大学学报,14(2):23 –30

李哈滨.1982. 原始阔叶红松林与红松种群更新格局的探讨.东北林学院学报(校庆增刊),58 –64

李景文.2010. 森林生态学.北京:中国林业出版社

李俊清.1986. 阔叶红松林中红松的分布格局及动态,东北林业大学学报,14(1):26 –32

李荣伟.1994. 动态马尔科夫直径生长模型的研究.林业科学,30(4):338 –345

李为海,崔克城,刘萍.2000. 火烧迹地次生林天然更新株数模型的建立.内蒙古林业调查设计,2:28 –30

李政海,绛秋.1994. 火烧对草原土壤养分状况的影响.内蒙古大学学报(自科版),25(4):444 –449

林田苗.2005. 长白山云冷杉林生态采伐更新技术研究.北京林业大学硕士学位论文

刘恩海，昝德萍，刘兴刚，等.1995.樟子松开花结实规律的研究樟子松球果变异与种子预测方法的关系.林业科技,2(2):19-24

刘华民，王立新，王炜等.2007.中国东北地区潜在自然植被模型模拟研究.内蒙古大学学报(自然科学版).,38(2):154-159

刘慎谔.1986.关于大小兴安岭的森林更新问题.刘慎谔文集.北京:科学出版社

陆元昌，杨宇明，杜凡等.2002.西双版纳热带林生长动态模型及可持续经营模拟.北京林业大学学报,24(56):139-146

陆元昌.2006.近自然森林经营的理论与实践.北京:科学出版社

罗菊春.2002.大兴安岭森林火灾对森林生态系统的影响.北京林业大学学报,24(6):10-107

罗汝英.1983.森林土壤学(问题和方法).北京:科学出版社,21-45

罗涛，何平，张志勇，等.2007.渝西地区火烧迹地不同植被恢复方式下的物种多样性动态.西南大学学报,29(6):118-123

马克平，刘灿然.1994.生物群落多样性的测度方法 IIR 多样性的测度方法.生物多样性,3(1),38-43

马钦彦，陈遐林，王娟，蔺琛，康峰峰，曹文强，马志波，李文宇.2002.华北主要森林类型建群种的含碳率分析.北京林业大学学报.24(5-6):96-100

马雪华.1993.森林水文学.北京:中国林业出版社

马雪华.1994.森林生态系统定位研究方法.北京:中国科学技术出版社

孟宪宇，岳德鹏.1995.利用联立方程测算林分直径分布的初步研究.林业资源管理,(06),39-43

孟宪宇.1996.测树学.北京:中国林业出版社

孟宪宇.1988.使用 Weibull 函数对树高分布和直径分布的研究.北京林业大学学报,(01),40-48

牟永成.1987.混交异龄林直径分布模型讨论.中南林业调查规划,(04):15-17

南云秀次郎，大隅真一等著，郑一兵等译.1994.森林生长论.北京:中国林业出版社

彭少麟.2000.恢复生态学与退化生态系统的恢复.中国科学院院刊,3:188-192

钱本龙.1984.岷江冷杉林分的直径结构.林业资源管理,(03),10-12

邱荣祖，周新年，龚玉启.2001."3S"技术及其在森林工程上的应用与展望.林业资源管理,(1):66-71

曲智林，胡海清.2006.森林种群径阶转移模型中转移概率的估算方法.应用生态学报,17(12):2307-2310

戎建涛，刘殿仁，林召忠，雷相东.2011.东北过伐林区几种主要森林类型林分蓄积量生长模型研究.林业科技开发.25(1):53-58

戎建涛.2010.森林景观多目标经营规划研究-以金沟岭林场为例.北京:中国林业科学研究院.硕士学位论文 24-34

沙丽清，邓继武，谢克金，等.1998.西双版纳次生林火烧前后土壤养分变化的研究.植物生态学报,22(6):513-517

邵国凡，赵士洞，舒噶特.1995.森林动态模拟-兼论红松林经营.北京:中国林业出

版社

邵青还.1991.第二次林业革命——接近自然的林业在中欧兴起.世界林业研究,4(4):1-4

邵青还.1994.德国异龄混交林恒续经营的经验和技术.世界林业研究,7(3):8-l4

史济彦.1988.建立兼顾生态效益和经济效益的新型采运作业系统.森林采运科学,4(2):6-11

舒立福,田晓瑞.1999.火干扰对森林水文的影响.土壤侵蚀与水土保持学报,5(6):82-86

舒立福,田晓瑞.1997.国外森林防火工作现状及展望.世界林业研究,10(2):28-35

舒立福,田晓瑞.1998.近10年来世界森林火灾状况.世界林业研究,11(6):31-36

舒立福.1999.世界林火概况.哈尔滨:东北林业大学出版社

宋采福,土建雄,李润林等.2001.祁连山青海云杉林间伐后出现风倒、枯死现象的初步分析.甘肃林业科技,(01),34-35

宋采福,土建雄,李润林,郝虎,王学福.2001.祁连山青海云杉林间伐后出现风倒、枯死现象的初步分析.甘肃林业科技,(01):55-59

宋铁英,郑跃军.1989.异龄林收获调整的动态优化及其计算机仿真.北京林业大学学报,25(4):330-338

宋永昌.2001.植被生态学.上海:华东师范大学出版社,516-547

苏姗姗.2006.金沟岭林场主要针叶树种生长研究.北京林业大学硕士学位论文

苏姗姗,郑小贤.2006.长白山过伐林区天然红松生长过程分析.内蒙古林业科技,(1):12-14

孙洪志,屈红军,任青山.2003.黑龙江省次生林研究进展,森林工程,(4):9-11

孙建军.2009.林分多目标经营规划策略研究及应用.安徽工业大学硕士论文

孙培琦,赵中华,惠刚盈,等.2009.天然林林分经营迫切性评价方法及其应用.林业科学研究,22(3):343-348

孙艳红,张洪江,程金花.2006.缙云山不同林地类型土壤特性及其水源涵养功能.水土保持学报,20(2):106-109

汤孟平,唐守正,雷相东等.2004.林分择伐空间结构优化模型研究.林业科学,40(5):25-31

汤孟平,唐守正,雷相东等.2003.Ripley's K(d)函数分析种群空间分布格局的边缘校正.生态学报,23(8):1533-1538

汤孟平,唐守正,张会儒,雷相东.2003.森林收获安排模型研究进展.世界林业研究,16(3):25-31

汤孟平.2003.森林空间结构分析与优化经营模型研究[博士学位论文].北京林业大学

唐守正,郎奎建,李海奎.2009.统计和生物数学模型计算(ForStat教程).北京:科学出版社

唐守正,李勇.2002.生物数学模型的统计学基础.北京:科学出版社

唐守正,张会儒等.2006.东北天然林生态采伐更新技术指南.北京:中国科学技术出版社

田大伦，陈书军．2005．樟树人工林土壤水文－物理性质特征分析．中南林学院学报，25（2）：1－6

田洪艳，周道玮，孙刚．1999．草原火烧后地温的变化．东北师大学报自然科学版，（1）：103－106

田昆．1997．火烧迹地土壤磷含量变化的研究．西南林学院学报，17（1）：21－25

田尚衣，周道玮，孙刚，等．1999．草原火烧后土壤物理性状的变化．东北师大学报自然科学版，（1）：107－110

铁牛，郑小贤．2004．针叶树理论材积式的适用性研究．华北农学报，（12）50－55

汪清林业局志编委会．1990．汪清林业局志．932

王飞，代力民等．2004．非线性状态方程模拟异龄林径阶动态——以长白山阔叶红松林为例．生态学杂志，23（5）：101－105

王飞，邵国凡，代力民等．2005．矩阵模型在森林择伐经营中的应用．生态学杂志，24（06）：681－684

王明玉，任云卯，李涛，等．2008．火烧迹地更新与恢复研究进展．世界林业研究，21（6）：49－53

王顺利，王金叶，张学龙．2004．祁连山水源涵养林区水质特征分析．水土保持学报，18（6）：193－195

王铁牛．2005．长白山云冷杉针阔混交林经营模式研究．北京林业大学博士学位论文．北京：北京林业大学图书馆，43－72

王新怡，赵秀海，刘国良．2007．森林经营规划中优化算法应用研究进展．林业勘查设计，141（1）：10－14

王绪高，李秀珍，贺红士．2008.1987年大兴安岭特大火灾后不同管理措施对落叶松林的长期影响．应用生态学报，19（4）：915－921

王镇，万清泉．2001．论云冷杉林分的合理择伐强度．林业勘查设计，（2）：44－45

乌吉斯古楞，郑小贤．2009．天然林直径分布的线性表达及其应用，林业资源管理，（6）：51－53

乌吉斯古楞．2009．长白山过伐林区云冷杉针叶混交林经营模式研究，北京林业大学博士学位论文

邬建国．2000．景观生态学－格局、过程、尺度与等级．北京：高等教育出版社

向玮．2009．落叶松云冷杉林矩阵生长模型及多目标经营模拟研究．中国林科院硕士论文

项凤武．1989．大兴安岭北部林火对森林土壤的性质及林火更新的影响．东北林业大学硕士论文，25－32

项凤武．1998．森林土壤生物火烧后恢复情况调查研究．吉林林学院学报，14（2）：99－102

谢金星，薛毅．2005．优化建模与LINGO/LINDO软件．北京：清华大学出版社

谢哲根，于政中．1993．非线性状态方程模拟异龄林分径阶动态．北京林业大学学报，16（1）：49－57

辛爽，倪洪秋．2003．用林分结构分析验天然异龄林择伐作业质量．中国林副特产，

（2）：57

邢邵朋主编．1998．吉林森林．北京：中国林业出版社

徐化成，邱扬．1997．大兴安岭北部地区原始林火干扰历史的研究．生态学报，17（4）：337－343

徐化成．1998．中国大兴安岭森林．北京：科学出版社

徐庆福．1999．关于森林生态采运及其体系的探讨．森林工程，15（2）：9－10

徐文铎，常禹．1992．中国东北地带性顶极植被类型及其预测判别模型．应用生态学报，3（3）：215－234

徐文铎，何兴元，陈玮，刘常富．2004．长白山植被类型特征与演替规律的研究．生态学杂志．23（5）：162－174

徐文科，曲智林，王文龙．2004．带岭林业局森林生态系统经营多目标规划决策．东北林业大学学报，32（2）：22－26

阳含熙，潘愉德，伍业钢．1988．长白山阔叶红松林马氏链模型．生态学报，8（3）：211－219

阳含熙，伍业钢．1988．长白山自然保护区阔叶红松林林木种属组成、年龄结构和更新策略的研究．林业科学，24（1）：18－16

杨保安，张科静．2008．多目标决策分析理论人、方法与应用研究．上海：东华大学出版社

杨澄，刘建军，杨武．1998．桥山森林土壤水分物理性质的分析．陕西林业科技，（1）：24－27

杨传平，杨书文，刘桂丰，等．1990．兴安落叶松种源试验研究．地理变异的规律和模式．东北林业大学学报，8（4）10－20

杨春田，李宝印．1989．大兴安岭北坡火烧迹地更新的策略与技术．林业科技，（6）：23－24

杨树春，刘新田，曹海波，等．1998．大兴安岭林区火烧迹地植被变化研究．东北林业大学学报，26（1）：19－23

杨玉盛，何宗明，马祥庆等．1997．论炼山对杉木人工林生态系统影响的利弊及对策．自然资源学报，12（2）：153－159

杨玉盛，李振问．1992．火对森林土壤肥力与有机质含量相关性的研究．森林防火，（3）：11－15

殷传杰．1989．异龄林动态系统与最优控制．北京林业大学报，11（4）：30－37

于政中，亢新刚，李法胜等．1996．检查法第一经理期研究．林业科学，32（1）：24－34

于政中，亢新刚等．1996．检查法第一经理期研究．林业科学，32（1）：24－34

于政中．1988．择伐林经营与收获调整的研究，林业勘探设计，（4）：31－33

曾翀．2009．基于潜在植被的近自然森林景观规划研究．北京：中国林业科学研究院．中国林业科学研究院硕士学位论文，39－40

曾伟生，于政中．1991．异龄林的生长动态研究．林业科学，27（3）：194－197

张殿忠，朱守林．1994．论低强度择伐作业系统．见：夏国华主编．山地条件下的森林采运作业国际学术会议论文集．长春：吉林人民出版社

张会儒. 1998. 计算机技术在国外林业中应用的现状及趋向. 世界林业研究, 11(5): 44 – 51

张家城, 陈力, 郭泉水, 等. 1999. 演替顶极阶段森林群落优势树种分布的变动趋势研究. 植物生态学报, 23(3): 256 – 268

张金屯. 2004. 数量生态学. 北京: 中国科学技术出版社

张坤. 2007. 森林碳汇计量和核查方法研究. 北京林业大学硕士士论文. 1 – 54

张守攻, 朱春全, 肖文发. 2001. 森林可持续经营导论. 北京: 中国林业出版社

张希彪, 上官周平. 2006. 人为干扰对黄土高原子午岭油松人工林土壤物理性质的影响. 生态学报, 26 (11): 3685 – 3695

张阳武. 1996. 大兴安岭北部地区不同类型火烧对土壤性质影响的研究. 东北林业大学硕士论文

张芸香, 张伟, 郭晋平. 2004. 关帝山中高山山地混交林结构模式的研究. 山西农业大学学报, (1): 69 – 73

赵士洞, 陈华. 1991. 新林业—美国林业一场潜在的革命. 世界林业研究, (1): 35 ~ 39

赵淑清, 方精云, 雷光春. 2000. 全球 2000: 确定大尺度生物多样性. 生物多样性, 8 (4): 435 – 440

赵秀海, 吴榜华, 史济彦. 1994. 世界森林生态采伐理论的研究进展. 吉林林学院学报, 10(3): 204 – 210

赵云萍, 李光祥等. 长白山林区复层异龄林垂直结构的研究. 吉林林学院学报, 1995, 11(2): 105 – 108

赵中华. 2009. 基于林分状态特征的森林自然度评价研究. 北京: 中国林科院博士学位论文

镇常青. 1987. 多目标规划中权系数的确定方法. 系统工程理论与实践. 7(4): 45 – 47

郑焕能, 胡海清. 1987. 森林燃烧环. 东北林业大学学报, 1(5): 1 – 5

郑焕能, 贾松青, 胡海清. 1986. 大兴安岭林区的林火与森林恢复. 东北林业大学学报, 14(4): 1 – 7

郑焕能, 温广玉, 柴一新. 1999. 林火灾变阈值. 火灾科学, 8(3): 1 – 5

郑焕能. 1992. 林火生态学. 哈尔滨: 东北林业大学出版社

郑耀军, 于政中. 1987. 异龄林生长的动态分析 – 兼小兴安岭和牡丹江林区冷杉异龄林的生长分析. 北京林业大学学报, 9(2): 145 – 152

钟章成. 1992. 我国植物种群生态研究的成就与展望. 生态学杂志, 11(1): 4 – 8

周道玮, Ripley E A. 1996. 松嫩草原不同时间火烧后环境因子变化分析. 草业学报, 3 (3): 68 – 75

周道玮, 姜世成, 田洪艳. 1999. 草原火烧后土壤养分含量的变化. 东北师大学报自然科学版, (1): 112 – 117

周道玮, 张喜军, 张宏. 1995. 草地火生态学研究进展. 长春: 吉林科学技术出版社

周瑞莲, 张普金, 徐长林. 1997. 高寒山区火烧土壤对其养分含量和酶活性的影响及灰色关联分析. 土壤学报, 34 (1): 89 – 96

周卫东. 1987. 天然阔叶异龄林林分结构及其预测. 中南林业调查规划, (02): 26 – 32

周新年,邱仁辉. 1992. 福建省天然林择伐研究. 福建林业科技,19(4):56-60

周以良,乌弘奇,陈涛,等. 1989. 按植物群落生态学特性,加速恢复大兴安岭火烧迹地的森林. 东北林业大学学报,1(2):1-10

朱永红,翁国庆. 2000. 异龄林经营决策优化. 林业资源管理,(01):35-39

朱祖祥. 1983. 土壤学(上册). 北京:农业出版社

诸葛俨. 1984. 测树学. 北京:中国林业出版社

祝列克,智信. 2001. 森林可持续经营. 中国林业出版社

邹新球,朱燕高,黄开芬等. 1991. 天然林择伐集材索道试验研究. 福建林学院学报,11(4):392-396

ITTO,洪菊生等译. 2001. 热带林可持续经营指南. 北京:中国林业出版社

T. W. 丹尼尔等著. 1987. 森林经营原理. 赵克绳等译. 北京:中国林业出版社

Acosta - Martinez, V., Reicher, Z., Bischoff, M. 1999. The Roal of Tree Leaf Mulch and Nitrogen Fertilizer on Turf Grass Soil Quality. Biol Fort Soils, 29:55-61

Adems P W, Boyle J R. 1980. Effect of Fire on Soil Nutrients in Clear - Cut and Whole - Tree Harvest in Central Michigan. Soil Sci. Soc. Am. J., 44(4):847-850

Adenso - Diaz, B., Rodriguez, F. 1997. A simple search heuristic for the MCIP:Application to the location of ambulance bases in a rural region. Omega 25:181-187

Almendros G, Gonzáles ~ Vila F J, Martín F. 1990. Fire - induced transformation of soil organic matter from an oak forest:an experimental approach to the effects of fire on humic substances. Soil Sci., 149:158-168

Almendros G, Martin F, Gonzalez - Vila F J. 1988. Effect of fire on humic and lipid fractions in a Dystric Xerochrept in Spain. Geoderma, 42(2):115-127

Andriesse J P, Koopmans T T. 1984. A monitoring study on nutrient cycles in soils used for shifting cultivation under various climate conditions in tropical Asia I:The influence of simulated burning on form and availability of plant nutrients. Agriculture Ecosystem Environment, 12(1):1-16

Androws, P. L. R. C. R. 1982. Charts for Interpreting Wildland and Fire Behavior Characteristics. USDA. Gen. Tech. Report. INT - 131, 21:241-252

Barrett T M, Gilless J K, Davis L S. 1998. Economic and fragmentation effects of clearcut restrictions. Forest Sci. 44:569 - 577

Baskent E Z, Keles S, Yolasigmaz H A. 2008. Comparing multipurpose forest management with timber management, incorporating timber, carbon and oxygen values:A case study. Scandinavian Journal of Forest Research, 23(2):105-120

Baskent E Z, Keles S. 2005. Spatial forest planning:A review. Ecological Modelling. 188:45-173

Baskent E Z, Sedat K. 2009. Development alternative forest management planning strategies incorporating timber, water and carbon value:an examination of their interactions. Environmental Modeling and Assessment. 14(4):467-480

Baskent E Z, Jordan G A. 2002. Forest landscape management modeling using simulated annealing. Forest Ecology and Management. 165: 29 – 45

Baskent, E Z, Jordan G A, Nurullah A M M. 2000. Designing forest landscape (ecosystems) management. Forestry Chronicle. 76 (5): 739 – 742

Battle, J. M. , Golladay, S. W. 2001. Water Quality and Macroinvertebrate Assemblages in Three Types of Seasonally Inundsated Limesink Wetlands in Southwest Georgia. Freshwat. Ecol. , (16): 189 – 207

Bettinger P, Johnson D L, Johnson K N. 2003. Spatial forest plan development with ecological and economic goals. Ecological Modelling. 169: 215 – 236

Bettinger P, Sessions J, Boston K. 1997. Using tabu search to schedule timber harvests subject to spatial wildlife goals for big game. Ecological Modelling. , 94: 111 – 123

Bettinger P, Sessions J, Johnson K N. 1998. Ensuring the compatibility of aquatic habitat and commodity production goals in eastern Oregon with a tabu search procedure. Forest Science. 44 (1): 96 – 112

Bettinger P, Sessions J. 2003. Spatial forest planning: to adopt, or not to adopt? Journal of. Forestry. 101 (2), 24 – 29

Bettinger P, Boston K, Sessions J. 1999. Combinatorial optimization of elk habitat effectiveness and timber harvest volume. Environmental Modeling and Assessment. 4: 143 – 153

Bollandsås O M, Buongiorno J, Gobakken T. 2008. Predicting the growth of stands of trees of mixed species and size: A matrix model for Norway. Scandinavian Journal of Forest Research. 23 (2): 167 – 178

Borchert M, Johnson M, Schreiner D, et al. 2003. Early postfire seed dispersal, seed establishment and seed mortality of Pinus coulteri(D. Don) in central coastal California, USA. Plant Ecol. , 168: 207 – 220

Borges, J G, Hoganson H M, Falcao A O. 2002. Heuristics in multi – objective forest management. In: Pukkala, T. (Ed.), Multi Objective Forest Planning. Kluwer Academic Publishers, Netherlands, pp. 119 – 151

Boscolo M, Buongiorno J. 1997. Managing a tropical rainforest for timber, carbon storage and tree diver – sity. Commonwealth Forestry Review, 76(4): 246 – 256

Boston K, Bettinger P. 1999, An analyses of Monte Carlo integer programming, simulated annealing, and tabu search heuristics for solving spatial harvest scheduling problems. Forest Sci. 45 (2), 292 – 301

BoylandM, Nelson H, Bunnell F L. 2004. Creating land allocation zones for forest management: a simulated annealing approach. Can. J. For. Res. 34(8): 1669 – 1682

Boyle J R. 1973. Forest soil chemical changes following fire. Commun. Soil Sci. Plant Anal. , 4(5): 369 – 374

Bragg. 1994. Residual tree damage estimates from partial cutting simulation. Forest Production Journal, 44(7, 8): 19 – 22

Brown G, Mitchell D T. 1986. Influence of fire on soil phosphorus status. S. Afr. J. Bot. , 52 (1): 67 – 72

Brumelle S, Granot D, Halme M, Vertinsky I. 1998. A tabu search algorithm for finding good forest harvest schedules satisfying green – up constraints. Eur. J. Operat. Res. , 106: 408 – 424

Buongiorno J, Dabir S, Lu H, et al. 1994. Tree size diversity and economic returns in uneven – aged forest stand. For Sci, 40(1): 83 – 103

Buongiorno J, Michie B R. 1980. A matrix model of uneven – aged forest management. For Sci, 26 (4): 609 – 625

Buongiorno, J. , Peyron, J. L. , Houllier, R, Bruciamacchie, M. 1995. Growth and management of mixed – species, unever – aged forests in the French Jura: applications for economic returns and diversity. For. Sci. 41(3): 397 – 429

B. Bruce Bare, Daniel Opalach. 1987. Optimizing Species Composition in Uneven – Aged Stands. The Society of American Foresters

C. P. S. Larsen, G. M. MacDonald. 1998. An 840 – year record of fire and vegetation in a boreal white spruce forest. Ecology

Chaplin, S. , Gerrard, R. , Watson, H. et al. 1999. The geography of imperilment: Targeting conservation towards critical biodiversity areas. To be published by Oxford University Press in conjunction with The Nature Conservancy and the Assoc. for Biodiversity Information

Chen V B E, Gadow K V. 2002. Timber harvest planning with spatial objectives, using the method of simulated annealing. Forstw. Cbl. 121: 25 – 34

Church R L, Murray A T, Weintraub A. 1998. Locational issues in forest management. Location Science. 6: 137 – 153

Church, R. , Gerrard, R. , Hollander, A. , Stoms, D. 2000. Understanding the tradeoffs between site quality and species presence in reserve site selection. For. Sci. , 46(2): 157 – 167

Church, R. , ReVelle. C. 1974. The maximal covering lo cation problem. Pap. Reg. Sci. Assoc. , 32: 101 – 118

Church, R. , Roberts, K. 1983. Generalized coverage models and public facility location location. Pap. Reg. Sci. Assoc. , 53: 117 – 135

Clements S, Dallain P, Jamnick M. 1990. An operationally, spatially constrained harvest scheduling model. Can. J. For. Res. 20: 1438 – 1447

Coutier. 1995. Fraser's move to shelterwood logging: Asuccess story. Canadian Forest Industries, 115(7 8): 18 – 24

Crowe K, Nelson J. 2003. An indirect search algorithm for harvest scheduling under adjacency constraints. For. Sci. 49 (1): 1 – 11

Cwynar L. C. 1987. Fire and forest history of the north Cascade Range. Ecology, 68 (4): 791 – 802

Daniel Opalach , B. Bruce Bare. 1987. Optimizing Species Composition in Uneven – Aged Stands. The Society of American Foresters

Daniel, G. N. 1999. Fire Effects on Belowground Sustainability: a Review and Synthesis. Forest Ecology and Management , (122): 203 – 211

Daust D K, Nelson J D. 1993. Spatial reduction factors for stratabased harvest schedules. Forest Sci. 39 (1): 152 – 165

Davis L S, Johnson K N, Bettinger P S, Howard T E. 2001. Forest management – to sustain ecological, economic and social values. 4th edn. McGraw – Hill, New York, 804 pp

Debano, L. F. P. H., Dumn, C. E. C. 1977. Fires Effect on Physical and Chemical Properties of Chaparral. sforoils. , USDA. For. Serv. Gen. Tech. Rep. WO – 3, 11: 65 – 67

Dix, R. L, and J. M, A. Swan. 1971. The roles of disturbance and succession in upland forest at Candle Lake, Saskatche wan. Canadian Journal of Botany, 49: 657 – 676

Dyrness C T, Van Cleve K, Levison J D. 1989. The effect of wildfire on soil chemistry in four forest types in interior Alaska . Can. J. For. Res, 19(11): 1389 – 1396

Fastie C. L. 1995. Causes, and ecosystem consequences of multiple pathways of primary Glacier Bay. Alaska. Ecology, 76: 1899 – 1916

Faustmann M. 1849. Berechnung des Wertes welchen Waldboden, sowie noch nicht haubare Holzbest"ande f"ur dieWaldwirtschaft besitzen. Allgemeine Forst – und jagdzeitung 25: 441 – 455

Favrichon V. 1998. Modeling the dynamics and species composition of a tropical mixed – species uneven – aged natural forest: effects of alternative cutting regimes. For. Sci. , 44 (1): 113 – 124

Franklin, J. K. 1993. Preserving biodiversity: species, ecosystems, or landscapes? Ecologial Applications, 3(2): 202 – 205

Franklin. 1989. Toward a new forestry. American Forests. (11 – 12)

Fueldner K. 1995. strukturbeschreiburng von Buchen – Edllaubholz MischwaeldernM]. Goettiingen: Cubillier Verlag Goettingen

Gadow K. v. 1987. Untersuchungen zur Konstruktion von Wuchsmodellen fuer schnellwuechige Plantagenbaumarten, Forstliche Forschungsberichte Muenchen, 77S: 1 – 123

Gadow K. V, Gangying Hui. 1999. Modeling Forest Development. Kluwer academic publishers

Gadow, K. u. Füldner, K. 1992. Bestandesbeschreibung in der Forsteinrichtung. Tagungsbericht der Arbeitsgruppe Forsteinrichtung Klieken beiDessau 15. 10. 92

Gerla, P. J. , Galloway, J. M. 1998. Water Quality of Two Streams Near Yellowstone Park, Wyoming, following the 1988 Clover – Mist wildfire. Environmental Geology, (36) : 1 – 2

Giovanni, G. , Lucchesi, S. Glachetti M. 1990. Effects of Heating on Some Chemical Parameters Related to Soil Fertility and Plant Growth. Soil Sci. , 149(6): 344 – 350

Golchin A, Clarke P, Baldock J A, et al. 1997. The effect of vegetation and burning on the chemical composition of soil organic matter in a volcanic ash soil as shown by 13C NMR spectroscopy. I. Whole soil and humic acid fraction. Geoderma, 76: 155 – 174

Grant C. D, Loneragan W. A. 1999. The effects of burning on the understorey composition of 11 ~ 13 year old rehabilitated bauxite mines in Western Australia. Plant Ecol. , 145: 291 – 305

Grogan P, Bruns T. D, Chapin F. S. Fire effects on ecosystem nitrogen cycling in a Californian bishop pine forest. Oecologia, 2000, 122(4): 537 – 544

Gunn E G. 1991. Some aspects of hierarchical production planning in forest management. In: Proceedings of the 1991 Symposium on Systems Analysis in Forest Resources, 3 – 6 March 1991,

South Carolina, USDA FS General Technical Report SE –74, pp. 54 – 62

Haight R G, Travis L E. 1997. Wildlife conservation planning using stochastic optimization and importance sampling. Forest Science. 43 (1): 129 – 139

Hao Q Y, Meng F R, Zhou Y P, et al. 2005b. Determining the optimal selective harvest strategy for mixed – species stands with a transition matrix growth model. New Forests. 29(3): 207 – 219

Hao Q Y, Meng F R, Zhou Y P, et al. 2005a. A transition matrix growth model for uneven – aged mixed – species forests in the Changbai Mountains, northeastern China. New Forests, 29(3): 221 – 232

Harrison. 1995. Mechanized CT Lispart of the answer. Canadian Forest Industries, 115(7 8): 40 – 44

Hedin. 1995. Small patchcuts: cost implications. Canadian Forest Industries, 115(10): 28 – 32

Hoen H F, Solberg B. 1994. Potential and economic efficiency of carbon sequestration in forest biomass through silvicultural management. Forest Science. 40: 429 – 451

Hoganson H M, Borges J G. 1998. Using dynamic programming and overlapping subproblems to address adjacency in large harvest scheduling problems. Forest Science. 44 (4): 526 – 538

Hui, G. Y. Albert, M. und Chen, B. W. 2003. Reproduktion der Baumverteilung im Bestand unterVerwendung des Strukturparameters Winkelmaß. Allgemeine Forst u. Jagdzeitung. in Druck

Hui, G. Y. M. Abert und K. v. Gadow. 1998. Das Umgebungsmaß als Parameter zur Nachbildung von Bestandesstrukturen. Forstw. Cbl. 117(1): 258 ~ 266. The measure of neighbourhood dimensions as a parameter to reproduce stand structures

IngramC D. 1996. Income and diversity tradeoffs from management of mixed lowland dipterocarps in Malaysia. Journal of Tropical Forest Science. 9(2): 242 – 270

Jamieson. 1995. Change with a purpose. Canadian Forest Industries, 115(3): 22 – 31

Jennifer etal. 1996. Logging damage during planned and unplanned logging operations in the eastern Amazon. For. Ecol. and Manage. 89: 57 – 77

Johnson D W. 1992. Effects of forest management on soil carbon storage. Water, Air and Soil Pollution, 64: 83 – 120

Johnson, E K. Miyanishi, and H. Kleb. 1994. Reconstructions in a Pinus – 931. The hazards of interpretation contorta – Picea engelmannii of static age structures. Journal of Ecology, 82: 923

Jones. 1995. The careful timber harvest: A guide logging esthetics. Journal of Forstry, 93 (2): 12 – 15

Kangas A, Kangas J, Kurttila M. 2008. Decision Support for Forest Management. Springer: 202

Kimmins, J. P. 1987. Forest Ecology. Macmillan Publishing Company, a division of Macmillan, Inc

Kolbe A E, Buongiorno J, Vasievich M. 1999. Geographic extension of an un – aged multi – species matrix growth model for northern hard – wood forests. Eco. Model. , 121: 235 – 253

Komared E. Conf. 1966. The meteorological basis for fire ecology. Proc. Tall Timbers Fire

Ecol. 5: 85 – 125

Kossoy A, Ambrosi P. 2010. State and trends of the carbon market 2010. The Word Express, inc. : 12 – 15

Laroze A J, Greber B J. 1997. Using tabu search to generate standlevel, rule – based bucking patterns. Forest Science. 43: 157 – 169

Lawal M. Marafa and K. C. Chau. 1999. Eeffect of high fire on upland soil in HongKong. Forest Ecology and Management , 120: 97 – 104

Lexerød N L. 2005. Recruitment models for different tree species in Norway. For. Ecol. Manage. , 206: 91 – 108

Liang J J, Buongiorno J, Monserud R A. 2005. Estimation and application of a growth and yield model for uneven – aged mixed conifer stands in California. International Forestry Review, 7 (2): 101 – 112

Liang J, Buongiorno J, Monserud R A, et al. 2007. Effects of diversity of tree species and size on forest basal area growth, recruitment, and mortality. Forest Ecology and Management, 243: 116 – 127

Lin C R, Buongiomo J, Vasievich M. 1996. A multispecies, density – dependent matrix growth model to predict tree diversity and income in northern hardwoods. Ecol. Model. , 91: 193 – 211

Lin C R, Buongiorno J. 1997. Fixed versus variable – parameter matrix models of forest growth: the case of maple – birch forests. Ecological Modelling, 99(2 – 3): 263 – 274

Liu H M, Wang L X, Yang J, Nakagoshi N, Liang C Z, Wang W, Lu Y M. 2009. Predictive modeling of the potential natural vegetation pattern in northeast China. Ecological Research . 24 (6): 1313 – 1321

Lloret F, Calvo E, Pons X, et al. 2002. Wildfire and landscape dynamics in the Eastern Iberian Peninsula. Landscape Ecol. 17: 745 – 759

Lockwood C, Moore T. 1993. Harvest scheduling with spatial constraints: a simulated annealing approach. Can. J. For. Res. 23: 468 – 478

Loehle C. 2000. Optimal control of spatially distributed process models. Ecol. Model. 131: 79 – 95

Lu F, Eriksson K O 2000. Formation of harvest units with genetic algorithms. Forest Ecol. Manage. 130: 57 – 67

Lu H C, Buongiorno J. 1993. Long – and short – term effects of alternative cutting regimes on economic returns and ecological diversity in mixed – species forests. Forest Ecology Management, 58: 173 – 192

Lópezal, Ortuñoa S F, Martína A J, et al. 2007. Estimating the sustainable harvesting and the stable diameter distribution of European beech with projection matrix models. Ann. For. Sci. , 64: 593 – 599

Malmer, A. 2004. Streamwater Quality as Affected by Wild Fires in Natural and Manmade Vegetation in Malaysian Borneo Hydrol. Process, 18: 853 – 864

Martell D L, Gunn E A, Weintraub A. 1998. Forest management challenges for operational researchers. Eur. J. Operat. Res. 104: 1 - 17

MengF - R, Bourque CP - A, Oldford S P, Swift D E, Smith H C. 2003. Combining carbon sequestration objectives with timber management planning. Mitigation and Adaptation Strategies for Global Change. 8: 371 - 403

Moeur M. 1993. Characteritizing spatial patterns of trees using stem - mapped data. For. Sci. 39 (4): 134 - 157

Moore C T, Conroy M J, Boston K. 2000. Forest management decisions for wildlife objectives: system resolution and optimality. Comput. Electron. Agric. 27: 25 - 39

Mullen D S, Butler R M. 1997. The design of a genetic algorithm based spatially constrained timber harvest scheduling model, http: //www. for. msu. edu/e4/e4 ssafr97. html

Murray A T, Church R L. 1995. Heuristic solution approaches to operational forest planning problems. OR Spektrum , 17: 193 - 203

Murray A T, Snyder S. 2000. Spatial modeling in forest management and natural resource planning. Forest Science. 46 (2): 153 - 156

Murray, A. , Church, R. 1995. Measuring the efficiency of adjacency constraint structure in forest planning models. Can. J. For. Res. , 25: 1416 - 1424

Murray, A. , Church, R. 1996. Applying simulated annealing to location planning models. J. Heuristics 2: 31 - 53

Namaalwa J, Eid T, Sankhayan P. 2005. A multi - species density - dependent matrix growth model for the dry woodlands of Uganda. Forest Ecology and Management. 213: 312 - 327

Naven, Z. 1994. From biediversity to ecediversity: a landscape ecology approach to conservation and restoration. Restoration Ecology, 2(3): 180 - 189

Nelson J, Brodie J D. 1990. Comparison of a random search algorithm and mixed integer programming for solving area - based forest plans. Can. J. For. Res. 20: 934 - 942

Ni J, Sykes M T, Prenticei et al. 2000. Modelling the vegetation of China using the process - based equilibrium terrestrial biosphere model BIOME3. Global Ecology & Biogeography. 9: 463 - 479

Noss, R. F. , Harris L. D. 1986. Nodes, networks an d MUMs: pe rserving biodiversity at all scales. Envir Manag, (10): 299 - 309

Noss, R. F. 1996. Ecosystems as conservation targets. Trend in Ecology and Evolution, 11: 351

Oliver, C. D, and B. C. 1990. Larson. Forest stand dynamics. McGraw - Hill, Inc

Orians G. H. 1993. Endangered atwhatlevel? Ecological Applications, (3): 206 - 208

Orois S N, Soalleiro R R. 2002. Modelling the growth and management of mixed uneven - aged Maritime pine—broadleaved species forests in Galicia, North - western Spain. Scand. J. For. Res. 17: 538 - 547

O' Hara A J, Faaland B H, Bare B B. 1989. Spatially constrained timber harvest scheduling. Can. J. For. Res. 19: 715 - 724

Pandey A. N. 1977. Short term effects of seasonal burning on C/N ratio of soil on a Dichanthium annulatum grassland stand at Varanasi. Proc. Indian Natl. Sci. Acad. , 43(6): 213 –218

Pastor J. et al. 1990. The spatial pattern of a Northern conifer ~ hardwood landscape, Landscape Ecology, 4(1): 55 –68

Perston C. A, Baldwin IT. 1999. Positive and negative signals regulate germination in the post – fire annual Nicotiana attenuata. Ecology, 80(2): 481 –494

Pinard M A and Putz F E. 1996. Retaining forest biomass by reducing logging damage. Biotropica, 28: 278 –295

Pressey, R. Nicholls, A. 1989. Application of a numerical algorithm to the selection of reserves in semi – arid New South Wales. Biol. Conserv. , 50: 263 –278

Raison R J. 1979. Modification of the soil environment by vegetation fires, with particular reference to nitrogen transformations: a review. Plant and soil, 51: 73 –108

Ralston R, Buongiorno J, Schulte B, et al. 2003. Non – linear matrix modelling of forest growth with permanent plot data: The case of uneven aged Douglas – fir stands. Int. Trans. Oper. Res. 10 (5): 461 – 482

Richards E W, Gunn E A. 2003. Tabu search design for difficult forest management optimization problems. Can. J. For. Res. 33: 1126 – 1133

Rieske L. K. 2002. Wildfire alters oak growth, foliar chemistry, and herbivory. For. Ecol. Man. , 168: 91 –99

Robert G. Haight, J. Douglas Brodie and Darius M. Adams. 1985. Optimizing the Sequence of Diameter Distributions and selection Harvests for Uneven – Aged Stand Management , For. Sci. 32 (2), 451 –462

Schmidt M. W. I, Skjemstad J. O, Gehrt E, et al. 1999. Charred organic carbon in German chernozemic soil. Euro. J. Soil Sci. , 50: 351 –365

Shan Y, Bettinger P, Cieszewski C J, Tiffany L R. 2009. Trends in spatial forest planning. International Journal of Mathematical and Computational Forestry&Natural – Resource Sciences. 1 (2): 86 – 112

Shao G F, Wang F, Dai L M etal. 2006. A density – dependent matrix model and its applications in optimizing harvest schemes. Science in China: Series E Technological Sciences, 49(Supp. I): 108 –117

Simon, A. , Townsend, M. M. D. 2004. The Effect of a Wildfire on Stream Water Qualityand Catchment Water Yield in a Tropical Savanna Excluded from Fire for 10 years (Kakadu National Park, North Australia). Water Research, (38): 3051 –3058

Sist P, Picard N, Gourlet – Fleury – Ann S. 2003. Sustainable cutting cycle and yields in a lowland mixed dipterocarp forest of Borneo. For. Sci. , 60: 803 –814

Solomon D S, Hosemer R A, HayslettH T. 1986. A two – stage matrix model for predicting growth of forest stands in the northeast. Can. J. For. Res. , 16(3): 521 –528

Sorensen. 1994. Going where heavies fear to tread. Canadian Forest Industries, 114(3): 24 –

26

Spurr, S. H, and B. V. Barnes. Forest Ecology. New York: John Wiley & Sons, Inc. 1980

Stage A R, Christian S. 2007. Interactions of elevation, aspect, and slope in models of forest species composition and productivity. Forest Science. 53(4): 486 – 492

Tarp P, Helles F. 1997. Spatial optimization by simulated annealing and linear programming. Scand. J. For. Res. 12: 390 – 402

Tawee Kaewla iad. 1995. Use of elephants as low impact method for thinning teak plantations. In: IUFRO. Caring for the forest: Research in a changing world Abstracts of invited papers. 20th IUFRO World Congress, Hampere, Finland. 221

Tinner W, Hubschmid P, Wehrli M, et al. 1999. Long – term forest fire ecology and dynamics in Southern Switzerland . J. Ecology, 87(2): 273 – 289

Turner M. G, Romme W. H. 1994. Landscape dynamics in crown fire ecosystems. Landscape Ecol., 9(1): 59 – 77

Turner MG, Romme WH, Gardner RH, et al. 1997. Effects of fire size and pattern on early succession in Yellowstone National Park. Ecol. Monogr, 4(67): 411 – 433

Turner MG, Romme WH, Reed RA, et al. 2003. Post – fire aspen seedling recruitment across Yellowstone (USA) Landscape . Landscape Ecol, 18: 127 – 140

Uemura, S. et al. 1990. Effects of fire on the vegetation of Siberian taiga predominated by Larex dahurica. Can. J. For. Res, 20: 547 – 553

Ulfsegerstrom, T. K. 1998. Forest Fire and Lake – Water Acidity in a Northern Swedish Boreal Area: Holocene Changes in Lake – Water Quality at Makkassjon. , ecology, 86: 113 – 124

Underhill, L. G.. 1994. Optimal and suboptimal reserve selection algorithms. Biol. Conserv. 70: 85 – 87

Usher M B. 1966. A matrix approach to the management of renewable resources, with special reference to selection forests. Appl. Ecol. , 3: 355 – 367

Van Deusen P C. 1999. Multiple solution harvest scheduling. Silva Fennica. 33 (3): 207 – 216

Van Deusen P C. 2001. Scheduling spatial arrangement and harvest simultaneously. Silva Fennica. 35 (1): 85 – 92

Venema H D, Calamai P H, Fieguth P. 2005. Forest structure optimization using evolutionary programming and landscape ecology metrics. Eur. J. Operat. Res. 164 (2): 423 – 439

Wang C K. 2006. Biomass allometric equations for 10 co – occurring tree species in Chinese temperate forests. For. Ecol. Manage. 222, 9 – 16

Wang Lihai. 1995. Assessmen of animal skidding and ground machine skidding under mountain conditions. In: IUFRO. Caring for the forest: Research in a changing world Abstracts of invited papers. 20th IUFRO World Congress, Hampere, Finland. 230

Weintraub A, Barahona F, Epstein R. 1994. A column generation algorithm for solving general forest planning problems with adjacency constraints. Forest Sci. 40 (1): 142 – 161

Weintraub A, Cholaky A. 1991. A hierarchical approach to forest planning. Forest Science. 37

（2）：439 - 460

Weintraub A, Church R L, Murray A T, Guignard M. 2000. Forest management models and combinatorial algorithms: analysis of state of the art. Ann. Operat. Res. 96: 271 - 285

Weintraub A, Jones G, Meacham M, Magendzo A, Malchuk D. 1995. Heuristic procedures for solving mixed integer harvest scheduling transportation planning models. Can. J. For. Res. 25: 1618 - 1626

Weintraub, A. , Cholaky, A. 1991. A hierarchical approach to forest planning. For. Sci. , 37 （2）：439 -460

Whalley, W. R. , Dumitru, E. , Dexter, A. R. 1995. Biological Effects of Soil Compaction. Soil Till Res, 35: 53 -68

White, D. W. , Preston EM, Fraeernark K. E. et al. 1999. A hierarchical franmework for conserving biodivemity. In: Klopatek J. M. &GardnerRH(eds.). Landscape Ecological Analysis: Issues an d Applications, Springer - Verlag, New York, 127 -153

William Cordero and Andrew Howard. 1995. Use of oxen in logging operations in rural areas of Costa Rica. In: IUFRO. Caring for the forest: Research in a changing world Abstracts of invited papers. 20th IUFRO World Congress, Hampere, Finland. 219

William, etal. 1994. Residual treedamag estimates from partial cutting simulation. For. Prod. Jour. 44(7, 8): 19 -22

Williams, R. J. , Cook, G. D. , Gill, A. M. 1999. Fire Regime, Fire Intensity and Tree Survival in a Tropical Savanna in Northern Australia. , Aust. J. Ecol. , (24): 50 -59

Wong C S. 1979. Carbon input to the atmosphere from forest fires. Science, 204 -210

Xie Z B, Zhu J G, Liu G, et al. 2007. Soil organic carbon stocks in China and changes from 1980s to 2000s. Global Change Biology. 13: 1989 -2007

Yang F E, Kant S. 2008. Forest - level analyses of uneven - aged hardwood forests. Can. J. For. Res. , 38: 376 -393

Yousefpour R, Hanewinkel M. 2009. Modelling of forest conversion planning with an adaptive simulation - optimization approach and simultaneous consideration of the values of timber, carbon and biodiversity. Ecological Economics. 68: 1711 -1722

Zachara T. 2000. The influence of selective thinning on the young scots pine stand . Prace Instytutu Badawcezego Lesnictwa Seria A, 3: 35 -61

Zhou D W, Earle A R. 1997. Environment changes following burning in a Song nen grassland. J. Arid Environ, (36): 53 -65

Öhman K, Eriksson L O. 1998. The core area concept in forming contiguous areas for long - term forest planning. Can. J. For. Res. 28: 1032 - 1039

Öhman K, Lamas T. 2003. Clustering of harvest activities in multiobjective long - term forest planning. Forest Ecol. Manage. 176: 161 - 171

Öhman K. 2001. Forest planning with consideration to spatial relationships. Doctoral Thesis, Swedish University of Agricultural Sciences, Umea

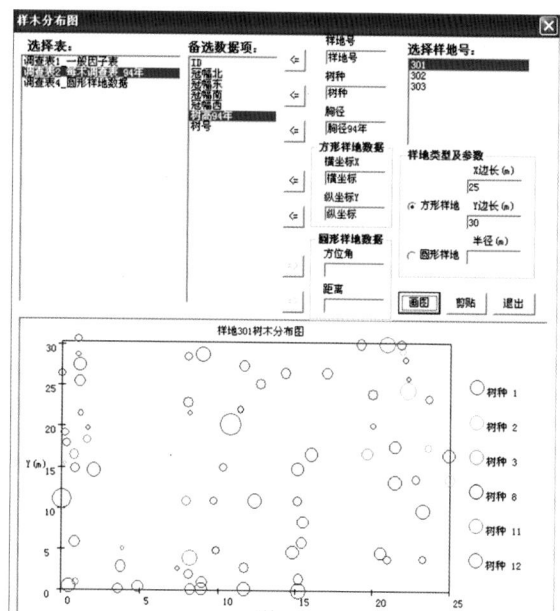

图2-18　方形样地树木空间分布图

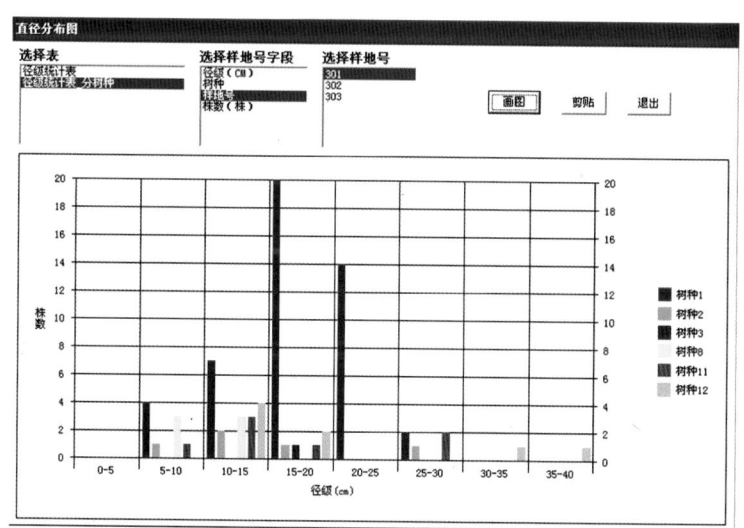

图2-19　径级分布图

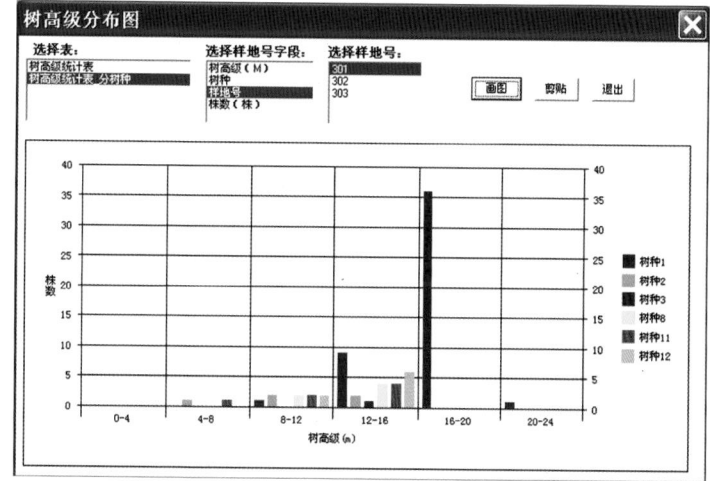

图2-20　树高级分布图

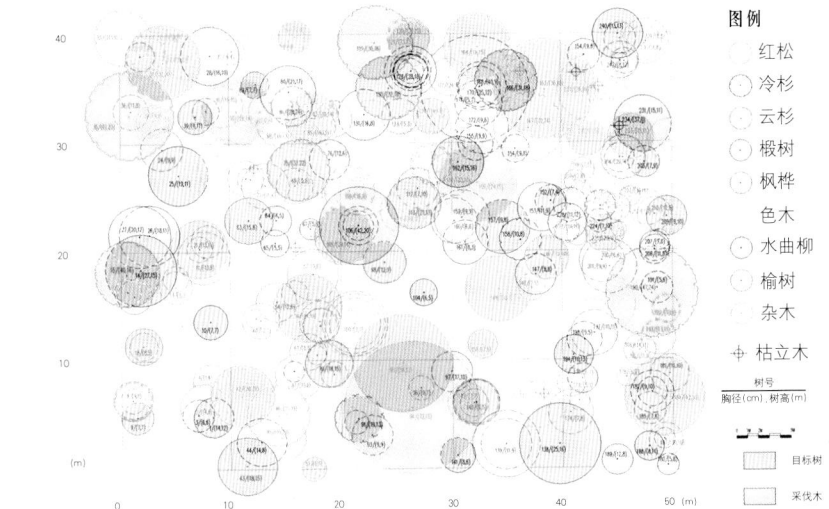

图4-38 林分树冠投影
平面图

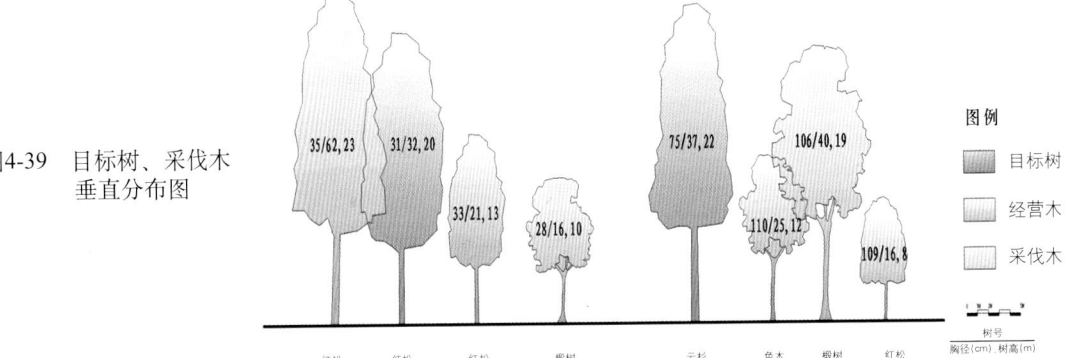

图4-39 目标树、采伐木
垂直分布图

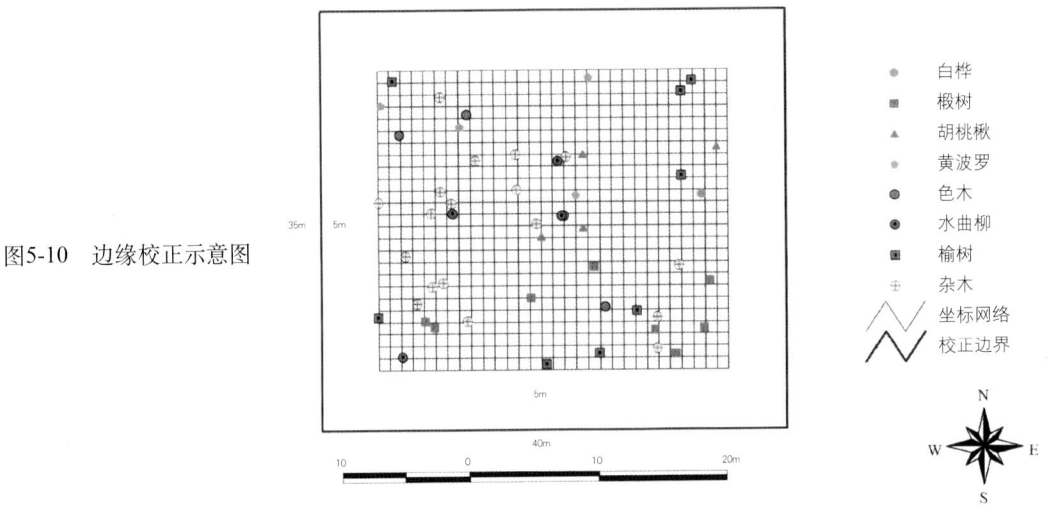

图5-10 边缘校正示意图